PHYSICS OF
SEISMIC GROUND MOTION

地震動の物理学

纐纈一起［著］

近代科学社

◆ 読者の皆さまへ ◆

平素より，小社の出版物をご愛読くださいまして，まことに有り難うございます．

㈱近代科学社は 1959 年の創立以来，微力ながら出版の立場から科学・工学の発展に寄与すべく尽力してきております．それも，ひとえに皆さまの温かいご支援があってのものと存じ，ここに衷心より御礼申し上げます．

なお，小社では，全出版物に対して HCD（人間中心設計）のコンセプトに基づき，そのユーザビリティを追求しております．本書を通じまして何かお気づきの事柄がございましたら，ぜひ以下の「お問合せ先」までご一報くださいますよう，お願いいたします．

お問合せ先：reader@kindaikagaku.co.jp

なお，本書の制作には，以下が各プロセスに関与いたしました：

・企画：小山　透
・編集：小山　透，高山哲司
・組版 (TeX)・印刷・製本・資材管理：藤原印刷
・カバーデザイン：藤原印刷
・広報宣伝・営業：山口幸治，東條風太

序　文

地震学の日本語教科書は，『地震学 第 3 版』（宇津徳治，共立出版）という良書を除くと非常に限られたものになっているのが現状です．また，この良書においても，地震動や地震波に関しては深く記述されていませんでした．本書は，専門課程の学部生や大学院生などに，地震動や地震波の背後にある物理学を解説することをめざしています．地震動や地震波はどちらも地震による“揺れ”を表す用語ですが，地震の震源から近い場所の揺れを地震動，離れた場所の揺れを地震波と呼ぶことが多いように思います

本書が『地震動の物理学』と題するのは，震源に近い揺れの解析や計算に用いられる数式や手法を詳しく解説することを目的にしているためです．しかし，震源の解析に頻繁に使われる遠地実体波などに関するものも同じく詳しく解説しました．英語の類書はいくつかありますが，数式や手法を単に提示するだけではなく，それらを読者自身が導き出せるように解説しているところが本書の特徴です．特に，地震動は表現定理に基づくテンソル式で説明されることが多いのですが，本書では Love に始まる明示的な定式化を重視しました．その方が地震動の物理的イメージ，なかでも幾何学的イメージがとらえやすいという著者の考えに基づくものです．

地震動は震源で生み出され，それが地下構造を伝播することにより変形されて，われわれの足元に届きます．したがって，地震動の物理学は観測された地震動から震源の効果と伝播の効果を分離して定量的に評価すること，と言い換えることができます．そこで本書では，第 1 章でこの物理学の原理を解説し，第 2 章で震源の効果を，第 3 章で伝播の効果を解説しました．最後の第 4 章では地震動を観測し，それを処理することについて解説しています．“物理学”ですので経験的手法は解説していませんが，そうした手法によるマ

グニチュードや震度は地震動にとって欠かせないものですので付録で解説しました．また，“地震動の” ですので走時データを主体とする震源決定やトモグラフィーなども含めませんでした．

このような本書が読者にとって，地震動を考える上で多少なりとも助けになるとともに，地震動の研究が確たる物理学に基づいたサイエンスであることを感じていただければと願っています．本書の多くの部分は東京大学理学部・理学系研究科，京都大学防災研究所などで行った講義や演習をもとにしています．

本書中の用語や表記は基本的に『地震学 第 3 版』に従い，以下のようになっています．

1. 重要な用語はボールド体で表記して索引に含めるとともに，初めて詳細な記述がされる箇所では可能な限りその英訳をイタリック体で併記した．英訳は固有名詞を除いて米国綴りとした．

2. 用語やその英訳は概ね『地震学 第 3 版』と『地震の事典 第 2 版』（朝倉書店）および『改訂版 物理学辞典』（培風館）に従った．これらに所収されていないものは次項を除いて慣用の和名やカタカナ書きを用いるように努めたが，やむを得ず英文表記としたものもかなりある．

3. 人名・地名は大陸，大洋，国を漢字またはカタカナとし，その他は日本，中国を除き原則として英語綴りを用いた．アメリカ合衆国（米国）は“アメリカ” とした．

4. 地震名は関東地震 (1923)，San Francisco 地震 (1906) のように協定世界時 (UTC) の発生年あるいは必要ならば発生年月日を添え，必要に応じてマグニチュードも併記した．

5. 参考文献は章末に第一著者名（和名は原則としてヘボン式ローマ字）のアルファベット順に番号付きで並べ，本文の該当個所にはその番号を右括弧付きで示した．

6. より詳細な記述が別の節や項にある場合には，その番号を§付きで () 内に記した．

7. マグニチュードについてはできるだけモーメントマグニチュードを，『地震学 第3版』や『地震の事典 第2版』，『理科年表』などを参照して用いた．それができない場合，日本の地震では気象庁のものを用いた．

8. 次の文字を断りなく用いたときは以下の意味を表す．英字やギリシャ文字が変数や定数を表すときは虚数単位を除いてイタリック体を用い，ベクトルや行列を表すときはボールド体を用いることを基本とする．

s	秒	gal	cm/s^2
t	時間	g	重力加速度
$\dot{}$	時間微分	$\ddot{}$	2 階時間微分
$\bar{}$	Fourier 変換	$\tilde{}$	Hankel 変換
f	周波数	ω	角周波数
log	常用対数	ln	自然対数
e	自然対数の底	i	虚数単位
*	複素共役	M_0	地震モーメント
M	マグニチュード	M_w	モーメントマグニチュード

9. 数式内の括弧の順番は日本式とし，内側から外側へ ( ), { }, [ ] を用いることを基本とする．

Brian Kennett，斎藤正徳，久家慶子，三宅弘恵，室谷智子，佐藤俊明，中村洋光，Rainer Kind，川崎一朗，工藤一嘉，池上泰史，深畑幸俊，横井俊明，藤原広行，中原恒，竹中博士の諸氏には原稿を読んでいただき貴重なコメントをいただきました（読んでいただいた順です）．講義を聴講してくれた学生諸君の質問も有益でした．また，近代科学社の小山透，高山哲司の両氏には出版の機会をいただき，編集では両氏と安原悦子氏に大変お世話になりました．記して感謝致します．

東京の弥生（2018年）と神楽坂（2021年）にて

纐纈（こうけつ） 一起（かずき）

目　次

第1章　地震と地震動

第2章　震源の効果

第3章　伝播の効果

第 4 章　地震動の観測と処理

付録 A

索 引

第1章　地震と地震動

1.1　地震動の定義

地震 *earthquake* という言葉には二つの意味があり，字面どおり地面（地表）が震える（揺れる）現象そのものを表す場合と，そうした現象の原因となる地中の急激な変動を指す場合がある．研究者はほとんどの場合，後者の意味で“地震”を使っており，特に前者を表現したいときは**地震動** *ground motion, seismic ground motion*（あるいは単に**震動**）という用語を用いる．地中が揺れる現象も地震動に含められ[28]，本書は地震による地表や地中の地震動について，その物理学的背景を中心に述べるものである．災害につながるような強い地震動は区別して**強震動** *strong motion, strong ground motion* と呼ばれる．地震の規模を表す代表的なパラメータが**マグニチュード**であり（§A.1），地震動の強さを表す代表的なパラメータが**震度**である（§A.2）．また，地震動を計測する機器は**地震計**（§4.1）と呼ばれ，そのうち強震動が振り切れずに計測できるように設計されたものが**強震計**（§4.1.2）である．

地震学 *seismology* では地震動を，**連続体** *continuum* としての地球（あるいはその一部である**地下構造** *velocity structure*[*)]）が揺れる現象，つまり振動現象としてとらえる．そのため，振動を伝える場という意味で，連続体は**媒質** *medium* とも呼ばれる．また，地震動の原因となる“急激な変動”については，連続体の一部が，ある面に沿って急激にずれる**断層破壊**あるいは**断層運動**であることが，**弾性反発説**として 20 世紀初頭に提唱され，1960 年代に理論として確立した（§2.1.1）．**断層面** *fault plane* と呼ばれるこの面はある広がりを持っており，その中で断層破壊が始まった地点を**震源** *hypocenter*，その地表

[*)] 英訳として *subsurface structure* もあるが，使用頻度は *velocity structure* の方が高いようなので，USGS[27] や纐纈・三宅[12] に従って後者とする．なお，*underground structure* は地下の構造物を意味することがほとんどのようである．

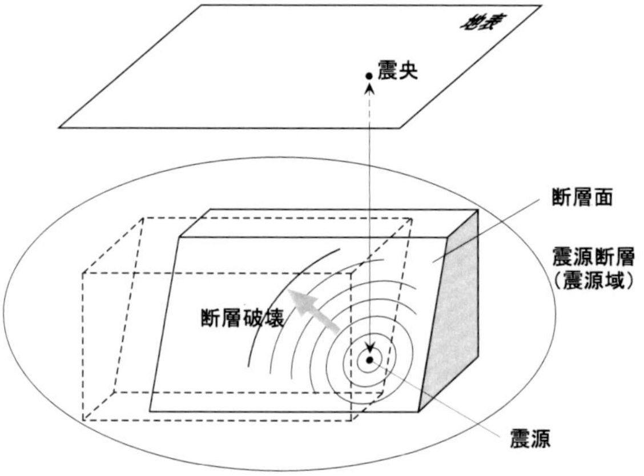

図 **1.1**　断層面・震源・震源断層・震源域.

面の投影を**震央** *epicenter* と呼ぶ．断層破壊の及んだ範囲は地質学的な断層と区別して**震源断層** *source fault*，あるいはより一般的に**震源域** *source region* と呼ばれる（図 1.1）．**震源距離** *hypocentral distance* は震源と観測点の距離であり，**震央距離** *epicentral distance* は震央と観測点の距離である．

また，本書では震源域における地震の現象を概略的に呼ぶときにも**震源** *earthquake source* という言葉を用いることとする．たとえば，序文や第 2 章タイトルに現れる“震源”はこの意味で使われている．これに対して *hypocenter* の震源を特に区別して呼ぶときには**狭義の震源**とする．

地震動のような速い振動に対しては，連続体（媒質）を構成する岩石は基本的に**減衰**（§1.2.6）を伴う**弾性体**として振舞うので，地震学の理論はその大部分が**弾性体力学**に基づいて構築されている（§1.2）．地震動は震源断層から離れるに従って，同心円状に広がる効果とこの減衰により徐々に弱まるが，減衰による弱まり方は**周期** *period*（振動の 1 サイクルにかかる時間）が短い地震動ほど大きい．そのため，通常の地震学では長周期の地震動が考慮されることが多いのに対して，震源域近傍の強震動では少なからぬ短周期成分が残っているので，その評価が地震動の物理学の主要な課題のひとつとなっている．また，振動は短周期になるほど地下構造の微細な不均質性に影響されやすいため，3 次元的な地下構造の問題などは地震学の他分野に比べ**強震動**

地震学 *strong motion seismology* など地震動を専ら研究する分野が先駆的な役割を果たしてきた（§3.2）.

1.2 地震動と地震波 *)

1.2.1 弾性体のひずみ

§1.1 で述べたように，地震動の物理学は**弾性体力学** *elastodynamics* の上に成り立っている．**弾性体** *elastic body* とは，力が加わればそれに比例して変形し，力が除かれればもとに戻る性質（**弾性** *elasticity*）を持った物質であり，比例関係は **Hooke の法則** *Hooke's law* と呼ばれる．もっとも単純に図 1.2a の棒状ゴムのような 1 次元の弾性体を考え，力 F で Δl だけ伸びるとする．ここで Hooke の法則を $F = k\,\Delta l$ としてしまうと，**弾性定数** *elastic constant* の k はゴムの長さ l に依ってしまうので，Δl を伸び率 $e = \Delta l/l$ に置き換えることが望ましい．同様に，ゴムはその断面積 S が大きいほど，同じ F でも伸びが小さくなるので，F を $\tau = F/S$ で置き換えて Hooke の法則を

$$\tau = \gamma\, e \tag{1.1}$$

とすれば，同じ物質なら同じ弾性定数 γ を与えるようにすることができる．**変位** *displacement* や**ひずみ** *strain*，**応力** *stress* は，これら Δl や e，τ を地球のような 3 次元連続体に拡張したものである．また，地球の変位が**地震動**である（§1.1）.

変形を受けた弾性連続体に近接した 2 点 A, B を考え，任意の原点 O に対するそれぞれの位置ベクトルを $\overrightarrow{OA} = (x, y, z)$, $\overrightarrow{OB} = (x + dx, y + dy, z + dz)$ とする．また，この 2 点が変形後には A', B' となり，変形に伴う点 A の変位 $\overrightarrow{AA'}$ が図 1.2b のように $\mathbf{u} = (u_x, u_y, u_z)$ で表されるとする．AB 間の伸び率は変形前後の 2 点間の距離 dl, dl' を用いて

$$\frac{dl' - dl}{dl} \sim \frac{dl' + dl}{2dl}\frac{dl' - dl}{dl} = \frac{(dl')^2 - (dl)^2}{2(dl)^2} \tag{1.2}$$

で与えられる．図 1.2b から

*) §1.2に関する全般的な参考文献としてFung[7]，国生[15]がある．

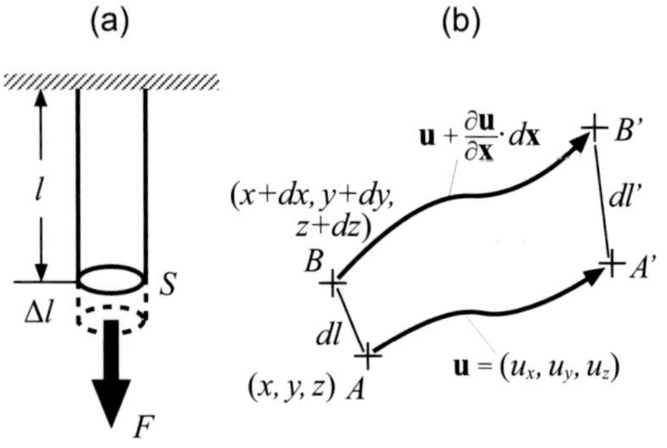

図 **1.2**　(a) 棒状ゴムによる弾性体モデルと (b) 弾性連続体の変形.

$$(dl)^2 = \left|\overrightarrow{AB}\right|^2 = \sum_{i=1}^{3}(dx_i)^2,\ (dl')^2 = \left|\overrightarrow{A'B'}\right|^2 = \sum_{i=1}^{3}\left(dx_i + \sum_{j=1}^{3}\frac{\partial u_i}{\partial x_j}dx_j\right)^2 \quad (1.3)$$

が得られる．ここで $u_1, u_2, u_3 = u_x, u_y, u_z$ および $x_1, x_2, x_3 = x, y, z$ である．したがって，

$$(dl')^2 - (dl)^2 = \sum_{i=1}^{3}\left\{2dx_i\sum_{j=1}^{3}\frac{\partial u_i}{\partial x_j}dx_j + \left(\sum_{j=1}^{3}\frac{\partial u_i}{\partial x_j}dx_j\right)^2\right\} \quad (1.4)$$

となるが，変位の成分 u_i の導関数は十分小さく，その 2 次の項が無視できるとすると，(1.4) 式の第 2 項は消滅する．ここで**微小ひずみ** *infinitesimal strain*

$$e_{ij} = \frac{1}{2}\left(\frac{\partial u_j}{\partial x_i} + \frac{\partial u_i}{\partial x_j}\right), \quad e_{ij} = e_{ji} \quad (1.5)$$

を定義すると

$$\frac{\partial u_i}{\partial x_j}dx_i dx_j + \frac{\partial u_j}{\partial x_i}dx_j dx_i = (e_{ij} + e_{ji})\,dx_i dx_j \quad (1.6)$$

であるから (1.2) 式は

$$\frac{dl' - dl}{dl} \sim \frac{(dl')^2 - (dl)^2}{2(dl)^2} = \sum_{i=1}^{3}\sum_{j=1}^{3} e_{ij}\frac{dx_i dx_j}{(dl)^2} \quad (1.7)$$

となる．

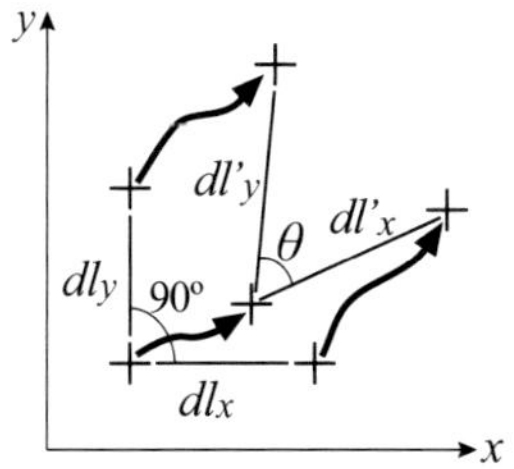

図 **1.3** 連続体中の二つの線素が変形前後になす角.

この式は，3 次元連続体の伸び率が e_{ij} の組み合わせで表されることを意味している．たとえば x 軸方向の伸び率は，$dy = dz = 0$ とおいて点 A, B を x 軸に沿って並べ，(1.7) 式を計算すればよい．$dl = dx$ であるから，この量は e_{xx} になる．e_{ii} は**垂直ひずみ** *normal strain*[15] と呼ばれ，x, y, z 軸に沿った伸び率を表している．また，その和 $e_{xx} + e_{yy} + e_{zz}$ は**体積ひずみ** *volumetric strain*（体積の膨張率）e_V に相当する．

一方，$i \neq j$ の場合の e_{ij} は**せん断ひずみ** *shear strain* と呼ばれ*)，連続体の変形の角度を表現している．たとえば，連続体中の x–y 平面に x 軸および y 軸に沿って直交する二つの線素 $\overrightarrow{dl_x} = (dx, 0, 0)$, $\overrightarrow{dl_y} = (0, dy, 0)$ があるとする．これらの変形後の状態 $\overrightarrow{dl'_x}, \overrightarrow{dl'_y}$ は一般に直交しない．図 1.2b において $dy = dz = 0$ あるいは $dx = dz = 0$ と置けば

$$\overrightarrow{dl'_x} = \overrightarrow{A'B'}\big|_{dy=dz=0} = \left(\left(1 + \frac{\partial u_x}{\partial x}\right)dx,\ \frac{\partial u_y}{\partial x}dx,\ \frac{\partial u_z}{\partial x}dx\right),$$
$$\overrightarrow{dl'_y} = \overrightarrow{A'B'}\big|_{dx=dz=0} = \left(\frac{\partial u_x}{\partial y}dy,\ \left(1 + \frac{\partial u_y}{\partial y}\right)dy,\ \frac{\partial u_z}{\partial y}dy\right) \tag{1.8}$$

であるから，$\overrightarrow{dl'_x}$ と $\overrightarrow{dl'_y}$ のなす角を θ とすると（図 1.3），$\overrightarrow{dl'_x}\cdot\overrightarrow{dl'_y} = |\overrightarrow{dl'_x}||\overrightarrow{dl'_y}|\cos\theta \sim 2dxdy\,e_{xy}$ で与えられる．ここで (1.3) 式と (1.5) 式から $|\overrightarrow{dl'_x}|^2 = (1 + 2e_{xx})(dx)^2$, $|\overrightarrow{dl'_y}|^2 = (1 + 2e_{yy})(dy)^2$ に注意すれば，線素がなす角度の減少 $\alpha = 90^\circ - \theta$ は

$$\sin\alpha = \cos\theta = \frac{2e_{xy}}{(1 + 2e_{xx})^{\frac{1}{2}}(1 + 2e_{yy})^{\frac{1}{2}}} \tag{1.9}$$

---

*) 工学分野では，せん断ひずみに (1.5) 式の $\frac{1}{2}$ を省いた $\gamma_{ij} = \frac{\partial u_j}{\partial x_i} + \frac{\partial u_i}{\partial x_j}$ を用いることが多い．Love[18] や Takeuchi and Saito[24] もこの定義を用いている．

となる．改めて e_{xy}, e_{xx}, e_{yy} が微小であることを仮定すると $\alpha \sim \sin\alpha \sim 2e_{xy}$ であるから，せん断ひずみ e_{xy} は変形前に x 軸，y 軸に平行であった二つの線素がなす角が，変形によって減少した分の半分を表す[15)].

なお，(1.5) 式において，(1.4) 式にある 2 次の微小量を省略しないで得られるひずみの表現を**有限ひずみ** *finite strain* といい，対称性 $e_{ij} = e_{ji}$ に変わりはないが，その 2 次の微小量に伴う非線形性で問題は格段に複雑になる．しかし，強震動の場合でも塑性変形や液状化などを伴う大変形の場合を除いて，多くの場合に微小ひずみの仮定が成り立つので，本書で単にひずみと呼ぶときには微小ひずみを指すものとする．

1.2.2　応力のつり合い

応力ベクトル *stress vector*（または**トラクション** *traction*）は，弾性体内部の仮想的な断面に働く力である（仮想的でない実断面の場合には**表面力** *surface traction* を外力として扱わなければならない）．仮想的な微小断面 ΔS が単位法線ベクトル $\mathbf{n}$ を持ち，断面の周辺領域のうち法線 $\mathbf{n}$ の正の側が負の側に力 $\Delta\mathbf{F}$ を及ぼすとき，正の面の応力ベクトル $\mathbf{T}_n$ は単位面積当たりの力の極限

$$\mathbf{T}_n = \lim_{\Delta S \to 0} \frac{\Delta\mathbf{F}}{\Delta S} = \frac{d\mathbf{F}}{dS} \tag{1.10}$$

で定義される．逆に負の側が正の側に及ぼす負の面の応力ベクトルを $\mathbf{T}_{-n}$ とすると，周辺領域を十分を薄くすればそこに働く**体積力** *body force*（重力など物体のすべての体積要素に働く外力）を無視することができるので，周辺領域全体の力のつり合いにより

$$\mathbf{T}_{-n} = -\mathbf{T}_n \tag{1.11}$$

でなければならない．

弾性体中に任意の断面 ABC（法線ベクトル $\mathbf{n}$）を考え，それと x, y, z 軸に垂直な面に囲まれた微小領域において，図 1.4a に示すように各面での外向きの応力ベクトルを $\mathbf{T}_n$ および $\mathbf{T}_{-x}, \mathbf{T}_{-y}, \mathbf{T}_{-z}$（$ABC$ 以外の面は x，y，z 軸の負の方向を向いている）とする．再び力のつり合いより $\mathbf{T}_n\Delta ABC + \mathbf{T}_{-x}\Delta BOC + \mathbf{T}_{-y}\Delta COA + \mathbf{T}_{-z}\Delta AOB = 0$ であり，$\mathbf{n} = (n_x, n_y, n_z)$ とすれば $n_x = \Delta BOC/\Delta ABC$

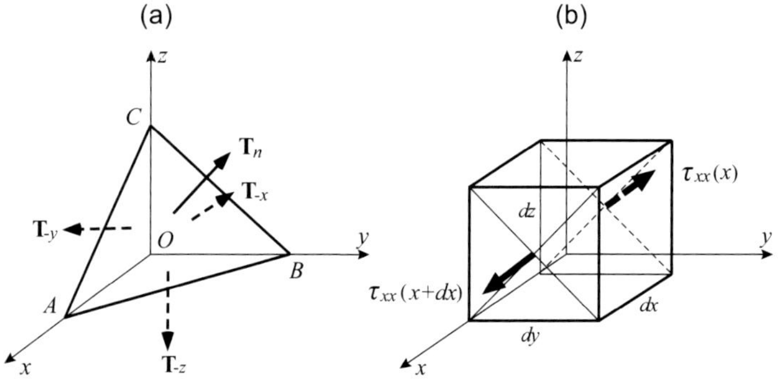

図 **1.4** (a) 応力ベクトルの分解と (b) 微小領域 $dxdydz$ に働く応力の例.

などであるから，$\mathbf{T}_n$ は $\mathbf{T}_n = n_x\mathbf{T}_x + n_y\mathbf{T}_y + n_z\mathbf{T}_z$ と分解できる．また $\mathbf{T}_x$ などを

$$
\begin{aligned}
\mathbf{T}_x &= \tau_{xx}\mathbf{e}_x + \tau_{xy}\mathbf{e}_y + \tau_{xz}\mathbf{e}_z\,, \\
\mathbf{T}_y &= \tau_{yx}\mathbf{e}_x + \tau_{yy}\mathbf{e}_y + \tau_{yz}\mathbf{e}_z\,, \\
\mathbf{T}_z &= \tau_{zx}\mathbf{e}_x + \tau_{zy}\mathbf{e}_y + \tau_{zz}\mathbf{e}_z
\end{aligned}
\tag{1.12}
$$

と成分表示すれば，τ_{ij} は応力ベクトル $\mathbf{T}_i$ と基本ベクトル $\mathbf{e}_j$ との間の座標変換を行うテンソル *tensor* を構成し，**応力テンソル** *stress tensor* と呼ばれる．単に**応力**という場合には応力テンソルの成分を指すが，応力は“力”という字を含んでいるにも関わらず，断面に実際に働く力は応力ではなく**応力ベクトル**である．応力 τ_{ij} は x_i 軸に直交する断面に働く応力ベクトルのうち，x_j 方向の成分を表す．その中でも**法線応力** *normal stress*（垂直応力）τ_{ii} は断面に垂直な成分，**せん断応力** *shear stress*（接線応力）τ_{ij}（$i \neq j$）は断面に平行な成分である．(1.11) 式と同様に負の面の応力は正の面と逆符号とする[15]．

弾性体内に図 1.4b に示すような微小直方体 $dxdydz$ を考えるとき，x にある x 軸に垂直な断面における応力を $\tau_{xx}(x)$ などとすると，$x+dx$ にある断面では応力は $\tau_{xx}(x+dx) = \tau_{xx} + \dfrac{\partial \tau_{xx}}{\partial x}dx$ などで与えられる．ここで微小直方体の中心を通る z 軸に平行な直線について，回転モーメントのつり合いを考えると

$$
\left(\tau_{xy} + \frac{\partial \tau_{xy}}{\partial x}dx\right)dydz\frac{dx}{2} + \tau_{xy}dydz\frac{dx}{2} = \left(\tau_{yx} + \frac{\partial \tau_{yx}}{\partial y}dy\right)dxdz\frac{dy}{2} + \tau_{yx}dxdz\frac{dy}{2}
$$

$$\rightarrow \tau_{xy} + \frac{\partial \tau_{xy}}{\partial x}\frac{dx}{2} = \tau_{yx} + \frac{\partial \tau_{yx}}{\partial y}\frac{dy}{2} \tag{1.13}$$

であるから，$dx, dy \to 0$ の極限では $\tau_{xy} = \tau_{yx}$ でなければならない．x 軸，y 軸に平行な直線周りの回転モーメントについても同様で，応力テンソル τ_{ij} は**対称テンソル** *symmetric tensor*　$\tau_{ij} = \tau_{ji}$ でなければならない．

なお，ひずみも応力とまったく同様に，法線ベクトルが $\mathbf{n}$ である長さ dl の線素が $\mathbf{u}$ だけ変形したとすると，**ひずみベクトル** *strain vector* が $\boldsymbol{\epsilon}_n = d\mathbf{u}/dl$ と定義され，$\boldsymbol{\epsilon}_n = n_x\boldsymbol{\epsilon}_x + n_y\boldsymbol{\epsilon}_y + n_z\boldsymbol{\epsilon}_z$ と分解可能である．さらに $\boldsymbol{\epsilon}_x, \boldsymbol{\epsilon}_y, \boldsymbol{\epsilon}_z$ を

$$\begin{aligned} \boldsymbol{\epsilon}_x &= e_{xx}\mathbf{e}_x + e_{xy}\mathbf{e}_y + e_{xz}\mathbf{e}_z\,, \\ \boldsymbol{\epsilon}_y &= e_{yx}\mathbf{e}_x + e_{yy}\mathbf{e}_y + e_{yz}\mathbf{e}_z\,, \\ \boldsymbol{\epsilon}_z &= e_{zx}\mathbf{e}_x + e_{zy}\mathbf{e}_y + e_{zz}\mathbf{e}_z \end{aligned} \tag{1.14}$$

と成分表示すれば，e_{ij} は対称テンソルを構成する．

1.2.3　構成則と運動方程式

構成則 *constitutive law* は弾性だけでなく，粘性や塑性などを含め，力と変形の関係を記述するものを意味するが，**完全弾性体** *perfectly elastic body* では一般化された **Hooke の法則**となる．基本的な Hooke の法則（§1.2.1）と同じく，ひずみテンソル e_{kl} と応力テンソル τ_{ij} の間に比例関係

$$\tau_{ij} = \sum_{k=x,y,z}\sum_{l=x,y,z} C_{ijkl}\, e_{kl} \tag{1.15}$$

が成り立つとすると，C_{ijkl} が一般化された**弾性定数**である．

τ_{ij}, e_{kl} がともに対称テンソルであるから，C_{ijkl} には $C_{ijkl} = C_{jikl}, C_{ijkl} = C_{ijlk}$ の対称性がなければならない．また，地震動によるひずみの変化は十分に速く，熱が媒質から逃げる余裕はないと考えられる．したがって弾性変形は可逆的な断熱過程であるので，その内部エネルギーに相当する**ひずみエネルギー関数** *strain energy function*

$$W = \frac{1}{2}\sum_{i=x,y,z}\sum_{j=x,y,z} \tau_{ij}e_{ij} \tag{1.16}$$

が存在し*)，τ_{ij} と e_{ij} を $\tau_{ij} = \partial W/\partial e_{ij}$ で関係づける．これにより τ_{ij} と e_{ij} の間には第 3 の対称性

$$C_{ijkl} = \frac{\partial^2 W}{\partial e_{ij}\partial e_{kl}} = \frac{\partial^2 W}{\partial e_{kl}\partial e_{ij}} = C_{klij} \tag{1.17}$$

が存在する．以上より 81 個の C_{ijkl} のうち独立なのは 21 個である．

もし構成則がある座標軸周りで対称ならば，独立な弾性定数は 5 個しかない．たとえば z 軸周りに対称である時，Love[18] の記法に従えば $C_{xxxx} = C_{yyyy} = A$, $C_{xxzz} = C_{zzxx} = C_{yyzz} = C_{zzyy} = F$, $C_{zzzz} = C$, $C_{yzyz} = C_{zxzx} = L$, $C_{xyxy} = N$ が独立な定数で，これら以外は $C_{xxyy} = C_{yyxx} = A - 2N$ を除いてゼロになる．このような対称性を**トランスバースアイソトロピー** *transverse isotropy* と呼ぶ．さらに，x 軸または y 軸についても対称ならば独立な弾性定数はわずか二つになって，$A - 2N = F = \lambda$, $L = N = \mu$（この 2 式から $A = C = \lambda + 2\mu$）は **Lamé 定数** *Lamé's constants* と呼ばれ（μ 単独では**剛性率** *rigidity* という），一般化された Hooke の法則 (1.15) は

$$\tau_{ij} = \lambda\delta_{ij}(e_{xx} + e_{yy} + e_{zz}) + 2\mu e_{ij} \tag{1.18}$$

と書き換えられる．この対称性が**等方性** *isotropy* で，等方的でない性質はトランスバースアイソトロピーを含め**異方性** *anisotropy* と呼ばれる．

また，**体積ひずみ** *volumetric strain*[1] $e_V = e_{xx} + e_{yy} + e_{zz}$ や**平均応力** *mean stress*[7] $\tau_V = (\tau_{xx} + \tau_{yy} + \tau_{zz})/3$ を用いて**偏差ひずみ** *deviatoric strain* $e'_{ij} = e_{ij} - \delta_{ij}e_V/3$，**偏差応力** *deviatoric stress* $\tau'_{ij} = \tau_{ij} - \delta_{ij}\tau_V$ を定義すると，(1.18) 式から (1.1) 式と同様の比例関係

$$\tau_V = \kappa\, e_V\ , \quad \tau'_{ij} = 2\mu\, e'_{ij} \tag{1.19}$$

が得られ，$\kappa = \lambda + 2\mu/3$ は**体積弾性率** *bulk modulus* と呼ばれる．このほか，ある方向，たとえば z 方向の両側に弾性体を引っ張る力のみが働いている状況を考える．この場合，$\tau_{zz} = \tau$ 以外の応力は小さいはずだから (1.18) 式よりせん断ひずみはすべてゼロになり，残る垂直ひずみのうち主なものは z 方向の伸びる向きの垂直ひずみ $e_{zz} = e$ だが，x や y 方向にも縮む向きの垂直ひずみ

*) Fung[7] の 12 章を参照.

e_{xx} や e_{yy} が現れ，弾性体が z 軸周りに対称とするならば $e_{xx} = e_{yy} = e'$ とすることができる．以上を改めて (1.18) 式に代入すると

$$e = \frac{\lambda + \mu}{\mu(3\lambda + 2\mu)}\tau, \quad e' = -\frac{\lambda}{2\mu(3\lambda + 2\mu)}\tau \tag{1.20}$$

が得られ，e と e' の絶対値の比率

$$\nu = \frac{|e'|}{e} = \frac{\lambda}{2(\lambda + \mu)} \tag{1.21}$$

を **Poisson 比** *Poisson's ratio* という [15]．その代表的な値として $\lambda = \mu$ の場合を考えると (1.21) 式から 1/4 となる．

ここで，(1.18) 式に (1.5) 式を代入すれば，等方弾性体における**デカルト座標系**（§2.1.2）の応力の定義式 [23]

$$\begin{aligned}
&\tau_{xx} = \lambda\left(\frac{\partial u_x}{\partial x} + \frac{\partial u_y}{\partial y} + \frac{\partial u_z}{\partial z}\right) + 2\mu\frac{\partial u_x}{\partial x},\ \tau_{yy} = \lambda\left(\frac{\partial u_x}{\partial x} + \frac{\partial u_y}{\partial y} + \frac{\partial u_z}{\partial z}\right) + 2\mu\frac{\partial u_y}{\partial y}, \\
&\tau_{zz} = \lambda\left(\frac{\partial u_x}{\partial x} + \frac{\partial u_y}{\partial y} + \frac{\partial u_z}{\partial z}\right) + 2\mu\frac{\partial u_z}{\partial z}, \\
&\tau_{yz} = \mu\left(\frac{\partial u_z}{\partial y} + \frac{\partial u_y}{\partial z}\right),\ \tau_{zx} = \mu\left(\frac{\partial u_x}{\partial z} + \frac{\partial u_z}{\partial x}\right),\ \tau_{xy} = \mu\left(\frac{\partial u_y}{\partial x} + \frac{\partial u_x}{\partial y}\right)
\end{aligned} \tag{1.22}$$

が得られる．

一方，図 1.4b の微小直方体における i 方向（$i = x, y, z$）の力のつり合いは，単位質量当たり $\mathbf{f} = (f_x, f_y, f_z)$ の**体積力**が働くとき *)

$$\begin{aligned}
\rho\, dxdydz\frac{\partial^2 u_i}{\partial t^2} &= (\tau_{ix} + \frac{\partial \tau_{ix}}{\partial x}dx)\, dydz - \tau_{ix}dydz \\
&+ (\tau_{iy} + \frac{\partial \tau_{iy}}{\partial y}dy)\, dzdx - \tau_{iy}dzdx \\
&+ (\tau_{iz} + \frac{\partial \tau_{iz}}{\partial z}dz)\, dxdy - \tau_{iz}dxdy + \rho\, dxdydz\, f_i
\end{aligned} \tag{1.23}$$

であり（ρ は弾性体の**密度** *density*），これを整理すれば

$$\rho\frac{\partial^2 u_i}{\partial t^2} = \frac{\partial \tau_{ix}}{\partial x} + \frac{\partial \tau_{iy}}{\partial y} + \frac{\partial \tau_{iz}}{\partial z} + \rho f_i, \quad i = x, y, z \tag{1.24}$$

*) Hudson[8] の定義．Aki and Richards[1] では単位体積当たりの定義で $\rho\mathbf{f} \to \mathbf{f}$ としているので，比較するときには注意を要する．

になる．弾性体が等方的であると仮定して，$i = x$ のときの (1.24) 式に応力の定義式 (1.22) の τ_{xx}，τ_{xy}，τ_{xz} を代入すれば，変位（地震動）の**運動方程式** *equation of motion*

$$
\begin{aligned}
\rho\frac{\partial^2 u_x}{\partial t^2} &= \lambda\frac{\partial}{\partial x}\left(\frac{\partial u_x}{\partial x}+\frac{\partial u_y}{\partial y}+\frac{\partial u_z}{\partial z}\right)+\frac{\partial \lambda}{\partial x}\left(\frac{\partial u_x}{\partial x}+\frac{\partial u_y}{\partial y}+\frac{\partial u_z}{\partial z}\right)\\
&+2\mu\frac{\partial^2 u_x}{\partial x^2}+2\frac{\partial \mu}{\partial x}\frac{\partial u_x}{\partial x}+\mu\left(\frac{\partial^2 u_y}{\partial x\partial y}+\frac{\partial^2 u_x}{\partial y^2}\right)+\frac{\partial \mu}{\partial y}\left(\frac{\partial u_y}{\partial x}+\frac{\partial u_x}{\partial y}\right)\\
&+\mu\left(\frac{\partial^2 u_x}{\partial z^2}+\frac{\partial^2 u_z}{\partial x\partial z}\right)+\frac{\partial \mu}{\partial z}\left(\frac{\partial u_x}{\partial z}+\frac{\partial u_z}{\partial x}\right)+\rho f_x\\
&=(\lambda+\mu)\frac{\partial}{\partial x}\left(\frac{\partial u_x}{\partial x}+\frac{\partial u_y}{\partial y}+\frac{\partial u_z}{\partial z}\right)+\mu\left(\frac{\partial^2}{\partial x^2}+\frac{\partial^2}{\partial y^2}+\frac{\partial^2}{\partial z^2}\right)u_x\\
&+\frac{\partial \lambda}{\partial x}\left(\frac{\partial u_x}{\partial x}+\frac{\partial u_y}{\partial y}+\frac{\partial u_z}{\partial z}\right)+\frac{\partial \mu}{\partial y}\left(\frac{\partial u_y}{\partial x}-\frac{\partial u_x}{\partial y}\right)\\
&-\frac{\partial \mu}{\partial z}\left(\frac{\partial u_x}{\partial z}-\frac{\partial u_z}{\partial x}\right)+2\left(\frac{\partial \mu}{\partial x}\frac{\partial}{\partial x}+\frac{\partial \mu}{\partial y}\frac{\partial}{\partial y}+\frac{\partial \mu}{\partial z}\frac{\partial}{\partial z}\right)u_x+\rho f_x
\end{aligned}
\tag{1.25}
$$

が得られる．$i = y, z$ については，(1.25) 式の中で x, y, z が同時に現れているところを除いて $x \to y \to z \to x$ と循環的に座標変換すれば

$$
\begin{aligned}
\rho\frac{\partial^2 u_y}{\partial t^2} &= (\lambda+\mu)\frac{\partial}{\partial y}\left(\frac{\partial u_x}{\partial x}+\frac{\partial u_y}{\partial y}+\frac{\partial u_z}{\partial z}\right)+\mu\left(\frac{\partial^2}{\partial x^2}+\frac{\partial^2}{\partial y^2}+\frac{\partial^2}{\partial z^2}\right)u_y\\
&+\frac{\partial \lambda}{\partial y}\left(\frac{\partial u_x}{\partial x}+\frac{\partial u_y}{\partial y}+\frac{\partial u_z}{\partial z}\right)+\frac{\partial \mu}{\partial z}\left(\frac{\partial u_z}{\partial y}-\frac{\partial u_y}{\partial z}\right)\\
&-\frac{\partial \mu}{\partial x}\left(\frac{\partial u_y}{\partial x}-\frac{\partial u_x}{\partial y}\right)+2\left(\frac{\partial \mu}{\partial x}\frac{\partial}{\partial x}+\frac{\partial \mu}{\partial y}\frac{\partial}{\partial y}+\frac{\partial \mu}{\partial z}\frac{\partial}{\partial z}\right)u_y+\rho f_y
\end{aligned}
\tag{1.26}
$$

$$
\begin{aligned}
\rho\frac{\partial^2 u_z}{\partial t^2} &= (\lambda+\mu)\frac{\partial}{\partial z}\left(\frac{\partial u_x}{\partial x}+\frac{\partial u_y}{\partial y}+\frac{\partial u_z}{\partial z}\right)+\mu\left(\frac{\partial^2}{\partial x^2}+\frac{\partial^2}{\partial y^2}+\frac{\partial^2}{\partial z^2}\right)u_z\\
&+\frac{\partial \lambda}{\partial z}\left(\frac{\partial u_x}{\partial x}+\frac{\partial u_y}{\partial y}+\frac{\partial u_z}{\partial z}\right)+\frac{\partial \mu}{\partial x}\left(\frac{\partial u_x}{\partial z}-\frac{\partial u_z}{\partial x}\right)\\
&-\frac{\partial \mu}{\partial y}\left(\frac{\partial u_z}{\partial y}-\frac{\partial u_y}{\partial z}\right)+2\left(\frac{\partial \mu}{\partial x}\frac{\partial}{\partial x}+\frac{\partial \mu}{\partial y}\frac{\partial}{\partial y}+\frac{\partial \mu}{\partial z}\frac{\partial}{\partial z}\right)u_z+\rho f_z
\end{aligned}
\tag{1.27}
$$

と得られる．

(1.25) 式と (1.26) 式，(1.27) 式はデカルト座標系に限った運動方程式であ

るが，ベクトル微分演算子 $\nabla = \left(\frac{\partial}{\partial x}, \frac{\partial}{\partial y}, \frac{\partial}{\partial z}\right)$，$\nabla^2 = \frac{\partial^2}{\partial x^2} + \frac{\partial^2}{\partial y^2} + \frac{\partial^2}{\partial z^2}$ などを用いて

$$\rho\frac{\partial^2 \mathbf{u}}{\partial t^2} = (\lambda+\mu)\nabla(\nabla\cdot\mathbf{u}) + \mu\nabla^2\mathbf{u} + \nabla\lambda(\nabla\cdot\mathbf{u}) + \nabla\mu\times(\nabla\times\mathbf{u}) + 2(\nabla\mu\cdot\nabla)\mathbf{u} + \rho\mathbf{f} \quad (1.28)$$

と書き換えられ，この表現はデカルト座標系に限らず円筒座標系，球座標系を含む直交曲線座標系でも成り立つ．特に λ，μ，ρ が一定な均質弾性体ならば，(1.28) 式はかなり簡単化され，$\nabla\times\nabla\times = \nabla(\nabla\cdot) - \nabla^2$ を用いれば

$$\rho\frac{\partial^2 \mathbf{u}}{\partial t^2} = (\lambda+\mu)\nabla(\nabla\cdot\mathbf{u}) + \mu\nabla^2\mathbf{u} + \rho\mathbf{f} = (\lambda+2\mu)\nabla(\nabla\cdot\mathbf{u}) - \mu\nabla\times(\nabla\times\mathbf{u}) + \rho\mathbf{f} \quad (1.29)$$

で与えられる [23]．

たとえば，円筒座標系（§2.2.1）ならば (1.28) 式や (1.29) 式において

$$\begin{aligned}
&\nabla = \left(\frac{\partial}{\partial r}, \frac{1}{r}\frac{\partial}{\partial \theta}, \frac{\partial}{\partial z}\right),\quad \nabla^2 = \frac{\partial^2}{\partial r^2} + \frac{1}{r}\frac{\partial}{\partial r} + \frac{1}{r^2}\frac{\partial^2}{\partial \theta^2} + \frac{\partial^2}{\partial z^2},\\
&\nabla\cdot\mathbf{A} = \frac{1}{r}\frac{\partial(rA_r)}{\partial r} + \frac{1}{r}\frac{\partial A_\theta}{\partial \theta} + \frac{\partial A_z}{\partial z}, \qquad (1.30)\\
&\nabla\times\mathbf{A} = \left(\frac{1}{r}\frac{\partial A_z}{\partial \theta} - \frac{\partial A_\theta}{\partial z}, \frac{\partial A_r}{\partial z} - \frac{\partial A_z}{\partial r}, \frac{1}{r}\frac{\partial(rA_\theta)}{\partial r} - \frac{1}{r}\frac{\partial A_r}{\partial \theta}\right)
\end{aligned}$$

を用いればよい．また，ひずみは

$$\begin{aligned}
&e_{rr} = \frac{\partial u_r}{\partial r},\ e_{\theta\theta} = \frac{1}{r}\frac{\partial u_\theta}{\partial \theta} + \frac{u_r}{r},\ e_{zz} = \frac{\partial u_z}{\partial z}, \qquad (1.31)\\
&e_{\theta z} = \frac{1}{2}\left(\frac{1}{r}\frac{\partial u_z}{\partial \theta} + \frac{\partial u_\theta}{\partial z}\right),\ e_{zr} = \frac{1}{2}\left(\frac{\partial u_r}{\partial z} + \frac{\partial u_z}{\partial r}\right),\ e_{r\theta} = \frac{1}{2}\left(\frac{\partial u_\theta}{\partial r} - \frac{u_\theta}{r} + \frac{1}{r}\frac{\partial u_r}{\partial \theta}\right)
\end{aligned}$$

であるから，応力は

$$\begin{aligned}
&\tau_{rr} = \lambda\nabla\cdot\mathbf{u} + 2\mu\frac{\partial u_r}{\partial r},\ \tau_{\theta\theta} = \lambda\nabla\cdot\mathbf{u} + 2\mu\left(\frac{1}{r}\frac{\partial u_\theta}{\partial \theta} + \frac{u_r}{r}\right),\ \tau_{zz} = \lambda\nabla\cdot\mathbf{u} + 2\mu\frac{\partial u_z}{\partial z},\\
&\tau_{\theta z} = \mu\left(\frac{1}{r}\frac{\partial u_z}{\partial \theta} + \frac{\partial u_\theta}{\partial z}\right),\ \tau_{zr} = \mu\left(\frac{\partial u_r}{\partial z} + \frac{\partial u_z}{\partial r}\right),\ \tau_{r\theta} = \mu\left(\frac{\partial u_\theta}{\partial r} - \frac{u_\theta}{r} + \frac{1}{r}\frac{\partial u_r}{\partial \theta}\right),\\
&\nabla\cdot\mathbf{u} = \frac{1}{r}\frac{\partial(ru_r)}{\partial r} + \frac{1}{r}\frac{\partial u_\theta}{\partial \theta} + \frac{\partial u_z}{\partial z} \qquad (1.32)
\end{aligned}$$

となる [23]．

1.2.4　波動方程式と地震波

Helmholtz の定理 *Helmholtz theorem* によれば，$\mathbf{u}$ が領域 V で一価連続有限であり，V 外で 0 ならば，$\mathbf{u}$ はスカラーポテンシャル *scalar potential* ϕ とベクトルポテンシャル *vector potential* $\boldsymbol{\psi}$（$\nabla \cdot \boldsymbol{\psi} = 0$）を用いて $\mathbf{u} = \nabla\phi + \nabla \times \boldsymbol{\psi}$ と表される．この式の両辺の**発散** *divergence*（$\nabla\cdot$）および**回転** *rotation*（$\nabla\times$）をとって左辺と右辺を入れ換えれば，$\nabla \cdot \nabla\phi \equiv \nabla^2\phi$，$\nabla \cdot \nabla \times \boldsymbol{\psi} \equiv 0$ および $\nabla \times \nabla \times \boldsymbol{\psi} \equiv \nabla(\nabla \cdot \boldsymbol{\psi}) - \nabla^2\boldsymbol{\psi} = -\nabla^2\boldsymbol{\psi}$ であるから

$$\nabla^2\phi = \nabla \cdot \mathbf{u}\,, \quad \nabla^2\boldsymbol{\psi} = -\nabla \times \mathbf{u} \tag{1.33}$$

となる．(1.33) 式はポテンシャル ϕ あるいは $\boldsymbol{\psi}$ に関する **Poisson 方程式** *Poisson equation* であり，その一般的な形式 $\nabla^2 U = -4\pi\sigma$ の解は

$$U(\mathbf{x}) = \iiint \frac{\sigma(\boldsymbol{\xi})}{r}\, dV(\boldsymbol{\xi}) \tag{1.34}$$

であることが知られている [29]．ここで $\mathbf{x} = (x, y, z)$ はポテンシャルが評価される点の位置ベクトル，$\boldsymbol{\xi} = (\xi_x, \xi_y, \xi_z)$ は体積積分が評価される点の位置ベクトルであり，$r = |\mathbf{x} - \boldsymbol{\xi}|$ はそれらの間の距離を表す（図 1.5）．(1.33) 式は $\nabla^2 U = -4\pi\sigma$ において $U = \phi$ または $\boldsymbol{\psi}$ の各成分，$\sigma = -\nabla \cdot \mathbf{u}/4\pi$ または $\nabla \times \mathbf{u}/4\pi$ の各成分としたものに相当するから，それらの解は (1.34) 式に以上の置換を施した

$$\phi(\mathbf{x}) = -\frac{1}{4\pi}\iiint \frac{\nabla \cdot \mathbf{u}}{r}\, dV(\boldsymbol{\xi})\,, \quad \boldsymbol{\psi}(\mathbf{x}) = \frac{1}{4\pi}\iiint \frac{\nabla \times \mathbf{u}}{r}\, dV(\boldsymbol{\xi}) \tag{1.35}$$

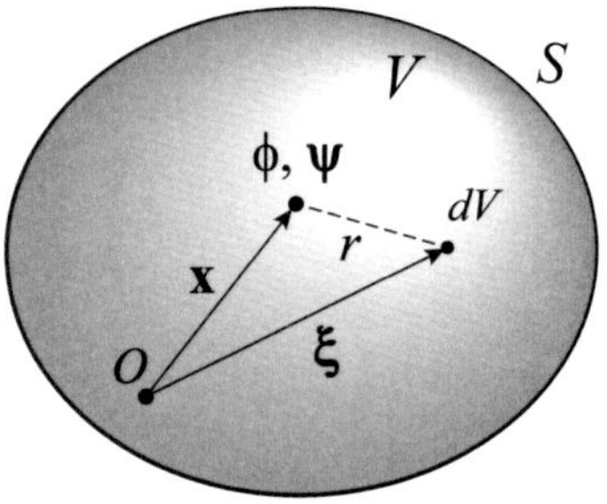

図 1.5　領域 V におけるポテンシャルの体積積分．S と O はその外周と原点を表す．

で与えられる．

同様に，**体積力** $\mathbf{f}$ もスカラーポテンシャル Φ とベクトルポテンシャル $\boldsymbol{\Psi}$（$\nabla\cdot\boldsymbol{\Psi}=0$）を用いて $\mathbf{f}=\nabla\Phi+\nabla\times\boldsymbol{\Psi}$ と表現され，Φ と $\boldsymbol{\Psi}$ は Poisson 方程式

$$\nabla\cdot\mathbf{f}=\nabla^2\Phi\,,\quad \nabla\times\mathbf{f}=-\nabla^2\boldsymbol{\Psi} \tag{1.36}$$

を満たすはずであり，それらの解は

$$\Phi(\mathbf{x})=-\frac{1}{4\pi}\iiint\frac{\nabla\cdot\mathbf{f}}{r}\,dV(\boldsymbol{\xi})\,,\quad \boldsymbol{\Psi}(\mathbf{x})=\frac{1}{4\pi}\iiint\frac{\nabla\times\mathbf{f}}{r}\,dV(\boldsymbol{\xi}) \tag{1.37}$$

である．

$\mathbf{u}=\nabla\phi+\nabla\times\boldsymbol{\psi}$，$\mathbf{f}=\nabla\Phi+\nabla\times\boldsymbol{\Psi}$ を均質弾性体の地震動の運動方程式 (1.29) に代入すると

$$\begin{aligned}&\rho\frac{\partial^2}{\partial t^2}(\nabla\phi+\nabla\times\boldsymbol{\psi})=\\&\quad(\lambda+\mu)\nabla(\nabla\cdot(\nabla\phi+\nabla\times\boldsymbol{\psi}))+\mu\nabla^2(\nabla\phi+\nabla\times\boldsymbol{\psi})+\rho(\nabla\Phi+\nabla\times\boldsymbol{\Psi})\,.\end{aligned} \tag{1.38}$$

ここで (1.38) 式の分散と回転をとって $\nabla^2\nabla h=\nabla\nabla^2 h$，$\nabla^2\nabla\times\mathbf{h}=\nabla\times\nabla^2\mathbf{h}$ および $\nabla\times\nabla h\equiv\mathbf{0}$，$\nabla\cdot\nabla\times\mathbf{h}\equiv 0$ を考慮すれば

$$\begin{aligned}\nabla\cdot(1.38)&=\rho\nabla^2\frac{\partial^2\phi}{\partial t^2}=(\lambda+\mu)\nabla^2(\nabla^2\phi)+\mu\nabla^2(\nabla^2\phi)+\rho\nabla^2\Phi\\ \nabla\times(1.38)&=\rho\nabla\times\nabla\times\frac{\partial^2\boldsymbol{\psi}}{\partial t^2}=\mu\nabla\times\nabla\times\nabla^2\boldsymbol{\psi}+\rho\nabla\times\nabla\times\boldsymbol{\Psi}\end{aligned} \tag{1.39}$$

となるから

$$\begin{aligned}\frac{\partial^2\phi}{\partial t^2}&=\alpha^2\nabla^2\phi+\Phi\,,\quad \alpha^2=\frac{\lambda+2\mu}{\rho}\\ \frac{\partial^2\boldsymbol{\psi}}{\partial t^2}&=\beta^2\nabla^2\boldsymbol{\psi}+\boldsymbol{\Psi}\,,\quad \beta^2=\frac{\mu}{\rho}\end{aligned} \tag{1.40}$$

が得られる．これを **Lamé の定理** *Lamé theorem* という [1)]．(1.40) 式は**非斉次** *inhomogeneous* の**波動方程式** *wave equation* であるから，地震動 $\mathbf{u}$ は波動現象であり，**地震波** *seismic wave* と見なすことができる．ϕ による地震波は $\nabla\times\nabla\phi\equiv 0$ より回転成分を持たず，速度 $\alpha=\sqrt{(\lambda+2\mu)/\rho}$ で伝播する **P 波** *P* *wave* であり，$\boldsymbol{\psi}$ による地震波は $\nabla\cdot\nabla\times\boldsymbol{\psi}\equiv 0$ より膨張・収縮成分を持たず，速度 $\beta=\sqrt{\mu/\rho}$ で伝播する **S 波** *S wave* である．P 波速度は常に S 波速度より速い．

$\nabla\cdot\boldsymbol{\psi}=0, \nabla\cdot\boldsymbol{\Psi}=0$ であるから，$\boldsymbol{\psi}, \boldsymbol{\Psi}$ の成分のうち独立なものは二つずつだけである．したがって，ϕ, Φ を含む三つずつのスカラーポテンシャル ϕ, ψ, χ あるいは Φ, Ψ, X で $\mathbf{u}$，$\mathbf{f}$ を表現できるはずである．このことを Aki and Richards[1] は以下のように証明している*)．(1.40) 式は三つのスカラー方程式

$$
\begin{aligned}
\frac{\partial^2\phi}{\partial t^2} &= \alpha^2\nabla^2\phi+\Phi \\
\frac{\partial^2}{\partial t^2}(\nabla\times\boldsymbol{\psi})_z &= \beta^2\nabla^2(\nabla\times\boldsymbol{\psi})_z+(\nabla\times\boldsymbol{\Psi})_z \\
\frac{\partial^2\psi_z}{\partial t^2} &= \alpha^2\nabla^2\psi_z+\Psi_z
\end{aligned}
\tag{1.41}
$$

と等価である（ψ_z，Ψ_z は $\boldsymbol{\psi}$，$\boldsymbol{\Psi}$ の z 成分を表す）．体積力が存在しない場合の (1.41) 式は，任意の地震動 $\mathbf{u}$ が ϕ，$(\nabla\times\boldsymbol{\psi})_z$，$\psi_z$ の示す 3 種類の地震動に分解できることを意味する．

ϕ の第 1 種地震動のみを取り出すと，この地震動は (1.40) 式のところで述べたように P 波を表す．次に $\phi=0$，$\psi_z=0$ として $(\nabla\times\boldsymbol{\psi})_z$ の第 2 種地震動のみを取り出すと，ベクトルポテンシャルの定義より $\nabla\cdot\boldsymbol{\psi}=0$ かつ $\psi_z=0$ であるから $\partial\psi_x/\partial x+\partial\psi_y/\partial y=0$（$\psi_x$，$\psi_y$ は $\boldsymbol{\psi}$ の x 成分と y 成分を表す）．この方程式は $\psi_x=\partial\psi/\partial y$，$\psi_y=-\partial\psi/\partial x$ となる関数 ψ が存在することを意味する．したがって，この地震動では $\boldsymbol{\psi}=\nabla\times(0,0,\psi)$ である．最後に $\phi=0$, $(\nabla\times\boldsymbol{\psi})_z=0$ として ψ_z の第 3 種地震動のみを取り出すと，$\nabla\cdot\mathbf{u}=0$ かつ $u_z=0$ であるから第 2 種地震動の $\boldsymbol{\psi}$ と同様に $\mathbf{u}=\nabla\times(0,0,\chi)$ となる関数 χ が存在する．$\boldsymbol{\Phi}$，$\boldsymbol{\Psi}$，$\mathbf{f}$ についてもまったく同様に成り立つ．

以上より，少なくとも z 成分が独立しているデカルト座標系や円筒座標系では

$$
\mathbf{u}=\nabla\phi+\nabla\times\nabla\times(0,0,\psi)+\nabla\times(0,0,\chi),
$$

*) Aki and Richards[1] の Box 6.5．ただし，(1.41) 式が (1.40) 式に等価であることがポイントであるが，その点に関する証明は行われていない．Kennett[9] による u_V，u_H を用いた証明がそれに相当すると考えられる．

$$\mathbf{f} = \nabla\Phi + \nabla\times\nabla\times(0,0,\Psi) + \nabla\times(0,0,X) \tag{1.42}$$

とすることができるはずである．これらを改めて (1.29) 式に代入すれば

$$\frac{\partial^2\phi}{\partial t^2} = \alpha^2\nabla^2\phi + \Phi,\quad \frac{\partial^2\psi}{\partial t^2} = \beta^2\nabla^2\psi + \Psi,\quad \frac{\partial^2\chi}{\partial t^2} = \beta^2\nabla^2\chi + X \tag{1.43}$$

が得られる．(1.43) 式は，(1.40) 式における S 波が実は ψ と χ による 2 種類の地震波から構成されていることを意味し，そのうち χ による S 波は $u_z \equiv 0$ で垂直成分を持たないので，**SH 波** *SH wave* と呼ばれるのに対して，ψ による S 波は **SV 波** *SV wave* と呼ばれる．なお，ϕ, ψ, χ はそれぞれ P 波，SV 波，SH 波の**変位ポテンシャル** *displacement potential* と呼ばれることがある．

これらの地震波を総称して**実体波** *body wave* と呼ぶが，現実の地球のように媒質の**物性値** *properties*（地震動問題では Lamé 定数や密度，およびそれらから派生する P 波速度や S 波速度などを総称する言葉）が不連続となる**境界面** *boundary, interface* が存在するとき**境界波** *boundary wave* と呼ばれる別の種類の地震波が発生する．特に，もっとも不連続の度合いが強い**地表面**（§3.1.1）では，顕著となることが多い**表面波**が発生する（§3.1.9，§3.1.10）．図 1.6 には典型的な例として，浅い地震から約 40 km から離れた 2 観測点での地震動が示されている．P 波，S 波のあとに表面波が現れ，長周期成分では大部分が表面波である．特に，平野内部の観測点では表面波が非常に顕著である．

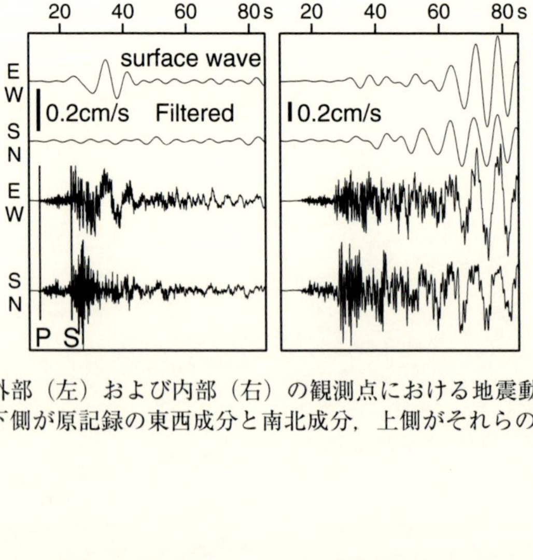

図 1.6　平野の外部（左）および内部（右）の観測点における地震動の速度記録．それぞれ下側が原記録の東西成分と南北成分，上側がそれらの長周期成分 [11]．

1.2.5　波面と波線

(1.43) 式において体積力なし（$\Phi = \Psi = X = 0$）とした斉次 *homogeneous* の波動方程式

$$\frac{\partial^2\phi}{\partial t^2} = \alpha^2\nabla^2\phi, \quad \frac{\partial^2\psi}{\partial t^2} = \beta^2\nabla^2\psi, \quad \frac{\partial^2\chi}{\partial t^2} = \beta^2\nabla^2\chi \tag{1.44}$$

を，P 波の第 1 式で代表させて考察する．まず，デカルト座標系において y 軸方向に変化がない場合（$\partial/\partial y \equiv 0$）の 2 次元問題を考える．$\alpha$ が一定の均質媒質で，時間依存は**単振動** *simple harmonic oscillation* の $e^{\mathrm{i}\omega t}$ であるとすれば，波動方程式とその解は

$$\left(\frac{\partial^2}{\partial x^2} + \frac{\partial^2}{\partial z^2}\right)\phi + \frac{\omega^2}{\alpha^2}\phi = 0, \quad \phi = He^{\mathrm{i}(\omega t - \xi x - \eta z)}, \ \xi^2 + \eta^2 = \frac{\omega^2}{\alpha^2} \tag{1.45}$$

となる．(1.42) 式と $\partial/\partial y \equiv 0$ より地震動は

$$u_x = \frac{\partial\phi}{\partial x} = Ae^{\mathrm{i}(\omega t - \xi x - \eta z)}, \quad A = -\mathrm{i}\xi H \tag{1.46}$$

$$u_z = \frac{\partial\phi}{\partial z} = Be^{\mathrm{i}(\omega t - \xi x - \eta z)}, \quad B = -\mathrm{i}\eta H$$

と与えられる．この地震動の位相の項は $\mathrm{i}(\omega t - \xi x - \eta z)$ という形をしているから，同じ位相になるためには x や z が大きくなったら時間 t が長く経過しなければならない．つまり x–z 平面において地震動は第 1 象限に向かって伝播している（図 1.7a）．同じ時刻に同じ位相になっている地点をつないだものを**波面** *wavefront* という[5)]．位相ゼロの地点は $z = 0$ ならば $x = \omega t/\xi$，$x = 0$ ならば $z = \omega t/\eta$ である．この両地点を結んだ直線（図中太実線）は $z = -\dfrac{\xi}{\eta}x + \dfrac{\omega t}{\eta}$ であり，この直線上の地点では位相がゼロになる[22)]．したがって，この直線は時刻 $t > 0$ における波面である．また，時刻 $t \to 0$ ならば両地点は原点に収束するので，原点を通る傾き $-\dfrac{\xi}{\eta}$ の直線（点線）も $t = 0$ における波面である．直線なのに波“面”と呼ばれるのは，y 軸方向に変化しないので紙面に垂直な方向に無数に存在して，それらが平面を構成し**平面波** *plane wave* となるためである．$t \geq 0$ の波面に直交する直線を結んだものは**波線** *ray* と呼ばれる（太実線矢印）．波線も波面に沿って無数に存在するが，波動方程式が非斉次

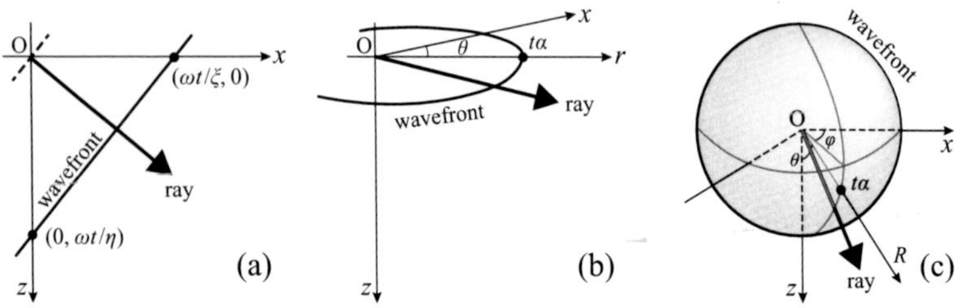

図 1.7　(a) 平面波の模式図（斎藤[22]に基づく）と (b) 円筒波の立体模式図，(c) 球面波の立体模式図．太実線，点線，太実線矢印はそれぞれ $t > 0$ の波面，$t = 0$ の波面と波線を表す．黒丸は波面と各軸の切片である．

になって波源が決まれば無数の中の波源を通るものが波線となる．

次に，**円筒座標系** (r, θ, z)（§2.2）において r 軸方向のみ変化がある場合（$\partial/\partial\theta = \partial/\partial z = 0$）を考える．同じく，$\alpha$ が一定の均質媒質で，時間依存は単振動であるとすれば，波動方程式は

$$\left(\frac{d^2}{dr^2} + \frac{1}{r}\frac{d}{dr}\right)\phi + k_\alpha^2 \phi = 0, \quad k_\alpha^2 = \frac{\omega^2}{\alpha^2} \tag{1.47}$$

となる．(1.47) 式は $r' = k_\alpha r$ に関する 0 次 **Bessel 方程式**（§2.2.1）の k_α^2 倍になっているから，その解は

$$\phi = H \cdot H_0^{(2)}(k_\alpha r)e^{i\omega t} \sim H\sqrt{\frac{2}{\pi k_\alpha r}}e^{i(\omega t - k_\alpha r + \pi/4)} \tag{1.48}$$

とすることができる（**Hankel 関数** $H_0^{(2)}$ とその漸近展開は §3.1.1）．(1.42) 式と $\partial/\partial\theta = \partial/\partial z = 0$，$dH_0^{(2)}(k_\alpha r)/dr = -k_\alpha H_1^{(2)}(k_\alpha r)$ より地震動は

$$u_r = \frac{d\phi}{dr} \sim A\sqrt{\frac{2}{\pi k_\alpha r}}e^{i(\omega t - k_\alpha r + \pi/4)}, \quad A = -ik_\alpha H \tag{1.49}$$

と与えられる．この地震動の位相の項は $i(\omega t - k_\alpha r + \pi/4) = i\{\omega(t - r/\alpha) + \pi/4\}$ という形をしているから，同じ位相になるためには r が大きくなったら時間 t が長く経過しなければならない．つまり原点の通る水平面において地震動は原点から離れて r が大きくなる方向に速度 α で伝播している（図 1.7b）．$t > 0$ での波面は半径が $r = t\alpha$ の円周（図中太実線）が z 方向に無数に並んだ円筒面で**円筒波** *cylindrical wave* となる．原点から延びてこの円周に直交し観測点

に向かう直線が波線である（太実線矢印）．(1.49) 式の振幅の項には $1/\sqrt{r}$ が含まれているので，円筒波は $\sqrt{r}$ に反比例して**幾何減衰** *geometrical spreading* する．この $1/\sqrt{r}$ により円筒波は $r = 0$ の z 軸上で発散してしまうが，波動方程式が非斉次になって $r = 0$ に波源が置かれれば解消する [22]．

最後に，**球座標系** (R, θ, ϕ)（§2.3.1）において R 軸方向のみ変化がある場合（$\partial/\partial\theta = \partial/\partial\phi = 0$）を考える．同じく，$\alpha$ が一定の均質媒質で，時間依存は単振動であるとすれば，波動方程式は

$$\left(\frac{d^2}{dR^2} + \frac{2}{R}\frac{d}{dR}\right)\phi + k_\alpha^2\phi = 0, \quad k_\alpha^2 = \frac{\omega^2}{\alpha^2} \tag{1.50}$$

となる．$\phi = \phi'/R$ と置いて (1.50) 式に代入すると $d^2\phi'/dR^2 + k_\alpha\phi' = 0$ となり，その解は $\phi' = He^{-\mathrm{i}k_\alpha R}$ であるので $\phi = \dfrac{H}{R}e^{\mathrm{i}(\omega t - k_\alpha R)}$ が得られる．佐藤 [23] によれば，球座標系における変位ポテンシャルは

$$\mathbf{u} = \nabla\phi + \nabla\times\nabla\times(R\psi, 0, 0) + \nabla\times(R\chi, 0, 0) \tag{1.51}$$

と定義される．この定義と $\partial/\partial\theta = \partial/\partial\phi = 0$ より，R が大きいときの地震動は

$$u_R = \frac{d\phi}{dR} = H\left(\frac{-1}{R^2} + \frac{-\mathrm{i}k_\alpha}{R}\right)e^{\mathrm{i}(\omega t - k_\alpha R)} \sim \frac{A}{R}e^{\mathrm{i}(\omega t - k_\alpha R)}, \quad A = -\mathrm{i}k_\alpha H \tag{1.52}$$

と得られる．この場合の位相の項は $\mathrm{i}(\omega t - k_\alpha R) = \mathrm{i}\omega(t - R/\alpha)$ であるから地震動は $R = 0$ の原点から離れて R が大きくなる方向に速度 α で伝播している（図 1.7c）．$t > 0$ での波面は半径が $R = t\alpha$ の球面（図中影付き太実線）であり**球面波** *spherical wave* となる．原点から延びてこの球面に直交し観測点に向かう直線が波線である（太実線矢印）．(1.52) 式の振幅の項には $1/R$ が含まれているので，球面波は R に反比例して幾何減衰する．この $1/R$ により球面波は $R = 0$ の原点で発散してしまうが，波動方程式が非斉次になって原点に波源が置かれれば解消する [22]．第 2 章以降，物理学としては点震源による地震動を主に扱うので，球面波が中心的な役割を果たすが（たとえば §2.1.5），1 次元地下構造で扱うために **Sommerfeld 積分**を用いて球面波を円筒波に展開する（§2.2.1）．また，**Weyl 積分** *Weyl integral* [30] を用いれば球面波を平面波に展開することもできる．

Aki and Richards[1] は前述の物理学の一般的な定義[5] に加えて，波面を媒質の変位またはその導関数が不連続となる面と定義した．ある地点において点震源から地震動が届くまでは変位はゼロであるが，時刻 $t > 0$ に届けば変位は震源時間関数（§2.1.2）に沿って変化する．ゼロだったものが急に非ゼロになるから，震源時間数自体は $t > 0$ で連続だったとしてもその1階または高階の導関数は必ず不連続になる．つまり，波面は，地震動を伝播する地震波と見た場合の波の先頭を表す．いろいろな時刻の波面に直交する直線をつないだものが波線であるから，波線は点震源における $t = 0$ の波面から $t > 0$ の波面まで地震動（地震波）が伝播した軌跡である．また，$t > 0$ の波面上で位相の一定値が $\omega(t - \tau)$ であるとすると，波線の向きは $\nabla\tau$ で与えられる[4]．

1.2.6　非弾性

現実の物質では Hooke の法則 (1.15)，(1.18) に厳密に従う完全弾性体はむしろ稀であり，多かれ少なかれそこからはずれた**非弾性** *anelasticity* の性質を持っている．たとえば，地震動の媒質である**地殻**（§3.1.11）や**マントル**（§3.1.11）の中の結晶欠陥や転移運動，粒界過程などが非弾性を形作り，地震動のエネルギーの一部を吸収して熱などに変えてしまい，地震動を**減衰** *attenuation* させてしまう[10),28]．完全弾性体内では波面の広がりによる**幾何減衰**（§1.2.5）を別にすれば，地震動は伝播中に減衰しない．このほか，媒質の中の小規模な不均質が**散乱** *scattering* を起こして地震動の実体波部分のエネルギーの一部を**コーダ波** *coda wave* と呼ばれる後続波に移動させる[17]．この移動は結果として実体波の短周期成分を減衰させるので**散乱減衰** *scattering attenuation* と呼ばれるが，本書で扱うような周期帯の地震動にはあまり影響を与えない．この散乱減衰と区別するため，非弾性による減衰は**内部減衰** *intrinsic attenuation* と呼ばれる．

完全弾性体の Hooke の法則は時間を含まないから，ひずみの変化が即座に応力の変化へ，あるいは応力の変化が即座にひずみの変化に伝わることを意味しているが，即座に伝わらずある時間経過を伴うとき，その性質を**粘性** *viscosity* と呼ぶ．前者の弾性と後者の粘性が合わさった性質は**粘弾性** *viscoelasticity* と呼ばれ，粘弾性体では時間経過の間にひずみエネルギーが散逸してしまうので減衰が起こる．内部減衰の多くはこの粘弾性で表現できるとされている[8)]．簡単のために 1 次元の媒質を考えると，粘弾性体の応力–ひずみ関係は (1.1) 式のかわりに

$$\tau(t) = \int_0^t \gamma(t-\zeta)\, de(\zeta) = \gamma_0 e(t) + \int_0^t \dot{R}(t-\zeta)e(\zeta)\, d\zeta\,, \quad \dot{R} = \frac{dR(t)}{dt} \tag{1.53}$$

という形式で記述される[*)]．**部分積分** *integration by parts* を実行した第 2 式では γ_0 が弾性，**緩和関数** *relaxation function* $R(t)$ が粘性を表している．(1.53) 式の **Fourier 変換**（§4.2.2）をとって，その性質（表 4.3）を利用すると

$$\bar{\tau}(\omega) = \bar{\gamma}(\omega)\, \bar{e}(\omega) = (\gamma_0 + \gamma_1(\omega))\, \bar{e}(\omega)\,, \quad \gamma_1(\omega) = \mathrm{i}\omega\overline{R}(\omega) \tag{1.54}$$

となるので，(1.53) 式は周波数領域で Hooke の法則と同じ線形の比例関係が想定されていることに等しい．

3 次元でのひずみの定義式 (1.5) とつり合いの方程式 (1.24) は，1 次元で体積力なしの場合，空間座標を x，変位を u とすると

$$e = \frac{\partial u}{\partial x}\,, \quad \rho\frac{\partial^2 u}{\partial t^2} = \frac{\partial \tau}{\partial x} \tag{1.55}$$

と書くことができる．両者の Fourier 変換をとってから後者に (1.54) 式と前者を代入すると

$$\rho(\mathrm{i}\omega)^2\bar{u} = (\gamma_0 + \gamma_1)\frac{\partial^2 \bar{u}}{\partial x^2}\,. \tag{1.56}$$

この方程式の解を $\bar{u} = \overline{U}(\omega)e^{-\mathrm{i}kx}$ とし

$$\gamma_1 = \mathrm{Re}\,\gamma_1 + \mathrm{i}\,\mathrm{Im}\,\gamma_1 = \gamma_1^{\mathrm{R}}(\omega) + \mathrm{i}\omega\gamma_1^{\mathrm{I}}(\omega) \tag{1.57}$$

と置いて **Fourier 逆変換**（§4.2.2）を行うと，γ_1^{I} が概ね一定ならば

$$m'\frac{d^2U}{dt^2} + c'\frac{dU}{dt} + k'U = 0\,, \tag{1.58}$$

---

*) Hudson[8)] による．同書の 194 頁脚注には，この定式化を 1876 年に初めて行ったのは L. Boltzmann であると書かれている．

$$m' = \rho,\ \ c' = k^2\gamma_1^{\rm I},\ \ k' = k^2(\gamma_0 + \gamma_1^{\rm R})$$

という，よく知られた**減衰振動** *damped oscillation* の運動方程式（たとえば Landau and Lifshitz[16] や Kreyszig[14]）が得られる．この中の c' は**減衰係数** *damping coefficient* と呼ばれている[*]．ここで $U(t)$ は $\overline{U}(\omega)$ の Fourier 逆変換であり，その固有振動解から地震動 u の実数解は

$$u = a\,e^{-\eta t}\cos\left(\sqrt{\omega_0^2 - \eta^2}\,t - kx\right), \tag{1.59}$$

$$\omega_0 = \sqrt{\frac{k'}{m'}} = k\sqrt{\frac{\gamma_0 + \gamma_1^{\rm R}}{\rho}},\ \ \eta = \frac{c'}{2m'} = \frac{k^2\gamma_1^{\rm I}}{2\rho}$$

で与えられる．

減衰の指標としてよく使われるのが $Q^{-1} = -\Delta E/2\pi E$ で定義される **Q 値** *quality factor* であり，粘弾性体では E が弾性エネルギーで，$-\Delta E$ が粘性により振動 1 周期の間に失われるエネルギーである．(1.59) 式の減衰振動では，E は固有角振動数が ω_0，弾性定数が $k_0' = k^2\gamma_0$ の単振動成分のエネルギー

$$E = \frac{1}{2}k_0' a^2 \tag{1.60}$$

であり[16]，振動 1 周期 T の間に振幅が a から $ae^{-\eta T}$ に減少するから，その減少率は小さく，固有角振動数の変化の影響も小さいとすると

$$-\Delta E = \frac{1}{2}k' a^2(1 - e^{-2\eta T}) \sim \frac{1}{2}k' a^2(2\eta T),\ \ T \sim \frac{2\pi}{\omega_0}. \tag{1.61}$$

したがって

$$Q^{-1} = \frac{1}{2\pi}\frac{k'}{k_0'}\frac{4\pi\eta}{\omega_0} \tag{1.62}$$

$\gamma_0 \gg {\rm Re}\,\gamma_1$ ならば $k' \sim k_0'$ であるから，(1.57) 式，(1.59) 式を用いて

$$Q^{-1} \sim \frac{2\eta}{\omega_0} = \frac{2k^2\gamma_1^{\rm I}}{2\rho}\frac{1}{\omega_0} \sim \frac{2k^2{\rm Im}\,\gamma_1}{2\rho\omega_0}\frac{1}{\omega_0} \sim \frac{{\rm Im}\,\gamma_1}{\gamma_0} \tag{1.63}$$

---

[*] Kreyszig[14] は**減衰定数** *damping constant* と呼んでいるが，Aki and Richards[1] や宇津[28] はこの言葉を η に関係する量に用いている（§4.1）．

が得られる [*].

また，(1.63) 式と (1.59) 式から，減衰振動の運動方程式 (1.58) の中の減衰係数 c' は

$$c' = 2m'\eta = \rho\omega_0 Q^{-1} = 2\pi f_0 \rho Q^{-1} \tag{1.64}$$

と与えられ, 質量（密度）に比例した**質量比例減衰** *mass-proportional damping* [3)] を構成する.

たとえばひずみに変化が起こり，それが応力に伝えられるとき，応力の変化がひずみの変化より早く起こることはあり得ない．この原理は**因果律** *causality* と呼ばれている．(1.53) 式において，応力 $\tau(t)$ がひずみ $e(t)$ と異なる時間変化をとるような影響を与えるのは dR/dt のみであるので，$\tau(t)$ が因果律を満たすためには dR/dt が因果律を満たせばよい．表 4.3 の「因果律」の項目から，これが成立する条件は dR/dt の Fourier 変換である $\gamma_1(\omega)$ の実部と虚部が **Hilbert 変換** *Hilbert transform*

$$\mathrm{Re}\,\gamma_1(\omega) = \frac{1}{\pi}\int_{-\infty}^{+\infty} \frac{\mathrm{Im}\,\gamma_1(y)}{\omega - y}\,dy \tag{1.65}$$

で関係づけられることである（§4.2.2）.

さらには，粘弾性 が現実の現象であるためには dR/dt が実関数である必要がある．表 4.3 の「実関数」の項目から，そのためには $\gamma_1(-\omega) = \gamma_1^*(\omega)$，つまり $\mathrm{Im}\,\gamma_1(-\omega) = -\mathrm{Im}\,\gamma_1(\omega)$ でなければならない．(1.65) 式の積分の $\omega < 0$ の部分にこれを代入し $y' = -y$ と変数変換すると **Kramers-Kronig 関係式** *Kramers-Kronig relation*

$$\begin{aligned}\mathrm{Re}\,\gamma_1(\omega) &= \frac{1}{\pi}\int_0^{+\infty} \frac{\mathrm{Im}\,\gamma_1(y)}{\omega - y}\,dy + \frac{1}{\pi}\int_{+\infty}^{0} \frac{-\mathrm{Im}\,\gamma_1(y')}{\omega + y'}\,(-dy') \\ &= \frac{2}{\pi}\int_0^{+\infty} \frac{y\,\mathrm{Im}\,\gamma_1(y)}{\omega^2 - y^2}\,dy \end{aligned} \tag{1.66}$$

になる [13),21)]．この関係式に (1.63) 式を代入して，Q^{-1} が $\omega_1 \ll \omega \ll \omega_2$ で一定値をとり，それ以外ではゼロと仮定すると，積分の公式 [19)] $\int 1/(ax+b)\,dx =$

---

[*] Hudson[8)] では (1.63) 式の分子にマイナス符号が付く．それは Fourier 変換の定義が本書と異なるため，(1.54) 式の第 2 式の $\mathrm{i}\omega$ が $-\mathrm{i}\omega$ となってしまうことによる.

$1/a \cdot \ln|ax+b|$ と $x = y^2$ の変数変換により

$$\gamma_1^{\mathrm{R}} = \mathrm{Re}\,\gamma_1 = \frac{\gamma_0}{\pi Q}\int_{\omega_1}^{\omega_2} \frac{2y\,dy}{\omega^2 - y^2} = \frac{-\gamma_0}{\pi Q}\ln\frac{\omega_2^2 - \omega^2}{\omega^2 - \omega_1^2} \sim \frac{2\gamma_0}{\pi Q}\ln\frac{\omega}{\omega_2}\,. \tag{1.67}$$

また，(1.59) 式の地震動は

$$u = a\,\mathrm{Re}\,e^{\mathrm{i}\omega t - \mathrm{i}kx}, \quad \omega = \sqrt{\omega_0^2 - \eta^2} + \mathrm{i}\eta \tag{1.68}$$

と書き換えることができる．ここで (1.61) 式のときと同じように固有角振動数の変化は小さいとすると $\omega \sim \omega_0 + \mathrm{i}\eta$．さらに，**位相速度** *phase velocity* $c \equiv \omega/k$ をこの複素数の ω に拡張し，(1.59) 式と (1.63) 式を代入すると

$$c^2 = \frac{\omega_0^2}{k^2}\left(1 + \frac{\mathrm{i}\eta}{\omega_0}\right)^2 = \frac{\gamma_0 + \gamma_1^{\mathrm{R}}}{\rho}\left(1 + \frac{\mathrm{i}}{2Q}\right)^2\,. \tag{1.69}$$

これに (1.67) 式を代入して

$$c^2 = \frac{\gamma_0}{\rho}\left(1 + \frac{2}{\pi Q}\ln\frac{\omega}{\omega_2}\right)\left(1 + \frac{\mathrm{i}}{2Q}\right)^2\,. \tag{1.70}$$

ある参照角周波数 ω_r において通常の実位相速度 c_r が測定されていたとすると

$$c_r^2 = \frac{\gamma_0}{\rho}\left(1 + \frac{2}{\pi Q}\ln\frac{\omega_r}{\omega_2}\right) \tag{1.71}$$

であるから，これを (1.70) 式の $\ln\omega_2$ のところに代入し，再び $\gamma_0 \gg \mathrm{Re}\,\gamma_1 = \gamma_1^{\mathrm{R}}$ とすれば $c_r^2 \sim \gamma_0/\rho$ であるので

$$c^2 \sim c_r^2\left(1 + \frac{2}{\pi Q}\ln\frac{\omega}{\omega_r}\right)\left(1 + \frac{\mathrm{i}}{2Q}\right)^2\,. \tag{1.72}$$

両辺の平方根をとると

$$c = c_r\left(1 + \frac{2}{\pi Q}\ln\frac{\omega}{\omega_r}\right)^{\frac{1}{2}}\left(1 + \frac{\mathrm{i}}{2Q}\right) \sim c_r\left(1 + \frac{1}{\pi Q}\ln\frac{\omega}{\omega_r} + \frac{\mathrm{i}}{2Q}\right) \tag{1.73}$$

が得られる．

以上の結果を3次元の媒質の比例関係 (1.19) に適用すると，$\alpha^2 = (\kappa + 4\mu/3)/\rho$

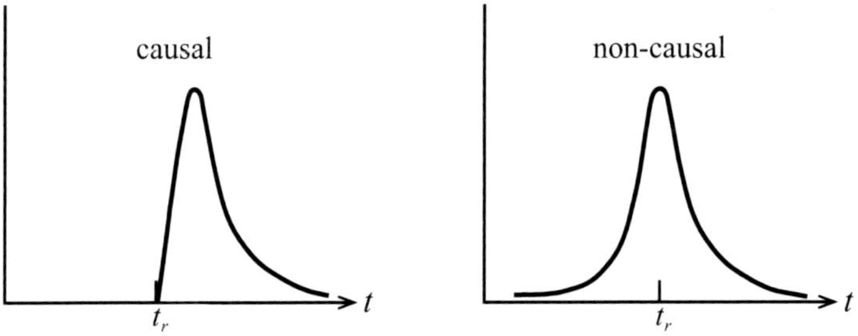

図 1.8　因果律を満たす波形（左）と満たさない波形（右）．t_r は地震動の到着時刻を表す（Kennett[9] に基づく）．

であるから $Q_\alpha^{-1} = \mathrm{Im}\,(\kappa_1 + 4\mu_1/3)/(\kappa_0 + 4\mu_0/3)$, $Q_\beta^{-1} = \mathrm{Im}\,\mu_1/\mu_0$ を定義して

$$\alpha(\omega) = \alpha_r \left(1 + \frac{1}{\pi Q_\alpha} \ln \frac{\omega}{\omega_r} + \frac{i}{2Q_\alpha}\right),$$
$$\beta(\omega) = \beta_r \left(1 + \frac{1}{\pi Q_\beta} \ln \frac{\omega}{\omega_r} + \frac{i}{2Q_\beta}\right) \tag{1.74}$$

が得られる．したがって粘弾性による減衰が無視できないとき，Q 値一定モデルならば地震波速度を (1.74) 式に置き換え，周波数領域で計算すれば減衰を受けた地震動を得る．そこで $\ln(\omega/\omega_r)$ の項を無視すると，図 1.8 右のように波形が地震動の到着時刻より前にしみ出す．

また，通常の媒質では体積ひずみに関わる減衰は小さく $\kappa_1 \sim 0$ であることが多い．その場合は

$$Q_\alpha^{-1} \sim \frac{\mathrm{Im}\,4\mu_1/3}{\kappa_0 + 4\mu_0/3} = \frac{4}{3}\frac{\mathrm{Im}\,\mu_1}{\rho\alpha_0^2}, \quad \alpha_0^2 = \frac{\kappa_0 + 4\mu_0/3}{\rho},$$
$$Q_\beta^{-1} = \frac{\mathrm{Im}\,\mu_1}{\mu_0} = \frac{\mathrm{Im}\,\mu_1}{\rho\beta_0^2}, \quad \beta_0^2 = \frac{\mu_0}{\rho} \tag{1.75}$$

であるので

$$Q_\alpha^{-1} \sim \frac{4}{3}\frac{\beta_0^2}{\alpha_0^2} Q_\beta^{-1} \tag{1.76}$$

となる[9]．

1.3 地震動の原理

1.3.1 重ね合わせの原理

運動方程式 (1.28) に含まれる演算子 ∇, $\nabla\cdot$, $\nabla\times$, ∇^2 はすべて**線形性** *linearity*, たとえば

$$\nabla(a\mathbf{A} + b\mathbf{B}) = a\nabla\mathbf{A} + b\nabla\mathbf{B} \tag{1.77}$$

を持っているから，運動方程式自体も線形である．したがって，領域 V（図 1.5）の中に二つの体積力 $\mathbf{f}_A$ と $\mathbf{f}_B$ が存在するとき，それらによる地震動 $\mathbf{u}$ は，$\mathbf{f}_A$ あるいは $\mathbf{f}_B$ が単独で存在する場合の地震動 $\mathbf{u}_A$ と $\mathbf{u}_B$ を用いて

$$\mathbf{u} = \mathbf{u}_A + \mathbf{u}_B \tag{1.78}$$

と表され，**重ね合わせの原理** *principle of superposition* と呼ばれている[*]．

1.3.2 相反定理

序文で，「地震動の物理学は観測された地震動から震源の効果と伝播の効果を分離して定量的に評価すること」と述べた．それが原理的に可能なことをここ以降に示す．

もっとも一般的な3次元の運動方程式は，ひずみの定義式 (1.5) と一般化された Hooke の法則（(1.15) 式）による

$$\tau_{ij} = C_{ijkl}e_{kl} = C_{ijkl}\frac{\partial u_k}{\partial x_l} \tag{1.79}$$

および，つり合いの方程式 (1.24) による

$$\rho\frac{\partial^2 u_i}{\partial t^2} = \frac{\partial \tau_{ij}}{\partial x_j} + \rho f_i \tag{1.80}$$

から得られるものである[†]．添え字の i, j, k, l は x, y, z のいずれかで，x_j や x_l は

---

[*] 『改訂版 物理学辞典』[5] では "重ね合せ" としているが，ここでは内閣告示の送り仮名の付け方の標準的なものに従った．

[†] 本書では主に等方媒質を扱うので (1.28) 式を運動方程式として用いてもよいが，このもっとも一般的な表現の方が形式的には短く書くことができるので，ここではこちらを用いる．

x, y, z 座標そのものを表す．ここでは数式が煩雑にならないように，Einstein[6)] の**総和規約** *summation convention*（一つの項の中で同じ添え字がくり返し現れたときにはそれについて総和をとる）を用いた．地震動などが定義されている有限領域 V（図 1.5）において，f_i とは別の体積力 g_i が与えられたときの地震動を υ_i，ひずみを ϵ_{ij}，応力を σ_{ij} とすると，同じく

$$\sigma_{ij} = C_{ijkl}\epsilon_{kl} = C_{ijkl}\frac{\partial \upsilon_k}{\partial x_l} \tag{1.81}$$

および

$$\rho\frac{\partial^2 \upsilon_i}{\partial t^2} = \frac{\partial \sigma_{ij}}{\partial x_j} + \rho g_i \tag{1.82}$$

が成り立つ．

ここで，二つの関数を畳み込んで一つの関数を作り出す，**コンボリューション** *convolution* と呼ばれる演算子

$$f_1(t) * f_2(t) = \int_{-\infty}^{+\infty} f_1(\tau) f_2(t-\tau) d\tau = \int_{-\infty}^{+\infty} f_1(t-\tau) f_2(\tau) d\tau \tag{1.83}$$

を定義する（§4.2.2 も参照）[*)]．(1.80) 式と υ_i とのコンボリューションをとり領域 V の体積積分を行うと

$$\begin{aligned}&\int_{-\infty}^{+\infty} d\tau \iiint \rho \frac{\partial^2}{\partial \tau^2} u_i(\mathbf{x},\tau)\, \upsilon_i(\mathbf{x}, t-\tau)\, dV \\ &= \int_{-\infty}^{+\infty} d\tau \iiint \frac{\partial}{\partial x_j}\tau_{ij}(\mathbf{x},\tau)\, \upsilon_i(\mathbf{x}, t-\tau)\, dV + \int_{-\infty}^{+\infty} d\tau \iiint \rho f_i(\mathbf{x},\tau)\, \upsilon_i(\mathbf{x}, t-\tau)\, dV.\end{aligned} \tag{1.84}$$

体積力 f_i, g_i が $t = 0$ に始まるものとすると，それらによる地震動は因果律により $u_i(\mathbf{x}, t) = \upsilon_i(\mathbf{x}, t) = 0$，$t < 0$ でなければならない．したがって (1.84) 式に含まれる τ 積分の積分範囲は $(-\infty, t]$ となり，$\partial u_i(\mathbf{x}, t)/\partial t = \partial \upsilon_i(\mathbf{x}, t)/\partial t = 0$，$t < 0$ とすることができる．さらに，左辺の τ 積分に部分積分を実行すると

$$\int_{-\infty}^{t} d\tau\, \rho \frac{\partial^2}{\partial \tau^2} u_i(\mathbf{x},\tau)\, \upsilon_i(\mathbf{x}, t-\tau) \tag{1.85}$$

---

*) 本書では一貫して時間領域のコンボリューションの積分変数を τ で表すので，応力の τ_{ij} が同時に現れるとき（(1.84) 式など）には注意を要する．

$$= \left[\rho\frac{\partial}{\partial\tau}u_i(\mathbf{x},\tau)\,\upsilon_i(\mathbf{x},t-\tau)\right]_{-\infty}^{t} - \int_{-\infty}^{t}d\tau\,\rho\frac{\partial}{\partial\tau}u_i(\mathbf{x},\tau)\frac{\partial}{\partial\tau}\upsilon_i(\mathbf{x},t-\tau).$$

$\partial u_i(\mathbf{x},-\infty)/\partial\tau = 0$ であるから，υ_i の初期値 $\upsilon_i(\mathbf{x},0)$ をゼロと置くことができれば (1.85) 式の右辺第1項は消滅する．次に，(1.84) 式の右辺第1項の体積積分を部分積分したのち **Gauss の発散定理** *divergence theorem of Gauss*[14)]

$$\iiint \nabla\cdot\mathbf{F}\,dV = \iint \mathbf{F}\cdot\mathbf{n}\,dS \Rightarrow \iiint \frac{\partial F_j}{\partial x_j}dV = \iint F_j n_j\,dS \tag{1.86}$$

を適用すると（図1.9）

$$\begin{aligned}
&\iiint \frac{\partial}{\partial x_j}\tau_{ij}(\mathbf{x},\tau)\,\upsilon_i(\mathbf{x},t-\tau)\,dV\\
&= \iiint \frac{\partial}{\partial x_j}\left\{\tau_{ij}(\mathbf{x},\tau)\,\upsilon_i(\mathbf{x},t-\tau)\right\}dV - \iiint \tau_{ij}(\mathbf{x},\tau)\frac{\partial}{\partial x_j}\upsilon_i(\mathbf{x},t-\tau)\,dV\\
&= \iint \tau_{ij}(\mathbf{x},\tau)\,\upsilon_i(\mathbf{x},t-\tau)\,n_j\,dS - \iiint \tau_{ij}(\mathbf{x},\tau)\frac{\partial}{\partial x_j}\upsilon_i(\mathbf{x},t-\tau)\,dV.
\end{aligned} \tag{1.87}$$

以上をまとめると

$$\begin{aligned}
-\int_{-\infty}^{t}d\tau\iiint\rho\frac{\partial}{\partial\tau}u_i(\mathbf{x},\tau)\frac{\partial}{\partial\tau}\upsilon_i(\mathbf{x},t-\tau)\,dV &= \int_{-\infty}^{t}d\tau\iint\tau_{ij}(\mathbf{x},\tau)\,\upsilon_i(\mathbf{x},t-\tau)\,n_j\,dS\\
-\int_{-\infty}^{t}d\tau\iiint\tau_{ij}(\mathbf{x},\tau)\frac{\partial}{\partial x_j}\upsilon_i(\mathbf{x},t-\tau)\,dV &+ \int_{-\infty}^{t}d\tau\iiint\rho f_i(\mathbf{x},\tau)\,\upsilon_i(\mathbf{x},t-\tau)\,dV.
\end{aligned} \tag{1.88}$$

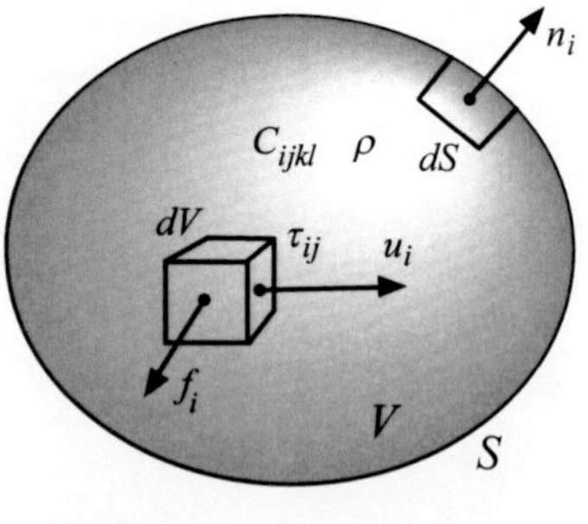

図1.9　図1.5の領域 V の物性値を C_{ijkl}，ρ とする．V には図1.4bの微小領域 dV が含まれ，S には法線ベクトルが n_i である微小領域 dS が分布する（Udias[26)] に基づく）．

(1.84) 式から (1.88) 式までの定式化を (1.82) 式と u_i とのコンボリューションに対しても行うと

$$-\int_{-\infty}^{t} d\tau \iiint \rho \frac{\partial}{\partial \tau} \upsilon_i(\mathbf{x}, \tau) \frac{\partial}{\partial \tau} u_i(\mathbf{x}, t-\tau)\, dV = \int_{-\infty}^{t} d\tau \iint \sigma_{ij}(\mathbf{x}, \tau)\, u_i(\mathbf{x}, t-\tau)\, n_j\, dS \quad (1.89)$$
$$- \int_{-\infty}^{t} d\tau \iiint \sigma_{ij}(\mathbf{x}, \tau) \frac{\partial}{\partial x_j} u_i(\mathbf{x}, t-\tau)\, dV + \int_{-\infty}^{t} d\tau \iiint \rho g_i(\mathbf{x}, \tau)\, u_i(\mathbf{x}, t-\tau)\, dV.$$

コンボリューションの定義（(1.83) 式）から，(1.88) 式の左辺と (1.89) 式の左辺は等しい．また，S において u_i，$\tau_{ij}n_j$ と v_i，$\sigma_{ij}n_j$ は同じ**斉次境界条件** *homogeneous boundary condition* を満たして

$$l u_i + m \tau_{ij} n_j = 0\,, \quad l \upsilon_i + m \sigma_{ij} n_j = 0 \quad (1.90)$$

であるとすると（l，m は定数），両式の右辺第 1 項は一致する[8]．次に，両式の右辺第 2 項に (1.79) 式と (1.81) 式を代入すると

$$\int_{-\infty}^{t} d\tau \iiint C_{ijkl} \frac{\partial}{\partial x_l} u_k(\mathbf{x}, \tau) \frac{\partial}{\partial x_j} \upsilon_i(\mathbf{x}, t-\tau)\, dV\,, \quad (1.91)$$

$$\int_{-\infty}^{t} d\tau \iiint C_{ijkl} \frac{\partial}{\partial x_l} \upsilon_k(\mathbf{x}, \tau) \frac{\partial}{\partial x_j} u_i(\mathbf{x}, t-\tau)\, dV \quad (1.92)$$

になる．再びコンボリューションの定義（(1.83) 式）から，(1.92) 式は

$$\int_{-\infty}^{t} d\tau \iiint C_{ijkl} \frac{\partial}{\partial x_l} \upsilon_k(\mathbf{x}, t-\tau) \frac{\partial}{\partial x_j} u_i(\mathbf{x}, \tau)\, dV \quad (1.93)$$

となる．ここで i と k，j と l を交換し，一般化された弾性定数の第 3 の対称性（(1.17) 式）を用いると，(1.93) 式は (1.91) 式に一致する*)．

(1.88) 式と (1.89) 式を比べて，左辺は等しく右辺第 1 項，第 2 項も一致するから両式の右辺第 3 項が等しく，コンボリューションを $*$ で表せば（§4.2.2），**相反定理** *reciprocity theorem*

$$\iiint \rho f_i * \upsilon_i\, dV = \iiint \rho g_i * u_i\, dV \quad (1.94)$$

が得られる†)．上述のように，この簡単な形式にできるのは領域の周囲での

---

*) この一致は Aki and Richards[1] の §2.3.1 の Uniqueness Theorem に相当すると考えられる．

†) Hudson[8] の (5.13) 式に一致する．相反定理は Betti の定理として知られているが，同書によればコンボリューション形式のものは D. Graffi が 1947 年に発表した．

境界条件が斉次で，$u_i(\mathbf{x},0) = v_i(\mathbf{x},0) = 0$ の初期条件が成り立つ場合である．相反定理は非常に著名な原理であるが，次項や §3.3.3 を除いて (1.94) 式の形で利用されることは少ない．

1.3.3　表現定理

n 次元の独立変数 $\mathbf{z}$ の常微分方程式や楕円型または**双曲型偏微分方程式** *partial differential equation of hyperbolic type* $L(\mathbf{u}) = h$ を領域 D 内で**斉次境界条件** $B(\mathbf{u}) = 0$ の下で解くとき，$L(G(\mathbf{z};\boldsymbol{\zeta})) = \delta(\mathbf{z}-\boldsymbol{\zeta})$ と $B(G(\mathbf{z};\boldsymbol{\zeta})) = 0$ を満たす **Green 関数** *Green's function* $G(\mathbf{z};\boldsymbol{\zeta})$ が存在し，

$$\mathbf{u} = \int_D G(\mathbf{z};\boldsymbol{\zeta})\, h(\boldsymbol{\zeta})\, d\boldsymbol{\zeta} \tag{1.95}$$

が唯一の解となる *)．ここで $\delta(\mathbf{z}) = \prod_{i=1}^{n} \delta(z_i)$ の右辺の δ は

$$\int_{z\in D} f(z)\,\delta(z)\,dz = f(0) \tag{1.96}$$

と定義される**デルタ関数** *delta function*（§4.2.2 も参照）である．簡単のため §1.2.6 と同様に 1 次元の媒質を考えると，$\mathbf{u} \to u$ であり，領域 D が 1 次元空間 x と時間領域 t で構成される．運動方程式は (1.1) 式と体積力ありの (1.55) 式から

$$\rho\frac{\partial^2 u}{\partial t^2} = \frac{\partial}{\partial x}\left(\gamma\frac{\partial u}{\partial x}\right) + \rho f \tag{1.97}$$

となる．これを $L(\mathbf{u}) = h$ の形にすると，

$$\begin{aligned} &L(u) = a\frac{\partial^2 u}{\partial t^2} + 2b\frac{\partial^2 u}{\partial t\partial x} + c\frac{\partial^2 u}{\partial x^2} - \frac{\partial\gamma}{\partial x}\frac{\partial u}{\partial x}, \quad h = \rho f, \\ &a = \rho,\ b = 0,\ c = -\gamma. \end{aligned} \tag{1.98}$$

ここで $b^2 - ac = \gamma\rho > 0$ であるから，地震動の運動方程式は双曲型偏微分方程式である [25]．また，地震動で使われる境界条件のうち，**連続の条件**（§3.1.1）

*) 『数学辞典 第 2 版』[20] による．『改訂版 物理学辞典』[5] ではなぜか楕円型偏微分方程式しか言及されていない．

や応力解放条件（§3.1.2）などは斉次境界条件であるから，その場合，地震動には Green 関数が存在する．

3 次元空間では，領域 D が空間領域 V（図 1.9）および時間領域 t で構成されており，(1.79) 式と (1.80) 式から得られる運動方程式

$$\rho\frac{\partial^2 u_i}{\partial t^2} = \frac{\partial}{\partial x_j}\left(C_{ijkl}\frac{\partial u_k}{\partial x_l}\right) + \rho f_i \tag{1.99}$$

は連立方程式になっている．そこで，前項と同じように V の外周 S 上に応力解放条件を課すと

$$L_i(u_i(\mathbf{x},t)) = h_i, \quad L_i(u_i(\mathbf{x},t)) = \rho\frac{\partial^2 u_i}{\partial t^2} - \frac{\partial}{\partial x_j}\left(C_{ijkl}\frac{\partial u_k}{\partial x_l}\right), \quad h_i = \rho f_i \tag{1.100}$$

には

$$L_i(G_{in}(\mathbf{x},t;\boldsymbol{\xi},\tau)) = \delta_{in}\delta(\mathbf{x}-\boldsymbol{\xi})\delta(t-\tau) \tag{1.101}$$

と応力解放条件を満たすテンソル **Green 関数** *tensor Green's function* $\mathbf{G} = (G_{in}(\mathbf{x},t;\boldsymbol{\xi},\tau))$ が存在する．ここで i は地震動の方向を，n はデルタ関数の積である体積力（以下ではインパルス *impulse* と呼ぶ）の方向を表す．(1.101) 式に含まれる二つのデルタ関数のうち，後者は (1.96) 式で定義された 1 次元のデルタ関数だが，前者は

$$\iiint A(\boldsymbol{\xi})\delta(\boldsymbol{\xi})dV = A(\mathbf{0}), \quad \mathbf{0} = (0,0,0) \tag{1.102}$$

と定義される 3 次元のデルタ関数である．

応力解放条件が時間 t で変化しないとすると，(1.101) 式に t は $t-\tau$ という形でしか含まれていないから，時間の**相反関係** *reciprocity relation*

$$G_{in}(\mathbf{x},t;\boldsymbol{\xi},\tau) = G_{in}(\mathbf{x},t-\tau;\boldsymbol{\xi},0) = G_{in}(\mathbf{x},-\tau;\boldsymbol{\xi},-t) \tag{1.103}$$

が成り立つ[1)]．次に，(1.101) 式において h_{i1} を m 方向インパルス $\delta_{im}\delta(\mathbf{x}-\boldsymbol{\xi}_1)\delta(t)$ としたときの i 方向 Green 関数を $G_{im}(\mathbf{x},t;\boldsymbol{\xi}_1,0)$，$h_{i2}$ を l 方向インパルス $\delta_{il}\delta(\mathbf{x}-\boldsymbol{\xi}_2)\delta(t)$ としたときの i 方向 Green 関数を $G_{il}(\mathbf{x},t;\boldsymbol{\xi}_2,0)$ とする．初期条件 $G_{im}(\mathbf{x},0;\boldsymbol{\xi}_1,0) = G_{il}(\mathbf{x},0;\boldsymbol{\xi}_2,0) = 0$ を仮定できるならば，これらを $\rho f_i = h_{i1}$,

$\rho g_i = h_{i2}$，$u_i = G_{im}(\mathbf{x}, t; \boldsymbol{\xi}_1, 0)$，$v_i = G_{il}(\mathbf{x}, t; \boldsymbol{\xi}_2, 0)$ として相反定理 (1.94) 式に代入することができる．その結果とコンボリューションの定義から空間座標 $\mathbf{x}$ の相反関係

$$G_{lm}(\boldsymbol{\xi}_2, t; \boldsymbol{\xi}_1, 0) = G_{ml}(\boldsymbol{\xi}_1, t; \boldsymbol{\xi}_2, 0) \tag{1.104}$$

が得られる．左辺の $\boldsymbol{\xi}_1$ が震源の位置，$\boldsymbol{\xi}_2$ が観測点の位置と考えれば，(1.104) 式は震源と観測点の位置および力と変位の方向を入れ換えても同じ地震動になることを意味している．単に**相反定理**と言われる場合，この空間座標の相反関係を指していることが多い．

最後に，相反定理 (1.94) 式において v_i，ρg_i だけを Green 関数に置き換え，u_i，ρf_i を残すことを考える．初期条件 $G_{in}(\mathbf{x}, 0; \boldsymbol{\xi}, \tau) = 0$ を仮定できるならば，$v_i = G_{in}(\mathbf{x}, t; \boldsymbol{\xi}, \tau)$，$\rho g_i = \delta_{in}\delta(\mathbf{x} - \boldsymbol{\xi})\delta(t - \tau)$ と置くことができる．その結果，コンボリューションの定義（(1.83) 式）とデルタ関数の定義（(1.96) 式と (1.102) 式）から

$$u_n(\boldsymbol{\xi}, t) = \int_{-\infty}^{+\infty} d\tau \iiint \rho f_i(\mathbf{x}, \tau) G_{in}(\mathbf{x}, t - \tau; \boldsymbol{\xi}, 0)\, dV(\mathbf{x}) \tag{1.105}$$

となり，$\boldsymbol{\xi}$ と $\mathbf{x}$ を入れ換えて，空間座標の相反関係 (1.104) 式を適用すれば

$$\begin{aligned} u_n(\mathbf{x}, t) &= \int_{-\infty}^{+\infty} d\tau \iiint \rho f_i(\boldsymbol{\xi}, \tau) G_{ni}(\mathbf{x}, t - \tau; \boldsymbol{\xi}, 0)\, dV(\boldsymbol{\xi}) \qquad (1.106) \\ &= \iiint \rho f_i(\boldsymbol{\xi}, t) * G_{ni}(\mathbf{x}, t; \boldsymbol{\xi}, 0)\, dV(\boldsymbol{\xi}) \end{aligned}$$

が得られ，**表現定理** *representation theorem* と呼ばれる*)．なお，代表的な解として挙げた (1.95) 式は概ね (1.106) に一致するが，体積力と地震動の方向の異同が考慮されていないため $\delta^n(\mathbf{z} - \boldsymbol{\zeta})$ に δ_{in} が含まれず，添え字 in の反転が現れてこない．

地震とは地震動の原因となる地中の急激な変動（§1.1）であり，それは運動方程式 (1.28) や (1.99) において体積力 $\mathbf{f} = (f_i)$ で表現される．したがって，表現定理の中の ρf_i の項は，概略的な意味の**震源**（§1.1）の効果を表している．一方，テンソル Green 関数 $\mathbf{G} = (G_{ni})$ は媒質（地下構造）のインパルス応答

*) (1.106) 式は内部表面を持たない場合の Aki and Richards[1] の (3.1) 式に一致する．

であり，震源の位置 $\boldsymbol{\xi}$ から観測点の位置 $\mathbf{x}$ まで地震動が伝播する効果を表している．つまり，表現定理は，地震動の震源の効果と伝播の効果が分離可能であり，個別に評価されたものを組み合わせれば地震動を再現できることを意味している．ただし，その意味合いは象徴的であり，(1.106) 式そのものを使ってということは稀である．

本書では次の第 2 章で主に震源の効果を，第 3 章で主に伝播の効果を扱うが，両者は少なからず相互に関連しているので必要に応じて言及しながら書き進める．また，地震動の研究に必要な観測や処理については第 4 章に記述する．

1.4 参考文献

1) Aki, K. and P. G. Richards: *Quantitative Seismology*, 2nd ed., University Science Books, 700pp. (2002).

2) Arfken, G. B. and H. J. Weber: *Mathematical Methods for Physicists*, 4th ed., Academic Press, 1029pp. (1995).

3) Bathe, K.-J.: *Finite Element Procedures*, Prentice-Hall, 1037pp. (1996).

4) Ben-Menahem, A. and S. J. Singh: 7.1 Asymptotic Body Wave Theory, *Seismic Waves and Sources*, Springer-Verlag, 420–450 (1981).

5) 物理学辞典編集委員会(編)：『物理学辞典』，改訂版，培風館，2465pp. (1992).

6) Einstein, A.: Die Grundlage der allgemeinen Relativittstheorie, *Annalen der Physik*, **354**, 769–822 (1916).

7) Fung, Y. C.: *Foundation of Solid Mechanics*, Prentice-Hall, 525pp. (1965)（『固体の力学／理論』，大橋義夫・村上澄男・神谷紀生(訳)，培風館，524pp. (1970)）.

8) Hudson, J. A.: *The Excitation and Propagation of Elastic Waves*, Cambridge University Press, 224pp. (1980).

9) Kennett, B. L. N.: *Seismic Wave Propagation in Stratified Media*, Cambridge University Press, 339pp. (1983).

10) Kennett, B. L. N.: *The Seismic Wavefield*, **1**, Cambridge University Press, 370pp. (2001).

11) Koketsu, K. and M. Kikuchi: Propagation of seismic ground motion in the Kanto basin, Japan, *Science*, **288**, 1237–1239 (2000).

12) 纐纈一起・三宅弘恵，地下構造モデルと強震動シミュレーション，地震 2，**61**, S441–S453 (2009).

13) Kramers, H. A.: La diffusion de la lumière par les atomes, *Atti. Cong. Intern. Fisici*,

Como, **2**, 545-557 (1927).

14) Kreyszig, E.: *Advanced Engineering Mathematics*, 8th ed., John Wiley & Sons Inc., 1156pp. (1999).

15) 国尾武: 『固体力学の基礎』, 培風館, 310pp. (1977).

16) Landau, L. D. and E. M. Lifshitz: *Mechanics*, 3rd ed., Butterworth-Heinemann, 224pp. (1973) (広重徹・水戸巌(訳), 『力学』, 東京図書, 213pp. (1974)).

17) Lay, T. and T. C. Wallace: *Modern Global Seismology*, Academic Press, 517pp. (1995).

18) Love, A. E. H.: *A Treatise on the Mathematical Theory of Elasticity*, 2nd ed., Cambridge University Press, 551pp. (1906).

19) 森口繁一・宇田川銈久・一松信: 『数学公式 I』, 岩波書店, 318pp. (1956).

20) 日本数学会(編): 『数学辞典』, 第 2 版, 岩波書店, 1140pp. (1968).

21) Papoulis, A.: *The Fourier Integral and Its Applications*, McGraw-Hill, New York, 318pp. (1962).

22) 斎藤正徳: 『地震波動論』, 東京大学出版会, 539pp. (2009).

23) 佐藤泰夫: 『弾性波動論』, 岩波書店, 454pp. (1978).

24) Takeuchi, H. and M. Saito: Seismic surface waves, in *Seismology: Surface Waves and Earth Oscillations*, B. A. Bolt (ed.), Methods in Computational Physics, **11**, Academic Press, 217–295 (1972).

25) 寺沢寛一: 『自然科学者のための数学概論』, 増訂版, 岩波書店, 722pp. (1954).

26) Udias, A.: *Principles of Seismology*, Cambridge University Press, 475pp. (1999).

27) USGS (United States Geological Survey): Earthquake Glossary, https://earthquake.usgs.gov/learn/glossary/ (2016 年にアクセス).

28) 宇津徳治: 『地震学』, 第 3 版, 共立出版, 376pp. (2001).

29) Webster, A. G.: *Partial Differential Equations of Mathematical Physics*, B. G. Teubner, Leipzig, 440pp. (1927).

30) Weyl, H.: Ausbreitung elektromagnetischer Wellen über einem ebenen Leiter, *Annalen der Physik*, **365**, 481–500 (1919).

第2章　震源の効果

2.1　震源の表現

2.1.1　震源の発見

地震動のおおもとである地中の“急激な変動”については，20 世紀初頭に**弾性反発説**が立てられたことをすでに述べた（§1.1）．アメリカ西海岸におけるその頃の大地震である **San Francisco 地震** *San Francisco earthquake*（1906, *M* 8.3）では，**San Andreas 断層** *San Andreas fault* の北部に長さ 300km 以上に渡って最大 6.4m の右ずれ変位が地表に現れた．地震前後に三角測量が行われていたので，Reid[57] は地震に伴う**地殻変動**（§3.1.12）を分析し，地震の原因として次のような**弾性反発説** *elastic rebound theory* を唱えた．

地中に弱面である断層が存在する地域があるとき（図 2.1a，XY が断層），その両側にある岩盤にそれぞれ逆方向に何らかの力が加わっているとする（図 2.1b）．その力はそれほど大きなものではなくても，長年に渡って加わっていると岩盤を大きくひずませる（図 2.1b）．その**ひずみ**が岩盤の限界に達すると，断層に沿って両側の岩盤がひずみを解消する方向に急激にずれ動いて（図 2.1c，X'–X または Y–Y' がずれの量）地震となり，地震動を発生させるとい

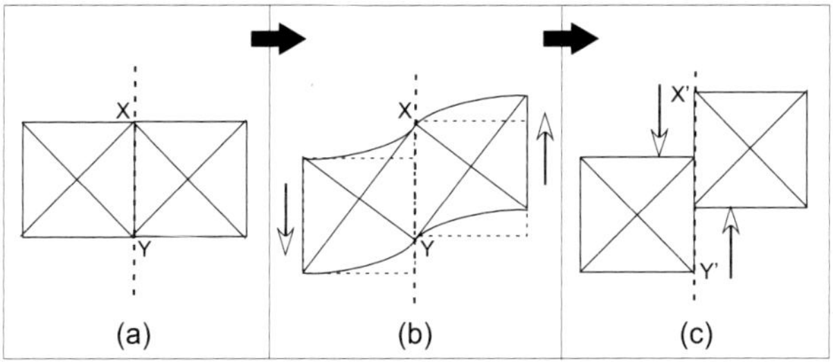

図 2.1　弾性反発説の概念図（山下[72] に基づく）．

うものである[69),72)]．この急激なずれは**断層破壊** *fault rupture* または**断層運動** *faulting* と呼ばれ，今日では震源における地震メカニズムの確立した解釈となっている．

しかし，「日本では地震はそんなに単純なものではないという考えが支配的であった」[69)]といわれているが，**関東地震** *Kanto earthquake*（1923，*M* 7.9）直後に『震災畫報』全6冊を刊行したジャーナリスト，宮武外骨は，その第1冊に次のように述べているといわれる[65)]．地震には(1)火山地震，(2)陥落地震，(3)断層地震の三種があり，わが国の地震は概して(3)にあたる[*)]とした上で，「今回の大震害も此斷層地震である．專門學者の説によると，東京から南方二三十里の海底，即ち太平洋下におこった大『地すべり』である」としている．今日的な定義では**地すべり** *landslide* は表層物質の緩慢な移動を指すが，宮武が岩盤の急激なすべりを表現させているとすれば，上の記述はほぼ弾性反発説の断層運動を言い当てている．

一方，研究者の間では1920〜30年代に依然として地震の原因が断層か，マグマ貫入かの論争があったが，本多による一連の研究[23)]で日本の研究者にも弾性反発説が受け入れられた．その過程で本多は断層運動に等価な力学系が2組の**偶力** *couple* であることを示し，後にこれが定説として定着した．主に行われたことは，いろいろな力学系による地震動の**放射パターン**（§2.3.1）を理論的に計算して，実際の地震の際に観測されたものに合う力学系を探すという研究である．放射パターンの理論的研究はかなり古くから行われていて，もっとも初期のものは中野[53)]が1923年に発表している．この論文は印刷後まもなく**関東大震災** *Kanto earthquake disaster*（1923）により焼失したが，残された手書きメモにより，後に再発見された[24)]．

その後，今度は海外の研究者が，震源断層のずれ運動から単純に想像される1組だけの偶力に固執し，最終的に決着を見たのが1960年代に入ってからである[69)]．以上のように，地震の発生を説明する弾性反発説は受け入れられていったが，それでも同説の中の“何らかの力”（図2.1b，cの中の矢印）とは何かという問題は残っていた．この力の実体は，1950年代から同じく1960年

[*)] 大中[54)]によれば，こう唱えた最初の日本人研究者は中村左衛門太郎であるという．

代にかけて急速に発展し定着したプレートテクトニクス *plate tectonics* という考え方により説明されるようになった．図 2.2 に示すように地球の表面は，厚さ数十 km から 200 km 程度の，主要なもので十数枚の大きな岩板（プレート *plate*）で覆われている．これらプレートはそれぞれ独立した方向に年間数 cm 程度の非常にゆっくりした速度で移動しており（**プレート運動** *plate motion*），そのために互いに衝突したり，一方が他方の下にぶつかりながら沈み込むなどしている．こうした衝突や沈み込み *subduction*[*)] が“何らかの力”を生み出していると考えられている．図 2.2 には，**ISC** *International Seismological Centre* が決めた中規模以上の浅い地震（深さ 100 km 以下，1991 年から 2010 年まで）の震央もプロットしてある．その分布を見れば地震は**プレート境界** *plate boundary* 付近で主に発生していることがわかり，確かに地震がプレート同士の衝突や沈み込みによって起きていることが確認できる．

一例として，沈み込みが起きているプレート境界の付近（沈み込み帯

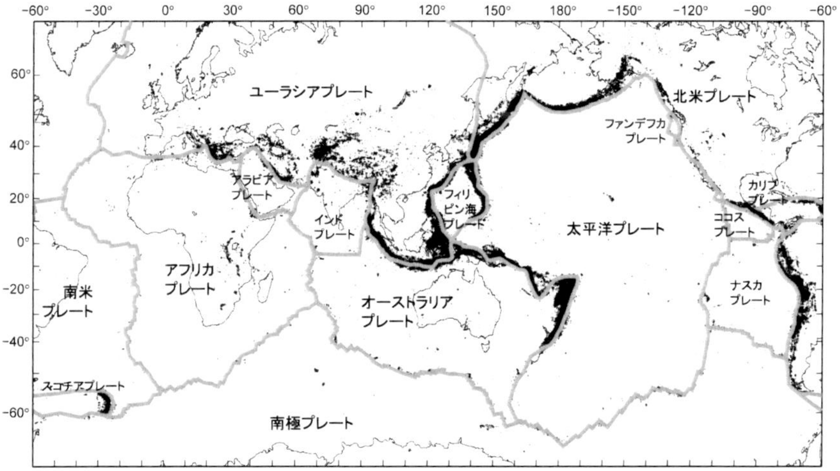

図 2.2　地球上のプレート（主要なもののみ，吉井敏尅作図）[40]．灰色太線がプレートの境界を示し，黒点が ISC による中規模以上の地震（深さ 100 km 以下，1991 年から 2010 年まで）の震央分布を表す．

---

*) 宇津 [69] では『文部省学術用語集 地震学編（増訂版）』に基づき第 2 版から変更して“沈込み”としているが，ここでは内閣告示の送り仮名の付け方の標準的なものに従った．

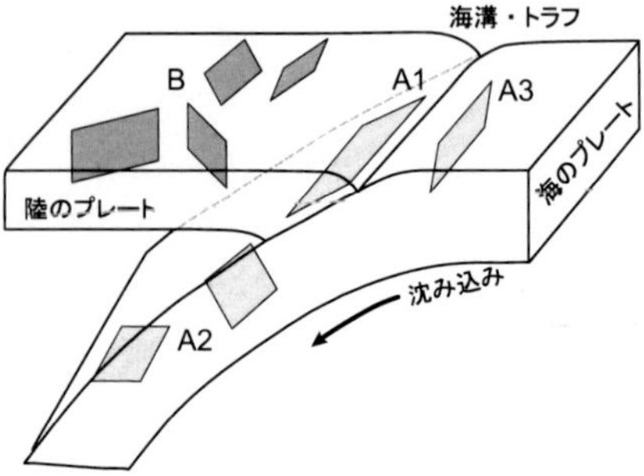

図 **2.3**　沈み込み帯における地震の起こり方（地震調査委員会[28]に基づく）.

subduction zone）での地震の発生の仕方を詳しく見ると図 2.3 のようになっている．沈み込みは海のプレートと陸のプレートの密度の差で起こるので，日本付近のような大洋と大陸の境目に沈み込み帯が形成され，海のプレートが沈み込み始めている場所は海溝やトラフと呼ばれる地形になっている．沈み込みは第一に，プレート境界という巨大な断層に直接的な影響を与え，**プレート境界地震** *plate boundary earthquake*（図中 A1）を発生させる．また，プレート境界近くの海のプレート内部にも直接的な影響を与え，**スラブ内地震** *in-slab earthquake*（図中 A2，海のプレートの沈み込んだ部分を"スラブ"と呼ぶため）や**アウターライズ地震** *outer rise earthquake*（図中 A3，海溝・トラフ外側の高まった地形を"アウターライズ"と呼ぶため）を発生させる．これらの地震は沈み込みの直接的な影響であるから規模が大きく，**再来期間** *return period* も短い．

沈み込みは次いで，やや離れた陸のプレートの内部にも間接的な影響を与え，**地殻内地震** *crustal earthquake* を発生させる（図中 B，発生場所が地殻（§3.1.11）の内部に限られるため）．こちらは間接的な影響であるから，プレート境界地震などに比べ規模は小さめで，再来期間も長い．地殻内地震に関連する断層のうち，地表からその存在が認められるものは**活断層** *active fault* と呼ばれる．

2.1.2 震源断層の表現

§1.1 で定義したように，ここからは弾性反発説の断層を**震源断層**に置き換える．震源断層のもっとも単純な表現は，断層面を平らな面と見立てて，その平面と平面に沿ったずれの方向を幾何学的に表すことである．断層面はまず上端，下端が水平な長方形と仮定され，上端の**走向** *strike*（上から見て時計回りに北から測った方位角 ϕ_s．図 2.4a 参照）で向きが指定される．次に水平面となす角度 δ（**傾斜角** *dip angle*）で傾きが指定されるが，その際 z 軸を下向きに取り，x 軸を走向に一致させた右手系の**デカルト座標系** *Cartesian coordinate system* において，y 軸の正の向きから測った傾斜角が 90° 以下になるように走向を設定する．つまり図 2.4a において，断層面を走向 210°，傾斜角 135° とは指定せず，走向 30°，傾斜角 45° と指定する[*]．

断層のずれ D は**すべり** *slip*，あるいは**くい違い** *dislocation*，**断層変位** *fault displacement* とも呼ばれる．傾斜角が完全に 90° となることは稀であり，断層面は概ね，多少なりとも傾いており，両側の岩盤のうち断層面の上にあるものを**上盤**（うわばん）*hanging wall*，下にあるものを**下盤**（したばん）*foot wall* と呼ぶ（傾斜角が 90° 以下にとられているので y 軸正側が常に上盤である）．すべりはこの上盤が下盤に対して相対的にどれだけすべったかで表現し

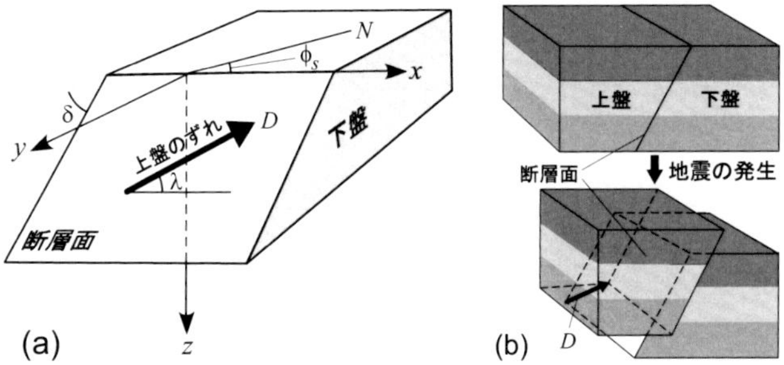

図 **2.4** (a) 震源断層の表現と (b) 上盤・下盤およびすべりの定義.

---

[*] 他の教科書では z 軸（x_3 軸）を上向きにとる場合がほとんどである．また，観測では北（N）向きを x 軸とすることが多いが，地球の深さ方向の表現を容易にし，解を複雑にしないために，本書ではこの座標系を採用する．ただし，モーメントテンソルにおいては北向きを x 軸とする表現が常用されているので，§2.3.2 ではそれについて記述した．

表 **2.1**　すべり角と震源断層の種類.

$\lambda \sim 0°$	**左横ずれ断層** *left-lateral strike slip fault* 上盤から見て下盤が左にずれる（下盤から見ても同じ）
$\lambda \sim 180°$	**右横ずれ断層** *right-lateral strike slip fault* 上盤から見て下盤が右にずれる（下盤から見ても同じ）
$\lambda \sim 90°$	**逆断層** *reverse fault*（上盤が重力に逆らってずり上がる）
$\lambda \sim 270°$	**正断層** *normal fault*（上盤が重力に従う方向にずり下がる）

（図 2.4b），その方向と走向（x 軸）がなす角度 λ は**すべり角** *slip angle, rake angle* と呼ばれる．また，このすべり角や走向，傾斜角，あるいは断層面の深さ h などを総称して**断層パラメータ** *fault parameters* と呼ぶことがある．

さらには，すべり角により震源断層は表 2.1 のように分類され，それぞれの種類の模式図を図 2.5 に示した．左横ずれ断層と右横ずれ断層をまとめて**横ずれ断層** *strike slip fault* と総称し，逆断層と正断層はまとめて**縦ずれ断層** *dip slip fault* と呼ばれることがある．表においてすべり角がそれぞれの値に完全に等しいならば震源断層は純粋にその種類になるが，そうした例は稀である．たとえば，すべり角が 0° ならば純粋な左横ずれ断層であるが，図 2.4a のように数度でも角度を持つと逆断層成分が含まれてくる．また，中間的な角度になって横ずれとも縦ずれとも区別がつかない場合は**斜めずれ** *oblique slip* と呼ばれることがある．

図 2.3 に描かれたものの中では，プレート境界地震の震源断層（A1）が概ね逆断層であるのに対して，スラブ内地震（A2）やアウターライズ地震（A3）では正断層も稀ではなく，いろいろなタイプの震源断層が現れる．地殻内地震も同様であるが，西南日本では横ずれ断層が多く，東北日本では逆断層が多いというような地域特性は世界中で見られる．

規模が大きくない地震の場合，遠く離れた場所で観測するとき，広がりのある震源断層も点と見なすことができ，これを**点震源** *point source* と呼ぶ．点震源と見なすことができない場合でも，震源断層をいくつかの**小断層** *subfault* に分割して，それら小断層を点震源に置き換えることはしばしば行われるので（§2.3.5），点震源は震源断層のモデル化の基本と言うことができる．

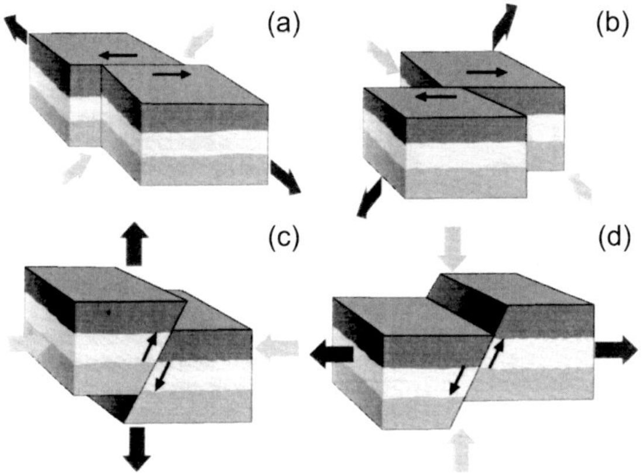

図 2.5 震源断層の種類の模式図（山下[72]に基づく）．(a) 左横ずれ断層，(b) 右横ずれ断層，(c) 逆断層，(d) 正断層．断層面に沿った小矢印はすべりを，周辺の大きな矢印はそれぞれに等価な力（§2.3.1）を表す．

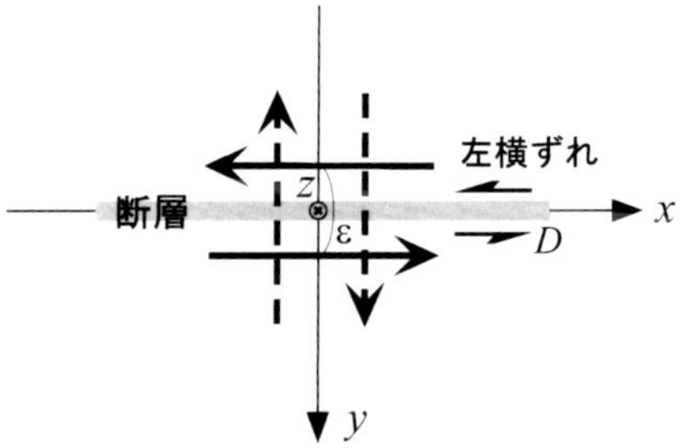

図 2.6 垂直左横ずれ断層の点震源とそれに等価な力源（上方からの俯瞰図）．力源は 2 組の偶力であり，ε は偶力の腕の長さを表す．z 軸は紙面に垂直で向こう側に延びている．

たとえば，図 2.6 のような垂直な**左横ずれ断層**（図 2.4 において $\delta = 90°$，$\lambda = 0°$ とした震源断層）の点震源があったとき，この**断層破壊**の力学的表現は，直観的には実線矢印で示すような，断層ずれ方向に一致する 1 組の**偶力**であるように見える．ところが，この偶力によりモーメントが生じているのに，実際には岩盤が回転することはないので，これを打ち消すためモーメントの大きさが同じで，回転方向が逆のもう 1 組の偶力（図中点線矢印）が存在しなければならない．したがって断層破壊に等価な力源として 2 組の偶力が存

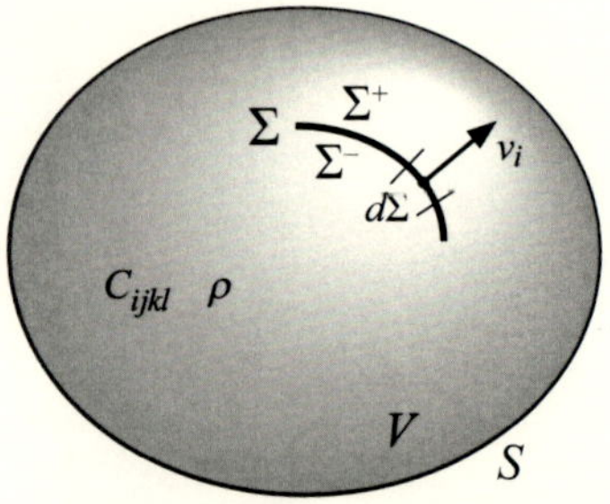

図 2.7　図 1.9 の領域 V に断層面 Σ が内部の不連続として追加される（Burridge and Knopoff[8] と Aki and Richards[3] に基づく）．Σ の両側には二つの表面 Σ^+ と Σ^- があり，その法線ベクトル $\boldsymbol{\nu} = (\nu_i)$ は Σ^- 側から Σ^+ 指す向きに定義される．

在するはずであり，これを**ダブルカップル** *double couple*（複双力源）と呼ぶ．断層破壊の強さはこれら偶力のうち一つのモーメントの大きさで表し，これを**地震モーメント** *seismic moment* と呼ぶ[*]．

Maruyama[48] はこの物理的解釈を，震源断層を地球内部の不連続とする問題に**表現定理**（§1.3.3）を適用して数学的に証明した．しかし，早い段階で Green 関数の明示的な定式化を行っているため数式が煩雑になり結果を見通しづらくなっているので[†]，ここでは遅れて出版された Burridge and Knopoff[8] による証明を示す．震源断層の断層面は Σ で表し，地球という連続体の中の不連続であるから，そこでは表面が Σ の両側の Σ^+ と Σ^- にある（図 2.7）．Σ の法線ベクトル $\boldsymbol{\nu} = (\nu_i)$ は Σ^- 側から Σ^+ 側を指す向きに定義する．変位 $\mathbf{u} = (u_i)$ は不連続で Σ^+ 側と Σ^- 側で異なるが，法線方向の**応力ベクトル** $\mathbf{T} = (T_i)$ は連続であるとする．

§1.3.3 の設定（図 1.9）に比べて，ここでは面積分として $\iint dS$ だけでなく $\iint d\Sigma$ が追加されるので（図 2.7），(1.87) 式は

$$\iiint \frac{\partial}{\partial x_j}\tau_{ij}(\mathbf{x},\tau)\, \upsilon_i(\mathbf{x}, t-\tau)\, dV = -\iiint \tau_{ij}(\mathbf{x},\tau)\frac{\partial}{\partial x_j}\upsilon_i(\mathbf{x}, t-\tau)\, dV$$

---

[*] 地震モーメント，seismic moment は Aki[1] に始まる．ただし，この論文の和文要約に地震モーメントの言葉は現れるが，英語本文に言葉として現れるのは seismic moment ではなく earthquake moment であった．

[†] 序文で述べたように本書では明示的な定式化を重視するが，抽象的な概念の解説である本項では §1.3 と同じように表現の簡潔さを優先した．

$$+\iint \tau_{ij}(\mathbf{x},\tau)\,\upsilon_i(\mathbf{x},t-\tau)\,n_j\,dS + \iint \tau_{ij}(\mathbf{x},\tau)\,\upsilon_i(\mathbf{x},t-\tau)\,\nu_j\,d\Sigma \quad (2.1)$$

に変わり，(1.87) 式と同じく，S が自由表面ならば応力解放条件 $\tau_{ij}n_j = 0$ が適用され *)，(2.1) 式の右辺第 2 項は消滅する．したがって (1.88) 式は

$$-\int_{-\infty}^{t} d\tau \iiint \rho \frac{\partial}{\partial \tau} u_i(\mathbf{x},\tau) \frac{\partial}{\partial \tau} \upsilon_i(\mathbf{x},t-\tau)\,dV = -\int_{-\infty}^{t} d\tau \iiint \tau_{ij}(\mathbf{x},\tau) \frac{\partial}{\partial x_j} \upsilon_i(\mathbf{x},t-\tau)\,dV$$
$$+\int_{-\infty}^{t} d\tau \iiint \rho f_i(\mathbf{x},\tau)\,\upsilon_i(\mathbf{x},t-\tau)\,dV + \int_{-\infty}^{t} d\tau \iint \tau_{ij}(\mathbf{x},\tau)\,\upsilon_i(\mathbf{x},t-\tau)\,\nu_j\,d\Sigma \quad (2.2)$$

に変わる．

同様に，(1.89) 式は

$$-\int_{-\infty}^{t} d\tau \iiint \rho \frac{\partial}{\partial \tau} \upsilon_i(\mathbf{x},\tau) \frac{\partial}{\partial \sigma} u_i(\mathbf{x},t-\tau)\,dV = -\int_{-\infty}^{t} d\tau \iiint \sigma_{ij}(\mathbf{x},\tau) \frac{\partial}{\partial x_j} u_i(\mathbf{x},t-\tau)\,dV$$
$$+\int_{-\infty}^{t} d\tau \iiint \rho g_i(\mathbf{x},\tau)\,u_i(\mathbf{x},t-\tau)\,dV + \int_{-\infty}^{t} d\tau \iint \sigma_{ij}(\mathbf{x},\tau)\,u_i(\mathbf{x},t-\tau)\,\nu_j\,d\Sigma \quad (2.3)$$

に変わる．これら (2.2) 式と (2.3) 式に対して，(1.88) 式と (1.89) 式に対するものと同様の比較を行い (1.81) 式を代入すると，内部不連続 Σ が存在する場合の**相反定理**（§1.3.2）

$$\iiint \rho f_i * \upsilon_i\,dV + \iint \tau_{ij}\nu_j * \upsilon_i\,d\Sigma \quad (2.4)$$
$$= \iiint \rho g_i * u_i\,dV + \iint C_{ijkl}\frac{\partial \upsilon_k}{\partial x_l}\nu_j * u_i\,d\Sigma$$

が得られる．

§1.3.3 と同じように，(2.4) 式に $\upsilon_i = G_{in}(\mathbf{x},t;\boldsymbol{\xi},\tau)$，$\rho g_i = \delta_{in}\delta(\mathbf{x}-\boldsymbol{\xi})\delta(t-\tau)$ を代入し，$\boldsymbol{\xi}$ と $\mathbf{x}$ を入れ換えて空間座標の相反関係 (1.104) 式を適用すれば

$$u_n(\mathbf{x},t) = \int_{-\infty}^{+\infty} d\tau \iiint \rho f_i(\boldsymbol{\xi},\tau) G_{ni}(\mathbf{x},t-\tau;\boldsymbol{\xi},0)\,dV(\boldsymbol{\xi}) \quad (2.5)$$
$$+ \int_{-\infty}^{+\infty} d\tau \iint \nu_j \tau_{ij}(\boldsymbol{\xi},\tau) G_{ni}(\mathbf{x},t-\tau;\boldsymbol{\xi},0)\,d\Sigma(\boldsymbol{\xi})$$

---

*) 現実の地球や有限要素法の計算領域（§3.2.5）ならばこの仮定でよいが，1 次元地下構造（§3.1）では地表面を除く三方は S が十分に遠方にあると仮定する．

$$- \int_{-\infty}^{+\infty} d\tau \iint \nu_j u_i(\boldsymbol{\xi}, \tau) C_{ijkl} \frac{\partial}{\partial \xi_l} G_{nk}(\mathbf{x}, t-\tau; \boldsymbol{\xi}, 0)\, d\Sigma(\boldsymbol{\xi})$$

となる[*)]．(1.34) 式と同じく $\boldsymbol{\xi} = (\xi_x, \xi_y, \xi_z)$ とする．前述のように面積分 $\iint d\Sigma$ は $\iint d\Sigma\big|_{\Sigma^+}$ と $\iint d\Sigma\big|_{\Sigma^-}$ に置き換えられる．法線ベクトル $\boldsymbol{\nu} = (\nu_i)$ は Σ^- 側から Σ^+ 側を指す向きに定義されているので，(2.5) 式の ν_j は $\iint d\Sigma^-$ ではそのままでよいが，$\iint d\Sigma^+$ では $\nu_j \to -\nu_j$ としなければならない．$\nu_j \tau_{ij}$ は法線方向の応力ベクトルの成分 T_i である．

以上より，(2.5) 式の右辺第 2 項は

$$\begin{aligned} &+ \int_{-\infty}^{+\infty} d\tau \iint (-\nu_j)\tau_{ij}(\boldsymbol{\xi}, \tau)\big|_{\Sigma^+} G_{ni}(\mathbf{x}, t-\tau; \boldsymbol{\xi}, 0)\, d\Sigma(\boldsymbol{\xi}) \\ &+ \int_{-\infty}^{+\infty} d\tau \iint \nu_j \tau_{ij}(\boldsymbol{\xi}, \tau)\big|_{\Sigma^-} G_{ni}(\mathbf{x}, t-\tau; \boldsymbol{\xi}, 0)\, d\Sigma(\boldsymbol{\xi}) \\ &= - \int_{-\infty}^{+\infty} d\tau \iint [T_i(\boldsymbol{\xi}, \tau)] G_{ni}(\mathbf{x}, t-\tau; \boldsymbol{\xi}, 0)\, d\Sigma(\boldsymbol{\xi}), \end{aligned} \tag{2.6}$$

同様に第 3 項は

$$\begin{aligned} &- \int_{-\infty}^{+\infty} d\tau \iint (-\nu_j) u_i(\boldsymbol{\xi}, \tau)\big|_{\Sigma^+} C_{ijkl} \frac{\partial}{\partial \xi_l} G_{nk}(\mathbf{x}, t-\tau; \boldsymbol{\xi}, 0)\, d\Sigma(\boldsymbol{\xi}) \\ &- \int_{-\infty}^{+\infty} d\tau \iint \nu_j u_i(\boldsymbol{\xi}, \tau)\big|_{\Sigma^-} C_{ijkl} \frac{\partial}{\partial \xi_l} G_{nk}(\mathbf{x}, t-\tau; \boldsymbol{\xi}, 0)\, d\Sigma(\boldsymbol{\xi}) \\ &= + \int_{-\infty}^{+\infty} d\tau \iint [u_i(\boldsymbol{\xi}, \tau)] \nu_j C_{ijkl} \frac{\partial}{\partial \xi_l} G_{nk}(\mathbf{x}, t-\tau; \boldsymbol{\xi}, 0)\, d\Sigma(\boldsymbol{\xi}). \end{aligned} \tag{2.7}$$

変位は Σ において不連続であるので $[u_i] = u_i|_{\Sigma^+} - u_i|_{\Sigma^-}$ は値を持つのに対して，応力ベクトルは Σ において連続であるので $[T_i] = T_i|_{\Sigma^+} - T_i|_{\Sigma^-} = 0$ であるから

$$\begin{aligned} u_n(\mathbf{x}, t) = &\int_{-\infty}^{+\infty} d\tau \iiint \rho f_i(\boldsymbol{\xi}, \tau) G_{ni}(\mathbf{x}, t-\tau; \boldsymbol{\xi}, 0)\, dV(\boldsymbol{\xi}) \\ &+ \int_{-\infty}^{+\infty} d\tau \iint [u_i(\boldsymbol{\xi}, \tau)] \nu_j C_{ijkl} \frac{\partial}{\partial \xi_l} G_{nk}(\mathbf{x}, t-\tau; \boldsymbol{\xi}, 0)\, d\Sigma(\boldsymbol{\xi}) \end{aligned} \tag{2.8}$$

が得られる[†)]．

[*)] Burridge and Knopoff[8)] の (8) 式において $f_i \to \rho f_i$，$p \to k$，$q \to l$，$\mathbf{x} \to \boldsymbol{\xi}$，$\mathbf{y} \to \mathbf{x}$，$s \to t$，$t \to \tau$ とし，時間の相反関係 (1.103) 式を適用したものに一致する．

[†)] Aki and Richards[3)] の (3.3) 式において $p \to i, k$，$q \to l$，$f_p \to \rho f_i$，$[T_p] = 0$ としたものに一致．

デルタ関数の定義（(1.102) 式）から

$$G_{ni}(\mathbf{x}, t-\tau; \boldsymbol{\xi}, 0) = \iiint \delta(\boldsymbol{\eta}-\boldsymbol{\xi}) G_{ni}(\mathbf{x}, t-\tau; \boldsymbol{\eta}, 0) dV(\boldsymbol{\eta}) \tag{2.9}$$

であり，この両辺を ξ_l で偏微分して

$$\frac{\partial\delta(\boldsymbol{\eta}-\boldsymbol{\xi})}{\partial\xi_l} = -\frac{\partial\delta(\boldsymbol{\eta}-\boldsymbol{\xi})}{\partial\eta_l} \tag{2.10}$$

を用いると

$$\frac{\partial}{\partial\xi_l} G_{ni}(\mathbf{x}, t-\tau; \boldsymbol{\xi}, 0) = -\iiint \frac{\partial\delta(\boldsymbol{\eta}-\boldsymbol{\xi})}{\partial\eta_l} G_{ni}(\mathbf{x}, t-\tau; \boldsymbol{\eta}, 0) dV(\boldsymbol{\eta}). \tag{2.11}$$

(2.11) 式を (2.8) 式の右辺第 2 項に代入して積分の順序を入れ換え，比較のため右辺第 1 項の積分変数を $\boldsymbol{\xi}$ から $\boldsymbol{\eta}$ に替えて，添え字の i を k に替えると

$$u_n(\mathbf{x}, t) = \int_{-\infty}^{+\infty} d\tau \iiint \rho f_k(\boldsymbol{\eta}, \tau) G_{nk}(\mathbf{x}, t-\tau; \boldsymbol{\eta}, 0)\, dV(\boldsymbol{\eta}) \tag{2.12}$$

$$+ \int_{-\infty}^{+\infty} d\tau \iiint \left\{ -\iint [u_i(\boldsymbol{\xi}, \tau)] C_{ijkl} \nu_j \frac{\partial}{\partial\eta_l} \delta(\boldsymbol{\eta}-\boldsymbol{\xi})\, d\Sigma(\boldsymbol{\xi}) \right\} G_{nk}(\mathbf{x}, t-\tau; \boldsymbol{\eta}, 0)\, dV(\boldsymbol{\eta})$$

となる．(2.12) 式の右辺第 1 項は任意の体積力 $\mathbf{f} = (f_k)$ による変位を表していることを念頭において右辺の第 1 項と第 2 項を比較し，τ, $\boldsymbol{\eta}$ を t, $\mathbf{x} = (x_l) = (x, y, z)$ とすれば，不連続 Σ による変位は**等価体積力** *body force equivalent*

$$\rho f_k(\mathbf{x}, t) = -\iint [u_i(\boldsymbol{\xi}, t)] C_{ijkl} \nu_j \frac{\partial}{\partial x_l} \delta(\mathbf{x}-\boldsymbol{\xi})\, d\Sigma(\boldsymbol{\xi}) \tag{2.13}$$

により表されることがわかる[*)].

図 2.6 の点震源の震源断層を Σ とすると $\iint d\Sigma(\boldsymbol{\xi}) = \iint_\Sigma d\xi_x d\xi_z\Big|_{\xi_y=0}$. 点震源であるから Σ は十分に小さく，その中で μ は一定とすることができる．このすべりは x 方向なので $[u_x] = D(\mathbf{x}, t)$, $[u_y] = 0, [u_z] = 0$, $\boldsymbol{\nu} = (0, 1, 0)$ となり $i \equiv x$, $j \equiv y$. また，連続体は等方的であるとすると C_{xykl} のうち $C_{xyxy} = C_{xyyx} = \mu$ 以外はゼロになるから（§1.15），$k = x$ の場合は $l = y$ の項のみが残り

$$\rho f_x(\mathbf{x}, t) = -\iint_\Sigma \mu D(\xi_x, 0, \xi_z, t) \delta(x-\xi_x) \frac{\partial\delta(y)}{\partial y} \delta(z-\xi_z)\, d\xi_x d\xi_z$$

---

*) Aki and Richards[3)] の (3.5) 式にて $p \to k$, $q \to l, \tau \to t$, $\boldsymbol{\eta} \to \mathbf{x}$, $f_p \to \rho f_k$ としたものに一致.

$$= -\mu D(\mathbf{x}_0, t)\frac{\partial\delta(y)}{\partial y}\,,\quad \mathbf{x}_0 = (x, 0, z)\,. \tag{2.14}$$

同様に $k = y$ では $l = x$ の項のみが残り

$$\begin{aligned}\rho f_y(\mathbf{x}, t) &= -\iint_\Sigma \mu D(\xi_x, 0, \xi_z, t)\frac{\partial\delta(x-\xi_x)}{\partial x}\delta(y)\delta(z-\xi_z)\,d\xi_x d\xi_z \\ &= -\frac{\partial}{\partial x}\iint_\Sigma \mu D(\xi_x, 0, \xi_z, t)\delta(x-\xi_x)\delta(y)\delta(z-\xi_z)\,d\xi_x d\xi_z \\ &= -\mu\frac{\partial D(\mathbf{x}_0, t)}{\partial x}\delta(y) \end{aligned}\tag{2.15}$$

となる．$\rho f_z(\mathbf{x}, t)$ はゼロである．

添え字 i の総和規約を書き下した表現定理 (1.106) 式に (2.14) 式と (2.15) 式および $\rho f_z(\mathbf{x}, t) = 0$ を代入し，$\int f(s)\delta^{(n)}(s-\sigma)ds = (-1)^n f^{(n)}(\sigma)$ [49] を用いると

$$\begin{aligned}u_n(\mathbf{x}, t) &= \iiint \left\{\rho f_x(\boldsymbol{\xi}, t) * G_{nx}(\mathbf{x}, t; \boldsymbol{\xi}, 0) + \rho f_y(\boldsymbol{\xi}, t) * G_{ny}(\mathbf{x}, t; \boldsymbol{\xi}, 0)\right\} dV(\boldsymbol{\xi}) \\ &= \iiint \left\{-\mu D(\boldsymbol{\xi}_0, t)\frac{\partial\delta(\xi_y)}{\partial\xi_y} * G_{nx}(\mathbf{x}, t; \boldsymbol{\xi}, 0)\right. \\ &\qquad \left. -\mu\frac{\partial D(\boldsymbol{\xi}_0, t)}{\partial\xi_x}\delta(\xi_y) * G_{ny}(\mathbf{x}, t; \boldsymbol{\xi}, 0)\right\} d\xi_x d\xi_y d\xi_z \\ &= \iint \left\{+\mu D(\boldsymbol{\xi}_0, t)\delta(\xi_y) * \frac{\partial}{\partial\xi_y}G_{nx}(\mathbf{x}, t; \boldsymbol{\xi}_0, 0)\right. \\ &\qquad \left. -\mu\frac{\partial D(\boldsymbol{\xi}_0, t)}{\partial\xi_x} * G_{ny}(\mathbf{x}, t; \boldsymbol{\xi}_0, 0)\right\} d\xi_x d\xi_z\,. \end{aligned}\tag{2.16}$$

ここで $\boldsymbol{\xi}_0 = (\xi_x, 0, \xi_z)$．被積分関数の第 2 項に ξ_x に関する**部分積分**を適用して，領域 $V(\boldsymbol{\xi})$ は十分に広く，その外周にある $\xi_x^{\min}$ や $\xi_x^{\max}$ では $D(\boldsymbol{\xi}_0, t) = 0$ とすると $\left[\mu D(\boldsymbol{\xi}_0, t) * G_{ny}(\mathbf{x}, t; \boldsymbol{\xi}_0, 0)\right]_{\xi_x^{\min}}^{\xi_x^{\max}} = 0$ であるから

$$\int \mu\frac{\partial D(\boldsymbol{\xi}_0, t)}{\partial\xi_x} * G_{ny}(\mathbf{x}, t; \boldsymbol{\xi}_0, 0)d\xi_x = -\int \mu D(\boldsymbol{\xi}_0, t) * \frac{\partial}{\partial\xi_x}G_{ny}(\mathbf{x}, t; \boldsymbol{\xi}_0, 0)d\xi_x\,. \tag{2.17}$$

これを (2.16) 式に代入すれば

$$u_n(\mathbf{x}, t) = \iint \mu D(\boldsymbol{\xi}_0, t) * \left\{\frac{\partial}{\partial\xi_y}G_{nx}(\mathbf{x}, t; \boldsymbol{\xi}_0, 0) + \frac{\partial}{\partial\xi_x}G_{ny}(\mathbf{x}, t; \boldsymbol{\xi}_0, 0)\right\} d\xi_x d\xi_z \tag{2.18}$$

が得られる*). さらに, 点震源であるから Green 関数やその導関数は Σ の中で, $\boldsymbol{\xi} = \mathbf{0}$ における一定値を取るとすることができるので

$$u_n(\mathbf{x}, t) = \iint \mu D(\boldsymbol{\xi}_0, t) d\Sigma * \left\{ \frac{\partial}{\partial \xi_y} G_{nx}(\mathbf{x}, t; \mathbf{0}, 0) + \frac{\partial}{\partial \xi_x} G_{ny}(\mathbf{x}, t; \mathbf{0}, 0) \right\}. \quad (2.19)$$

一方, 図 2.6 の原点に, 強さが $\varepsilon^{-1} \iint \mu D d\Sigma$ である x 軸正方向の力が働くとき, これに等価な体積力は後述の (2.28) 式から

$$\rho \mathbf{f}(\mathbf{x}) = \delta(\mathbf{x})(\varepsilon^{-1} \iint \mu D d\Sigma, 0, 0) \quad (2.20)$$

である. それによる変位は表現定理 (1.106) 式から

$$\begin{aligned} u_n^f(\mathbf{x}, t) &= \iiint \delta(\boldsymbol{\xi}) \varepsilon^{-1} \iint \mu D d\Sigma * G_{nx}(\mathbf{x}, t; \boldsymbol{\xi}, 0)\, dV(\boldsymbol{\xi}) \\ &= \varepsilon^{-1} \iint \mu D d\Sigma * G_{nx}(\mathbf{x}, t; \mathbf{0}, 0) \end{aligned} \quad (2.21)$$

と与えられるから, 図 2.6 の原点ではなく y 軸上 $+\varepsilon/2$ だけ離れた点に作用した場合の変位は, (2.21) 式において $\delta(\boldsymbol{\xi})$ を $\delta(\xi_x)\delta(\xi_y - \varepsilon/2)\delta(\xi_z)$ と置き換えた $\varepsilon^{-1} \iint \mu D d\Sigma * G_{nx}(\mathbf{x}, t; 0, +\varepsilon/2, 0, 0)$ となる. これと逆向きの体積力が y 軸上 $-\varepsilon/2$ だけ離れた点に作用した場合の変位は $-\varepsilon^{-1} \iint \mu D d\Sigma * G_{nx}(\mathbf{x}, t; 0, -\varepsilon/2, 0, 0)$ となる. 二つの体積力を組み合わせた偶力は重ね合わせの原理より上記の変位の和を生むが, 点震源であるので $\varepsilon \to 0$ の極限をとる.

$$\lim_{\varepsilon \to 0} \frac{f(\xi_x, \xi_y + \varepsilon/2, \xi_z) - f(\xi_x, \xi_y - \varepsilon/2, \xi_z)}{\varepsilon} = \frac{\partial f(\xi_x, \xi_y, \xi_z)}{\partial \xi_y} \quad (2.22)$$

という偏微分の定義を用いると

$$\begin{aligned} &\lim_{\varepsilon \to 0} \iint \mu D d\Sigma * \frac{G_{nx}(\mathbf{x}, t; 0, 0 + \varepsilon/2, 0) - G_{nx}(\mathbf{x}, t; 0, 0 - \varepsilon/2, 0)}{\varepsilon} \\ &= \iint \mu D d\Sigma * \frac{\partial G_{nx}(\mathbf{x}, t; \mathbf{0}, 0)}{\partial \xi_y} \end{aligned} \quad (2.23)$$

となって, (2.19) 式の右辺第 1 項に一致する. 力の強さは $\varepsilon^{-1} \iint \mu D d\Sigma$, 腕の

*) Aki and Richards[3] の (3.13) 式において $[u_1] \to D$, $1 \to x$, $3 \to y$, $d\Sigma \to d\xi_x d\xi_z$, $\int d\tau \to *$ としたものに一致する.

長さは ε であるから，偶力のモーメントは

$$M_0 = \iint \mu D d\Sigma \tag{2.24}$$

と与えられる．

同様に，強さが $\varepsilon^{-1}\iint \mu D d\Sigma$ である y 軸に沿った偶力が x 軸上，原点から $\pm\varepsilon/2$ 離れて作用するとき，その偶力による変位は

$$\lim_{\varepsilon\to 0}\iint \mu D d\Sigma * \frac{G_{ny}(\mathbf{x},t;0+\varepsilon/2,0,0) - G_{nx}(\mathbf{x},t;0-\varepsilon/2,0,0)}{\varepsilon}$$
$$= \iint \mu D d\Sigma * \frac{\partial G_{ny}(\mathbf{x},t;\mathbf{0},0)}{\partial \xi_x} \tag{2.25}$$

となって，(2.19) 式の右辺第 2 項に一致する．こちらの偶力のモーメントも (2.24) 式に等しい．以上をまとめると，点震源の震源断層 Σ における**すべり** D に等価な力源が，地震モーメントを $M_0 = \iint \mu D d\Sigma$ とする**ダブルカップル**であることが証明された．

断層破壊は短時間に起こる非定常現象であるから，偶力のモーメントは時間 t に従って変化する関数である．この関数 $M_0(t)$ またはその微分 $\dot{M}_0(t)$ を**震源時間関数** *source time function* と呼ぶが，後者を震源時間関数とする場合が多い [33),69)]．前者を区別するときは**モーメント時間関数** *moment time function*，後者は**モーメント速度関数** *moment rate function* [33)] とする [*)]．一般にモーメントは 0 から始まり，その後増加して最終的に M_0 に達する時間経過をたどる．通常，この最終的なモーメントである M_0 を地震モーメントと呼ぶことが多い．また，(2.24) 式から，モーメント時間関数やモーメント速度関数と相似な**すべり時間関数** *slip time function* $D(t)$ や**すべり速度関数** *slip rate function* $\dot{D}(t)$ が定義できる．具体的なモーメント時間関数・すべり時間関数やモーメント速度関数・すべり速度関数としては**傾斜関数**や**三角形関数**などがよく使われる（§2.3.3, §2.3.5）．

地震は断層破壊であるから（§2.1.1），地震の規模は地震モーメント M_0 で表すのが物理的にはもっとも正確である．しかし，M_0 の概念が確立する以前より，地震動の強さなどから経験的に求められる各種の**マグニチュード** M

---

*) 宇津 [69)] は “モーメント解放率関数” と呼んでいるが，慣用されているとは言いづらい．

（§A.1）が長く用いられ，社会にも受け入れられていたという歴史があった．そこで，これら M に近い値を M_0 から

$$\log M_0 = 1.5\, M_w + 16.1 \tag{2.26}$$

という換算式で算出することが Kanamori[30] により提案され [*)]，こうして算出された M は**モーメントマグニチュード** M_w と呼ばれている（§A.1）．長時間の解析の後でないと M_0 が得られないという問題は **CMT インバージョン**（§2.3.3）などの手法の発展により解消しつつあり，旧来の M に替わって M_w が主に使われるようになってきている．

2.1.3 点力源による地震動

ダブルカップルで構成される点震源を考える前に，一つの偶力の一方の力だけで構成される**点力源** *point force* を考える．こうした**単一力** *single force* がデカルト座標系の原点において x 方向に時間関数 $f(t)$ で働いた場合，その**等価体積力**（§2.1.2）$\mathbf{f}$ は

$$\rho \iiint \mathbf{f}(\boldsymbol{\xi}) dV(\boldsymbol{\xi}) = f(t)(1, 0, 0) \tag{2.27}$$

でなければならない [†)]．ここで V は **Helmholtz の定理**が有効な領域を表し（§1.2.4），$\boldsymbol{\xi} = (\xi_x, \xi_y, \xi_z)$ は体積積分 dV の位置ベクトル（図 1.5），$(1, 0, 0)$ は x 方向の単位ベクトルである．したがって，**デルタ関数** $\delta(\mathbf{x})$ の定義（(1.102) 式）から

$$\mathbf{f}(\mathbf{x}) = \frac{f(t)}{\rho} \delta(\mathbf{x})(1, 0, 0) = (f_0, 0, 0) \tag{2.28}$$

が得られる．

さらに，この $\mathbf{f}$ に対する**スカラーポテンシャル** Φ を得るため，(1.37) 式の第 1 式

$$\Phi(\mathbf{x}) = -\frac{1}{4\pi} \iiint \frac{\nabla \cdot \mathbf{f}}{r}\, dV(\boldsymbol{\xi}), \quad r = |\mathbf{x} - \boldsymbol{\xi}| \tag{2.29}$$

---

*) Kanamori[30] が最初に提案した式．当時は CGS 単位系が常用されていたため M_0 は dyne·cm で与えなければならない．

†) 本多 [24] の 19 頁を参照．

に (2.28) 式を代入する．ただし，**Gauss** の発散定理（(1.86) 式）に $\mathbf{F} = \mathbf{f}/r$ を与えて得られる等式

$$\iiint \left\{ \frac{\nabla \cdot \mathbf{f}}{r} + \nabla \left(\frac{1}{r} \right) \cdot \mathbf{f} \right\} dV = \iint \left(\frac{1}{r} \right) \mathbf{f} \cdot \mathbf{n} \, dS \tag{2.30}$$

において，領域 V の外周である S（図 1.5）を原点から十分遠方に取れば面積積分は 0 となるから

$$\Phi(\mathbf{x}) = \frac{-1}{4\pi} \iiint \left\{ -\nabla \left(\frac{1}{r} \right) \cdot \mathbf{f} \right\} dV = \frac{+1}{4\pi} \iiint \frac{\partial}{\partial \xi_x} \left(\frac{1}{r} \right) f_0 \, dV(\boldsymbol{\xi}) \ . \tag{2.31}$$

ここで

$$\frac{\partial r}{\partial x} = -\frac{\partial r}{\partial \xi_x} \tag{2.32}$$

に注意して*) 偏微分を書き換え，(2.28) 式から得られる f_0 の値を代入したのち，再びデルタ関数の定義（(1.102) 式）を用いて体積積分を実行すると

$$\Phi(\mathbf{x}) = \frac{-1}{4\pi} \iiint \frac{\partial}{\partial x} \left(\frac{1}{r} \right) \frac{f(t)}{\rho} \delta(\boldsymbol{\xi}) \, dV(\boldsymbol{\xi}) = \frac{-1}{4\pi} \frac{\partial}{\partial x} \left(\frac{1}{|\mathbf{x} - \boldsymbol{\xi}|} \right) \frac{f(t)}{\rho} \bigg|_{\boldsymbol{\xi}=\mathbf{0}} . \tag{2.33}$$

$|\mathbf{x} - \boldsymbol{\xi}|_{\boldsymbol{\xi}=\mathbf{0}} = |\mathbf{x}| = R(\mathbf{x})$（$R(\mathbf{x})$ は点力源の位置つまり原点とポテンシャル評価点の間の距離を意味する）と置けば

$$\Phi(\mathbf{x}) = \frac{-1}{4\pi\rho} f(t) \frac{\partial R^{-1}(\mathbf{x})}{\partial x} \tag{2.34}$$

となる．

Beltrami の定理 *Beltrami theorem* によれば，Lorentz の遅延ポテンシャル *retarded potential*

$$U = \iiint \frac{\sigma(\boldsymbol{\xi}, t - r/\upsilon)}{r} dV \tag{2.35}$$

は非斉次の波動方程式

$$\frac{1}{\upsilon^2} \frac{\partial^2 U}{\partial t^2} = \nabla^2 U + 4\pi\sigma \tag{2.36}$$

を満足するという [71]．地震動の波動方程式 (1.40) の第 1 式は，(2.36) 式にお

*) Webster[71] の 217 頁を参照.

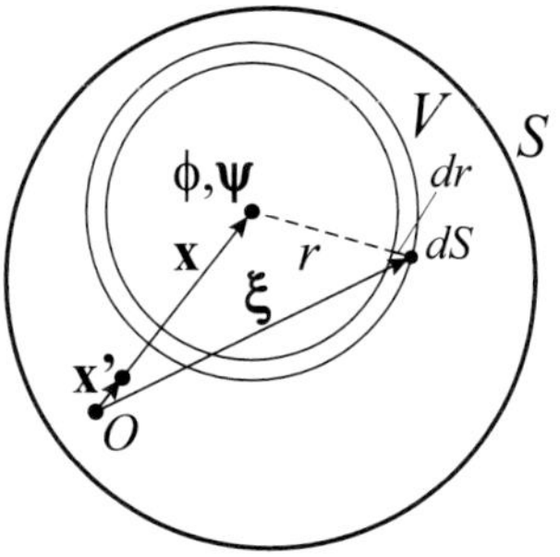

図 2.8 領域 V（図 1.5）の断面の模式図．体積積分は $\mathbf{x}$ を中心とした球面積分と半径 r の積分に置き換わる．

いて $U = \phi$，$\upsilon = \alpha$，$4\pi\sigma = \Phi/\alpha^2$ の置き換えを行ったものに相当するから，(2.35) 式に以上の置換を施した

$$\phi(\mathbf{x}, t) = \iiint \frac{\Phi(\boldsymbol{\xi}, t - r/\alpha)}{4\pi\alpha^2 r} dV(\boldsymbol{\xi}) \tag{2.37}$$

は (1.40) 式の第 1 式を満足する．

この式に，先に得られた (2.34) 式を代入し，体積積分を $\mathbf{x}$ を中心とした球面積分と半径 r の積分に置き換えると（図 2.8）

$$\phi(\mathbf{x}, t) = \frac{-1}{(4\pi)^2\alpha^2\rho} \int \frac{f(t - r/\alpha)}{r} dr \iint \frac{\partial R^{-1}(\boldsymbol{\xi})}{\partial \xi_x} dS(\boldsymbol{\xi}) \quad . \tag{2.38}$$

ここで，(2.31) 式に対して行った偏微分の書き換えを (2.38) 式にも行うため，位置ベクトル $\mathbf{x}'$ で表される点を原点の近くにとって（図 2.8），そこでの解を求めた上で，$\mathbf{x}'$ を $\mathbf{0}$ に近づけることにより原点に対する解を得ることとする *⁾．$R'(\mathbf{x}) = |\mathbf{x} - \mathbf{x}'|$ を新たに定義したとき $\lim_{\mathbf{x}' \to \mathbf{0}} R'(\mathbf{x}) = R(\mathbf{x})$ であり，(2.32) 式と同様に $\partial R'(\boldsymbol{\xi})/\partial \xi_x = -\partial R'(\boldsymbol{\xi})/\partial x'$ であるから，(2.38) 式の中にある球面積分の部分は

$$\begin{aligned} \iint \frac{\partial R^{-1}(\boldsymbol{\xi})}{\partial \xi_x} dS(\boldsymbol{\xi}) &= \lim_{\mathbf{x}' \to \mathbf{0}} \iint \frac{\partial R'^{-1}(\boldsymbol{\xi})}{\partial \xi_x} dS(\boldsymbol{\xi}) \\ &= \lim_{\mathbf{x}' \to \mathbf{0}} \left\{ -\frac{\partial}{\partial x'} \iint \frac{1}{R'(\boldsymbol{\xi})} dS(\boldsymbol{\xi}) \right\} \end{aligned} \tag{2.39}$$

---

*⁾ 深尾[16] の 61~62 頁，Aki and Richards[3] の 71~72 頁を参照．

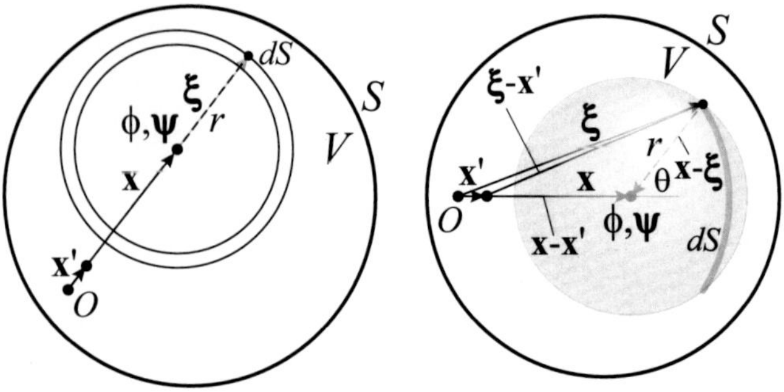

図 **2.9**　$\boldsymbol{\xi}$ 移動後の領域 V（図 1.5）の断面図（左）と左図に垂直な方向からの立体図（右）．右図の濃い灰色リボンが dS．

と書き換えられる．図 2.8 において球面要素 dS は紙面に垂直な円状リボンであるが，積分後に球面を覆えるならばリボンの向きは自由にとれるので，図 2.9 左のように $\mathbf{x}$ の延長上に dS の中心をとる．この図に垂直な方向に測る角度 θ を用いると，その半径は $r\sin\theta$ となる（図 2.9 右）．また，リボンの幅は $r\,d\theta$ であるから $dS(\boldsymbol{\xi}) = 2\pi r^2 \sin\theta\, d\theta$ である．リボン上の θ 方向の一点 $\boldsymbol{\xi}$ と $\mathbf{x}'$，$\mathbf{x}$ で構成される三角形において，3 辺に沿ったベクトル $\boldsymbol{\xi}-\mathbf{x}'$，$\mathbf{x}-\mathbf{x}'$，$\mathbf{x}-\boldsymbol{\xi}$ は $(\boldsymbol{\xi}-\mathbf{x}') = (\mathbf{x}-\mathbf{x}') - (\mathbf{x}-\boldsymbol{\xi})$ と結ばれる．したがって，$R'(\boldsymbol{\xi})^2 = R'(\mathbf{x})^2 + r^2 - 2R'(\mathbf{x})r\cos(\pi-\theta)$（$R'(\boldsymbol{\xi}) = |\boldsymbol{\xi}-\mathbf{x}'|$）であるから $2R'(\boldsymbol{\xi})dR'(\boldsymbol{\xi}) = -2R'(\mathbf{x})r\sin\theta d\theta$.

これらより

$$\iint \frac{1}{R'(\boldsymbol{\xi})} dS(\boldsymbol{\xi}) = \int \frac{2\pi r^2}{R'(\boldsymbol{\xi})} \sin\theta\, d\theta = -\frac{2\pi r}{R'(\mathbf{x})} \int dR'(\boldsymbol{\xi})\,. \tag{2.40}$$

積分範囲は $[R'(\theta=0), R'(\theta=\pi)] = [R'(\mathbf{x})+r, R'(\mathbf{x})-r]$ であるが，$R'(\boldsymbol{\xi}) \geq 0$ の条件により，$R'(\mathbf{x}) < r$ ならば $[R'(\mathbf{x})+r, r-R'(\mathbf{x})]$ となる．以上をまとめると

$$\iint \frac{1}{R'(\boldsymbol{\xi})} dS(\boldsymbol{\xi}) = \begin{cases} \dfrac{4\pi r^2}{R'(\mathbf{x})}, & R'(x) \geq r \\ 4\pi r, & R'(\mathbf{x}) < r \end{cases} \tag{2.41}$$

となり，これを (2.39) 式に代入すると，$r = |\mathbf{x}-\boldsymbol{\xi}|$ は $\mathbf{x}'$ を含まず，(2.32) 式と同様に $\partial R'(\mathbf{x})/\partial x' = -\partial R'(\mathbf{x})/\partial x$ であるから

$$\iint \frac{\partial R^{-1}(\boldsymbol{\xi})}{\partial \xi_x} dS(\boldsymbol{\xi}) = \lim_{\mathbf{x}' \to \mathbf{0}} \left\{ -\frac{\partial}{\partial x'} \iint \frac{1}{R'(\boldsymbol{\xi})} dS(\boldsymbol{\xi}) \right\} \tag{2.42}$$

$$= \lim_{\mathbf{x}' \to \mathbf{0}} \begin{cases} 4\pi r^2 \dfrac{\partial R'^{-1}(\mathbf{x})}{\partial x}, & R'(\mathbf{x}) \geq r \\ 0, & R'(\mathbf{x}) < r \end{cases} = \begin{cases} 4\pi r^2 \dfrac{\partial R^{-1}(\mathbf{x})}{\partial x}, & R(\mathbf{x}) \geq r \\ 0, & R(\mathbf{x}) < r \end{cases} .$$

この球面積分を (2.38) 式に代入して，半径 r の積分範囲を $R \geq r$ から $[0, R]$ とし，さらに $r = \alpha\tau$ と変数変換すると（τ は時間に相当する変数）

$$\begin{aligned} \phi(\mathbf{x}, t) &= \frac{-1}{4\pi\alpha^2\rho} \int_0^R r f(t - \frac{r}{\alpha})\, dr \frac{\partial R^{-1}}{\partial x} \\ &= \frac{-1}{4\pi\rho} \frac{\partial R^{-1}}{\partial x} \int_0^{R/\alpha} \tau f(t - \tau)\, d\tau . \end{aligned} \tag{2.43}$$

$\boldsymbol{\psi} = (\psi_x, \psi_y, \psi_z)$ に対しては (2.30) 式の左辺が

$$\iiint \nabla \times \left(\frac{\mathbf{f}}{r} \right) dV = \iiint \left\{ \frac{\nabla \times \mathbf{f}}{r} - \mathbf{f} \times \nabla \left(\frac{1}{r} \right) \right\} dV \tag{2.44}$$

であるから，

$$\begin{aligned} \boldsymbol{\Psi}(\mathbf{x}) &= \frac{+1}{4\pi} \iiint \left\{ \mathbf{f} \times \nabla \left(\frac{1}{r} \right) \right\} dV \\ &= \frac{+1}{4\pi} \iiint \left(0, -f_0 \frac{\partial}{\partial \xi_z} \left(\frac{1}{r} \right), +f_0 \frac{\partial}{\partial \xi_y} \left(\frac{1}{r} \right) \right) dV(\boldsymbol{\xi}) \end{aligned} \tag{2.45}$$

となり，これ以降は ϕ とほぼ同様な導出で

$$\begin{aligned} \psi_x(\mathbf{x}, t) &= 0 \\ \psi_y(\mathbf{x}, t) &= \frac{+1}{4\pi\rho} \frac{\partial R^{-1}}{\partial z} \int_0^{R/\beta} \tau f(t - \tau)\, d\tau \\ \psi_z(\mathbf{x}, t) &= \frac{-1}{4\pi\rho} \frac{\partial R^{-1}}{\partial y} \int_0^{R/\beta} \tau f(t - \tau)\, d\tau \end{aligned} \tag{2.46}$$

が得られる．

点力源が弾性体の原点において力 $f(t)$ を x 軸の正の方向に及ぼすとき，弾性体各部の変位，つまり地震動 u_x, u_y, u_z は **Helmholtz** の定理の関係式 $\mathbf{u} = \nabla\phi + \nabla\times\boldsymbol{\psi}$

（§1.2.4）に (2.43) 式と (2.46) 式を代入して

$$
\begin{aligned}
u_x &= \frac{1}{4\pi\rho}\left[\frac{\partial^2 R^{-1}}{\partial x^2}\int_{R/\alpha}^{R/\beta}\tau f(t-\tau)d\tau + \frac{1}{R}\left(\frac{\partial R}{\partial x}\right)^2\left\{\frac{1}{\alpha^2}f\left(t-\frac{R}{\alpha}\right)-\frac{1}{\beta^2}f\left(t-\frac{R}{\beta}\right)\right\}\right.\\
&\quad\left. + \frac{1}{\beta^2 R}f\left(t-\frac{R}{\beta}\right)\right] \qquad (2.47)\\
u_y &= \frac{1}{4\pi\rho}\left[\frac{\partial^2 R^{-1}}{\partial x\partial y}\int_{R/\alpha}^{R/\beta}\tau f(t-\tau)d\tau + \frac{1}{R}\frac{\partial R}{\partial x}\frac{\partial R}{\partial y}\left\{\frac{1}{\alpha^2}f\left(t-\frac{R}{\alpha}\right)-\frac{1}{\beta^2}f\left(t-\frac{R}{\beta}\right)\right\}\right]\\
u_z &= \frac{1}{4\pi\rho}\left[\frac{\partial^2 R^{-1}}{\partial x\partial z}\int_{R/\alpha}^{R/\beta}\tau f(t-\tau)d\tau + \frac{1}{R}\frac{\partial R}{\partial x}\frac{\partial R}{\partial z}\left\{\frac{1}{\alpha^2}f\left(t-\frac{R}{\alpha}\right)-\frac{1}{\beta^2}f\left(t-\frac{R}{\beta}\right)\right\}\right]
\end{aligned}
$$

と与えられる．α, β, ρ はそれぞれ，点力源における弾性体の P 波速度，S 波速度および密度である．ここではまだ点力源の地震動であるが，次節で示すように (2.47) 式から点震源の地震動を得ることは偏微分操作だけで可能であるので，(2.47) 式は地震動の物理学におけるもっとも根本的な方程式といえる．これは Love[46] が遅くとも 1906 年には得ていたものであり，さらに驚くべきことに Love 自身によれば，Stokes[66] がすでに 1849 年に同等の方程式を導いていたという．つまり，地震動の物理学は 19 世紀半ばの物理数学の上に成り立っているということになる．

なお，**断層変位**（§2.1.2）と区別するため，これ以降は可能な限り，弾性体各部の変位を**弾性変位** *elastic displacement* と呼ぶことにする．

2.1.4　点震源による地震動

§2.1.2 で述べたように，図 2.6 に示すような**点震源**の場合，ダブルカップルの一方の，実線矢印が示す**偶力**は腕の長さが ε であるから，x 軸正方向の点力源が y 軸上の原点から $+\varepsilon/2$ だけ離れた点に作用し，それと逆向きの点力源が $-\varepsilon/2$ 離れた点に作用しなければならない．この偶力は $\mathbf{u}(x, y-\varepsilon/2, z)-\mathbf{u}(x, y+\varepsilon/2, z)$ という地震動を与えるが，点震源であるので $\varepsilon \to 0$ の極限をとる必要がある．

$$
\lim_{\varepsilon\to 0}\frac{\mathbf{u}(x, y-\varepsilon/2, z)-\mathbf{u}(x, y+\varepsilon/2, z)}{\varepsilon} = -\frac{\partial \mathbf{u}}{\partial y} \qquad (2.48)
$$

より，この偶力による地震動は (2.47) 式を y で偏微分して $-\varepsilon$ 倍すれば得られる．同様に，図 2.6 に点線で示したもう一つの偶力による地震動は，y 軸正方向の点力源による地震動 $\mathbf{u}'$ を x で偏微分して $-\varepsilon$ 倍すれば得られる．

そのためには $\mathbf{u}' = (u'_x, u'_y, u'_z)$ を得なければならないが，§2.1.3 での $\mathbf{u}$ の導出においてまず $\mathbf{f} = (0, f_0, 0)$ と置いて，(2.33) 式を $\nabla r^{-1} \cdot \mathbf{f} = \partial r^{-1}/\partial \xi_y f_0$，(2.45) 式を $\mathbf{f} \times \nabla r^{-1} = (+f_0 \partial r^{-1}/\partial \xi_z, 0, -f_0 \partial r^{-1}/\partial \xi_x)$ とする．以下，引き続き §2.1.3 に沿って導出を進めると，$\mathbf{u}'$ のスカラーポテンシャル ϕ'，ベクターポテンシャル $\boldsymbol{\psi}' = (\psi'_x, \psi'_y, \psi'_z)$ は

$$
\begin{aligned}
\phi'(\mathbf{x}, t) &= \frac{-1}{4\pi\rho} \frac{\partial R^{-1}}{\partial y} \int_0^{R/\alpha} \tau f(t-\tau)\, d\tau \\
\psi'_x(\mathbf{x}, t) &= \frac{-1}{4\pi\rho} \frac{\partial R^{-1}}{\partial z} \int_0^{R/\beta} \tau f(t-\tau)\, d\tau \\
\psi'_y(\mathbf{x}, t) &= 0 \\
\psi'_z(\mathbf{x}, t) &= \frac{+1}{4\pi\rho} \frac{\partial R^{-1}}{\partial x} \int_0^{R/\beta} \tau f(t-\tau)\, d\tau
\end{aligned}
\tag{2.49}
$$

となり，再び Helmholtz の定理の関係式 $\mathbf{u}' = \nabla\phi' + \nabla \times \boldsymbol{\psi}'$ より

$$
\begin{aligned}
u'_x &= \frac{1}{4\pi\rho}\left[\frac{\partial^2 R^{-1}}{\partial x \partial y} \int_{R/\alpha}^{R/\beta} \tau f(t-\tau) d\tau + \frac{1}{R}\frac{\partial R}{\partial x}\frac{\partial R}{\partial y}\left\{\frac{1}{\alpha^2} f\left(t - \frac{R}{\alpha}\right) - \frac{1}{\beta^2} f\left(t - \frac{R}{\beta}\right)\right\}\right] \\
u'_y &= \frac{1}{4\pi\rho}\left[\frac{\partial^2 R^{-1}}{\partial y^2} \int_{R/\alpha}^{R/\beta} \tau f(t-\tau) d\tau + \frac{1}{R}\left(\frac{\partial R}{\partial y}\right)^2 \left\{\frac{1}{\alpha^2} f\left(t - \frac{R}{\alpha}\right) - \frac{1}{\beta^2} f\left(t - \frac{R}{\beta}\right)\right\}\right. \\
&\quad \left. + \frac{1}{\beta^2 R} f\left(t - \frac{R}{\beta}\right)\right] \\
u'_z &= \frac{1}{4\pi\rho}\left[\frac{\partial^2 R^{-1}}{\partial y \partial z} \int_{R/\alpha}^{R/\beta} \tau f(t-\tau) d\tau + \frac{1}{R}\frac{\partial R}{\partial y}\frac{\partial R}{\partial z}\left\{\frac{1}{\alpha^2} f\left(t - \frac{R}{\alpha}\right) - \frac{1}{\beta^2} f\left(t - \frac{R}{\beta}\right)\right\}\right]
\end{aligned}
\tag{2.50}
$$

と与えられる．

以上より，図 2.6 のように左横ずれ断層の走向を x 軸に一致させる場合，ダブルカップルの点震源による地震動 $\mathbf{U} = (U_x, U_y, U_z)$ の x 成分 $U_x = -\varepsilon \partial u_x/\partial y - \varepsilon \partial u'_x/\partial x$ は $\int_{R/\alpha}^{R/\beta} \tau M_0(t-\tau) d\tau = \int_0^{R/\beta} \tau M_0(t-\tau) d\tau - \int_0^{R/\alpha} \tau M_0(t-\tau) d\tau$ などから

$$
U_x = U_x^1 + U_x^{2P} + U_x^{2S} + U_x^{3P} + U_x^{3S}
\tag{2.51}
$$

と分解され，各項は

$$
\begin{aligned}
U_x^1 &= \frac{1}{4\pi\rho}\left[-2\frac{\partial^3 R^{-1}}{\partial x^2 \partial y}\right]\int_{R/\alpha}^{R/\beta}\tau M_0(t-\tau)d\tau \\
U_x^{2P} &= \frac{1}{4\pi\rho\alpha^2}\left[+R\frac{\partial^2 R^{-1}}{\partial x^2}\frac{\partial R}{\partial y}+R\frac{\partial^2 R^{-1}}{\partial x \partial y}\frac{\partial R}{\partial x}\right. \\
&\qquad \left.-\frac{\partial}{\partial y}\left\{\frac{1}{R}\left(\frac{\partial R}{\partial x}\right)^2\right\}-\frac{\partial}{\partial x}\left(\frac{1}{R}\frac{\partial R}{\partial x}\frac{\partial R}{\partial y}\right)\right]M_0\left(t-\frac{R}{\alpha}\right) \\
U_x^{2S} &= \frac{-1}{4\pi\rho\beta^2}\left[+R\frac{\partial^2 R^{-1}}{\partial x^2}\frac{\partial R}{\partial y}+R\frac{\partial^2 R^{-1}}{\partial x \partial y}\frac{\partial R}{\partial x}\right. \\
&\qquad \left.-\frac{\partial}{\partial y}\left\{\frac{1}{R}\left(\frac{\partial R}{\partial x}\right)^2\right\}-\frac{\partial}{\partial x}\left(\frac{1}{R}\frac{\partial R}{\partial x}\frac{\partial R}{\partial y}\right)+\frac{1}{R^2}\left(\frac{\partial R}{\partial y}\right)\right]M_0\left(t-\frac{R}{\beta}\right) \\
U_x^{3P} &= \frac{1}{4\pi\rho\alpha^3 R}\left[+2\left(\frac{\partial R}{\partial x}\right)^2\frac{\partial R}{\partial y}\right]\dot{M}_0\left(t-\frac{R}{\alpha}\right) \\
U_x^{3S} &= \frac{-1}{4\pi\rho\beta^3 R}\left[+2\left(\frac{\partial R}{\partial x}\right)^2\frac{\partial R}{\partial y}-\frac{\partial R}{\partial y}\right]\dot{M}_0\left(t-\frac{R}{\beta}\right)
\end{aligned}
\tag{2.52}
$$

と与えられる．$M_0(t)=\varepsilon f(t)$ は偶力のモーメント，つまり**地震モーメント**を表し，$\dot{M}_0(t)$ はその微分である．

ここで**方向余弦** *direction cosine* $\gamma_{x,y,z}=x/R, y/R, z/R$ を導入し，R の偏微分を実行すると $\partial R/\partial x=\gamma_x$，$\partial R/\partial y=\gamma_y$，$\partial R/\partial z=\gamma_z$ であるから

$$
\begin{aligned}
U_x^1 &= \frac{30\gamma_x^2\gamma_y-6\gamma_y}{4\pi\rho R^4}\int_{R/\alpha}^{R/\beta}\tau M_0(t-\tau)d\tau \\
U_x^{2P} &= \frac{12\gamma_x^2\gamma_y-2\gamma_y}{4\pi\rho\alpha^2R^2}M_0\left(t-\frac{R}{\alpha}\right),\ U_x^{2S}=-\frac{12\gamma_x^2\gamma_y-3\gamma_y}{4\pi\rho\beta^2R^2}M_0\left(t-\frac{R}{\beta}\right) \\
U_x^{3P} &= \frac{2\gamma_x^2\gamma_y}{4\pi\rho\alpha^3R}\dot{M}_0\left(t-\frac{R}{\alpha}\right),\ U_x^{3S}=-\frac{2\gamma_x^2\gamma_y-\gamma_y}{4\pi\rho\beta^3R}\dot{M}_0\left(t-\frac{R}{\beta}\right)
\end{aligned}
\tag{2.53}
$$

となる．$U_y=U_y^1+U_y^{2P}+U_y^{2S}+U_y^{3P}+U_y^{3S}$ に対して同様の操作を行うと

$$
\begin{aligned}
U_y^1 &= \frac{30\gamma_x\gamma_y^2-6\gamma_x}{4\pi\rho R^4}\int_{R/\alpha}^{R/\beta}\tau M_0(t-\tau)d\tau \\
U_y^{2P} &= \frac{12\gamma_x\gamma_y^2-2\gamma_x}{4\pi\rho\alpha^2R^2}M_0\left(t-\frac{R}{\alpha}\right),\ U_y^{2S}=-\frac{12\gamma_x\gamma_y^2-3\gamma_x}{4\pi\rho\beta^2R^2}M_0\left(t-\frac{R}{\beta}\right)
\end{aligned}
$$

$$U_y^{3P} = \frac{2\gamma_x\gamma_y^2}{4\pi\rho\alpha^3 R}\dot{M}_0\left(t-\frac{R}{\alpha}\right),\ U_y^{3S} = -\frac{2\gamma_x\gamma_y^2-\gamma_x}{4\pi\rho\beta^3 R}\dot{M}_0\left(t-\frac{R}{\beta}\right). \tag{2.54}$$

同じく $U_z = U_z^1 + U_z^{2P} + U_z^{2S} + U_z^{3P} + U_z^{3S}$ では

$$\begin{aligned} U_z^1 &= \frac{30\gamma_x\gamma_y\gamma_z}{4\pi\rho R^4}\int_{R/\alpha}^{R/\beta}\tau M_0(t-\tau)d\tau \\ U_z^{2P} &= \frac{12\gamma_x\gamma_y\gamma_z}{4\pi\rho\alpha^2 R^2}M_0\left(t-\frac{R}{\alpha}\right),\ U_z^{2S} = -\frac{12\gamma_x\gamma_y\gamma_z}{4\pi\rho\beta^2 R^2}M_0\left(t-\frac{R}{\beta}\right) \\ U_z^{3P} &= \frac{2\gamma_x\gamma_y\gamma_z}{4\pi\rho\alpha^3 R}\dot{M}_0\left(t-\frac{R}{\alpha}\right),\ U_z^{3S} = -\frac{2\gamma_x\gamma_y\gamma_z}{4\pi\rho\beta^3 R}\dot{M}_0\left(t-\frac{R}{\beta}\right). \end{aligned} \tag{2.55}$$

以上をまとめると，$n = x, y, z$ に対して

$$\begin{aligned} U_n = &\ \frac{30\gamma_n\gamma_x\gamma_y - 6\delta_{ny}\gamma_x - 6\delta_{nx}\gamma_y}{4\pi\rho R^4}\int_{R/\alpha}^{R/\beta}\tau M_0(t-\tau)d\tau \\ &+ \frac{12\gamma_n\gamma_x\gamma_y - 2\delta_{ny}\gamma_x - 2\delta_{nx}\gamma_y}{4\pi\rho\alpha^2 R^2}M_0\left(t-\frac{R}{\alpha}\right) \\ &- \frac{12\gamma_n\gamma_x\gamma_y - 3\delta_{ny}\gamma_x - 3\delta_{nx}\gamma_y}{4\pi\rho\beta^2 R^2}M_0\left(t-\frac{R}{\beta}\right) \\ &+ \frac{2\gamma_n\gamma_x\gamma_y}{4\pi\rho\alpha^3 R}\dot{M}_0\left(t-\frac{R}{\alpha}\right) - \frac{2\gamma_n\gamma_x\gamma_y - \delta_{ny}\gamma_x - \delta_{nx}\gamma_y}{4\pi\rho\beta^3 R}\dot{M}_0\left(t-\frac{R}{\beta}\right) \end{aligned} \tag{2.56}$$

が得られる[*]．

(2.56) 式の第 1 項は，ダブルカップルの点震源から離れるに従い，R^{-3} に比例して急速に小さくなる（係数としては R^{-4} であるが，定積分の被積分関数のうち τ が R^{+1} 程度で効いてくる）．したがって震源近傍でしか効いてこないので，**近地項** *near-field term* と呼ばれる．これに対して第 4，5 項は R^{-1} でしか減衰しないので，もっとも遠方まで効果を及ぼし**遠地項** *far-field term* と呼ばれる．第 2，3 項は両者の中間の**中間項** *intermediate-field term* である．また，第 2，4 項には α しか関係しないので **P 波**による地震動を，同じく第 3，5 項には β しか関係しないので **S 波**による地震動を表している．係数となっている時間関数は，中間項では**モーメント時間関数** $M_0(t)$ であるのに対して，

[*] Aki and Richards[3] の (4.30) 式において $p = x$，$q = y$，$\boldsymbol{\nu} = (0, 1, 0)$，$\mu A\bar{u}_p \to M_0$，$r \to R$ としたものに一致する．

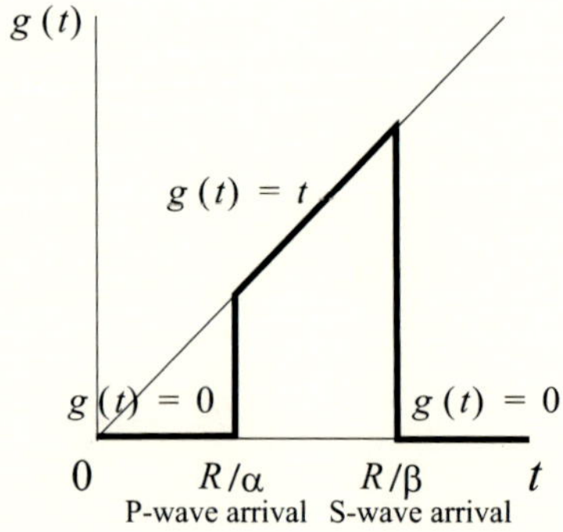

図 **2.10**　近地項の積分において $M_0(t)$ にコンボリューションされる関数.

遠地項では $M_0(t)$ の時間微分である**モーメント速度関数**になっている．また，近地項では $M_0(t)$ の積分の形になっており，この積分は $M_0(t)$ と図 2.10 に示す関数

$$g(t) = \begin{cases} t, & R/\alpha \le t \le R/\beta \\ 0, & t < R/\alpha,\ t > R/\beta \end{cases} \tag{2.57}$$

とのコンボリューション（(1.83) 式）に相当し，P 波の到着時刻 R/α から S 波の到着時刻 R/β まで継続する緩やかな時間関数である．一般に遠地項だけで十分近似できることが多いので，**実体波**は**震源距離** R に反比例して**幾何減衰**すると言われる．しかし，震源に近い領域では近地項や中間項が遠地項を上回ることもあり，特にごく浅い震源では非常に大きな中間項が予想されている [13]．また，遠方の地震波でも超長周期の帯域でみると近地項が現れ，**W フェーズ** *W phase* [31] はこれに相当している可能性がある [9].

2.1.5　ポテンシャル表現

Bessonova *et al.*[4] によれば Keilis-Borok[32] は，原点にある**点力源**において x 方向に働く**単一力**の地震動のスカラーポテンシャルとベクトルポテンシャル（以下では **Helmholtz ポテンシャル** *Helmholtz potential* と総称する）として，単一力の時間関数の 2 階積分

$$F(t) = \int_0^t ds' \int_0^{s'} f(s)\, ds \tag{2.58}$$

を用いたコンパクトな表現

$$\begin{aligned}
\phi &= \frac{1}{4\pi\rho}\frac{\partial B_\alpha}{\partial x} \\
\boldsymbol{\psi} &= (\psi_x, \psi_y, \psi_z) = \left(0, \frac{-1}{4\pi\rho}\frac{\partial B_\beta}{\partial z}, \frac{1}{4\pi\rho}\frac{\partial B_\beta}{\partial y}\right) = \nabla \times \left(\frac{-B_\beta}{4\pi\rho}, 0, 0\right) \\
B_\alpha &= \frac{1}{R} F\left(t - \frac{R}{\alpha}\right),\ B_\beta = \frac{1}{R} F\left(t - \frac{R}{\beta}\right)
\end{aligned} \tag{2.59}$$

を提案した[*)]．B_α，B_β は (2.58) 式を時間関数とする**球面波**（§1.2.5），つまり点力源からの距離 R に反比例して振幅が減衰し，位相は R/α または R/β でずれる地震動（弾性変位）を表す．これらを **Helmholtz** の定理の関係式 $\mathbf{u} = \nabla\phi + \nabla \times \boldsymbol{\psi}$（§1.2.4）に代入すれば

$$\begin{aligned}
u_x &= \frac{1}{4\pi\rho}\left\{\frac{\partial^2}{\partial x^2}(B_\alpha - B_\beta) + \nabla^2 B_\beta\right\} \\
u_y &= \frac{1}{4\pi\rho}\left\{\frac{\partial^2}{\partial x \partial y}(B_\alpha - B_\beta)\right\} \\
u_z &= \frac{1}{4\pi\rho}\left\{\frac{\partial^2}{\partial x \partial z}(B_\alpha - B_\beta)\right\}
\end{aligned} \tag{2.60}$$

が得られる[58)]．また，(2.59) 式の第 3 式と

$$F'(t) = \frac{dF(t)}{dt} = \int_0^t f(s)\, ds,\ F''(t) = \frac{d^2F(t)}{dt^2} = f(t) \tag{2.61}$$

を用いると

$$\begin{aligned}
\frac{\partial^2 B_\alpha}{\partial x^2} &= \frac{\partial}{\partial x}\left\{\frac{\partial R^{-1}}{\partial x} F\left(t - \frac{R}{\alpha}\right) + R^{-1} F'\left(t - \frac{R}{\alpha}\right)\left(-\frac{1}{\alpha}\frac{\partial R}{\partial x}\right)\right\} \\
&= \frac{\partial^2 R^{-1}}{\partial x^2} F\left(t - \frac{R}{\alpha}\right) + \left\{2R^{-3}\left(\frac{\partial R}{\partial x}\right)^2 - R^{-2}\frac{\partial^2 R}{\partial x^2}\right\} F'\left(t - \frac{R}{\alpha}\right) + R^{-1} F''\left(t - \frac{R}{\alpha}\right)\left(\frac{1}{\alpha}\frac{\partial R}{\partial x}\right)^2
\end{aligned}$$

[*)] Bessonova *et al.*[4)] だけでなく，丸山[49)] や Sato[58)] にも (2.59) 式が Keilis-Borok[32)] によると書かれているが，このロシア語論文にあたることはできなかったので，独自に証明を試みた．

$$= \frac{\partial^2 R^{-1}}{\partial x^2}\left\{F\left(t-\frac{R}{\alpha}\right)+\frac{R}{\alpha}F'\left(t-\frac{R}{\alpha}\right)\right\}+\frac{1}{R}\left(\frac{\partial R}{\partial x}\right)^2\frac{1}{\alpha^2}f\left(t-\frac{R}{\alpha}\right) \tag{2.62}$$

である*).

ここで $s'\int_0^{s'} f(s)\,ds$ という関数を定義して s' の区間 $[0, t-R/\alpha]$ で部分積分し，最後に変数変換 $\tau = t - s$ と (2.58) 式，(2.61) 式を用いると

$$\begin{aligned}
\left[s'\int_0^{s'} f(s)\,ds\right]_0^{t-R/\alpha} &= \int_0^{t-R/\alpha} ds'\int_0^{s'} f(s)\,ds + \int_0^{t-R/\alpha} s'f(s')\,ds' \implies \\
\left(t-\frac{R}{\alpha}\right)\int_0^{t-R/\alpha} f(s)\,ds &= \int_0^{t-R/\alpha} ds'\int_0^{s'} f(s)\,ds + \int_0^{t-R/\alpha} sf(s)\,ds \implies \\
\int_0^{t-R/\alpha}(t-s)f(s)\,ds &= \int_0^{t-R/\alpha} ds'\int_0^{s'} f(s)\,ds + \frac{R}{\alpha}\int_0^{t-R/\alpha} f(s)\,ds \implies \\
-\int_t^{R/\alpha}\tau f(t-\tau)\,d\tau &= F\left(t-\frac{R}{\alpha}\right)+\frac{R}{\alpha}F'\left(t-\frac{R}{\alpha}\right)
\end{aligned} \tag{2.63}$$

が得られる．(2.63) 式を (2.62) 式に代入すると

$$\frac{\partial^2 B_\alpha}{\partial x^2} = \frac{\partial^2 R^{-1}}{\partial x^2}\left\{-\int_t^{R/\alpha}\tau f(t-\tau)\,d\tau\right\}+\frac{1}{R}\left(\frac{\partial R}{\partial x}\right)^2\frac{1}{\alpha^2}f\left(t-\frac{R}{\alpha}\right), \tag{2.64}$$

同様に

$$\begin{aligned}
\frac{\partial^2 B_\beta}{\partial x^2} &= \frac{\partial^2 R^{-1}}{\partial x^2}\left\{-\int_t^{R/\beta}\tau f(t-\tau)\,d\tau\right\}+\frac{1}{R}\left(\frac{\partial R}{\partial x}\right)^2\frac{1}{\beta^2}f\left(t-\frac{R}{\beta}\right), \\
\frac{\partial^2 B_\beta}{\partial y^2} &= \frac{\partial^2 R^{-1}}{\partial y^2}\left\{-\int_t^{R/\beta}\tau f(t-\tau)\,d\tau\right\}+\frac{1}{R}\left(\frac{\partial R}{\partial y}\right)^2\frac{1}{\beta^2}f\left(t-\frac{R}{\beta}\right), \\
\frac{\partial^2 B_\beta}{\partial z^2} &= \frac{\partial^2 R^{-1}}{\partial z^2}\left\{-\int_t^{R/\beta}\tau f(t-\tau)\,d\tau\right\}+\frac{1}{R}\left(\frac{\partial R}{\partial z}\right)^2\frac{1}{\beta^2}f\left(t-\frac{R}{\beta}\right)
\end{aligned} \tag{2.65}$$

となる．また，$\dfrac{\partial^2 R^{-1}}{\partial x^2} = 3R^{-5}x^2 - R^{-3}$ などから

$$\frac{\partial^2 R^{-1}}{\partial x^2}+\frac{\partial^2 R^{-1}}{\partial y^2}+\frac{\partial^2 R^{-1}}{\partial z^2} = 3R^{-5}(x^2+y^2+z^2) - 3R^{-3} = 0 \tag{2.66}$$

*) Bessonova *et al.*[4)] の 14 頁に書かれている (3a) 式から係数 $1/(4\pi\rho)$ を除き $q = x$，$a = \alpha$，$K(t) = f(t)$ と置いたものに一致する．

$$\frac{\partial^2 B_\beta^L}{\partial x^2} = \frac{\partial^2 B_\beta}{\partial x^2} + \frac{\partial^2 R^{-1}}{\partial x^2} \int_0^t \tau f(t-\tau)\, d\tau \tag{2.69}$$

などとすることに等しい．その場合，(2.67) 式の第 1 項において追加の項はキャンセルされる．また，第 2 項においても (2.66) 式から追加の項はキャンセルされてしまうので，違いがあっても Love のポテンシャルと Keilis-Borok のポテンシャルの双方が，原点にある点力源において x 方向に働く単一力の地震動（(2.47) 式）の Helmholtz ポテンシャルとして働くことができる．

次に，原点において y 方向に働く単一力の地震動の Helmholtz ポテンシャルは (2.49) 式を (2.43) 式，(2.46) 式と比較して

$$\phi' = \frac{1}{4\pi\rho}\frac{\partial B_\alpha}{\partial y}, \quad \boldsymbol{\psi}' = \nabla \times \left(0, \frac{-B_\beta}{4\pi\rho}, 0\right). \tag{2.70}$$

これらと $\mathbf{u}' = \nabla\phi' + \nabla \times \boldsymbol{\psi}'$ より

$$\begin{aligned} u'_x &= \frac{1}{4\pi\rho}\left\{\frac{\partial^2}{\partial x \partial y}(B_\alpha - B_\beta)\right\}, \\ u'_y &= \frac{1}{4\pi\rho}\left\{\frac{\partial^2}{\partial y^2}(B_\alpha - B_\beta) + \nabla^2 B_\beta\right\}, \\ u'_z &= \frac{1}{4\pi\rho}\left\{\frac{\partial^2}{\partial y \partial z}(B_\alpha - B_\beta)\right\}. \end{aligned} \tag{2.71}$$

(2.60) 式，(2.71) 式に対して，(2.47) 式，(2.54) 式と同様に §2.1.4 の操作を施すと，図 2.6 のダブルカップルによる地震動のポテンシャル表現は

$$\begin{aligned} U_x &= -\frac{1}{4\pi\rho}\left\{\frac{2\partial^3}{\partial x^2 \partial y}(B_\alpha - B_\beta) + \frac{\partial}{\partial y}\nabla^2 B_\beta\right\}, \\ U_y &= -\frac{1}{4\pi\rho}\left\{\frac{2\partial^3}{\partial x \partial y^2}(B_\alpha - B_\beta) + \frac{\partial}{\partial x}\nabla^2 B_\beta\right\}, \\ U_z &= -\frac{1}{4\pi\rho}\left\{\frac{2\partial^3}{\partial x \partial y \partial z}(B_\alpha - B_\beta)\right\} \end{aligned} \tag{2.72}$$

与えられる [49]．ただし，(2.72) 式では (2.59) 式と異なり

$$B_\alpha = \frac{1}{R} F\left(t - \frac{R}{\alpha}\right),\ B_\beta = \frac{1}{R} F\left(t - \frac{R}{\beta}\right);\ \ F(t) = \int_0^t d\tau \int_0^\tau M_0(s)\, ds \tag{2.73}$$

である．(2.64)，(2.65)，(2.66) 式を (2.60) 式の第 1 式に代入すると

$$u_x = \frac{1}{4\pi\rho}\left[\left(\frac{\partial^2 B_\alpha}{\partial x^2} - \frac{\partial^2 B_\beta}{\partial x^2}\right) + \left(\frac{\partial^2 B_\beta}{\partial x^2} + \frac{\partial^2 B_\beta}{\partial y^2} + \frac{\partial^2 B_\beta}{\partial z^2}\right)\right]$$

$$= \frac{1}{4\pi\rho}\left[\frac{\partial^2 R^{-1}}{\partial x^2}\int_{R/\alpha}^{R/\beta}\tau f(t-\tau)d\tau + \frac{1}{R}\left(\frac{\partial R}{\partial x}\right)^2\left\{\frac{1}{\alpha^2}f\left(t-\frac{R}{\alpha}\right) - \frac{1}{\beta^2}f\left(t\right.\right.\right.$$

$$\left.+ \frac{1}{\beta^2 R}f\left(t-\frac{R}{\beta}\right)\right]$$

となって，(2.47) 式の第 1 式に一致する．

同様な手順で (2.60) 式の第 2，3 式が (2.47) 式の第 2，3 式に一致
が示せるから，Keilis-Borok[32] の提案した (2.59) 式は Love[46] によ
地震動（(2.47) 式）の Helmholtz ポテンシャルであることが証明さ
し，(2.59) 式は Love[46] 自身による Helmholtz ポテンシャル（(2.43)
式）に完全に一致しているわけではない．(2.59) 式と (2.62) 式，(2.
からここでは

$$\phi = \frac{-1}{4\pi\rho}\frac{\partial R^{-1}}{\partial x}\int_t^{R/\alpha}\tau f(t-\tau)\,d\tau\,,$$

$$\psi_x = 0\,,$$

$$\psi_y = \frac{+1}{4\pi\rho}\frac{\partial R^{-1}}{\partial z}\int_t^{R/\beta}\tau f(t-\tau)\,d\tau\,,$$

$$\psi_z = \frac{-1}{4\pi\rho}\frac{\partial R^{-1}}{\partial y}\int_t^{R/\beta}\tau f(t-\tau)\,d\tau$$

となるが，これら Keilis-Borok のポテンシャルを (2.62) 式，(2.63
のポテンシャルと比較すると，含まれるすべての定積分の下限が
ンシャルでは 0 であるのに比べ，Keilis-Borok のポテンシャルで
いる．したがって，Love のポテンシャルによる B_α，B_β（以降，
記する）の 2 階微分（(2.64) 式と (2.65) 式）おいても，含まれる
積分の下限が t から 0 に置き換わる．このことは

$$\frac{\partial^2 B_\alpha^L}{\partial x^2} = \frac{\partial^2 B_\alpha}{\partial x^2} + \frac{\partial^2 R^{-1}}{\partial x^2}\int_0^t \tau f(t-\tau)\,d\tau\,,$$

は $M_0(t) = \varepsilon f(t)$ の 2 階積分を時間関数とする球面波である．また，(2.59) 式や (2.70) 式のポテンシャルにも §2.1.4 の操作を施すと，点震源の地震動の **Helmholtz** ポテンシャル

$$\Phi = -\frac{1}{2\pi\rho}\frac{\partial^2 B_\alpha}{\partial x\partial y},\quad \mathbf{\Psi} = \nabla\times\left(\frac{1}{4\pi\rho}\frac{\partial B_\beta}{\partial y},\frac{1}{4\pi\rho}\frac{\partial B_\beta}{\partial x},0\right) \tag{2.74}$$

が得られる．第 1 章では体積力の Helmholtz ポテンシャルに対して Φ，$\mathbf{\Psi}$ を用いたが，本章以降は点震源の地震動に大文字 **U** を用いるように Φ，$\mathbf{\Psi}$ を点震源の地震動の Helmholtz ポテンシャルに対して用いる．

B_α, B_β へ時間 t に関する **Fourier** 変換（§4.2.2）を施すと，表 4.3 に書かれた公式から

$$\begin{aligned}
\overline{B}_\alpha &= \frac{1}{R(\mathrm{i}\omega)^2}e^{-\mathrm{i}\omega R/\alpha}\overline{M}_0(\omega) = \frac{-1}{\omega^2}A_\alpha\overline{M}_0(\omega),\ A_\alpha = \frac{e^{-\mathrm{i}k_\alpha R}}{R},\ k_\alpha = \frac{\omega}{\alpha},\\
\overline{B}_\beta &= \frac{1}{R(\mathrm{i}\omega)^2}e^{-\mathrm{i}\omega R/\beta}\overline{M}_0(\omega) = \frac{-1}{\omega^2}A_\beta\overline{M}_0(\omega),\ A_\beta = \frac{e^{-\mathrm{i}k_\beta R}}{R},\ k_\beta = \frac{\omega}{\beta}
\end{aligned} \tag{2.75}$$

が得られる．ここで $\overline{M}_0(\omega)$ は $M_0(t)$ の Fourier 変換であり，球面波の Fourier 変換 A_α，A_β は R に反比例して減衰し，R に沿って振動的であることを意味している．k_α，k_β は球面波の**波数** *wavenumber*（単位長さに含まれる波の数に 2π を掛けたもの）である．

2.2　円筒波展開

2.2.1　垂直な横ずれ断層

地下構造が深さ方向（z 方向）に変化する場合でも，もっとも一般的な**水平成層構造**（§3.1.1）ならば，震源を含む層内の地震動は球面波であり，地表の地震動も層の境界で変形するものの，基本的には**震央**（点震源直上の地表の点，§1.1）を中心とした同心円状に広がっていくはずである．したがって，震央を原点とする**円筒座標系** *cylindrical coordinate system* (r,θ,z)（図 2.11）を用いると取り扱いやすい．r は**震央距離**（§1.1）に相当する．円筒座標系ではベクトルポテンシャルを変位ポテンシャルの形式（§1.2.4，(1.42) 式）に書き換えることができるという利点がある．

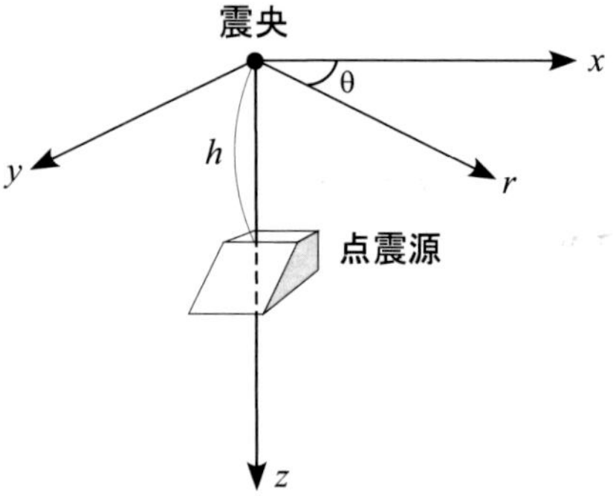

図 2.11　点震源の震央を原点とする円筒座標系.

円筒座標系では，**球面波**の Fourier 変換 A_α，A_β（(2.75) 式）は，点震源が深さ h にあるとき **Sommerfeld 積分** *Sommerfeld integral* [64] を用いて

$$A_\upsilon = \frac{\exp(-\mathrm{i}k_\upsilon R)}{R} = \int_0^\infty F_\upsilon J_0(kr)\,dk\,, \quad \upsilon = \alpha \ \text{or} \ \beta\,, \tag{2.76}$$

$$F_\upsilon = \frac{k\,e^{-\mathrm{i}\nu_\upsilon|z-h|}}{\mathrm{i}\nu_\upsilon}\,, \quad \nu_\upsilon = \begin{cases} \sqrt{k_\upsilon^2 - k^2}\,, & k_\upsilon \geq k \\ -\mathrm{i}\sqrt{k^2 - k_\upsilon^2}\,, & k_\upsilon < k \end{cases}$$

と与えられる *). (2.76) 式は，球面波が 0 次の **Bessel 関数** *Bessel function* $J_0(kr)$ の表す**円筒波**（§1.2.5）の重ね合せで表現できること，つまり**円筒波展開** *cylindrical wave expansion* が可能であることを意味している †). また，円筒波の**波数** k を球面波の水平方向の波数と見なせば，その定義から ν_α，ν_β は深さ方向の波数と考えることができる．それらが虚数となるときの符号は $z = \pm\infty$ で発散しないように取られている．

垂直な**横ずれ断層**（図 2.6）ならば，そのスカラーポテンシャル（(2.74) 第 1 式）の Fourier 変換に (2.75) 式を代入し，$\partial/\partial x = \cos\theta\cdot\partial/\partial r - \sin\theta/r\cdot\partial/\partial\theta$ や $\partial/\partial y = \sin\theta\cdot\partial/\partial r + \cos\theta/r\cdot\partial/\partial\theta$，$\partial A_\alpha/\partial\theta = 0$，0 次の **Bessel 方程式** *Bessel equation* $d^2J_0(q)/dq^2 + 1/q\cdot dJ_0(q)/dq + J_0(q) = 0$，$J_2(q) = -J_0(q) + 2q^{-1}J_1(q) = -J_0(q) - 2q^{-1}dJ_0(q)/dq$ などを利用すると ‡)

---

*) Harkrider[20] の (5) 式において $\nu_\upsilon \to \mathrm{i}\nu_\upsilon$ としたものに一致する.

†) より正確には，z 方向の**平面波**（§1.2.5）である $e^{-\mathrm{i}\nu_\upsilon|z-h|}$ が組み合わさっているので**円錐波** *conical wave* と呼ぶべきであろう [3].

‡) §2.2.1~2.2.4 で利用する公式の多くは森口・他 [50] による.

$$\begin{aligned}\overline{\Phi} &= \frac{\overline{M}_0(\omega)}{2\pi\rho\omega^2}\left[\frac{\sin 2\theta}{2}\left\{\frac{\partial^2 A_\alpha}{\partial r^2} - \frac{1}{r^2}\left(\frac{\partial^2 A_\alpha}{\partial \theta^2} + r\frac{\partial A_\alpha}{\partial r}\right)\right\} + \frac{\cos 2\theta}{r^2}\left(r\frac{\partial^2 A_\alpha}{\partial r \partial \theta} - \frac{\partial A_\alpha}{\partial \theta}\right)\right] \\ &= \frac{\overline{M}_0(\omega)}{4\pi\rho\omega^2}\sin 2\theta \int_0^\infty F_\alpha\left(\frac{d^2}{dr^2} - \frac{1}{r}\frac{d}{dr}\right) J_0(kr)\,dk \\ &= \frac{\overline{M}_0(\omega)}{4\pi\rho\omega^2}\sin 2\theta \int_0^\infty k^2 F_\alpha J_2(kr)\,dk \end{aligned} \tag{2.77}$$

となる．$J_1(kr)$，$J_2(kr)$ は 1 次および 2 次の Bessel 関数である．

(2.74) 式の第 2 式の Fourier 変換 $\overline{\boldsymbol{\Psi}}$ にも (2.75) 式を代入して円筒座標系に変換し，再び $\partial/\partial x = \cos\theta \cdot \partial/\partial r - \sin\theta/r \cdot \partial/\partial\theta$ や $\partial/\partial y = \sin\theta\cdot\partial/\partial r + \cos\theta/r\cdot\partial/\partial\theta$, $\partial A_\beta/\partial\theta = 0$，$dJ_0(q)/dq = -J_1(q)$ などを利用して $\overline{\boldsymbol{\Psi}} = \nabla \times (\overline{\Psi}_r, \overline{\Psi}_\theta, \overline{\Psi}_z)$ を求めると

$$\begin{aligned}\overline{\Psi}_r &= \frac{1}{4\pi\rho}\left(\cos\theta\frac{\partial \overline{B}_\beta}{\partial y} + \sin\theta\frac{\partial \overline{B}_\beta}{\partial x}\right) = \frac{1}{4\pi\rho}\sin 2\theta \frac{\partial \overline{B}_\beta}{\partial r} \\ &= -\frac{\overline{M}_0(\omega)}{4\pi\rho\omega^2}\sin 2\theta\frac{\partial A_\beta}{\partial r} = \frac{\overline{M}_0(\omega)}{4\pi\rho\omega^2}\sin 2\theta\int_0^\infty F_\beta\, kJ_1(kr)\,dk\,, \\ \overline{\Psi}_\theta &= \frac{1}{4\pi\rho}\left(-\sin\theta\frac{\partial \overline{B}_\beta}{\partial y} + \cos\theta\frac{\partial \overline{B}_\beta}{\partial x}\right) = \frac{1}{4\pi\rho}\cos 2\theta \frac{\partial \overline{B}_\beta}{\partial r} \\ &= -\frac{\overline{M}_0(\omega)}{4\pi\rho\omega^2}\cos 2\theta\frac{\partial A_\beta}{\partial r} = \frac{\overline{M}_0(\omega)}{4\pi\rho\omega^2}\cos 2\theta\int_0^\infty F_\beta\, kJ_1(kr)\,dk\,, \\ \overline{\Psi}_z &= 0 \end{aligned} \tag{2.78}$$

が得られる．

ベクトルポテンシャルの Fourier 変換と SH 波，SV 波の変位ポテンシャルの Fourier 変換は

$$\nabla \times \overline{\boldsymbol{\Psi}} = \nabla \times \nabla \times (0, 0, \overline{\Psi}) + \nabla \times (0, 0, \overline{\mathrm{X}}) \tag{2.79}$$

と結ばれる．この式の左辺から z 成分だけを取り出して (2.78) 式を代入し，$dJ_1(q)/dq = q^{-1}J_1(q) - J_2(q)$ [50] などを利用すると

$$(\nabla \times \overline{\boldsymbol{\Psi}})_z = (\nabla\times\nabla\times(\overline{\Psi}_r, \overline{\Psi}_\theta, 0))_z = \frac{1}{r}\frac{\partial}{\partial r}\left(r\frac{\partial\overline{\Psi}_r}{\partial z}\right) + \frac{1}{r}\frac{\partial^2 \overline{\Psi}_\theta}{\partial\theta\,\partial z}$$

$$= \frac{\overline{M}_0(\omega)}{4\pi\rho\omega^2}\sin 2\theta \int_0^\infty (-\mathrm{i}\epsilon\nu_\beta)F_\beta\, k\left(\frac{dJ_1(kr)}{dr} - \frac{J_1(kr)}{r}\right)dk$$
$$= \frac{\overline{M}_0(\omega)}{4\pi\rho\omega^2}\sin 2\theta \int_0^\infty \mathrm{i}\epsilon\nu_\beta F_\beta\, k^2 J_2(kr)\, dk \tag{2.80}$$

となる．ϵ は $z-h$ の符号 $(z-h)/|z-h|$ を表す．また，(2.79) 式の右辺から z 成分だけを取り出すと

$$(\nabla\times\nabla\times(0,\,0,\,\overline{\Psi}))_z + (\nabla\times(0,\,0,\,\overline{\mathrm{X}}))_z = -\frac{1}{r}\frac{\partial}{\partial r}\left(r\frac{\partial\overline{\Psi}}{\partial r}\right) - \frac{1}{r^2}\frac{\partial^2\overline{\Psi}}{\partial\theta^2} \tag{2.81}$$

となって $\overline{\Psi}$ しか含まれないので，$\overline{\Psi}$ は (2.80) 式から

$$\overline{\Psi} = \frac{\overline{M}_0(\omega)}{4\pi\rho\omega^2}\sin 2\theta \int_0^\infty \mathrm{i}\epsilon\nu_\beta F_\beta \Gamma(kr)\, dk \tag{2.82}$$

という形でなければならない．これを (2.81) 式に代入すると

$$-\frac{1}{r}\frac{\partial}{\partial r}\left(r\frac{\partial\overline{\Psi}}{\partial r}\right) - \frac{1}{r^2}\frac{\partial^2\overline{\Psi}}{\partial\theta^2} = \tag{2.83}$$
$$-\frac{\overline{M}_0(\omega)}{4\pi\rho\omega^2}\sin 2\theta \int_0^\infty \mathrm{i}\epsilon\nu_\beta F_\beta\, k^2\left\{\frac{d^2\Gamma(kr)}{d(kr)^2} + \frac{1}{kr}\frac{d\Gamma(kr)}{d(kr)} - \frac{4}{(kr)^2}\Gamma(kr)\right\}dk\,.$$

被積分関数の{ }内の部分は 2 次の Bessel 方程式 $d^2J_2(q)/dq^2 + 1/q\cdot dJ_2(q)/dq + (1-4/q^2)J_2(q) = 0$ から，$\Gamma(kr) = J_2(kr)$ ならば $-J_2(kr)$ に等しくなって，(2.80) 式の右辺 z 成分は左辺 z 成分に一致する．

次に，(2.79) 式の r 成分を見ると左辺は，1 次の Bessel 方程式 $d^2J_1(q)/dq^2 + 1/q\cdot dJ_1(q)/dq + (1-1/q^2)J_1(q) = 0$ や $d^2J_1(q)/dq^2 = -J_1(q) + J_2(q)/q$, $dJ_2(q))/dq = J_1(q) - 2J_2(q)/q$ などを利用すると

$$(\nabla\times\overline{\boldsymbol{\Psi}})_r = (\nabla\times\nabla\times(\overline{\Psi}_r, \overline{\Psi}_\theta, 0))_r = \left(\nabla\times\left(-\frac{\partial\overline{\Psi}_\theta}{\partial z}, \frac{\partial\overline{\Psi}_r}{\partial z}, \frac{1}{r}\frac{\partial}{\partial r}(r\overline{\Psi}_\theta) - \frac{1}{r}\frac{\partial\overline{\Psi}_r}{\partial\theta}\right)\right)_r$$
$$= \frac{1}{r}\frac{\partial}{\partial\theta}\left\{\frac{1}{r}\frac{\partial}{\partial r}(r\overline{\Psi}_\theta) - \frac{1}{r}\frac{\partial\overline{\Psi}_r}{\partial\theta}\right\} - \frac{\partial^2\overline{\Psi}_r}{\partial z^2} = \frac{\partial}{\partial\theta}\left(\frac{1}{r^2}\overline{\Psi}_\theta + \frac{1}{r}\frac{\partial\overline{\Psi}_\theta}{\partial r}\right) - \frac{1}{r^2}\frac{\partial^2\overline{\Psi}_r}{\partial\theta^2} - \frac{\partial^2\overline{\Psi}_r}{\partial z^2}$$
$$= \frac{\overline{M}_0(\omega)}{4\pi\rho\omega^2}\sin 2\theta \int_0^\infty F_\beta\, k\left\{-\frac{2}{r^2}J_1(kr) - \frac{2}{r}\frac{dJ_1(kr)}{dr} + \frac{4}{r^2}J_1(kr) + \nu_\beta^2 J_1(kr)\right\}dk$$

$$= \frac{\overline{M}_0(\omega)}{4\pi\rho\omega^2}\sin 2\theta \int_0^\infty F_\beta\, k \left\{ \nu_\beta^2 \frac{dJ_2(kr)}{d(kr)} + 2k_\beta^2 \frac{J_2(kr)}{kr} \right\} dk \tag{2.84}$$

である．(2.79) 式の右辺の r 成分は

$$(\nabla\times\nabla\times(0,\,0,\,\overline{\Psi}))_r + (\nabla\times(0,\,0,\,\overline{\mathrm{X}}))_r = \frac{\partial^2\overline{\Psi}}{\partial r\partial z} + \frac{1}{r}\frac{\partial\overline{\mathrm{X}}}{\partial\theta} \tag{2.85}$$

となる．$\Gamma(kr) = J_2(kr)$ とした (2.82) 式より

$$\frac{\partial^2\overline{\Psi}}{\partial r\partial z} = \frac{\overline{M}_0(\omega)}{4\pi\rho\omega^2}\sin 2\theta \int_0^\infty \nu_\beta^2 F_\beta \frac{dJ_2(kr)}{dr}\, dk \tag{2.86}$$

は (2.84) 式の { } 内の第 1 項のみをとったものに等しい．したがって，同第 2 項のみをとったものは (2.85) 式の第 2 項とならなければならないから

$$\frac{1}{r}\frac{\partial\overline{\mathrm{X}}}{\partial\theta} = \frac{\overline{M}_0(\omega)}{4\pi\rho\omega^2}\sin 2\theta \int_0^\infty 2k_\beta^2 F_\beta \frac{J_2(kr)}{r}\, dk\,. \tag{2.87}$$

(2.77) 式，(2.82) 式，(2.87) 式をまとめると

$$\begin{aligned}
\overline{\Phi} &= \frac{\overline{M}_0(\omega)}{4\pi\rho\omega^2}\sin 2\theta \int_0^\infty k^2 F_\alpha J_2(kr)\, dk\,, \\
\overline{\Psi} &= \frac{\overline{M}_0(\omega)}{4\pi\rho\omega^2}\sin 2\theta \int_0^\infty \mathrm{i}\epsilon\nu_\beta F_\beta J_2(kr)\, dk\,, \\
\overline{\mathrm{X}} &= -\frac{\overline{M}_0(\omega)}{4\pi\rho\omega^2}\cos 2\theta \int_0^\infty k_\beta^2 F_\beta J_2(kr)\, dk
\end{aligned} \tag{2.88}$$

が得られる[*])．

2.2.2 傾いた横ずれ断層

(2.88) 式は図 2.6 に示された，水平面（x–y 平面）に垂直な横ずれ断層の点震源に限ったポテンシャル表現であるが，これを Sato[58]) に従い図 2.12 右のように水平面に対して任意の**傾斜角** δ で傾いている場合に拡張する．断層面に固定された $x_1x_2x_3$ 座標系を得るために，x_1 軸は x 軸に一致させ，その x 軸周りに y 軸，z 軸を $\delta' = 90° - \delta$ だけ回転させて x_2 軸，x_3 軸とする．この場

*) Harkrider[20]) の (6) 式において $\phi \to \theta$，$\nu_\nu \to \mathrm{i}\nu_\nu$，$\mu\overline{D}(\omega) \to \overline{M}_0(\omega)$ としたものに一致する．

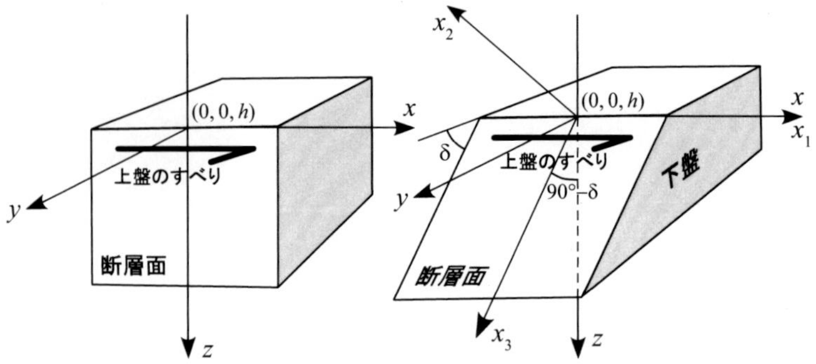

図 2.12　水平面に垂直な横ずれ断層（左，図 2.6）と断層面が水平面から任意の傾斜角 δ で傾いている横ずれ断層（右）．断層面に固定された座標系を (x_1, x_2, x_3) とする．ここで x, y, z 軸の交点は原点ではなく $(0, 0, h)$ である（図 2.11）．

合，双方の座標値は

$$x_1 = x,\quad x_2 = y\cos\delta' - z\sin\delta',\quad x_3 = y\sin\delta' + z\cos\delta' \tag{2.89}$$

と結ばれる．

$x_1x_2x_3$ 座標系に対して，この点震源は x_1–x_2 平面に垂直な左横ずれ断層であるから，(2.74) 式は $x_1x_2x_3$ 座標系に対して

$$\Phi = -\frac{1}{2\pi\rho}\frac{\partial^2 B_\alpha}{\partial x_1 \partial x_2},\quad \boldsymbol{\Psi} = \nabla\times(\Psi_1, \Psi_2, \Psi_3) = \nabla\times\left(\frac{1}{4\pi\rho}\frac{\partial B_\beta}{\partial x_2}, \frac{1}{4\pi\rho}\frac{\partial B_\beta}{\partial x_1}, 0\right) \tag{2.90}$$

という形で成り立つ．(2.89) 式の座標変換から偏微分を (x, y, z) のデカルト座標系のものに置き換えると

$$\begin{aligned}
\Phi &= -\frac{1}{2\pi\rho}\frac{\partial}{\partial x}\left(\cos\delta'\frac{\partial}{\partial y} - \sin\delta'\frac{\partial}{\partial z}\right)B_\alpha = -\frac{1}{2\pi\rho}\frac{\partial}{\partial x}\left(\sin\delta\frac{\partial}{\partial y} - \cos\delta\frac{\partial}{\partial z}\right)B_\alpha, \\
\Psi_1 &= \frac{1}{4\pi\rho}\left(\cos\delta'\frac{\partial}{\partial y} - \sin\delta'\frac{\partial}{\partial z}\right)B_\beta = \frac{1}{4\pi\rho}\left(\sin\delta\frac{\partial}{\partial y} - \cos\delta\frac{\partial}{\partial z}\right)B_\beta, \\
\Psi_2 &= \frac{1}{4\pi\rho}\frac{\partial B_\beta}{\partial x},\quad \Psi_3 = 0.
\end{aligned} \tag{2.91}$$

さらに，(Ψ_1, Ψ_2, Ψ_3) を x, y, z 成分に書き換えると

$$\Phi = \sin\delta\left(-\frac{1}{2\pi\rho}\frac{\partial^2 B_\alpha}{\partial x\partial y}\right) - \cos\delta\left(-\frac{1}{2\pi\rho}\frac{\partial^2 B_\alpha}{\partial x\partial z}\right),$$

$$\Psi_x = \sin\delta\left(\frac{1}{4\pi\rho}\frac{\partial B_\beta}{\partial y}\right) - \cos\delta\left(\frac{1}{4\pi\rho}\frac{\partial B_\beta}{\partial z}\right), \tag{2.92}$$
$$\Psi_y = \sin\delta\left(\frac{1}{4\pi\rho}\frac{\partial B_\beta}{\partial x}\right), \quad \Psi_z = -\cos\delta\left(\frac{1}{4\pi\rho}\frac{\partial B_\beta}{\partial x}\right)$$

が得られる．(2.92) 式のうち $\sin\delta$ がかかる項は (2.74) 式に一致するから垂直な横ずれ断層の成分を表し，これ以降の導出は §2.2.1 が与えている．一方，$-\cos\delta$ がかかる項は

$$\Phi = -\frac{1}{2\pi\rho}\frac{\partial^2 B_\alpha}{\partial x\partial z}, \quad \boldsymbol{\Psi} = \nabla\times\left(\frac{1}{4\pi\rho}\frac{\partial B_\beta}{\partial z}, 0, \frac{1}{4\pi\rho}\frac{\partial B_\beta}{\partial x}\right) \tag{2.93}$$

という形をしていて，(2.74) 式と比較すれば，x–z 平面に垂直な横ずれ断層の成分を表していることがわかる．

(2.74) 式と同様に，スカラーポテンシャル Φ の Fourier 変換に (2.75) 式を代入し，$\partial/\partial x = \cos\theta\cdot\partial/\partial r - \sin\theta/r\cdot\partial/\partial\theta$ や $\partial/\partial y = \sin\theta\cdot\partial/\partial r + \cos\theta/r\cdot\partial/\partial\theta$, $\partial A_\alpha/\partial\theta = 0$, $dJ_0(q)/dq = -J_1(q)$ などを利用すると

$$\begin{aligned}\overline{\Phi} &= \frac{\overline{M}_0(\omega)}{2\pi\rho\omega^2}(-\cos\theta)\frac{\partial^2 A_\alpha}{\partial r\partial z} = \frac{\overline{M}_0(\omega)}{4\pi\rho\omega^2}(-2\cos\theta)\int_0^\infty \frac{dF_\alpha}{dz}\frac{d}{dr}J_0(kr)\,dk \\ &= -\frac{\overline{M}_0(\omega)}{4\pi\rho\omega^2}\cos\theta\int_0^\infty(-2\mathrm{i}\epsilon k\nu_\alpha)F_\alpha J_1(kr)\,dk\end{aligned} \tag{2.94}$$

となる．続いて，ベクトルポテンシャル $\boldsymbol{\Psi}$ の Fourier 変換に (2.75) 式を代入し，$\partial/\partial x = \cos\theta\cdot\partial/\partial r - \sin\theta/r\cdot\partial/\partial\theta$ や $\partial/\partial y = \sin\theta\cdot\partial/\partial r + \cos\theta/r\cdot\partial/\partial\theta$, $\partial A_\beta/\partial\theta = 0$, $dJ_0(q)/dq = -J_1(q)$ などを利用して $\overline{\boldsymbol{\Psi}} = \nabla\times(\overline{\Psi}_r, \overline{\Psi}_\theta, \overline{\Psi}_z)$ を求めると

$$\begin{aligned}\overline{\Psi}_r &= \frac{1}{4\pi\rho}\cos\theta\frac{\partial\overline{B}_\beta}{\partial z} = -\frac{\overline{M}_0(\omega)}{4\pi\rho\omega^2}\cos\theta\frac{\partial A_\beta}{\partial z} = \frac{\overline{M}_0(\omega)}{4\pi\rho\omega^2}\cos\theta\int_0^\infty \mathrm{i}\epsilon\nu_\beta F_\beta J_0(kr)\,dk, \\ \overline{\Psi}_\theta &= \frac{1}{4\pi\rho}(-\sin\theta)\frac{\partial\overline{B}_\beta}{\partial z} = \frac{\overline{M}_0(\omega)}{4\pi\rho\omega^2}\sin\theta\frac{\partial A_\beta}{\partial z} = \frac{\overline{M}_0(\omega)}{4\pi\rho\omega^2}\sin\theta\int_0^\infty(-\mathrm{i}\epsilon\nu_\beta)F_\beta J_0(kr)\,dk, \\ \overline{\Psi}_z &= \frac{1}{4\pi\rho}\frac{\partial\overline{B}_\beta}{\partial x} = -\frac{\overline{M}_0(\omega)}{4\pi\rho\omega^2}\cos\theta\frac{\partial A_\beta}{\partial r} = \frac{\overline{M}_0(\omega)}{4\pi\rho\omega^2}\cos\theta\int_0^\infty F_\beta kJ_1(kr)\,dk\end{aligned} \tag{2.95}$$

が得られる．

§2.2.1 と同じように，(2.79) 式の左辺から z 成分だけを取り出すと

$$\begin{aligned}(\nabla\times\overline{\boldsymbol{\Psi}})_z &= (\nabla\times\nabla\times(\overline{\Psi}_r,\overline{\Psi}_\theta,\overline{\Psi}_z))_z\\ &= \frac{1}{r}\frac{\partial}{\partial r}\left\{r\,(\nabla\times(\overline{\Psi}_r,\overline{\Psi}_\theta,\overline{\Psi}_z))_\theta\right\}-\frac{1}{r}\frac{\partial}{\partial\theta}\left\{(\nabla\times(\overline{\Psi}_r,\overline{\Psi}_\theta,\overline{\Psi}_z))_r\right\}\\ &= \left(\frac{1}{r}\frac{\partial}{\partial z}+\frac{\partial^2}{\partial r\partial z}\right)\overline{\Psi}_r+\frac{1}{r}\frac{\partial^2\overline{\Psi}_\theta}{\partial\theta\partial z}-\left(\frac{\partial^2}{\partial r^2}+\frac{1}{r}\frac{\partial}{\partial r}+\frac{1}{r^2}\frac{\partial^2}{\partial\theta^2}\right)\overline{\Psi}_z\,.\end{aligned}\tag{2.96}$$

これに (2.95) 式を代入し，$dJ_0(q)/dq = -J_1(q)$ や 1 次の Bessel 方程式 $d^2J_1(q)/dq^2+1/q\cdot dJ_1(q)/dq+(1-1/q^2)J_1(q)=0$ を利用すると

$$\begin{aligned}(\nabla\times\overline{\boldsymbol{\Psi}})_z &= \frac{\overline{M}_0(\omega)}{4\pi\rho\omega^2}\cos\theta\int_0^\infty \mathrm{i}\epsilon\nu_\beta(-\mathrm{i}\epsilon\nu_\beta)F_\beta\,\frac{dJ_0(kr)}{dr}\,dk\\ &\quad-\frac{\overline{M}_0(\omega)}{4\pi\rho\omega^2}\cos\theta\int_0^\infty F_\beta\,k\left(\frac{\partial^2}{\partial r^2}+\frac{1}{r}\frac{\partial}{\partial r}-\frac{1}{r^2}\right)J_1(kr)\,dk\\ &= -\frac{\overline{M}_0(\omega)}{4\pi\rho\omega^2}\cos\theta\int_0^\infty\frac{k_\beta^2-2k^2}{k}F_\beta\,k^2J_1(kr)\,dk\,.\end{aligned}\tag{2.97}$$

(2.79) 式の右辺から z 成分を取り出した (2.81) 式に対して，(2.97) 式から

$$\overline{\Psi}=-\frac{\overline{M}_0(\omega)}{4\pi\rho\omega^2}\,\cos\theta\int_0^\infty\frac{k_\beta^2-2k^2}{k}F_\beta\Gamma(kr)\,dk\tag{2.98}$$

と置けば

$$\begin{aligned}&-\frac{1}{r}\frac{\partial}{\partial r}\left(r\frac{\partial\overline{\Psi}}{\partial r}\right)-\frac{1}{r^2}\frac{\partial^2\overline{\Psi}}{\partial\theta^2}= \qquad (2.99)\\ &-\frac{\overline{M}_0(\omega)}{4\pi\rho\omega^2}\cos\theta\int_0^\infty\frac{k_\beta^2-2k^2}{-k}F_\beta\,k^2\left\{\frac{d^2\Gamma(kr)}{d(kr)^2}+\frac{1}{kr}\frac{d\Gamma(kr)}{d(kr)}-\frac{1}{(kr)^2}\Gamma(kr)\right\}dk\,.\end{aligned}$$

被積分関数の{ }内の部分は 1 次の Bessel 方程式 $d^2J_1(q)/dq^2+1/q\cdot dJ_1(q)/dq+(1-1/q^2)J_1(q)=0$ から，$\Gamma(kr)=J_1(kr)$ ならば $-J_1(kr)$ に等しくなって，(2.79) 式の右辺 z 成分は左辺 z 成分に一致する．

次に，(2.79) 式の r 成分を見ると左辺は

$$(\nabla\times\overline{\boldsymbol{\Psi}})_r = \frac{1}{r}\frac{\partial}{\partial\theta}\left\{(\nabla\times(\overline{\Psi}_r,\overline{\Psi}_\theta,\overline{\Psi}_z))_z\right\}-\frac{\partial}{\partial z}\left\{(\nabla\times(\overline{\Psi}_r,\overline{\Psi}_\theta,\overline{\Psi}_z))_\theta\right\}$$

$$= \frac{1}{r}\frac{\partial}{\partial\theta}\left\{\frac{1}{r}\frac{\partial}{\partial r}(r\overline{\Psi}_\theta) - \frac{1}{r}\frac{\partial\overline{\Psi}_r}{\partial\theta}\right\} - \frac{\partial}{\partial z}\left(\frac{\partial\overline{\Psi}_r}{\partial z} - \frac{\partial\overline{\Psi}_z}{\partial r}\right)$$

$$= -\left(\frac{1}{r^2}\frac{\partial^2}{\partial\theta^2} + \frac{\partial^2}{\partial z^2}\right)\overline{\Psi}_r + \left(\frac{1}{r^2} + \frac{1}{r}\frac{\partial}{\partial r}\right)\frac{\partial\overline{\Psi}_\theta}{\partial\theta} + \frac{\partial^2\overline{\Psi}_z}{\partial r\partial z}\,. \tag{2.100}$$

これに (2.95) 式を代入し，$dJ_0(q)/dq = -J_1(q)$ や $J_0(q) = dJ_1(q)/dq + J_1(q)/q$ を利用すると

$$(\nabla\times\overline{\boldsymbol{\Psi}})_r = \frac{\overline{M}_0(\omega)}{4\pi\rho\omega^2}\cos\theta\int_0^\infty \mathrm{i}\epsilon\nu_\beta F_\beta\left\{\nu_\beta^2 J_0(kr) - \frac{1}{r}\frac{dJ_0(kr)}{dr} - k\frac{dJ_1(kr)}{dr}\right\}dk$$

$$= \frac{\overline{M}_0(\omega)}{4\pi\rho\omega^2}\cos\theta\int_0^\infty \mathrm{i}\epsilon\nu_\beta F_\beta\left[\nu_\beta^2\left\{\frac{dJ_1(kr)}{d(kr)} + \frac{1}{kr}J_1(kr)\right\} + \frac{k}{r}J_1(kr) - k^2\frac{dJ_1(kr)}{d(kr)}\right]dk$$

$$= \frac{\overline{M}_0(\omega)}{4\pi\rho\omega^2}\cos\theta\int_0^\infty \mathrm{i}\epsilon\nu_\beta F_\beta\left\{\frac{k_\beta^2 - 2k^2}{k}\frac{dJ_1(kr)}{dr} + \frac{k_\beta^2}{k}\frac{J_1(kr)}{r}\right\}dk\,. \tag{2.101}$$

一方，(2.79) 式の右辺から r 成分を取り出した (2.85) 式の第 1 項は，$\Gamma(kr) = J_1(kr)$ とした (2.98) 式から

$$\frac{\partial^2\overline{\Psi}}{\partial r\partial z} = \frac{\overline{M}_0(\omega)}{4\pi\rho\omega^2}\cos\theta\int_0^\infty \mathrm{i}\epsilon\nu_\beta F_\beta\frac{k_\beta^2 - 2k^2}{k}\frac{dJ_1(kr)}{dr}dk \tag{2.102}$$

と与えられ，これは (2.101) 式の { } 内の第 1 項のみをとったものに等しい．したがって，同第 2 項のみをとったものは (2.85) 式の第 2 項とならなければならないから

$$\frac{1}{r}\frac{\partial\overline{\mathrm{X}}}{\partial\theta} = \frac{\overline{M}_0(\omega)}{4\pi\rho\omega^2}\cos\theta\int_0^\infty\frac{\mathrm{i}\epsilon\nu_\beta k_\beta^2}{k}F_\beta\frac{J_1(kr)}{r}dk\,. \tag{2.103}$$

(2.95) 式，(2.98) 式，(2.103) 式をまとめると

$$\begin{aligned}
\overline{\Phi} &= -\frac{\overline{M}_0(\omega)}{4\pi\rho\omega^2}\cos\theta\int_0^\infty(-2\mathrm{i}\epsilon k\nu_\alpha)F_\alpha J_1(kr)\,dk\,,\\
\overline{\Psi} &= -\frac{\overline{M}_0(\omega)}{4\pi\rho\omega^2}\cos\theta\int_0^\infty\frac{k_\beta^2 - 2k^2}{k}F_\beta J_1(kr)\,dk\,,\\
\overline{\mathrm{X}} &= \frac{\overline{M}_0(\omega)}{4\pi\rho\omega^2}\sin\theta\int_0^\infty\frac{\mathrm{i}\epsilon k_\beta^2\nu_\beta}{k}F_\beta J_1(kr)\,dk
\end{aligned} \tag{2.104}$$

が得られる．

(2.92) 式に戻って，傾いた**横ずれ断層**の変位ポテンシャルは，$\sin\delta$ と $-\cos\delta$ を係数とする，x–y 平面および x–z 平面に垂直な横ずれ断層の変位ポテンシャルの線形結合で表される．したがって，(2.88) 式と (2.104) 式から

$$\overline{\Phi} = \frac{\overline{M}_0(\omega)}{4\pi\rho\omega^2}\int_0^\infty\left[\sin\delta\sin 2\theta\, k^2 J_2(kr) + \cos\delta\cos\theta\,(-2\mathrm{i}\epsilon k\nu_\alpha)\, J_1(kr)\right] F_\alpha dk\,, \quad (2.105)$$

$$\overline{\Psi} = \frac{\overline{M}_0(\omega)}{4\pi\rho\omega^2}\int_0^\infty\left[\sin\delta\sin 2\theta\,\mathrm{i}\epsilon\nu_\beta J_2(kr) + \cos\delta\cos\theta\frac{k_\beta^2 - 2k^2}{k}J_1(kr)\right]F_\beta\, dk\,,$$

$$\overline{\mathrm{X}} = \frac{\overline{M}_0(\omega)}{4\pi\rho\omega^2}\int_0^\infty\left[\sin\delta\frac{d\sin 2\theta}{d\theta}\frac{-k_\beta^2}{2}J_2(kr) + \cos\delta\frac{d\cos\theta}{d\theta}\frac{\mathrm{i}\epsilon k_\beta^2\nu_\beta}{k}J_1(kr)\right]F_\beta\, dk$$

で与えられる*)．

2.2.3　垂直な縦ずれ断層

点震源が x–y 平面に垂直な逆断層の**縦ずれ断層**の場合，(x, y, z) のデカルト座標系を y 軸周りに 90° 回転させた $x'y'z'$ 座標系（図 2.13 左）から見れば，図 2.12 左の点震源と等価な x'–y' 平面に垂直な左横ずれ断層である．したがっ

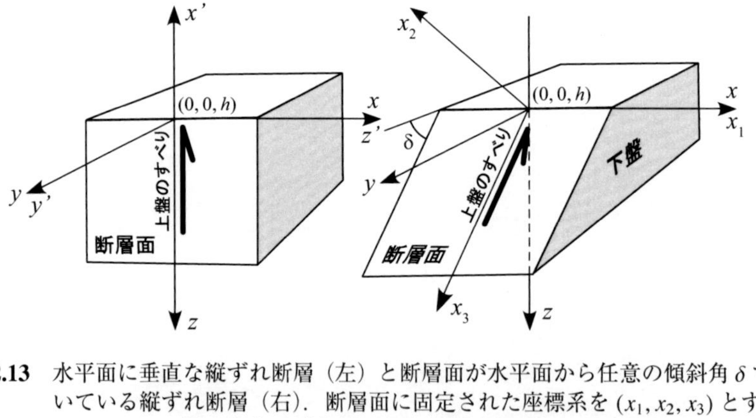

図 2.13　水平面に垂直な縦ずれ断層（左）と断層面が水平面から任意の傾斜角 δ で傾いている縦ずれ断層（右）．断層面に固定された座標系を (x_1, x_2, x_3) とする．ここで x, y, z 軸の交点は原点ではなく $(0, 0, h)$ である（図 2.11）．

*) Sato[58] の (53)，(54) 式において $\varphi = \theta$，$\xi = k$，$k = k_\beta$，$\nu_\nu \to \mathrm{i}\nu_\nu$，$|z| \to |z-h|$ として，すべりを逆向きにしたものに一致する．つまり Sato[58] のものは右横ずれ断層の変位ポテンシャル．

がって，(2.74) 式は $x'y'z'$ 座標系に対して

$$\Phi = -\frac{1}{2\pi\rho}\frac{\partial^2 B_\alpha}{\partial x'\partial y'},\ \boldsymbol{\Psi} = \nabla\times(\Psi_{x'}, \Psi_{y'}, \Psi_{z'}) = \nabla\times\left(\frac{1}{4\pi\rho}\frac{\partial B_\beta}{\partial y'}, \frac{1}{4\pi\rho}\frac{\partial B_\beta}{\partial x'}, 0\right) \tag{2.106}$$

という形で成り立つ．二つの座標系の間の変換は $x' \leftrightarrow -z$，$z' \leftrightarrow x$ と入れ換えるだけであるから xyz 座標系では

$$\Phi = \frac{1}{2\pi\rho}\frac{\partial B_\alpha}{\partial y\partial z},\ \boldsymbol{\Psi} = \nabla\times(\Psi_x, \Psi_y, \Psi_z), \tag{2.107}$$

$$\Psi_x = \Psi_{z'} = 0,\ \Psi_y = \Psi_{y'} = -\frac{1}{4\pi\rho}\frac{\partial B_\beta}{\partial z},\ \Psi_z = -\Psi_{x'} = -\frac{1}{4\pi\rho}\frac{\partial B_\beta}{\partial y}.$$

(2.107) 式のスカラーポテンシャルの Fourier 変換に (2.75) 式を代入し，$\partial/\partial y = \sin\theta\cdot\partial/\partial r + \cos\theta/r\cdot\partial/\partial\theta$，$\partial A_\alpha/\partial\theta = 0$，$dJ_0(q)/dq = -J_1(q)$ などを利用すると

$$\begin{aligned}\overline{\Phi} &= -\frac{\overline{M}_0(\omega)}{2\pi\rho\omega^2}\sin\theta\frac{\partial^2 A_\alpha}{\partial r\partial z} = -\frac{\overline{M}_0(\omega)}{4\pi\rho\omega^2}2\sin\theta\int_0^\infty(-\mathrm{i}\epsilon\nu_\alpha)F_\alpha\frac{dJ_0(kr)}{dr}\,dk\\ &= \frac{\overline{M}_0(\omega)}{4\pi\rho\omega^2}\sin\theta\int_0^\infty(-2\mathrm{i}\epsilon k\nu_\alpha)F_\alpha J_1(kr)\,dk\end{aligned} \tag{2.108}$$

となる．(2.107) 式のベクトルポテンシャルの Fourier 変換 $\overline{\boldsymbol{\Psi}}$ にも (2.75) 式を代入して円筒座標系に変換し，再び $\partial/\partial x = \cos\theta\cdot\partial/\partial r - \sin\theta/r\cdot\partial/\partial\theta$ や $\partial/\partial y = \sin\theta\cdot\partial/\partial r + \cos\theta/r\cdot\partial/\partial\theta$，$\partial A_\beta/\partial\theta = 0$，$dJ_0(q)/dq = -J_1(q)$ などを利用して $\overline{\boldsymbol{\Psi}} = \nabla\times(\overline{\Psi}_r, \overline{\Psi}_\theta, \overline{\Psi}_z)$ を求めると

$$\begin{aligned}\overline{\Psi}_r &= \sin\theta\left(-\frac{1}{4\pi\rho}\frac{\partial\overline{B}_\beta}{\partial z}\right) = \frac{\overline{M}_0(\omega)}{4\pi\rho\omega^2}\sin\theta\int_0^\infty(-\mathrm{i}\epsilon\nu_\beta)F_\beta J_0(kr)\,dk\\ \overline{\Psi}_\theta &= \cos\theta\left(-\frac{1}{4\pi\rho}\frac{\partial\overline{B}_\beta}{\partial z}\right) = \frac{\overline{M}_0(\omega)}{4\pi\rho\omega^2}\cos\theta\int_0^\infty(-\mathrm{i}\epsilon\nu_\beta)F_\beta J_0(kr)\,dk\\ \overline{\Psi}_z &= -\frac{1}{4\pi\rho}\frac{\partial\overline{B}_\beta}{\partial y} = \frac{\overline{M}_0(\omega)}{4\pi\rho\omega^2}\sin\theta\int_0^\infty F_\beta\frac{dJ_0(kr)}{dr}\,dk\\ &= -\frac{\overline{M}_0(\omega)}{4\pi\rho\omega^2}\sin\theta\int_0^\infty F_\beta kJ_1(kr)\,dk\end{aligned} \tag{2.109}$$

が得られる．

§2.2.2 において，(2.79) 式の左辺から z 成分だけを取り出して得られている (2.96) 式に，(2.109) 式を代入して $dJ_0(q)/dq = -J_1(q)$ を利用すると

$$
\begin{aligned}
(\nabla \times \overline{\boldsymbol{\Psi}})_z &= \left(\frac{1}{r}\frac{\partial}{\partial z} + \frac{\partial^2}{\partial r \partial z}\right)\overline{\Psi}_r + \frac{1}{r}\frac{\partial^2 \overline{\Psi}_\theta}{\partial \theta \partial z} - \left(\frac{\partial^2}{\partial r^2} + \frac{1}{r}\frac{\partial}{\partial r} + \frac{1}{r^2}\frac{\partial^2}{\partial \theta^2}\right)\overline{\Psi}_z \\
&= \frac{\overline{M}_0(\omega)}{4\pi\rho\omega^2}\sin\theta \int_0^\infty (-\mathrm{i}\epsilon\nu_\beta)^2 F_\beta \frac{dJ_0(kr)}{dr}\,dk \\
&+ \frac{\overline{M}_0(\omega)}{4\pi\rho\omega^2}\sin\theta \int_0^\infty F_\beta\, k \left(\frac{\partial^2}{\partial r^2} + \frac{1}{r}\frac{\partial}{\partial r} - \frac{1}{r^2}\right) J_1(kr)\,dk \\
&= \frac{\overline{M}_0(\omega)}{4\pi\rho\omega^2}\sin\theta \int_0^\infty \frac{k_\beta^2 - 2k^2}{k} F_\beta\, k^2\, J_1(kr)\,dk\,. \qquad (2.110)
\end{aligned}
$$

以下，§2.2.2 と同じ導出で

$$
\overline{\Psi} = \frac{\overline{M}_0(\omega)}{4\pi\rho\omega^2}\ \sin\theta \int_0^\infty \frac{k_\beta^2 - 2k^2}{k} F_\beta J_1(kr)\,dk \qquad (2.111)
$$

が得られる．同様に，(2.79) 式の左辺から r 成分だけを取り出して得られている (2.100) 式に (2.109) 式を代入し，$dJ_0(q)/dq = -J_1(q)$ や $J_0(q) = dJ_1(q)/dq + J_1(q)/q$ を利用すると

$$
\begin{aligned}
(\nabla \times \overline{\boldsymbol{\Psi}})_r &= -\left(\frac{1}{r^2}\frac{\partial^2}{\partial \theta^2} + \frac{\partial^2}{\partial z^2}\right)\overline{\Psi}_r + \left(\frac{1}{r^2} + \frac{1}{r}\frac{\partial}{\partial r}\right)\frac{\partial \overline{\Psi}_\theta}{\partial \theta} + \frac{\partial^2 \overline{\Psi}_z}{\partial r \partial z} \qquad (2.112) \\
&= \frac{\overline{M}_0(\omega)}{4\pi\rho\omega^2}\sin\theta \int_0^\infty \mathrm{i}\epsilon\nu_\beta F_\beta \left\{-\nu_\beta^2 J_0(kr) + \frac{1}{r}\frac{dJ_0(kr)}{dr} + k\frac{dJ_1(kr)}{dr}\right\} dk \\
&= \frac{\overline{M}_0(\omega)}{4\pi\rho\omega^2}\sin\theta \int_0^\infty (-\mathrm{i}\epsilon\nu_\beta) F_\beta \left\{\frac{k_\beta^2 - 2k^2}{k}\frac{dJ_1(kr)}{dr} + \frac{k_\beta^2}{k}\frac{J_1(kr)}{r}\right\} dk\,.
\end{aligned}
$$

一方，(2.79) 式の右辺から r 成分を取り出した (2.85) 式の第 1 項は (2.111) 式から

$$
\frac{\partial^2 \overline{\Psi}}{\partial r \partial z} = \frac{\overline{M}_0(\omega)}{4\pi\rho\omega^2}\ \sin\theta \int_0^\infty (-\mathrm{i}\epsilon\nu_\beta) F_\beta \frac{k_\beta^2 - 2k^2}{k}\frac{dJ_1(kr)}{dr}\,dk \qquad (2.113)
$$

と与えられ，これは (2.112) 式の { } 内の第 1 項のみをとったものに等しい．したがって，同第 2 項のみをとったものは (2.85) 式の第 2 項とならなければ

ならないから

$$\frac{1}{r}\frac{\partial \overline{\mathrm{X}}}{\partial \theta} = -\frac{\overline{M}_0(\omega)}{4\pi\rho\omega^2}\sin\theta \int_0^\infty \frac{\mathrm{i}\epsilon k_\beta^2 \nu_\beta}{k} F_\beta \frac{J_1(kr)}{r}\, dk\,. \tag{2.114}$$

(2.109) 式，(2.111) 式，(2.114) 式をまとめると

$$\begin{aligned}
\overline{\Phi} &= \frac{\overline{M}_0(\omega)}{4\pi\rho\omega^2}\sin\theta \int_0^\infty (-2\mathrm{i}\epsilon k\nu_\alpha) F_\alpha J_1(kr)\, dk \\
\overline{\Psi} &= \frac{\overline{M}_0(\omega)}{4\pi\rho\omega^2}\ \sin\theta \int_0^\infty \frac{k_\beta^2 - 2k^2}{k} F_\beta J_1(kr)\, dk \\
\overline{\mathrm{X}} &= \frac{\overline{M}_0(\omega)}{4\pi\rho\omega^2}\ \cos\theta \int_0^\infty \frac{\mathrm{i}\epsilon k_\beta^2 \nu_\beta}{k} F_\beta J_1(kr)\, dk
\end{aligned} \tag{2.115}$$

が得られる*).

2.2.4　傾いた縦ずれ断層

前項の結果を，図 2.13 右のように水平面に対して任意の**傾斜角** δ で傾いている場合に拡張する．ここで断層面に固定された $x_1x_2x_3$ 座標系と xyz 座標系は (2.89) 式で結ばれる．$x_1x_2x_3$ 座標系に対して，この点震源は x_1–x_2 平面に垂直な逆断層の**縦ずれ断層**であるから，(2.107) 式は $x_1x_2x_3$ 座標系に対して

$$\begin{aligned}
\Phi &= \frac{1}{2\pi\rho}\frac{\partial^2 B_\alpha}{\partial x_2 \partial x_3}, \qquad (2.116)\\
\boldsymbol{\Psi} &= \nabla \times (\Psi_1, \Psi_2, \Psi_3) = \nabla \times \left(0, -\frac{1}{4\pi\rho}\frac{\partial B_\beta}{\partial x_3}, -\frac{1}{4\pi\rho}\frac{\partial B_\beta}{\partial x_2}\right)
\end{aligned}$$

という形で成り立つ．(2.89) 式の座標変換から偏微分を (x, y, z) のデカルト座標系のものに置き換えると

$$\begin{aligned}
\Phi &= \frac{1}{2\pi\rho}\left(\cos\delta' \frac{\partial}{\partial y} - \sin\delta' \frac{\partial}{\partial z}\right)\left(\sin\delta' \frac{\partial}{\partial y} + \cos\delta' \frac{\partial}{\partial z}\right) B_\alpha \\
&= \frac{1}{2\pi\rho}\left(\sin\delta \frac{\partial}{\partial y} - \cos\delta \frac{\partial}{\partial z}\right)\left(\cos\delta \frac{\partial}{\partial y} + \sin\delta \frac{\partial}{\partial z}\right) B_\alpha\,, \\
\Psi_1 &= 0\,, \qquad (2.117)
\end{aligned}$$

*) Harkrider[20] の (7) 式において $\phi \to \theta$，$\nu_\nu \to \mathrm{i}\nu_\nu$，$\mu\overline{D}(\omega) \to \overline{M}_0(\omega)$ としたものに一致する．

$$
\begin{aligned}
\Psi_2 &= -\frac{1}{4\pi\rho}\left(\sin\delta'\frac{\partial}{\partial y}+\cos\delta'\frac{\partial}{\partial z}\right)B_\beta = -\frac{1}{4\pi\rho}\left(\cos\delta\frac{\partial}{\partial y}+\sin\delta\frac{\partial}{\partial z}\right)B_\beta\,,\\
\Psi_3 &= -\frac{1}{4\pi\rho}\left(\cos\delta'\frac{\partial}{\partial y}-\sin\delta'\frac{\partial}{\partial z}\right)B_\beta = -\frac{1}{4\pi\rho}\left(\sin\delta\frac{\partial}{\partial y}-\cos\delta\frac{\partial}{\partial z}\right)B_\beta\,.
\end{aligned}
$$

さらに，(Ψ_1,Ψ_2,Ψ_3) を x,y,z 成分に書き換えると

$$
\begin{aligned}
\Phi &= \sin 2\delta\left\{\frac{1}{4\pi\rho}\left(\frac{\partial^2 B_\alpha}{\partial y^2}-\frac{\partial^2 B_\alpha}{\partial z^2}\right\}\right)-\cos 2\delta\left(\frac{1}{2\pi\rho}\frac{\partial^2 B_\alpha}{\partial y\partial z}\right)\,,\\
\Psi_x &= 0\,, \qquad (2.118)\\
\Psi_y &= \Psi_2\sin\delta+\Psi_3\cos\delta = -\sin 2\delta\left(\frac{1}{4\pi\rho}\frac{\partial B_\beta}{\partial y}\right)+\cos 2\delta\left(\frac{1}{4\pi\rho}\frac{\partial B_\beta}{\partial z}\right)\,,\\
\Psi_z &= -\Psi_2\cos\delta+\Psi_3\sin\delta = \cos 2\delta\left(\frac{1}{4\pi\rho}\frac{\partial B_\beta}{\partial y}\right)+\sin 2\delta\left(\frac{1}{4\pi\rho}\frac{\partial B_\beta}{\partial z}\right)
\end{aligned}
$$

が得られる．(2.118) 式のうち $-\cos 2\delta$ がかかる項は (2.107) 式に一致するから垂直な縦ずれ断層の成分を表し，これ以降の導出は §2.2.3 が与えている．一方，$\sin 2\delta$ がかかる項は

$$
\Phi = \frac{1}{4\pi\rho}\left(\frac{\partial^2 B_\alpha}{\partial y^2}-\frac{\partial^2 B_\alpha}{\partial z^2}\right),\quad \mathbf{\Psi} = \nabla\times\left(0,-\frac{1}{4\pi\rho}\frac{\partial B_\beta}{\partial y},\frac{1}{4\pi\rho}\frac{\partial B_\beta}{\partial z}\right) \qquad (2.119)
$$

という形をしている．$\delta = 45^\circ$ のとき $\sin 2\delta = 1$，$\cos 2\delta = 0$ であるから，(2.119) 式は傾斜角 45° の縦ずれ断層の成分を表しているはずである．

(2.74) 式と同様に，スカラーポテンシャル Φ の Fourier 変換に (2.75) 式を代入し，$\partial^2/\partial y^2 = \sin^2\theta\cdot\partial^2/\partial r^2+\sin 2\theta/r^2(r\partial^2/(\partial r\partial\theta)-\partial/\partial\theta)+\cos^2\theta/r^2(\partial^2/\partial\theta^2+r\partial/\partial r)$，$\partial A_\alpha/\partial\theta = 0$，$J_2(q) = -J_0(q)+2q^{-1}J_1(q) = -J_0(q)-2q^{-1}dJ_0(q)/dq$，$d^2J_0(q)/dq^2 = 1/2\cdot(J_2(q)-J_0(q))$ などを利用すると

$$
\begin{aligned}
\overline{\Phi} &= \frac{\overline{M}_0(\omega)}{4\pi\rho\omega^2}\left\{-\sin^2\theta\frac{\partial^2 A_\alpha}{\partial r^2}-\cos^2\theta\frac{1}{r}\frac{\partial A_\alpha}{\partial r}+\frac{\partial^2 A_\alpha}{\partial z^2}\right\}\\
&= \frac{\overline{M}_0(\omega)}{4\pi\rho\omega^2}\int_0^\infty F_\alpha\left\{-\sin^2\theta\frac{d^2J_0(kr)}{dr^2}-\cos^2\theta\frac{1}{r}\frac{dJ_0(kr)}{dr}-\nu_\alpha^2 J_0(kr)\right\}dk\\
&= \frac{\overline{M}_0(\omega)}{4\pi\rho\omega^2}\int_0^\infty F_\alpha\left\{-\sin^2\theta\,k^2\frac{J_2(kr)-J_0(kr)}{2}\right.\\
&\qquad\left.-\cos^2\theta\,k^2\frac{-J_0(kr)-J_2(kr)}{2}-\nu_\alpha^2 J_0(kr)\right\}dk
\end{aligned}
$$

$$= \frac{\overline{M}_0(\omega)}{4\pi\rho\omega^2}\,\frac{1}{2}\int_0^\infty F_\alpha\left\{(k^2-2\nu_\alpha^2)J_0(kr)+\cos 2\theta\, k^2 J_2(kr)\right\}dk\,. \tag{2.120}$$

(2.119) 式のベクトルポテンシャルの Fourier 変換 $\overline{\boldsymbol{\Psi}}$ にも (2.75) 式を代入して円筒座標系に変換し，再び $\partial/\partial x = \cos\theta\cdot\partial/\partial r - \sin\theta/r\cdot\partial/\partial\theta$ や $\partial/\partial y = \sin\theta\cdot\partial/\partial r + \cos\theta/r\cdot\partial/\partial\theta$，$\partial A_\beta/\partial\theta = 0$，$dJ_0(q)/dq = -J_1(q)$ などを利用して $\overline{\boldsymbol{\Psi}} = \nabla\times(\overline{\Psi}_r, \overline{\Psi}_\theta, \overline{\Psi}_z)$ を求めると

$$\begin{aligned}
\overline{\Psi}_r &= \sin\theta\left(-\frac{1}{4\pi\rho}\frac{\partial\overline{B}_\beta}{\partial y}\right) = \frac{\overline{M}_0(\omega)}{4\pi\rho\omega^2}\sin^2\theta\int_0^\infty F_\beta\{-kJ_1(kr)\}\,dk\,,\\
\overline{\Psi}_\theta &= \cos\theta\left(-\frac{1}{4\pi\rho}\frac{\partial\overline{B}_\beta}{\partial y}\right) = \frac{\overline{M}_0(\omega)}{4\pi\rho\omega^2}\frac{1}{2}\sin 2\theta\int_0^\infty F_\beta\{-kJ_1(kr)\}\,dk\,,\\
\overline{\Psi}_z &= \frac{1}{4\pi\rho}\frac{\partial\overline{B}_\beta}{\partial z} = \frac{\overline{M}_0(\omega)}{4\pi\rho\omega^2}\int_0^\infty \mathrm{i}\epsilon\nu_\beta F_\beta\, J_0(kr)\,dk
\end{aligned} \tag{2.121}$$

が得られる．

§2.2.2 において，(2.79) 式の左辺から z 成分だけを取り出して得られている (2.96) 式に，(2.121) 式を代入して 0 次の Bessel 方程式 $d^2J_0(q)/dq^2 + 1/q\cdot dJ_0(q)/dq + J_0(q) = 0$ や $dJ_1(q))/dq = J_0(q) - J_1(q)/q$, $J_2(q) = -J_0(q) + 2q^{-1}J_1(q)$ を利用すると

$$\begin{aligned}
(\nabla\times\overline{\boldsymbol{\Psi}})_z &= \left(\frac{1}{r}\frac{\partial}{\partial z}+\frac{\partial^2}{\partial r\partial z}\right)\overline{\Psi}_r + \frac{1}{r}\frac{\partial^2\overline{\Psi}_\theta}{\partial\theta\partial z} - \left(\frac{\partial^2}{\partial r^2}+\frac{1}{r}\frac{\partial}{\partial r}+\frac{1}{r^2}\frac{\partial^2}{\partial\theta^2}\right)\overline{\Psi}_z\\
&= \frac{\overline{M}_0(\omega)}{4\pi\rho\omega^2}\int_0^\infty \mathrm{i}\epsilon\nu_\beta k\, F_\beta\left\{\sin^2\theta\, kJ_0(kr) + \cos 2\theta\frac{J_1(kr)}{r} + kJ_0(kr)\right\}dk\\
&= \frac{\overline{M}_0(\omega)}{4\pi\rho\omega^2}\int_0^\infty \mathrm{i}\epsilon\nu_\beta\, k\, F_\beta\left\{\frac{3}{2}\,kJ_0(kr) - \frac{1}{2}(1-2\sin^2\theta)\,kJ_0(kr) + \cos 2\theta\frac{J_1(kr)}{r}\right\}dk\\
&= \frac{\overline{M}_0(\omega)}{4\pi\rho\omega^2}\int_0^\infty \mathrm{i}\epsilon\nu_\beta\, k^2 F_\beta\left\{\frac{3}{2}\,kJ_0(kr) + \frac{1}{2}\cos 2\theta\left(-J_0(kr) + 2\frac{J_1(kr)}{kr}\right)\right\}dk\\
&= \frac{\overline{M}_0(\omega)}{4\pi\rho\omega^2}\int_0^\infty F_\beta\, k^2\left\{\frac{3}{2}\,\mathrm{i}\epsilon\nu_\beta J_0(kr) + \frac{1}{2}\cos 2\theta\,\mathrm{i}\epsilon\nu_\beta J_2(kr)\right\}dk
\end{aligned} \tag{2.122}$$

となる[*)]．以下，§2.2.2 と同じ導出で

---

*) 巧妙な変形であるが (2.123) 式から逆にたどれば到達できる．

$$\overline{\Psi} = \frac{\overline{M}_0(\omega)}{4\pi\rho\omega^2} \int_0^\infty F_\beta \left\{ \frac{3}{2}\, \mathrm{i}\epsilon\nu_\beta J_0(kr) + \frac{1}{2} \cos 2\theta\, \mathrm{i}\epsilon\nu_\beta J_2(kr) \right\} dk \tag{2.123}$$

が得られる．同様に，(2.79) 式の左辺から r 成分だけを取り出して得られている (2.100) 式に (2.121) 式を代入し，$dJ_0(q)/dq = -J_1(q)$ や $dJ_1(q)/dq = q^{-1}J_1(q) - J_2(q)$，$dJ_2(q))/dq = J_1(q) - 2J_2(q)/q$ などを利用すると

$$(\nabla \times \overline{\mathbf{\Psi}})_r = -\left(\frac{1}{r^2}\frac{\partial^2}{\partial\theta^2} + \frac{\partial^2}{\partial z^2}\right)\overline{\Psi}_r + \left(\frac{1}{r^2} + \frac{1}{r}\frac{\partial}{\partial r}\right)\frac{\partial\overline{\Psi}_\theta}{\partial\theta} + \frac{\partial^2\overline{\Psi}_z}{\partial r\partial z} \tag{2.124}$$

$$\begin{aligned}
&= \frac{\overline{M}_0(\omega)}{4\pi\rho\omega^2}\int_0^\infty F_\beta\left[2\cos 2\theta\, k\frac{J_1(kr)}{r^2} - \sin^2\theta\nu_\beta^2 kJ_1(kr)\right.\\
&\qquad\qquad \left. - \cos 2\theta\, k\left\{\frac{J_1(kr)}{r^2} + \frac{1}{r}\frac{dJ_1(kr)}{dr}\right\} + \nu_\beta^2\frac{dJ_0(kr)}{dr}\right]dk\\
&= \frac{\overline{M}_0(\omega)}{4\pi\rho\omega^2}\int_0^\infty F_\beta\left[\nu_\beta^2\frac{dJ_0(kr)}{dr} - \sin^2\theta\nu_\beta^2 kJ_1(kr) - \cos 2\theta\frac{\nu_\beta^2 - k_\beta^2}{kr}\left\{\frac{J_1(kr)}{r} - \frac{dJ_1(kr)}{dr}\right\}\right]dk\\
&= \frac{\overline{M}_0(\omega)}{4\pi\rho\omega^2}\int_0^\infty F_\beta\left[\frac{3}{2}\nu_\beta^2\frac{dJ_0(kr)}{dr} - \frac{\nu_\beta^2}{2}(1 - 2\sin^2\theta)\frac{dJ_0(kr)}{dr} - \cos 2\theta\left(\nu_\beta^2 - k_\beta^2\right)\frac{J_2(kr)}{r}\right]dk\\
&= \frac{\overline{M}_0(\omega)}{4\pi\rho\omega^2}\int_0^\infty F_\beta\left[\left\{\frac{3}{2}\,\nu_\beta^2\frac{dJ_0(kr)}{dr} + \frac{1}{2}\cos 2\theta\,\nu_\beta^2\frac{dJ_2(kr)}{dr}\right\} + \cos 2\theta\, k_\beta^2\frac{J_2(kr)}{r}\right]dk
\end{aligned}$$

となる*)．一方，(2.79) 式の右辺から r 成分を取り出した (2.85) 式の第 1 項は (2.123) 式から

$$\frac{\partial^2\overline{\Psi}}{\partial r\partial z} = \frac{\overline{M}_0(\omega)}{4\pi\rho\omega^2} \int_0^\infty F_\beta \left\{ \frac{3}{2}\,\nu_\beta^2\frac{dJ_0(kr)}{dr} + \frac{1}{2}\cos 2\theta\,\nu_\beta^2\frac{dJ_2(kr)}{dr} \right\} dk \tag{2.125}$$

と与えられ，これは (2.124) 式の { } 内の第 1 項のみをとったものに等しい．したがって，同第 2 項のみをとったものは (2.85) 式の第 2 項とならなければならないから

$$\frac{1}{r}\frac{\partial\overline{\mathrm{X}}}{\partial\theta} = \frac{\overline{M}_0(\omega)}{4\pi\rho\omega^2}\cos 2\theta\int_0^\infty k_\beta^2 F_\beta\frac{J_2(kr)}{r}\,dk\,. \tag{2.126}$$

(2.120) 式，(2.123) 式，(2.126) 式をまとめると

---

*) (2.122) 式と同じく巧妙な変形であるが (2.126) 式から逆にたどれば到達できる．

$$
\begin{aligned}
\overline{\Phi} &= \frac{\overline{M}_0(\omega)}{4\pi\rho\omega^2}\,\frac{1}{2}\int_0^\infty F_\alpha\left\{(k^2-2\nu_\alpha^2)J_0(kr)+\cos 2\theta\, k^2 J_2(kr)\right\}dk\,,\\
\overline{\Psi} &= \frac{\overline{M}_0(\omega)}{4\pi\rho\omega^2}\,\frac{1}{2}\int_0^\infty F_\beta\left\{3\mathrm{i}\epsilon\nu_\beta J_0(kr)+\cos 2\theta\,\mathrm{i}\epsilon\nu_\beta J_2(kr)\right\}dk\,,\\
\overline{\mathrm{X}} &= \frac{\overline{M}_0(\omega)}{4\pi\rho\omega^2}\,\frac{1}{2}\int_0^\infty \sin 2\theta\, k_\beta^2 F_\beta J_2(kr)\,dk
\end{aligned}
\tag{2.127}
$$

が得られる*).

(2.118) 式に戻って，傾いた縦ずれ断層の変位ポテンシャルは，$-\cos 2\delta$ と $\sin 2\delta$ を係数とする，垂直な縦ずれ断層と傾斜角 45° の縦ずれ断層の変位ポテンシャルの線形結合で表される．したがって，(2.115) 式と (2.127) 式から

$$
\begin{aligned}
\overline{\Phi} &= \frac{\overline{M}_0(\omega)}{4\pi\rho\omega^2}\int_0^\infty\left[\frac{1}{2}\sin 2\delta(k^2-2\nu_\alpha^2)J_0(kr)\right.\\
&\qquad\left.+\frac{1}{2}\sin 2\delta\cos 2\theta\, k^2 J_2(kr)-\cos 2\delta\sin\theta\,(-2\mathrm{i}\epsilon k\nu_\alpha)\,J_1(kr)\right]F_\alpha\,dk\\
\overline{\Psi} &= \frac{\overline{M}_0(\omega)}{4\pi\rho\omega^2}\int_0^\infty\left[\frac{1}{2}\sin 2\delta\,3\mathrm{i}\epsilon\nu_\beta J_0(kr)\right.\\
&\qquad\left.+\frac{1}{2}\sin 2\delta\,\cos 2\theta\,\mathrm{i}\epsilon\nu_\beta J_2(kr)-\cos 2\delta\sin\theta\frac{k_\beta^2-2k^2}{k}F_\beta J_1(kr)\right]F_\beta\,dk\\
\overline{\mathrm{X}} &= \frac{\overline{M}_0(\omega)}{4\pi\rho\omega^2}\int_0^\infty\left[\frac{1}{2}\sin 2\delta\frac{d\cos 2\theta}{d\theta}\frac{-k_\beta^2}{2}J_2(kr)-\cos 2\delta\frac{d\sin\theta}{d\theta}\frac{\mathrm{i}\epsilon k_\beta^2\nu_\beta}{k}J_1(kr)\right]F_\beta\,dk
\end{aligned}
\tag{2.128}
$$

で与えられる†).

2.2.5 任意の断層すべりへの拡張

図 2.4 のような任意の断層すべりに拡張するには，傾いた横ずれ断層の (2.105) 式と傾いた縦ずれ断層の (2.128) 式を，任意のすべり角 λ の $\cos\lambda$ と $\sin\lambda$ を係数として線形結合させればよい（**重ね合わせの原理**）．その結果は

---

*) Harkrider[20] の (8) 式において $\phi\to\theta$，$\nu_\nu\to \mathrm{i}\nu_\nu$，$\mu\overline{D}(\omega)\to\overline{M}_0(\omega)$ としたものに一致する．ただし同式では $\overline{\mathrm{X}}$ の係数 1/2 が欠落している．

†) Sato[58] の (30)，(32) 式において $\varphi\to\theta$，$\xi\to k$，$k\to k_\beta$，$\nu_\nu\to \mathrm{i}\nu_\nu$，$|z|\to|z-h|$ として，すべりを逆向きにしたものに一致する．つまり Sato[58] の式は正断層の変位ポテンシャル．

$$
\begin{aligned}
\overline{\Phi} &= \frac{\overline{M}_0(\omega)}{4\pi\rho\omega^2} \sum_{l=0}^{2} \Lambda_l \int_0^\infty A_l F_\alpha J_l(kr)dk\,,\\
\overline{\Psi} &= \frac{\overline{M}_0(\omega)}{4\pi\rho\omega^2} \sum_{l=0}^{2} \Lambda_l \int_0^\infty B_l F_\beta J_l(kr)dk\,, \qquad (2.129)\\
\overline{\mathrm{X}} &= \frac{\overline{M}_0(\omega)}{4\pi\rho\omega^2} \sum_{l=0}^{2} \frac{\partial \Lambda_l}{\partial\theta} \int_0^\infty C_l F_\beta J_l(kr)dk\,,
\end{aligned}
$$

$$
\begin{aligned}
\Lambda_0 &= \frac{1}{2}\sin\lambda\sin 2\delta\,,\\
\Lambda_1 &= \cos\lambda\cos\delta\cos\theta - \sin\lambda\cos 2\delta\sin\theta\,,\\
\Lambda_2 &= \frac{1}{2}\sin\lambda\sin 2\delta\cos 2\theta + \cos\lambda\sin\delta\sin 2\theta\,,
\end{aligned}
$$

$$
\begin{aligned}
&A_0 = k^2 - 2\nu_\alpha^2\,, && A_1 = -2\mathrm{i}\epsilon k\nu_\alpha\,, && A_2 = k^2\,,\\
&B_0 = 3\mathrm{i}\epsilon\nu_\beta\,, && B_1 = (k_\beta^2 - 2k^2)/k\,, && B_2 = \mathrm{i}\epsilon\nu_\beta\,,\\
&C_0 = 0\,, && C_1 = \mathrm{i}\epsilon k_\beta^2\nu_\beta/k\,, && C_2 = -k_\beta^2/2
\end{aligned}
$$

となり，$\phi = \theta$，$\nu_\nu \to \mathrm{i}\nu_\nu$，$\mu\overline{D}(\omega) = \overline{M}_0(\omega)$ とした Harkrider[20] の (A5) から (A7) 式に一致する．また，$\varphi = \theta$，$\zeta = k$，$k = k_\beta$，$\nu_\nu \to \mathrm{i}\nu_\nu$，$|z| \to |z-h|$，$p = \mathrm{i}\omega$，$\rho V_\mathrm{S}^2 \bar{f}(p) = \overline{M}_0(\omega)$ とすれば Sato[59] の (3) から (5) 式ともほぼ一致しているが，座標系が x 軸周りに 180° 回転している上に，72 頁と 79 頁の脚注で述べたように，すべりの向きが逆向きに定義されているので $\lambda \to 180° - \lambda$ としなければならない．

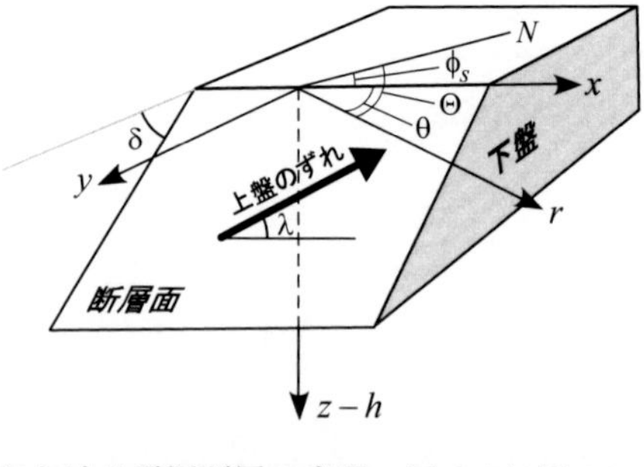

図 2.14　円筒座標系における震源断層の表現．図 2.4 に図 2.11 を組み合わせたものだが，円筒座標系の原点は本来，h 上方の震央にあるので z が $z-h$ となる．また，実際の問題で用いられる観測点方位 Θ も併せて示した．

ここで $\Lambda_0, \Lambda_1, \Lambda_2$ は観測点方位 θ によってポテンシャル振幅がどう変化するかを表しており，変位ポテンシャル表現における点震源の放射パターン（§2.3.1）に相当し，水平方向の放射パターンと呼ばれることもある．この中で Λ_0 は θ を含まないので $\partial\Lambda_0/\partial\theta \equiv 0$ であるから，$\overline{\mathrm{X}}$ の $l=0$ の項は常にゼロである．また，この変位ポテンシャルは $|z-h|$ や $\epsilon=(z-h)/|z-h|$ を含んでいるため，これらから計算される弾性変位（地震動）や応力は $z=h$ において不連続を生ずる．**1 次元地下構造**における地震動の計算（§3.1）では，この不連続が震源条件となるので，以下では (2.129) 式を Fourier 逆変換した変位ポテンシャル，あるいは (2.129) 式そのものを**震源ポテンシャル** *source potential* と略称することにする．

なお，実際の問題では**観測点方位** *azimuth* は北（図 2.4 の N）から測られる Θ で与えられるので，別に与えられる震源断層の走向（図 2.5 の ϕ_s）から

$$\theta = \Theta - \phi_s \tag{2.130}$$

と算出することになる（図 2.14）．

2.3　震源の解析

2.3.1　放射パターンとメカニズム解 *)

(2.53) ~ (2.55) 式から遠地項だけを取り出し，点震源を原点とする**球座標系**（図 2.15 中央）に変換すると，$x=R\sin\theta\cos\phi$，$y=R\sin\theta\sin\phi$，$z=R\cos\theta$ から $\gamma_x=\sin\theta\cos\phi$，$\gamma_y=\sin\theta\sin\phi$，$\gamma_z=\cos\theta$ であるので

$$\begin{aligned}
U_R &= (U_x^{3P}+U_x^{3S})\sin\theta\cos\phi+(U_y^{3P}+U_y^{3S})\sin\theta\sin\phi+(U_z^{3P}+U_z^{3S})\cos\theta\\
&= \frac{1}{4\pi\rho\alpha^3R}\dot{M}_0\left(t-\frac{R}{\alpha}\right)\Big(2\sin^4\theta\sin\phi\cos^3\phi\\
&+ 2\sin^4\theta\sin^3\phi\cos\phi+2\sin^2\theta\cos^2\theta\sin\phi\cos\phi\Big)\\
&- \frac{1}{4\pi\rho\beta^3R}\dot{M}_0\left(t-\frac{R}{\beta}\right)\Big(2\sin^4\theta\sin\phi\cos^3\phi-\sin^2\theta\sin\phi\cos\phi
\end{aligned}$$

*) §2.3.1 で解説する解析手法は 1920 年代から 1950 年代に開発され，現在でも諸機関により日常的に使われているものである[69]．開発当時，震源とは点震源のことであったので，その用語も単に "震源" とするものが多く，ここではそれに従うものとする．

$$
\begin{aligned}
&+\ 2\sin^4\theta\sin^3\phi\cos\phi - \sin^2\theta\sin\phi\cos\phi + 2\sin^2\theta\cos^2\theta\sin\phi\cos\phi\Big) \\
&= \frac{1}{4\pi\rho\alpha^3 R}\dot{M}_0\left(t-\frac{R}{\alpha}\right)2\sin^2\theta\sin\phi\cos\phi \\
&-\ \frac{1}{4\pi\rho\beta^3 R}\dot{M}_0\left(t-\frac{R}{\beta}\right)\left(2\sin^2\theta\sin\phi\cos\phi - 2\sin^2\theta\sin\phi\cos\phi\right) \qquad (2.131)
\end{aligned}
$$

となり，U_R の S 波に関係する第 2 項は消えてしまう．同じように

$$
\begin{aligned}
U_\theta &= (U_x^{3P}+U_x^{3S})\cos\theta\cos\phi + (U_y^{3P}+U_y^{3S})\cos\theta\sin\phi - (U_z^{3P}+U_z^{3S})\sin\theta\,, \\
U_\phi &= -(U_x^{3P}+U_x^{3S})\sin\phi + (U_y^{3P}+U_y^{3S})\cos\phi
\end{aligned}
$$

では P 波に関係する第 1 項が消えてしまうので

$$
\begin{aligned}
U_R &= \frac{1}{4\pi\rho\alpha^3 R}\dot{M}_0\left(t-\frac{R}{\alpha}\right)\sin^2\theta\sin 2\phi\,, \\
U_\theta &= \frac{1}{4\pi\rho\beta^3 R}\dot{M}_0\left(t-\frac{R}{\beta}\right)\frac{1}{2}\sin 2\theta\sin 2\phi\,, \qquad (2.132) \\
U_\phi &= \frac{1}{4\pi\rho\beta^3 R}\dot{M}_0\left(t-\frac{R}{\beta}\right)\sin\theta\cos 2\phi
\end{aligned}
$$

が得られ[*]，P 波は R 成分 U_R，S 波は θ 成分 U_θ と ϕ 成分 U_ϕ という形に完全に分離される．このうち U_ϕ は x–y 平面に平行で垂直成分を持たないから §1.2.4 における定義に従えば **SH 波**に相当し，U_θ は x–y 平面に垂直な面内にあるので **SV 波**に相当する．各地震動の θ, ϕ に関係する部分は**放射パターン** *radiation pattern* [†] と呼ばれる．

放射パターンのうち水平方向の方位依存である ϕ に関係した部分は，P 波である U_R と SV 波である U_θ とで一致して $\sin 2\phi$ であるので，$\phi = 0°$ または $180°$ および $\phi = 90°$ または $270°$ の面（図 2.15 では灰色の円弧）で区切られた 4 象限型のパターンとなる．二つの面は地震動がゼロとなるので**節面** *nodal plane* と呼ばれ，そのうちの一つが断層面に一致する．もう一つの節面は断層面に**共役** *conjugate* な**補助面** *auxiliary plane*（図 2.6 では y 軸に沿った面）と呼ばれる．一方，SH 波の U_ϕ は $\cos 2\phi$ を方位依存としているので，や

---

[*] 菊地 [33] の (6.55) 式に一致する．
[†] 宇津 [69] は採用していないが菊地 [33] による．

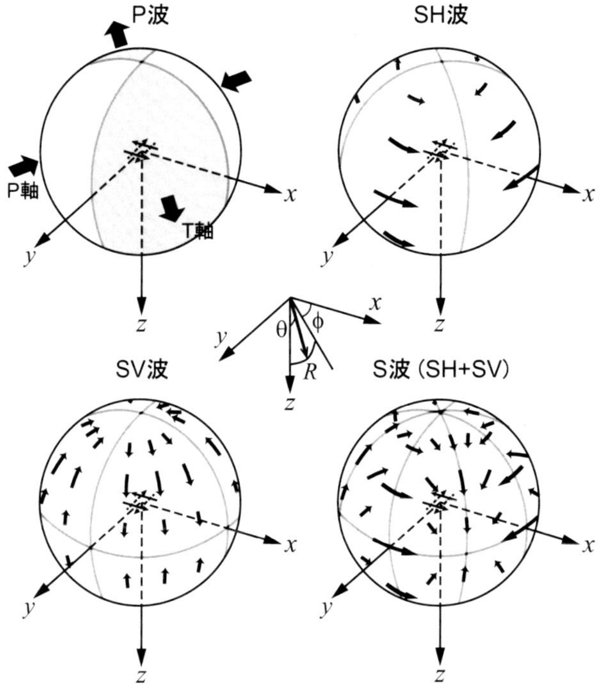

図 **2.15**　左横ずれ断層の放射パターン（矢印のパターンは菊地 [33] に基づく）と球座標系（中央）.

象限型であるが，P 波や SV 波に比べると 45° ずれたパターンになっている．そのほか，SV 波では $\theta = 90°$ も節面になっている．以上のように複数のパターンが存在するので，S 波全体を見るために U_θ と U_ϕ を組み合わせると，図 2.15 右下に示すように複雑なものになる．特に，地震動がゼロになる点が面（節面）ではなく，震源から線上に並ぶのが S 波全体の特徴であるが，その点の周辺ではやはり SH 波あるいは SV 波の節面に沿って地震動が小さいので，観測上は節面が見えることになる．

図 2.15 の P 波放射パターンのうち，U_R がプラスとなる二つの領域（灰色領域）の中心を結ぶ直線は図に書き入れたように **T 軸** *T axis* と呼ばれ，マイナスとなる二つの領域（白色領域）の中心を結ぶ直線は **P 軸** *P axis* と呼ばれる．これら 2 軸の方向は，ダブルカップルの 2 組の偶力（図 2.6，図 2.16 左）

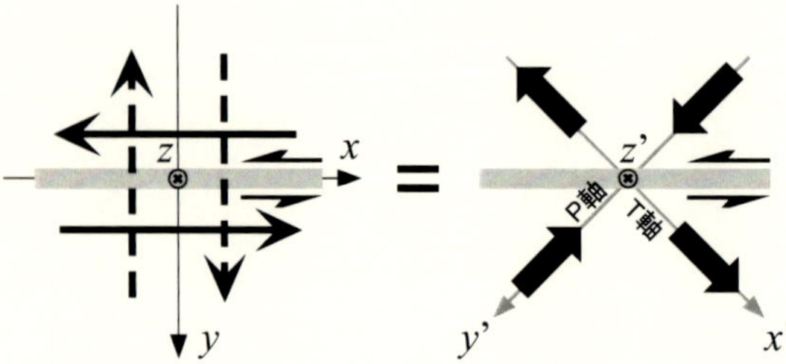

図 2.16 左は左横ずれ断層のダブルカップル（2組の偶力），右はそれに等価な力.

を構成する単一力を象限ごとにベクトル合成して得られる4象限型の等価な力（図2.16右）の方向に一致する．T軸に沿う力は震源を引っ張る形で働き，P軸に沿う力は震源に圧力をかける形で働くため，T軸，P軸は**主張力軸**，**主圧力軸**とも呼ばれ[37]，使われている英字もTension，Pressureに由来する．図2.15や図2.16は垂直左横ずれ断層（$\delta = 90°, \lambda = 0°$）に限ったものだが，任意の震源断層の種類（表2.1など）に対する放射パターンやP軸，T軸は図2.15を3次元的に回転させるだけで容易に得られる．図2.5には震源断層の種類ごとにそうして得られた，それぞれに等価な力が描き込んである．

P波の放射パターンを利用して決定された，断層面や補助面の**断層パラメータ**を**断層面解** *fault plane solution* または**発震機構解** *focal mechanism solution**[*)]，通称では**メカニズム解**と呼ぶ．P波が震源から放射パターンのU_Rプラスの灰色領域を通過してその先にある点に到達するとき，そこでは図2.15に大きな矢印で描かれた向き，つまり観測点が地震によって押される向き（**押し** *push*）の地震動が観測される．一方，P波が震源からU_Rマイナスの白色領域を通過して到達し観測されるとき，観測点が地震によって引っ張られる向き（**引き** *pull*）の地震動が観測される．震源は地中にあるので，地表の観測点に置かれた地震計の上下成分では，押しの地震動は上向き，引きの地震動は下向きの地面の動きとして記録される．そこで，震源の周りの仮想的な球面（**震源球** *focal sphere*）をP波が通過する点に，図2.17のように各地の押し引きを震源球の下側投影図にプロットする．その投影図において押しの分布と引きの分布の境目を作図して節面を決定し，さらに決定された2節面からT軸やP軸

[*)] 宇津[69]は採用していないが気象庁[37]やUSGS[68]による．

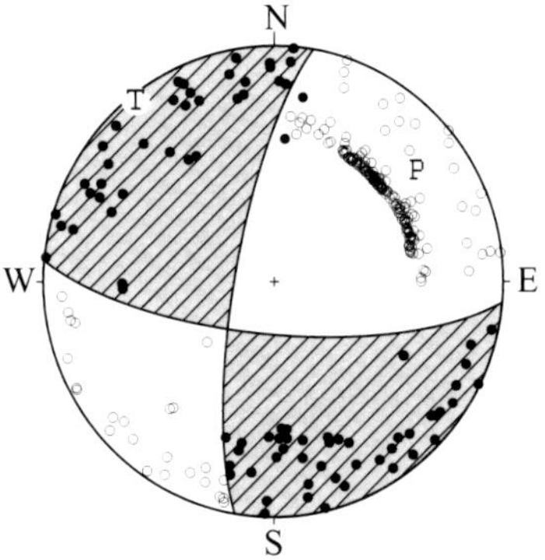

図 2.17 気象庁[36]によるメカニズム解の解析例（**熊本地震** *Kumamoto earthquake*（2016.4.15；日本時間 2016.4.16，M_w 7.0））．黒丸が押し，白丸が引きを表し，T，P がそれぞれ T 軸，P 軸を表す．

が決められる．どちらの節面が断層面かは**余震分布** *aftershock distribution* などから決められる*⁾．

通例，図 2.17 のように押しの点や領域は色付けされるのに対して，引きの点や領域には色を付けない．そのため，メカニズム解の図は一見，ビーチボールのように見えるので，**ビーチボール解** *beach ball solution* と通称されることがある．また，ビーチボールの模様の出方で震源断層の種類（表 2.1，図 2.5）が図 2.18 のようにわかる．ただし，現実の地震では図 2.5 のような純粋なタイプは少なく，多少，他の種類の成分が混じっていることが多い．そうした場合の，より一般的な震源断層のメカニズム解を図 2.18 には示した．

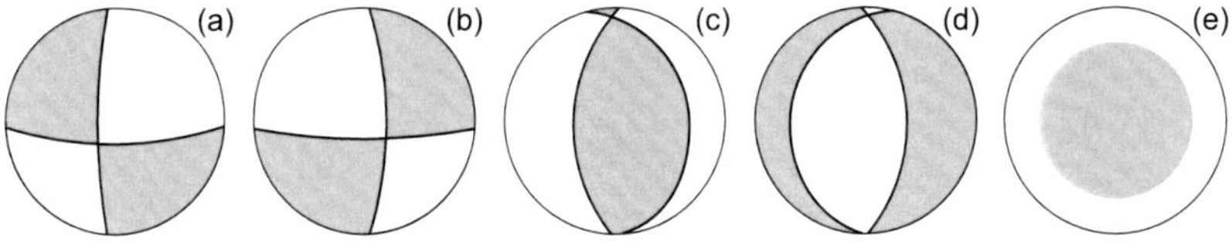

図 2.18 メカニズム解と震源断層の種類の対応（菊地[33),34]に基づく）．(a) 左横ずれ断層，(b) 右横ずれ断層，(c) 逆断層，(d) 正断層，(e) CLVD（§2.3.2）．(a)，(b) は紙面の左右にのびる節面が断層面であるとき．

*⁾ 大きな地震が起きたとき，直後から主にその断層面上で小さめの余震が多数起こるため．余震に対して，もとの大きな地震を**本震** *mainshock* と呼ぶ．

2節面の交点が震源球の中心付近に見えるときは横ずれ断層である．ただし，左横ずれか，右横ずれかは2節面のどちらが断層面かで異なり，図2.18aとbには紙面の左右にのびる節面が断層面であるときの震源断層の種類がキャプションに書かれている．もし上下にのびる節面が断層面ならばaとbで左右が入れ換わる．また，色付けされた押しの領域の一方が震源球の中央部に大きく見えるときは逆断層であり（図2.18c），逆に白い引きの領域の一方が大きく見えるときは正断層となる（同d）．こちらはどちらの節面が断層面であっても正逆は変化しない．**CLVD**については§2.3.2で説明する．

2.3.2　モーメントテンソル

偶力のように互いに逆向きである二つ一組の力を一般化すると，力の方向がデカルト座標系のどの座標軸に沿うかという点と，力の作用点がどの座標軸に沿うかという点に基づいて図2.19のように分類できる．また，これらの強さ（偶力ならば地震モーメントM_0またはその時間関数$M_0(t)$）を要素とする行列を**モーメントテンソル** *moment tensor* と呼び，ここでは$\mathbf{M}_0$と表す．その成分のうち図2.6に実線で描かれた偶力は力の向きがx軸方向，腕の向きがy軸方向であるので，そのモーメントをM_{xy}と表す．同様に図2.6内の点線の偶力はM_{yx}と表す．このほか図2.19に示すようなM_{ij}を考えることが可能であり，このうちM_{xx}, M_{yy}, M_{zz}は同一座標軸上逆向きの力の組み合わせ（**ダイポール** *dipole* または**ベクタダイポール** *vector dipole*）であるので偶力ではない．

図2.6において$M_{xy} = M_{yx}$でなければならないように，モーメントテンソルは対称テンソルである．また，対角成分はダイポールであり，対角成分の平均値$I = (M_{xx} + M_{yy} + M_{zz})/3$または単位テンソルの$I$倍を**等方成分** *isotropic component* と呼び，点震源付近の体積の増減を起こす力を表す．等方成分以外の部分を**偏差成分** *deviatoric component* と呼び，さらにその中を通常のダブルカップルと**CLVD** *compensated linear vector dipole* とに分類することができる．後者は1方向に伸び（または縮み），それと垂直な方向に体積を不変に保つような収縮（または膨張）を起こす力である[33]．

点震源が地震モーメントM_0（またはその時間関数$M_0(t)$）の純粋なダブル

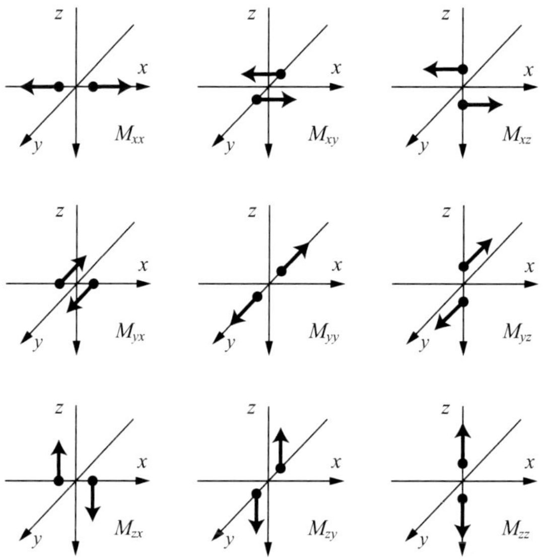

図 2.19 モーメントテンソルの各要素（表記法は Shearer[63] に基づく）.

カップルであるとき，モーメントテンソルは適切な主軸変換で座標系を回転させると対角化することができる．このとき，対角 3 成分は順不同で M_0，$-M_0$，0 となり，M_0 に対応する新座標軸がメカニズム解の **T** 軸，$-M_0$ に対応するものが **P** 軸に相当する．たとえば点震源が図 2.6 や図 2.16 左のような左横ずれ断層であるとき，そのモーメントテンソルは M_{xy} と M_{yx} の成分だけを持つ．xyz 座標系を z 軸周りに x 軸を y 軸に向ける方向に 45° 回転させると（図 2.16 右），新しい $x'y'z'$ 座標系でのモーメントテンソルは**回転行列** *rotation matrix*

$$\mathbf{R} = \begin{pmatrix} \cos 45^\circ & -\sin 45^\circ & 0 \\ \sin 45^\circ & \cos 45^\circ & 0 \\ 0 & 0 & 1 \end{pmatrix} = \begin{pmatrix} 1/\sqrt{2} & -1/\sqrt{2} & 0 \\ 1/\sqrt{2} & 1/\sqrt{2} & 0 \\ 0 & 0 & 1 \end{pmatrix} \tag{2.133}$$

と行列の転置（添え字 T）を用いて

$$\mathbf{M}_0 = \mathbf{R}^{\mathrm{T}} \begin{pmatrix} 0 & M_0 & 0 \\ M_0 & 0 & 0 \\ 0 & 0 & 0 \end{pmatrix} \mathbf{R} = \begin{pmatrix} M_0 & 0 & 0 \\ 0 & -M_0 & 0 \\ 0 & 0 & 0 \end{pmatrix} \tag{2.134}$$

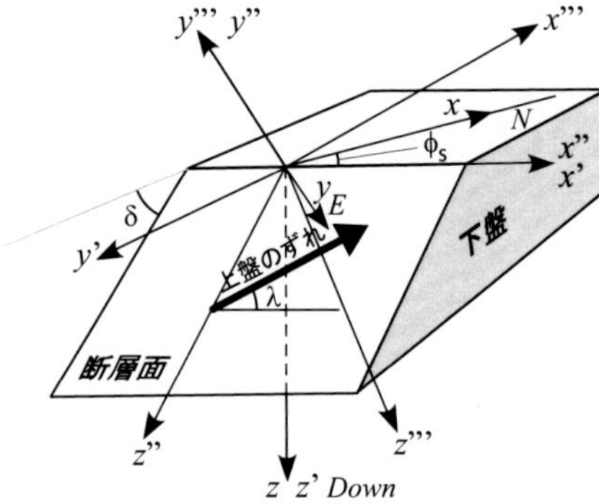

図 2.20　傾斜角 δ とすべり角 λ に基づいたデカルト座標系の回転.

と与えられる．これは x' 軸が T 軸，y' 軸が P 軸であり，両軸に伴う力源が外向き，および内向きのダイポールであることを示しており，図 2.16 左と右が等価であることを数学的に証明していることになる．

図 2.20 は，§2.2.5 で考えたような任意の断層すべり（傾斜角 δ，すべり角 λ，走向 ϕ_s）の点震源である．図 2.14 とほぼ同じだが，ここでは xyz 座標系を地球に固定した座標系とするため，x 軸，y 軸を z 軸周りに $-\phi_s$ だけ回転して x 軸を N（北）向きに合わせた．この場合，y 軸は自然に E（東）向きとなり，z 軸は引き続き *Down*（下）向きである．また，簡単のため $h = 0$ とした．図 2.14 の xyz 座標系は $x'y'z'$ 座標系となっている．断層面に固定してずれ（すべり）の方向に合わせた $x'''y'''z'''$ 座標系では点震源は x'''–y''' 平面に垂直な左横ずれ断層である．この座標系を y''' 軸周りに z''' 軸を x''' 軸に向ける方向に $-\lambda$ だけ回転させると $x''y''z''$ 座標系に，続いて x'' 軸周りに y'' 軸を z'' 軸に向ける方向に $90° - \delta$ だけ回転させると $x'y'z'$ 座標系に，さらに z' 軸周りに x' 軸を y' 軸に向ける方向に $-\phi_s$ だけ回転させると xyz 座標系になる．

したがって，左横ずれ断層のモーメントテンソルと回転行列

$$\mathbf{M}_0''' = \begin{pmatrix} 0 & M_0 & 0 \\ M_0 & 0 & 0 \\ 0 & 0 & 0 \end{pmatrix}, \quad \mathbf{R}_\lambda = \begin{pmatrix} \cos\lambda & 0 & -\sin\lambda \\ 0 & 1 & 0 \\ \sin\lambda & 0 & \cos\lambda \end{pmatrix}, \tag{2.135}$$

$$\mathbf{R}_\delta = \begin{pmatrix} 1 & 0 & 0 \\ 0 & \sin\delta & -\cos\delta \\ 0 & \cos\delta & \sin\delta \end{pmatrix}, \quad \mathbf{R}_\phi = \begin{pmatrix} \cos\phi_s & \sin\phi_s & 0 \\ -\sin\phi_s & \cos\phi_s & 0 \\ 0 & 0 & 1 \end{pmatrix}$$

を用いれば

$$\mathbf{M}_0'' = \mathbf{R}_\lambda^{\mathrm{T}} \mathbf{M}_0''' \mathbf{R}_\lambda = \begin{pmatrix} 0 & M_0\cos\lambda & 0 \\ M_0\cos\lambda & 0 & -M_0\sin\lambda \\ 0 & -M_0\sin\lambda & 0 \end{pmatrix}, \tag{2.136}$$

$$\mathbf{M}_0' = \mathbf{R}_\delta^{\mathrm{T}} \mathbf{M}_0'' \mathbf{R}_\delta = \begin{pmatrix} 0 & M_0\sin\delta\cos\lambda & -M_0\cos\delta\cos\lambda \\ M_0\sin\delta\cos\lambda & -M_0\sin 2\delta\sin\lambda & M_0\cos 2\delta\sin\lambda \\ -M_0\cos\delta\cos\lambda & M_0\cos 2\delta\sin\lambda & M_0\sin 2\delta\sin\lambda \end{pmatrix}$$

を通して

$$\mathbf{M}_0 = \mathbf{R}_\phi^{\mathrm{T}} \mathbf{M}_0' \mathbf{R}_\phi = \begin{pmatrix} M_{xx} & M_{xy} & M_{xz} \\ & M_{yy} & M_{yz} \\ & & M_{zz} \end{pmatrix},$$

$$\begin{cases} M_{xx} = -M_0(\sin\delta\cos\lambda\sin 2\phi_s + \sin 2\delta\sin\lambda\sin^2\phi_s) \\ M_{xy} = +M_0(\sin\delta\cos\lambda\cos 2\phi_s + \frac{1}{2}\sin 2\delta\sin\lambda\sin 2\phi_s) \\ M_{xz} = -M_0(\cos\delta\cos\lambda\cos\phi_s + \cos 2\delta\sin\lambda\sin\phi_s) \\ M_{yy} = +M_0(\sin\delta\cos\lambda\sin 2\phi_s - \sin 2\delta\sin\lambda\cos^2\phi_s) \\ M_{yz} = -M_0(\cos\delta\cos\lambda\sin\phi_s - \cos 2\delta\sin\lambda\cos\phi_s) \\ M_{zz} = +M_0\sin 2\delta\sin\lambda \end{cases} \tag{2.137}$$

が得られる（対称テンソルであるので左下の要素は省略してある）[*].

1980 年代に入ると，モーメントテンソルを日常的に求められる解析手法が Dziewonski *et al.*[14] により開発され，同時期に地球規模で展開され始めた**広帯域地震計**（§4.1.4）で観測される地震動の波形記録がデータとして用いられた（解析の具体的な方法は §2.3.3）．Dziewonski *et al.* らが始めた **Global CMT Project** では，地球規模の問題であるから地球の中心に固定された**球座標系**

[*] Aki and Richards[3] の Box 4.4 の (1) 式に一致する．

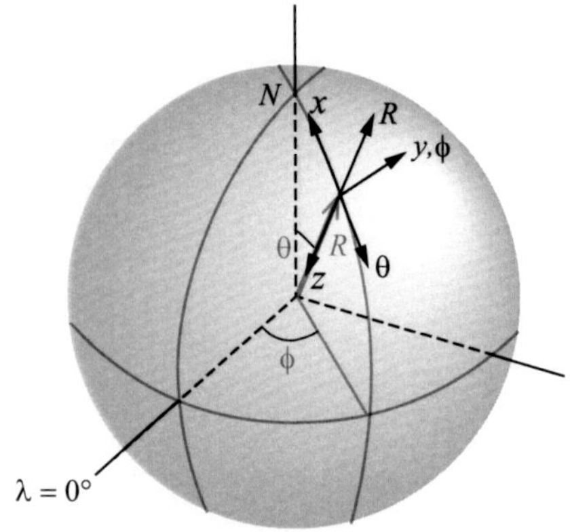

図 2.21　地球の中心に固定された球座標系（灰色の R, θ, ϕ）および点震源位置での xyz 座標系と $\theta\phi R$ 座標系．

spherical coordinate system (R, θ, ϕ) が使われている（図 2.21）．点震源における R, θ, ϕ 方向の単位ベクトルから直交座標系を構成して図 2.20 の xyz 座標系と比較すると，図 2.21 のように ϕ 座標軸は y 座標軸に一致し，R 軸，θ 軸はそれぞれ z 軸，x 軸の逆向きである．これは xyz 座標系を y 軸周りに z 軸を x 軸に向ける方向に 180° だけ回転させると $\theta\phi R$ 座標系になるということであるから，(2.137) 式より

$$\begin{pmatrix} M_{\theta\theta} & M_{\theta\phi} & M_{\theta R} \\ & M_{\phi\phi} & M_{\phi R} \\ & & M_{RR} \end{pmatrix} = \mathbf{R}_R^{\mathrm{T}} \begin{pmatrix} M_{xx} & M_{xy} & M_{xz} \\ & M_{yy} & M_{yz} \\ & & M_{zz} \end{pmatrix} \mathbf{R}_R, \ \mathbf{R}_R = \begin{pmatrix} \cos 180^\circ & 0 & \sin 180^\circ \\ 0 & 1 & 0 \\ -\sin 180^\circ & 0 & \cos 180^\circ \end{pmatrix}. \quad (2.138)$$

(2.138) 式の結果を R, θ, ϕ の順に並べかえると，モーメントテンソルは

$$\mathbf{M}_0 = \begin{pmatrix} M_{RR} & M_{R\theta} & M_{R\phi} \\ & M_{\theta\theta} & M_{\theta\phi} \\ & & M_{\phi\phi} \end{pmatrix} = \begin{pmatrix} M_{zz} & M_{xz} & -M_{yz} \\ & M_{xx} & -M_{xy} \\ & & M_{yy} \end{pmatrix} \quad (2.139)$$

となる*)．

---

*) Aki and Richards[3] の Box 4.4 (4) 式において $r \to R$，$\Delta \to \theta$ としたものに一致する．

2.3.3 CMT インバージョン

(2.137) 式において M_0 や M_{ij} はすべて時間関数として，式全体の **Fourier** 変換（§4.18）をとる．その結果と，Fourier 変換 $\overline{M}_0$ と $\overline{M}_{ij}$，Nabelek[51] が定義した *)

$$
\begin{aligned}
a_1 &= \overline{M}_{xx}\cos^2\Theta + \overline{M}_{xy}\sin 2\Theta + \overline{M}_{yy}\sin^2\Theta,\quad a_2 = \overline{M}_{zz}, \qquad (2.140)\\
a_3 &= \overline{M}_{xz}\cos\Theta + \overline{M}_{yz}\sin\Theta,\quad a_4 = \frac{1}{2}\left(\overline{M}_{yy} - \overline{M}_{xx}\right)\sin 2\Theta + \overline{M}_{xy}\cos 2\Theta,\\
a_5 &= -\overline{M}_{xz}\sin\Theta + \overline{M}_{yz}\cos\Theta
\end{aligned}
$$

および (2.130) 式を用いて

$$
\begin{aligned}
\frac{1}{2}a_2 &= \overline{M}_0\frac{1}{2}\sin\lambda\sin 2\delta = \overline{M}_0\Lambda_0 \qquad (2.141)\\
-a_3 &= -\left\{-\overline{M}_0(\cos\delta\cos\lambda\cos\phi_s + \cos 2\delta\sin\lambda\sin\phi_s)\cos\Theta\right\}\\
&\quad -\left\{-\overline{M}_0(\cos\delta\cos\lambda\sin\phi_s - \cos 2\delta\sin\lambda\cos\phi_s)\sin\Theta\right\}\\
&= \overline{M}_0\left(\cos\delta\cos\lambda\cos(\Theta-\phi_s) - \cos 2\delta\sin\lambda\sin(\Theta-\phi_s)\right)\\
&= \overline{M}_0\left(\cos\delta\cos\lambda\cos\theta - \cos 2\delta\sin\lambda\sin\theta\right) = \overline{M}_0\Lambda_1\\
a_1 + \frac{1}{2}a_2 &= \left\{-\overline{M}_0(\sin\delta\cos\lambda\sin 2\phi_s + \sin 2\delta\sin\lambda\sin^2\phi_s)\right\}\cos^2\Theta\\
&\quad + \overline{M}_0(\sin\delta\cos\lambda\cos 2\phi_s + \frac{1}{2}\sin 2\delta\sin\lambda\sin 2\phi_s)\sin 2\Theta\\
&\quad + \overline{M}_0(\sin\delta\cos\lambda\sin 2\phi_s - \sin 2\delta\sin\lambda\cos^2\phi_s)\sin^2\Theta + \frac{1}{2}\overline{M}_0\sin\lambda\sin 2\delta\\
&= \overline{M}_0\sin\delta\cos\lambda(-\sin 2\phi_s\cos 2\Theta + \cos 2\phi_s\sin 2\Theta) + \frac{1}{2}\overline{M}_0\sin 2\delta\sin\lambda\\
&\quad \left(-2\sin^2\phi_s\cos^2\Theta + \sin 2\phi_s\sin 2\Theta - 2\cos^2\phi_s\sin^2\Theta + \sin^2\Theta + \cos^2\Theta\right)\\
&= \overline{M}_0\sin\delta\cos\lambda\sin 2(\Theta-\phi_s) + \frac{1}{2}\overline{M}_0\sin 2\delta\sin\lambda\cos 2(\Theta-\phi_s)\\
&= \overline{M}_0\left(\sin\delta\cos\lambda\sin 2\theta + \frac{1}{2}\sin 2\delta\sin\lambda\cos 2\theta\right) = \overline{M}_0\Lambda_2
\end{aligned}
$$

*) Nabelek[51] の (A11) 式において $\phi\to\Theta$，$\hat{M}_{ij}\to\overline{M}_{ij}$ としたもの．

$$
\begin{aligned}
-a_5 &= -\left[-\left\{-\overline{M}_0(\cos\delta\cos\lambda\cos\phi_s+\cos 2\delta\sin\lambda\sin\phi_s)\sin\Theta\right\}\right]\\
&\quad -\left[+\left\{-\overline{M}_0(\cos\delta\cos\lambda\sin\phi_s-\cos 2\delta\sin\lambda\cos\phi_s)\cos\Theta\right\}\right]\\
&= \overline{M}_0\,(-\cos\delta\cos\lambda\sin(\Theta-\phi_s)-\cos 2\delta\sin\lambda\cos(\Theta-\phi_s))\\
&= \overline{M}_0\,(-\cos\delta\cos\lambda\sin\theta-\cos 2\delta\sin\lambda\cos\theta)=\overline{M}_0\frac{\partial\Lambda_1}{\partial\theta},\\
2a_4 &= \left[\left\{+M_0(\sin\delta\cos\lambda\sin 2\phi_s-\sin 2\delta\sin\lambda\cos^2\phi_s)\right\}\right.\\
&\quad \left.-\left\{-M_0(\sin\delta\cos\lambda\sin 2\phi_s+\sin 2\delta\sin\lambda\sin^2\phi_s)\right\}\right]\sin 2\Theta\\
&\quad +2M_0(\sin\delta\cos\lambda\cos 2\phi_s+\frac{1}{2}\sin 2\delta\sin\lambda\sin 2\phi_s)\cos 2\Theta\\
&= \overline{M}_0\,\{2\sin\delta\cos\lambda\cos 2(\Theta-\phi_s)-\sin 2\delta\sin\lambda\sin 2(\Theta-\phi_s)\}\\
&= \overline{M}_0\,(2\sin\delta\cos\lambda\cos 2\theta-\sin 2\delta\sin\lambda\sin 2\theta)=\overline{M}_0\frac{\partial\Lambda_2}{\partial\theta}
\end{aligned}
$$

が得られる[44]．Θ は北から測った観測点の方位である（(2.130) 式，図 2.14）．

(2.141) 式は，点震源の**震源ポテンシャル**（(2.129) 式）の係数がモーメントテンソルのフーリエ変換 $\overline{M}_{ij}$ の線形結合になっていることを意味する．したがって，それらから作られる震源での**不連続ベクトル**（§3.1.2，§3.1.3）においても係数が $\overline{M}_{ij}$ の線形結合になる．さらには，**1 次元地下構造**の地震動の Fourier 変換は (3.25) 式のように **propagator** 行列（§3.1.4）と不連続ベクトルの積の和で表されるから，この地震動の Fourier 変換でも係数が $\overline{M}_{ij}$ の線形結合になっている．

$M_{ij}(t)$ の時間関数の形が，Haskell モデル（§2.3.4）のように原点移動した傾斜関数 $U_0(t)$ などであると仮定するならば

$$\overline{M}_{ij}(\omega) = M_{ij}\overline{U}_0(\omega) \tag{2.142}$$

であって，M_{ij} は t や ω によらない変数とすることができる．その場合，Fourier 変換の "線形" の性質（表 4.3）から 1 次元地下構造内の地点 $\mathbf{x}$ における地震動は $M_{ij}f_{ij}(t,\mathbf{x})$ という形で与えられる．$f_{ij}(t,\mathbf{x})$ は，単位モーメントテンソル $M_{ij}=1$，つまり点震源に ij 成分しか存在せず，その時間関数が $U_0(t)$ などである場合の，地点 $\mathbf{x}$ での地震動である．したがって，$f_{ij}(t,\mathbf{x})$ は震源の効果を含むから，§1.3.3 で解説した Green 関数とは厳密な意味では異なるが，単

位モーメントテンソルとデルタ関数の類似から同じ用語で **Green 関数**と呼ばれる．

ここで，以降の記述を簡略にするため，テンソルの添え字の表記法を

$$M_{RR} = M_{zz} \to M_1\,,\ \ M_{\theta\theta} = M_{xx} \to M_2\,,\ \ M_{\phi\phi} = M_{yy} \to M_3\,, \quad (2.143)$$
$$M_{R\theta} = M_{xz} \to M_4\,,\ M_{R\phi} = -M_{yz} \to M_5\,,\ M_{\theta\phi} = -M_{xy} \to M_6$$

とする [14)]．$\mathbf{x}_j$ にある j 番目観測点での地震動の k 成分（通常，北南成分，東西成分，上下成分のいずれか）は時間 t をサンプリング（§4.2.3）した t_i において，**重ね合わせの原理**（§1.3.1）と第 3 章で解説する方法で計算される Green 関数を用いて

$$F_k(t_i, \mathbf{x}_j) = \sum_{m=1}^{6} M_m f_{mk}(t_i, \mathbf{x}_j) \qquad (2.144)$$

と合成することができる（**合成波形** *synthetic seismogram*）．$f_{mk}(t, \mathbf{x})$ は Green 関数 $f_{ij}(t, \mathbf{x}) \equiv f_m(t, \mathbf{x})$ を k 成分に拡張したものである．一方，j 番目観測点で地震動の k 成分 $F^o_k(t_i, \mathbf{x}_j)$ が観測されていると（**観測波形** *observed seismogram*），それと合成波形が一致するように M_m を決めることになる．しかし，現実には合成波形にも観測波形にも誤差や雑音が含まれていて完全に一致させることは不可能であるので，**最小二乗法**（§4.4）に基づいて

$$S = \sum_i \sum_j \sum_k \frac{1}{\sigma^2_{jk}} \left\{ F^o_k(t_i, \mathbf{x}_j) - F_k(t_i, \mathbf{x}_j) \right\}^2 \qquad (2.145)$$

が最小になるように M_m を決める．ここで $1/\sigma_{jk}$ は観測誤差（§4.4）などから推定される観測波形ごとの重みである．最小であるから

$$\frac{\partial S}{\partial M_m} = 0\,, \qquad m = 1, 2, \cdots, 6 \qquad (2.146)$$

であり，$F_k(t_i, \mathbf{x}_j)$ には M_m が係数の形でしか含まれないので，(2.146) 式は M_m に関する連立 1 次方程式となり（**線形最小二乗法**，§4.4），種々の数値解法で解かれる．

モーメントテンソルだけでなく点震源の位置 $\mathbf{x}_0$ も変数とすることが可能だが，$\mathbf{x}_0$ は係数の形ではなく $F_k(t_i, \mathbf{x}_j)$ の中に埋め込まれている．そのため

$\mathbf{x}_0$ に関する S の偏微分方程式は連立非線形方程式となってしまうので，**非線形最小二乗法**（§4.4）を用いて逐次的に解かれる[14]．こうして求まる $\mathbf{x}_0$ は震源断層の中で地震動を放出する部分の重心であり，**セントロイド** *centroid* と呼ばれる．一方，**狭義の震源**（§1.1）の位置は地震動の波形ではなく，地震動の最初の部分（**初動** *initial motion* という）の到着時刻をデータとして，やはり非線形最小二乗法に基づいて決められる[18]．この**震源決定** *hypocenter determination* で決められるのは，初動であるから断層破壊が始まった地点，つまり**破壊開始点**（§2.3.4）である．大きな地震の場合，セントロイドと破壊開始点は一致しないのが通例である．

言うまでもなく，地震が原因で地震動が結果であるから，地震のモデル（ここではモーメントテンソル）を与えて地震動を推定することが**順問題** *forward problem* であり，逆に結果の地震動を与えて地震のモデルを推定することは**逆問題** *inverse problem* である．最小二乗法などを用いて逆問題を解くことを**インバージョン** *inversion* と言い，ここで説明したような，セントロイドにおけるモーメントテンソルを求めるインバージョンをセントロイドモーメントテンソルインバージョン，略して **CMT インバージョン** *CMT inversion* と呼ぶ．**Global CMT Project** が日常的に行っている解析は，地球の**自由振動** *free oscillation*（Aki and Richards[3] の第8章など）による Green 関数を用いた CMT インバージョンである．一方，**F-net** による CMT インバージョン[17] はここで解説したものと同等の手法で行われている．

2.3.4　有限断層の地震動とスペクトル[*]

現実の震源断層は点ではなく広がりを持っており，しかもその広がり全体で同時に**断層破壊**（断層すべり）が起こるのではなく，ある狭い領域で始まり，それがある速度で周囲に伝播していく．こうした断層面の広がり（**有限断層** *finite fault* と呼ばれる）や**破壊伝播** *rupture propagation* の影響は，地震動が発生する震源断層近傍で特に著しく，これらを考慮した地震のモデルを**断層モデル** *fault plane model* という．

---

[*] §2.3.4 に関しては佐藤[61] が詳しい．

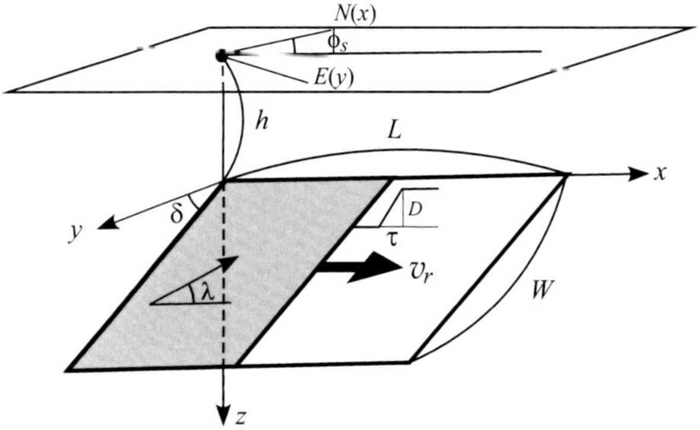

図 **2.22** Haskell モデル.

震源断層を線状に近似するモデル化はすでに 1960 年代前半に行われていたが，現実的な長方形の断層モデルは Haskell[22] に始まる．この比較的簡単なモデルは **Haskell モデル** *Haskell model* と呼ばれて，その後のモデルの発展においてもその基礎として長く使われ続けている．図 2.22 に示すように，Haskell モデルの断層面は点震源がそのまま，長辺が水平な長方形に拡大した形になっていて，その幾何形状を表すパラメータには点震源を規定する**走向** ϕ_s，**傾斜角** δ，**すべり角** λ と深さ h に加えて，長方形の長さ L と幅 W が追加される．h は断層面の上端の深さで代表されることが多い．

断層面上のすべりの時間変化，つまり**すべり時間関数**（§2.1.2）は**傾斜関数** $U(t)$（§4.2.2）を原点に移動させた

$$U_0(t) = \begin{cases} 0 & t < 0 \\ t/\tau & 0 \leq t \leq \tau \\ 1 & t > \tau \end{cases} \tag{2.147}$$

（図 2.23）で表され，すべり始めてある時間 τ（**立ち上がり時間** *rise time*）を経て最終的な**すべり量** *slip amount* である D に達して停止すると仮定される．この D は点震源と同じように単に**すべり**（§2.1.2）とも呼ばれる．これら τ, D は断層面全体で一定であると想定され，断層破壊は長方形の幅方向には同時に起こり，破壊開始の線から一定の**破壊伝播速度** *rupture velocity* v_r で長方

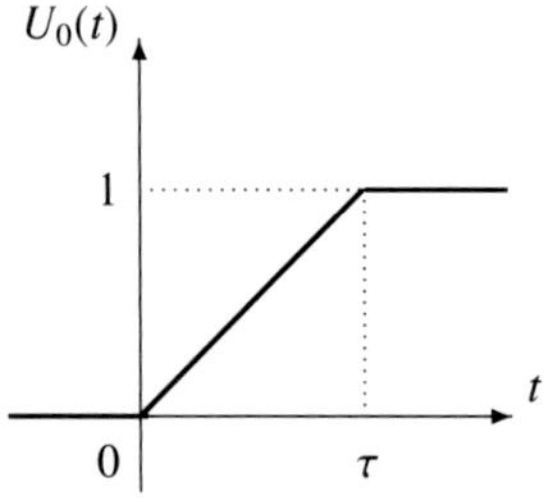

図 **2.23** 原点移動した傾斜関数 $U_0(t)$.

形の長さ方向に伝播すると仮定される.

地震モーメント M_0 は，点震源ならば §2.1.2 で証明したように $M_0 = \iint \mu D d\Sigma$ と与えられる．しかし，Haskell モデルの場合は，簡単のため図 2.22 の有限断層を図 2.6 の点震源を拡張した垂直な横ずれ断層とし $\upsilon_r = \infty$ とすると，**等価体積力** (2.13) 式において $[u_x] = D(t)$，$\iint d\Sigma(\boldsymbol{\xi}) = \int_0^L \int_0^W d\xi_x d\xi_z \Big|_{\xi_y=0}$ としなければならない．それらと $\int \delta(\xi) d\xi = H(\xi)$ を用いると，(2.14) 式は

$$
\begin{aligned}
\rho f_x(\mathbf{x}, t) &= -\mu D(t) \int_0^L \int_0^W \delta(x-\xi_x) \frac{\partial \delta(y-\xi_y)}{\partial y} \delta(z-\xi_z)\, d\xi_x d\xi_z \Big|_{\xi_y=0} \\
&= -\mu D(t) \int_{x-L}^{x} \int_{z-W}^{z} \delta(\eta_x) \frac{\partial \delta(y)}{\partial y} \delta(\eta_z)\, d\eta_x d\eta_z \\
&= -\mu D(t) \frac{\partial \delta(y)}{\partial y} \left[H(x) - H(x-L)\right] \left[H(z) - H(z-W)\right] \qquad (2.148)
\end{aligned}
$$

となる．同様に (2.15) 式は

$$
\rho f_y(\mathbf{x}, t) = -\mu D(t) \frac{\partial \delta(x)}{\partial x} \left[H(x) - H(x-L)\right] \left[H(z) - H(z-W)\right] \qquad (2.149)
$$

となるから，添え字 i の総和規約を書き下した表現定理 (1.106) 式にこれらを代入すると

$$
\begin{aligned}
u_n(\mathbf{x}, t) &= \iiint_{-\infty}^{+\infty} \Big\{ \rho f_x(\boldsymbol{\xi}, t) * G_{nx}(\mathbf{x}, t; \boldsymbol{\xi}, 0) + \rho f_y(\boldsymbol{\xi}, t) * G_{ny}(\mathbf{x}, t; \boldsymbol{\xi}, 0) \Big\}\, d\boldsymbol{\xi}_x d\boldsymbol{\xi}_y d\boldsymbol{\xi}_z \\
&= \mu D(t) LW * \left\{ -\frac{\partial}{\partial \xi_y} G_{nx}(\mathbf{x}, t; \mathbf{0}, 0) - \frac{\partial}{\partial \xi_x} G_{ny}(\mathbf{x}, t; \mathbf{0}, 0) \right\}. \qquad (2.150)
\end{aligned}
$$

(2.19) 式と比較すれば (2.150) 式は地震モーメントを

$$M_0 = \mu DS\,, \quad S = LW \tag{2.151}$$

とするダブルカップルの弾性変位を表している．ここで $S = LW$ は**断層面積** *fault area*，μ は断層面を構成する岩盤の剛性率（§1.2.3，30 GPa 程度の値を持つ）である．

点震源と同じく，ここで用いられるパラメータを総称して，Haskell モデルの**断層パラメータ**（§2.1.2）と呼ぶ．そのうち，震源断層全体の位置や幾何形状，規模を表す h，ϕ_s，δ，L，W，M_0 などを**巨視的断層パラメータ** *outer fault parameters* と呼ぶ[26]．

このほか地震動の源として震源断層を特定するには，**破壊伝播** *rupture propagation* の開始場所と伝播様式を与えなければならない．断層面の左右の端辺の一方から破壊が始まり，他方の端辺に伝播していく様式を**ユニラテラル断層運動** *unilateral faulting* と呼び，断層面の中央付近で破壊が始まり，両端に向かって 2 方向に伝播する様式を**バイラテラル断層運動** *bilateral faulting* と呼ぶ．また，1 方向，2 方向によらず破壊伝播方向が断層面の走向や傾斜方向に一致しない断層運動を，**バイディレクショナル** *bi-directional* と呼ぶことがある．しかし，断層運動の動力学的検討から，**狭義の震源**（§1.1）のような狭い領域を**破壊開始点** *rupture initiation point* として，同心円状に断層破壊が広がる伝播様式が物理的に妥当であると考えられており，最近ではこの様式が用いられることが多い（図 2.24 の Radial）．狭義の震源の位置は**震源決定**（§2.3.3）によって決められている．1498 年から 1987 年に日本付近で発生した M 6 以上の地震のうち，以上のような断層パラメータが決められている 92 地震が佐藤・他[60] によりコンパイルされている．

断層パラメータのうち地震動の時間特性に影響を及ぼすのは，**立ち上がり時間** τ と破壊伝播の様式である．**モーメント時間関数**に特定の関数を仮定しないならば，その関数の形自体も影響を及ぼす．そこで，モーメント時間関数のスペクトル（§4.2.2）と破壊伝播様式のスペクトルを組み合わせた**振幅スペクトル**（§4.2.2）を**震源スペクトル** *source spectrum*[19] と呼ぶ．たとえば，点震源ならば破壊伝播様式は持たないから，モーメント時間関数のスペクト

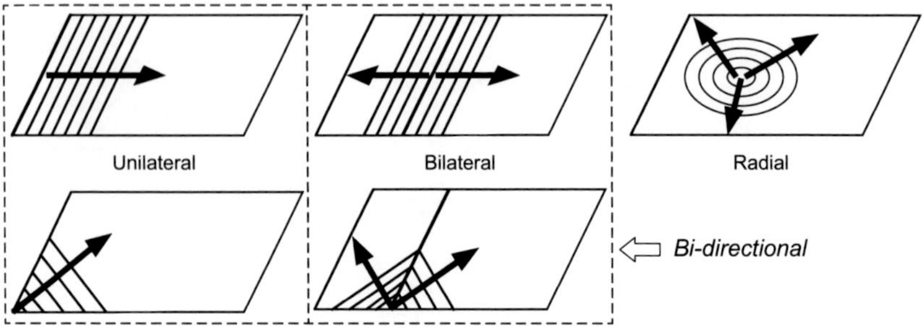

図 **2.24**　破壊伝播様式の定義（佐藤・他 [60] に基づく）.

ルが震源スペクトルそのものである.

ここからは**遠地項**を中心とした地震動を考えるとすると，モーメント時間関数が**モーメント速度関数**に替わる（§2.1.4）．さらに，すべり時間関数が (2.147) 式の原点移動した**傾斜関数** $U_0(t)$ ならば，モーメント速度関数は (2.151) 式から

$$\frac{dM_0(t)}{dt} = \mu\frac{dD(t)}{dt}S = \mu DS\,\frac{dU_0(t)}{dt} = \mu DS\,\frac{dU(t-\tau/2)}{dt} \tag{2.152}$$

となり，表 4.3 や表 4.4 の公式を用いれば震源スペクトルは

$$\Omega(\omega) = \mu DS\left|\mathrm{i}\omega\,e^{-\mathrm{i}\omega\tau/2}\frac{2\sin(\omega\tau/2)}{\mathrm{i}\omega^2\tau}\right| = M_0\left|\frac{\sin(\omega\tau/2)}{\omega\tau/2}\right| \tag{2.153}$$

で与えられる．この震源スペクトルから M_0 を除いた $|\sin X/X|, X = \omega\tau/2$ は，両対数プロットで図 2.25 左の形をしている．傾斜関数の微分は**矩形関数** $r(t)$（§4.2.3）の $1/\tau$ であるから，図 2.25 左は矩形関数の振幅スペクトルを表していると見ることもできる．さらに，これをもとに点震源の震源スペクトル $\Omega(\omega)$（(2.153) 式）を描くと図 2.25 右になる．震源スペクトルは $X = 1$ に相当する $\omega_c = 2/\tau$ までほぼ平坦で，それより高周波では ω^{-1} に比例して減衰し，その上に $\sin(\omega\tau/2)$ の振動が乗った形であるので

$$f_c = \frac{\omega_c}{2\pi} = \frac{1}{\pi\tau} \tag{2.154}$$

を**コーナー周波数** *corner frequency* と呼ぶ.

次に震源断層が長さ L，モーメント密度 M_0/L で線状をなしているとき（**線震源** *line source*），その断層から方位 φ の距離 R にある遠方の点の地震動の

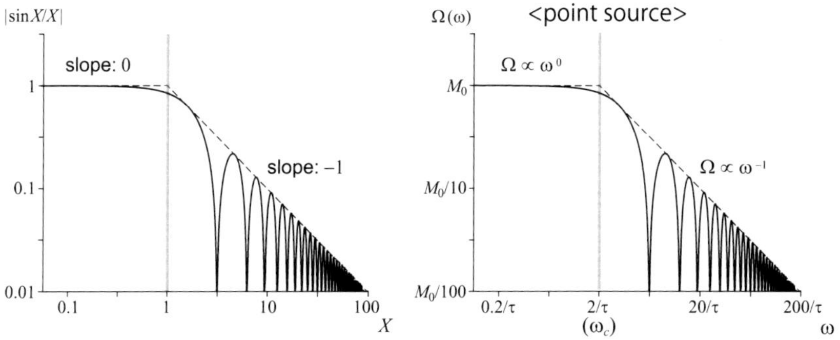

図 2.25 関数 $|\sin X/X|$ の形（左．佐藤[61] に基づく）と点震源の震源スペクトル $\Omega(\omega)$（右）．ただし振幅が 0.01 または $M_0/100$ 未満の部分は描かれていない．

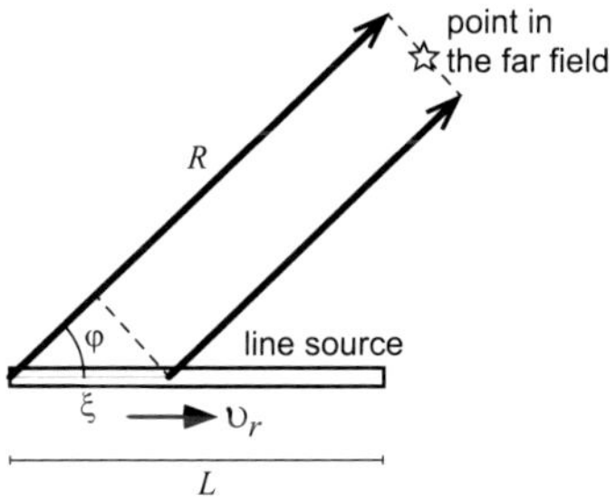

図 2.26 線震源と遠方の観測点（佐藤[61] に基づく）．

時間経過は，**ユニラテラル断層運動**ならば

$$\frac{M_0}{L}\int_0^L r_0\left(t-\frac{\xi}{\upsilon_r}-\frac{R-\xi\cos\varphi}{\beta}\right)\frac{d\xi}{\tau}=\frac{M_0}{L}\int_0^L r_0\left(t-\frac{R}{\beta}-\frac{\tau_L}{L}\xi\right)\frac{d\xi}{\tau} \quad (2.155)$$

で与えられる．ここで $r_0(t)$ は原点移動した幅 τ の矩形関数，υ_r は破壊伝播速度であり，遠方の観測点では震源が移動しても方位は変化しないが，震源距離は移動の距離 ξ に応じて $\xi\cos\varphi$ だけ短くなると仮定されている（図 2.26）．また，$\tau_L = L(1/\upsilon_r - \cos\varphi/\beta)$ は方位 φ から見込む，見かけ上の**破壊継続時間** *rupture duration* である．地震動の主要部分は S 波ということで S 波速度 β が使われているが，P 波なら β を α で置き換えればよい．$r_0(t)/\tau$ が $U_0(t)$ の微分であることに注意して (2.155) 式の積分を実行すれば

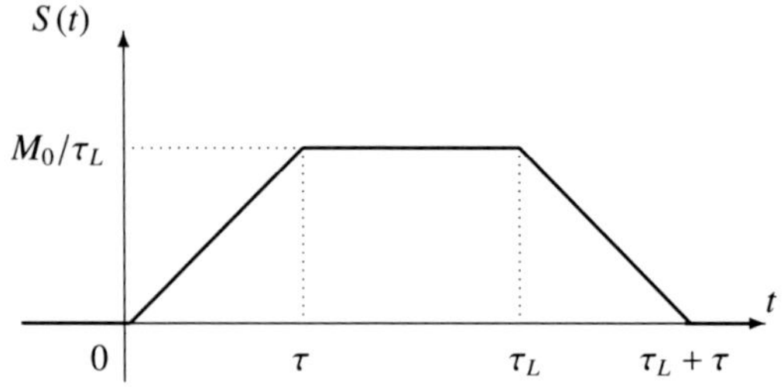

図 2.27　線震源のモーメント速度関数である台形関数.

$$\frac{M_0}{\tau_L}\left\{U_0\left(t-\frac{R}{\beta}\right)-U_0\left(t-\frac{R}{\beta}-\tau_L\right)\right\} \tag{2.156}$$

となる．これは線震源のモーメント速度関数に相当し，図 2.27 に示すような**台形関数** $S(t)$ である [33)]．台形の高さは M_0/τ_L であり，その面積は φ によらず M_0 になる．

(2.155) 式の定積分は幅 L の矩形関数 $r_0(\tau t/L)$ を用いて

$$\begin{aligned}&\frac{M_0}{L}\int_{-\infty}^{+\infty} r_0\left(t-\frac{R}{\beta}-\frac{\tau_L}{L}\xi\right) r_0\left(\frac{\tau\xi}{L}\right)\frac{d\xi}{\tau}\\ &= M_0\int_{-\infty}^{+\infty} r_0\left(t-\frac{R}{\beta}-\eta\right) r_0\left(\frac{\tau\eta}{\tau_L}\right)\frac{d\eta}{\tau_L\tau}\end{aligned} \tag{2.157}$$

と書き換えられ，これは幅 τ の矩形関数と幅 τ_L の矩形関数の**コンボリューション**（(1.83) 式）に他ならない [61)]．再び $r_0(t)/\tau$ の振幅スペクトルが (2.153) 式で与えられることに注意すれば，線震源の震源スペクトルは

$$\Omega(\omega)=M_0\left|\frac{\sin(\omega\tau/2)}{\omega\tau/2}\right|\left|\frac{\sin(\omega\tau_L/2)}{\omega\tau_L/2}\right| \tag{2.158}$$

で与えられる．(2.158) 式は二つの (2.153) 式の掛け算であるから，その対数プロットには図 2.28 左に示すように二つのコーナー周波数，(2.154) 式の f_c と $f_{cL}=1/(\pi\tau_L)$ が存在し，後者は断層長さ L に関係するコーナー周波数である．一般に震源断層が十分長ければ $\tau_L>\tau$ であるから，震源スペクトルは $[0, f_{cL}]$ で平坦，$[f_{cL}, f_c]$ で ω^{-1}，$[f_c, \infty]$ で ω^{-2} に比例して減衰する．このようにもっとも高周波側で ω^{-2} に比例するとき，その震源スペクトルを ω^2 **モ**

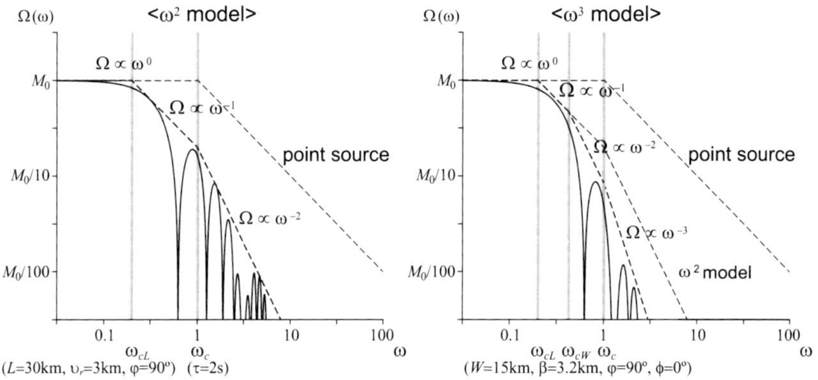

図 2.28　ω^2 モデル（左）と ω^3 モデル（右）.

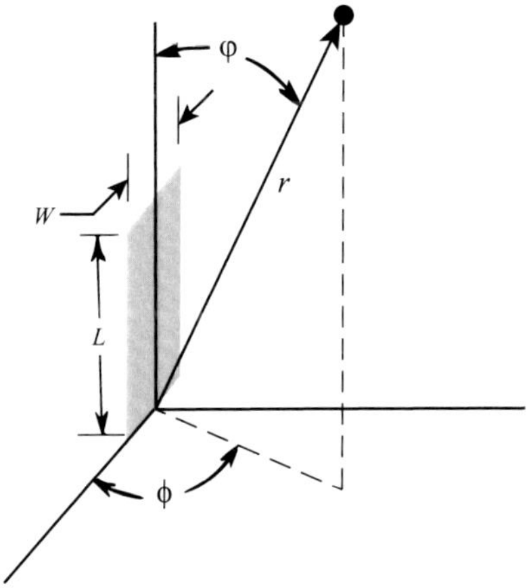

図 2.29　震源断層（灰色長方形）に対する観測点の方位の定義（Savage[62] に基づく）.

デル *ω-square model* と呼ぶ [2]．一方，震源断層がユニラテラルな **Haskell** モデルならば，断層幅 W に関係する新たな積分とそれに伴うコーナー周波数 $f_{cW} = 1/(\pi\tau_W)$ が追加されて，図 2.28 右に示すような ω^3 モデル *ω-cube model* になる [19]．震源断層を見込む観測点の方位が図 2.29 のように定義されるとき，L に関する見かけの破壊継続時間は線震源の場合と一致し，W に関するものは $\tau_W = W\cos\phi\,\sin\varphi/\beta$ で与えられる．したがって，ユニラテラル Haskell モデルのコーナー周波数は f_c, f_{cL} と f_{cW} であり，一般に $L > W$ であるので方位にもよるが図 2.28 右のように $f_{cL} < f_{cW}$ となる場合が多い．

円形断層が中心から同心円上に破壊するときは，積分は半径についての一重積分だけなので，線震源と同様に ω^2 モデルの震源スペクトルになる．いわゆる **Brune モデル** *Brune model* [7] は，この円形断層の破壊伝播の効果を実際に積分することなしに

$$\left(t - \frac{R}{\beta}\right) e^{-a(t-R/\beta)}\,, \quad \frac{a}{2\pi} = 4.9 \times 10^6 \beta \left(\frac{\Delta\sigma}{M_0}\right)^{\frac{1}{3}} \tag{2.159}$$

で近似することで成り立っている [6]．(2.159) 式の第 2 式では β，$\Delta\sigma$，M_0 をそれぞれ km/s，bar，dyne·cm 単位で与える．この時間関数の振幅スペクトルは $1/(\omega^2 + a^2)$ に比例する ω^2 モデルであり，$a/2\pi$ がコーナー周波数 τ_{cL} になっている．

線震源でも**バイラテラル断層運動**（図 2.26 で原点から $+\xi$ 方向に L だけでなく，$-\xi$ 方向にも L' だけ破壊伝播）である場合，(2.158) 式の $|\sin(\omega\tau_L/2)/(\omega\tau_L/2)|$ を

$$\frac{1}{L + L'} \left\{ L^2 \frac{\sin^2(\omega\tau_L/2)}{(\omega\tau_L/2)^2} + L'^2 \frac{\sin^2(\omega\tau_{L'}/2)}{(\omega\tau_{L'}/2)^2} + 2LL' \frac{\sin(\omega\tau_L/2)}{\omega\tau_L/2} \frac{\sin(\omega\tau_{L'}/2)}{\omega\tau_{L'}/2} \cos \frac{\omega(\tau_L - \tau_{L'})}{2} \right\}^{\frac{1}{2}} \tag{2.160}$$

と置き換えればよい [62]．この置換により新しい破壊継続時間 $\tau_{L'} = L'(1/\upsilon_r + \cos\phi/\beta)$ が導入され，これが新しいコーナー周波数 $f_{cL'} = 1/\pi\tau_{L'}$ をもたらす．

観測される震源スペクトルには ω^2 モデルが当てはまる場合が多く（ただし，中間周波数帯の ω^{-1} に比例する部分は判然としないことがほとんどである），スペクトルの**スケーリング則** *scaling law* と呼ばれる [2]．震源断層の形状は円形より長方形（矩形）が適切と考えられているので，たとえ断層破壊が同心円状に広がるとしてもこの形状に伴う積分の有限性は，長さと幅の両方に現れる．したがって，震源スペクトルは ω^3 モデルとなるべきと考えられるが，実際には ω^2 モデルで観測されるということは，何らかの原因で高周波が増強されていると考えざるを得ない．この高周波増強の原因には，実際の震源断層の**震源過程**（§2.3.5）が Haskell モデルのような単純なものでなく

複雑性を含んでいて，この複雑さが相当していると考えられている．

また，観測スペクトルのもっとも高周波部分は ω^2 モデルからもはずれて，大きく減衰することが多い．この大きな減衰の始まるコーナー周波数は $\boldsymbol{f}_{\mathbf{max}}$ と呼ばれるが，その原因が震源に起因するのか，伝播に起因するのかは明らかになっていない．

2.3.5　震源過程と震源インバージョン

現実の地震において図 2.24 のような単純な様式で断層破壊（断層すべり）が起こることはむしろ稀で，より複雑な時間経過をたどり，かつすべりは複雑に分布することが通例である．この時間経過は**震源過程** *source process*（または**破壊過程** *rupture process*）と呼ばれるので，こうした一般的な表現による震源モデルを特に震源過程モデルと呼ぶことにする．この震源過程モデルは主に二つの方式で表現される．どちらの方式でも震源断層である**有限断層**を，点震源に置き換えられるほど小さな**小断層**に分割するが，第 1 の方式では断層面全体を覆うように小断層を配置する（図 2.30a）のに対して，第 2 の方式ではサブイベントと呼ばれる少数の小断層のみ与えられる（図 2.30b）．コンピュータの能力などに限界があった 1980 年代には第 2 の方式が使われることもあったが（たとえば Kikuchi and Fukao [35]），それ以降はほとんどのモデルが分割数の多少はあるにしろ，第 1 の方式でモデル化されている．また，第 1 の方式であっても十分な分割数がとれない場合，小断層を単純な点震源で近似すると誤差を伴う可能性があるため，小断層内の破壊伝播を考慮した点震源を用いるということも行われている [70]．

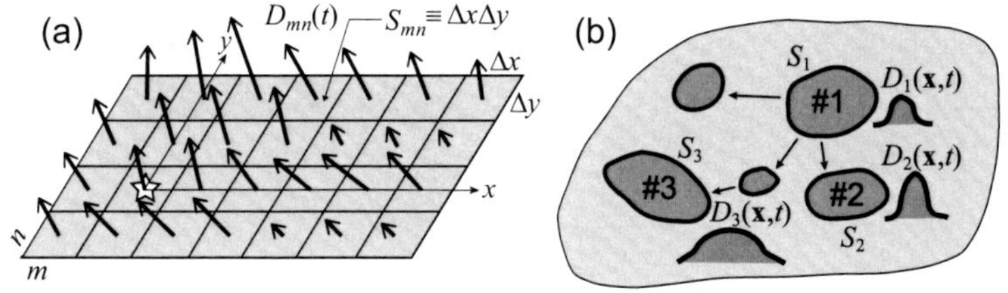

図 2.30　二つの震源過程モデル（菊地 [33] に基づく）．(a) において星印は破壊開始点を表し，それを原点として断層面上に xy 座標系が設定される．

余震分布（§2.3.1）や遠方の地震計記録を用いたモーメントテンソル解析などから断層面の巨視的断層パラメータがあらかじめわかっていて，かつ第1の方式のように小断層の位置が固定されている場合，震源過程モデルを決定することは各小断層の点震源の**モーメント時間関数** $M_0(t)$ あるいは**すべり時間関数** $D(t) = M_0(t)/(\mu S)$（(2.151) 式より．S，μ は小断層の面積とそこでの剛性率）を決定することにほかならない．時間関数の形も §2.3.4 のように原点移動した傾斜関数 $U_0(t)$（(2.147) 式，図 2.23）などに固定すると，$M_0(t) = M_0 U_0(t)$, $D(t) = DU_0(t)$ となって，各小断層の地震モーメント M_0 あるいはすべり D を決定する問題に帰結する．

点震源の**震源ポテンシャル**（(2.129) 式）にはモーメント時間関数のフーリエ変換 $\overline{M}_0(\omega)$ が独立した係数として入っているので，それから作られる震源での**不連続ベクトル**（§3.1.2，§3.1.3）においても $\overline{M}_0(\omega)$ が独立した係数として含まれる．さらには，1 次元地下構造の地震動の Fourier 変換は (3.25) 式のように **propagator** 行列（§3.1.4）と不連続ベクトルの積の和で表されるから，この地震動の Fourier 変換にも $\overline{M}_0(\omega)$ が独立した係数として含まれる．前述のように，時間関数の形が $U_0(t)$ などであると仮定すれば

$$\overline{M}_0(\omega) = M_0 \overline{U}_0(\omega) = \mu DS\,\overline{U}_0(\omega) \tag{2.161}$$

であり，Fourier 変換の "線形" の性質（表 4.3）から 1 次元地下構造内の地点 $\mathbf{x}$ における地震動は $Df(\mathbf{x}, t)$ という形で与えられる．この中の $f(\mathbf{x}, t)$ は CMT インバージョン（§2.3.3）と同じように **Green 関数**と通称されるが，ここでは単位すべり $D = 1$，つまりモーメント時間関数が $\mu S\,U_0(t)$ などである点震源による，地点 $\mathbf{x}$ での地震動である．

現実のすべり時間関数はかなり複雑であり，$U_0(t)$ などが一つで表現できるのは稀であるので，$U_0(t)$ などを複数，それぞれのすべりを与えて連続的に並べる，あるいは時間をずらして組み合わせることが行われ，この定式化は**マルチタイムウィンドウ** *multi-time window* と呼ばれる [21]．図 2.30a に示すように断層面を水平方向に間隔 Δx，傾斜方向に間隔 Δy で分割して，小断層は水平方向の順番 m と傾斜方向の順番 n で特定する．小断層の中心位置を，**破壊開始点**（断層破壊が始まった地点，つまり図 1.1 の狭義の**震源**）を原点とした断

層面上の xy 座標系で (x_m, y_n) とすると，同心円状に広がる破壊伝播（§2.3.4）の**破壊伝播速度** v_r が一定ならば小断層の破壊開始時刻は

$$T_{mn} = \frac{\sqrt{x_m^2 + y_n^2}}{v_r} \tag{2.162}$$

と与えられる．現実の断層破壊では破壊伝播速度が一定であるのは稀であるが，マルチタイムウィンドウの定式化ならば v_r = 一定 と仮定しても可変な破壊伝播速度を表現することができる．すなわち，v_r に破壊伝播速度の平均より速い速度を与えておくと，ある小断層の手前でその速い速度であるとき小断層の最初の時間関数に大きなすべりが得られ，そうでなければ小さなすべりしか得られない．

ここで主に説明したすべり時間関数の定式化，つまり $U_0(t)$ を連続的に並べる方式は Yoshida *et al.*[74] による方式である．これに対して Hartzell and Heaton[21] は原点移動した**三角形関数**（§4.2.2）を積分したものが部分的に重なるように時間をずらして組み合わせている．この時間関数は下に凸と上に凸の二つの 2 次関数で傾斜関数を近似したものに相当する（図 2.31）．

また，現実のすべり角 λ も小断層ごとにばらつくのが通例である．そのため，λ を巨視的断層パラメータには含めず，解析から小断層ごとに求めることになるが，λ は D のように係数として独立しているのではなく $f(t, \mathbf{x})$ の中に埋め込まれてしまっているので解析が複雑化する．これを避けるために以下のような定式化が行われた．任意のすべりは断層面上の xy 座標系において

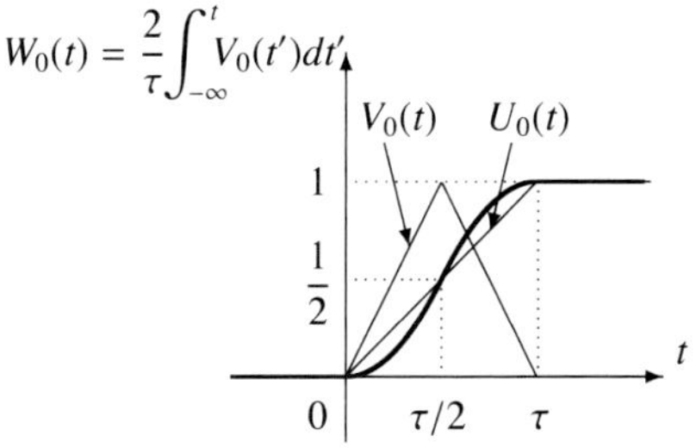

図 2.31 原点移動した三角形関数 $V_0(t)$ の $2/\tau$ 倍を積分した関数 $W_0(t)$．原点移動した傾斜関数 $U_0(t)$ や三角形関数 $V_0(t)$ も併せて示した．

x 軸方向のすべり X と y 軸方向のすべり Y に分解できるから，x 軸方向の単位すべりに対する Green 関数 $f(t, \mathbf{x})$ と y 軸方向の単位すべりに対する Green 関数 $g(t, \mathbf{x})$ を用いて，$Xf(\mathbf{x}, t) + Yg(\mathbf{x}, t)$ により任意すべりの地震動を得ることができる [21]．モーメントテンソル解析などからおおよそのすべり角 λ_0 がわかっている場合は，すべりを $\lambda_0 - 45°$ 方向と $\lambda_0 + 45°$ 方向に分解し，それぞれのすべり X，Y が負にならない条件（**非負の条件** *non-negative condition*）を解析中に課すと，この定式化の精度が高まる [74]．

ここまでをまとめ**重ね合わせの原理**（§1.3.1）を適用すると，$\mathbf{x}_j$ にある j 番目観測点での地震動の k 成分（通常，北南成分，東西成分，上下成分のいずれか）は時間 t をサンプリング（§4.2.1）した t_i において

$$F_k(t_i, \mathbf{x}_j) = \sum_m \sum_n \sum_l X_{mnl} f_{mnk}(t_i - (l-1)\tau - T_{mn}, \mathbf{x}_j) + \sum_m \sum_n \sum_l Y_{mnl} g_{mnk}(t_i - (l-1)\tau - T_{mn}, \mathbf{x}_j) \tag{2.163}$$

と表される．ここでは mn 番目小断層のすべり時間関数は複数の $U_0(t)$ を (2.162) 式の T_{mn} から連続的に並べたものとし，その l 番目は $\lambda_0 \pm 45°$ 方向のすべりが X_{mnl} または Y_{mnl}，時間遅れが $(l-1)\tau$（τ は $U_0(t)$ の立ち上がり時間）としている（図 2.32）[74]．f_{mnl}，g_{mnl} は mn 番目小断層上の $\lambda_0 \pm 45°$ 方向の単位すべりに対して，第 3 章で解説する方法で計算された Green 関数である．

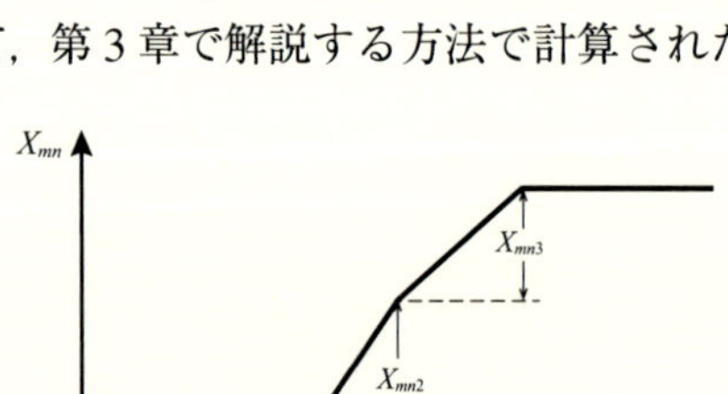

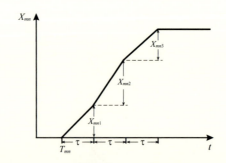

図 2.32　mn 番目小断層の $\lambda_0 - 45°$ 方向のすべり時間関数 $X_{mn}(t)$．この例では 3 個の $U_0(t)$ にそれぞれすべり X_{mn1}，X_{mn2}，X_{mn3} を掛け合わせ，立ち上がり時間 τ ずつ時間をずらしたものの和になっている（Yoshida *et al.*[74] に基づく）．

CMT インバージョン（§2.3.3）と同じように，j 番目観測点で地震動の k 成分 $F_k^o(t, \mathbf{x}_j)$ が観測されているとき，その観測波形と (2.163) 式で合成される合成波形が一致するように**線形最小二乗法**（§4.4）で X_{mnl}，Y_{mnl} を決めることになり，**震源インバージョン** *source inversion* と呼ばれる．小断層が図 2.30a の x 方向に M 個，y 方向に N 個並び，すべり時間関数は L 個並んでいるとすると，変数の数は合計で $M \times N \times L \times 2$ 個と非常に多数になる．そのため数値計算が不安定になりやすいので，**制約条件**（§4.4.2），たとえば X_{mnl}，Y_{mnl} がなめらかである条件

$$\nabla^2 X_{mnl} \to \min, \quad \nabla^2 Y_{mnl} \to \min \tag{2.164}$$

（∇^2 は時空間のラプラシアン）などが導入されるのが通例である．

また，地震動データは次のような問題点を内包している．観測点から見て遠い小断層が早い時間に破壊したときと，近い小断層が遅い時間に破壊したときでは，どちらも似たような波形を与えてしまうため両者を区別して震源インバージョンすることは本質的に難しい[70]．このトレードオフ *tradeoff* を解決するためには，時間に依存しない**地殻変動**（§3.1.12）のデータを追加すればよい（地震動データでも周波数成分の異なる**遠地実体波**（§3.1.11）などのデータの追加は一定の効果がある）．このように複数の種類のデータを用いてインバージョンを行うことをジョイントインバージョン *joint inversion* という．震源インバージョンのデータの観測点は，震源断層を取り囲むように分布することが望ましい．地殻変動データは地震動データとは異なった観測点分布を持っているので，ジョイントインバージョンにすると両者の観測点分布の足りないところを補う効果もある．

その場合の**合成変動** *synthetic deformation* は，重ね合わせの原理と，単位量の**最終すべり** *final slip* による地殻変動を，§3.1.12 で解説する方法で計算した Green 関数 u_{mnk}，υ_{mnk} を用いて

$$U_k(\mathbf{x}_j) = \sum_m \sum_n \left(\sum_l X_{mnl} \right) u_{mnk}(\mathbf{x}_j) + \sum_m \sum_n \left(\sum_l Y_{mnl} \right) \upsilon_{mnk}(\mathbf{x}_j) \tag{2.165}$$

となる．したがって，制約条件付きのジョイント震源インバージョンは，観

測波形 $F_k^o(t, \mathbf{x}_j)$ と観測変動 *observed deformation* $U_k^o(t, \mathbf{x}_j)$ を用いた

$$S = \frac{1}{\sigma_f^2}\sum_i\sum_j\sum_k\left\{F_k^o(\mathbf{x}_j, t_i) - F_k(\mathbf{x}_j, t_i)\right\}^2 + \frac{1}{\sigma_u^2}\sum_j\sum_k\left\{(U_k^o(\mathbf{x}_j) - U_k(\mathbf{x}_j)\right\}^2 + \frac{1}{\rho^2}\left\{\sum_m\sum_n\sum_l\left(\nabla^2 X_{mnl}\right)^2 + \sum_m\sum_n\sum_l\left(\nabla^2 Y_{mnl}\right)^2\right\} \quad (2.166)$$

を，**最小二乗法**（§4.4）に基づいて最小化して X_{mnl}，Y_{mnl} を決めることに相当する．$\nabla^2 X_{mnl}$ などの時空間ラプラシアンを中心差分（(3.307) 式）で

$$\nabla^2 X_{mnl} = X_{m+1,n,l} + X_{m,n+1,l} + X_{m,n,l+1} - 6X_{mnl} + X_{m-1,n,l} + X_{m,n-1,l} + X_{m,n,l-1} \quad (2.167)$$

と離散化した場合，非線形項は現れないのでジョイント震源インバージョンは**線形最小二乗法**（§4.4）で解くことができる．前述の非負条件を課すならば，そのための制約条件を (2.166) 式に追加したり[38]，逐次解法にして解の修正量を調整する[45]，などを行う．

(2.166) 式の σ_f，σ_u は形式的には CMT インバージョン（§2.3.3）と同じように地震動データや地殻変動データの**観測誤差**に相当しているが，S の地震動データの第 1 項と地殻変動データの第 2 項の間の相対的な重みをコントロールしている．また，ρ はデータ項である第 1 項や第 2 項に対する，制約条件の第 3 項の相対的な重みをコントロールしている．しかし，ρ にどんな値を与えるかの規準に関しては，**経験 Bayes 推定**や **ABIC**（§4.4）などが提案されているものの，いまだ決定的なものはない．

ここで主に解説している震源インバージョンの手法を**兵庫県南部地震**（§2.3.7）に適用した例を図 2.33 に示した．左図の 2 セグメント断層モデルが**本震**の震央や**余震分布**などから作られ，強震計による強震動データに加えて，地球規模の観測網による遠地実体波データが公開され*)，測量や GPS による地殻変動データが持ち寄られたので，それぞれのデータセット単独のインバージョンと 3 データセットのジョイントインバージョンが行われた[74]．図 2.33 右には，それらのうち強震波形のインバージョン（上）とジョイント

*) 強震動データと遠地実体波データはどちらも地震動データであるが，両者を区別するために以下ではこのように呼ぶ．

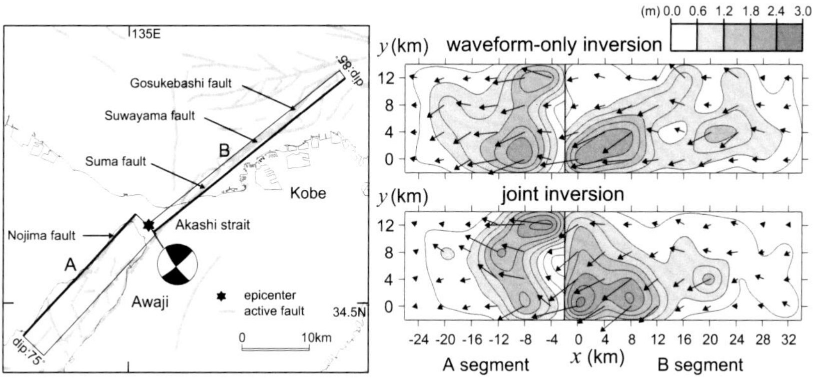

図 2.33 兵庫県南部地震に対して左図の断層モデルを用いて震源インバージョンを行った結果．右上が強震動データのみのインバージョン，右下はそれに遠地実体波データと地殻変動データも加えたジョイントインバージョンによるすべりベクトルとすべり量の分布（Yoshida *et al.*[74] に基づく）．

インバージョン（下）の結果を，$\sum_{l} X_{mnl}$ と $\sum_{l} Y_{mnl}$ から復元した各小断層のすべりベクトルとすべり量の分布で示した．通常，すべりベクトルは**上盤（うわばん）**の側のものを表示するが，この地震ではセグメント A と B で傾斜方向が異なるので A の上盤である南東側に統一して表示している．

2.3.6 応力降下とすべり速度関数

有限断層である震源断層をもっとも単純化したものが Haskell モデルであり，もっとも現実的に表現したものが震源過程モデルであるが，両者の間の中間的なモデルが必要になる場合がある．特に，予測を行う場合，事前に現実的なモデルを構築することはほぼ不可能であるから，モデルの中から地震動に大きな影響を与える少数のパラメータを取り出して，それらの予測に基づいて中間的なモデルを構築するということを行わざるを得ない．取り出されるパラメータは，Haskell モデルの巨視的断層パラメータに対して，**微視的断層パラメータ** *inner fault parameters* と呼ばれる[26]．また，パラメータを取り出すことを**特性化** *characterization*，それらパラメータを用いて構築されるモデルを**特性化震源モデル** *characterized source model* と呼ぶ[26]．

代表的な微視的断層パラメータの一つが**応力降下** *stress drop* である．**弾性**

反発説（§2.1.1）に戻れば，地震とは長年，岩盤に蓄積されてきたひずみが限界に達してひずみを解消するように震源断層がすべる現象であるから，地震時のすべりはその時に解消されたひずみ，あるいは Hooke の法則により応力に関係づけられるはずである．この解消された応力が応力降下である．応力降下や，そこから推定される**実効応力** *effective stress* は，短周期の地震動を合成する手法（Irikura[25]，壇・佐藤 [10]など）において地震動のレベルやスペクトルを決める重要なパラメータである．

応力降下 $\Delta\sigma$ が一定である楕円状の震源断層内の領域または震源断層全体（図 2.34）ならば，その $\Delta\sigma$ に対応する長径方向のすべり D の解析解は

$$D = \frac{2\Delta\sigma b}{\eta\mu}\sqrt{1 - \frac{x_1^2}{a^2} - \frac{x_2^2}{b^2}}, \quad \eta = \begin{cases} E + \dfrac{\nu}{1-\nu}\dfrac{K-E}{\kappa^2 - 1}, & a > b \\ \dfrac{\pi(2-\nu)}{4(1-\nu)}, & a = b \end{cases} \tag{2.168}$$

と与えられる [*]．κ は a/b を，K と E は $\sqrt{1 - 1/\kappa^2}$（脚注における k に相当）を変数とする第 1 種および第 2 種完全楕円積分を表す．ν は媒質の **Poisson 比**（§1.2.3）である．

特に，$a = b$ の円形の場合，ν が代表的な値 1/4（$\lambda = \mu$ の場合）をとるとき，$\eta = 7\pi/12$ であるから

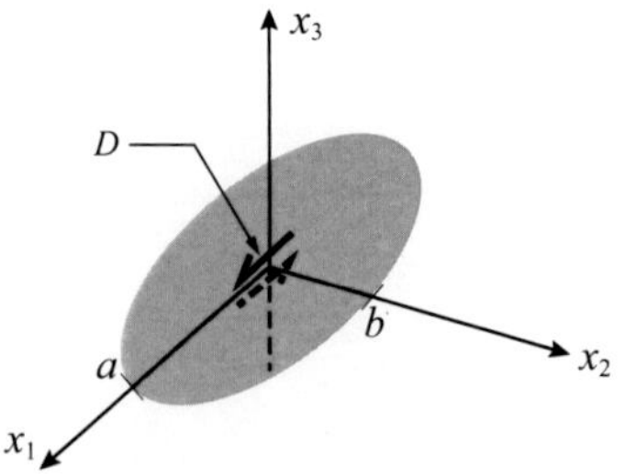

図 2.34　楕円状の震源断層内の領域または震源断層全体（菊地 [33] に基づく）．デカルト座標系の x_1–x_2 平面内にあり，その中心が原点で長径と短径の長さが $2a$, $2b$ である楕円形になっている．

[*] (2.168) 式は菊地 [33] の表記で書かれているが，$k = (1 - 1/\kappa^2)^{1/2}$，$k' = 1/\kappa$ とすれば Eshelby (1963, *Phys. Stat. Sol.*, **3**, 2057–2060) の訂正を施した Eshelby[15] の (5.3) 式に一致する．

$$D = \frac{24\Delta\sigma a}{7\pi\mu}\sqrt{1 - \frac{x_1^2}{a^2} - \frac{x_2^2}{a^2}} = \frac{24\Delta\sigma}{7\pi\mu}\sqrt{a^2 - r^2} \tag{2.169}$$

となる．ここで r は円の中心からの距離である．これを円形全体で積分して面積 πa^2 で割ると平均すべり

$$\begin{aligned}\overline{D} &= \frac{1}{\pi a^2}\int_0^a 2\pi r D dr = \frac{48\Delta\sigma}{7\pi^2\mu a^2}\int_0^a r\sqrt{a^2 - r^2}dr \\ &= \frac{48\Delta\sigma}{7\pi\mu a^2}\left[-\frac{(a^2 - r^2)^{\frac{3}{2}}}{3}\right]_0^a = \frac{16\Delta\sigma}{7\pi\mu}a\end{aligned} \tag{2.170}$$

が得られる．また，地震モーメントの定義式 $M_0 = \mu DS$（(2.151) 式）を D が変数の場合に拡張すると

$$M_0 = \mu\iint DdS\,. \tag{2.171}$$

さらに S を半径 a の円形領域とし (2.169) 式を代入すると

$$M_0 = \mu\int_0^a 2\pi r D dr = \mu\pi a^2\frac{16\Delta\sigma}{7\pi\mu}a = \frac{16}{7}a^3\Delta\sigma \tag{2.172}$$

が得られる*)．

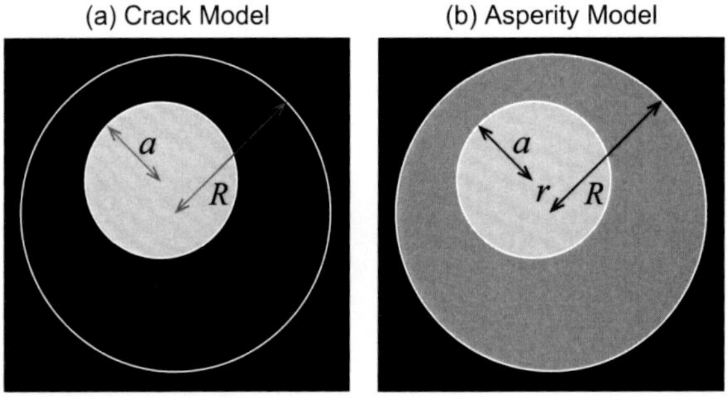

図 2.35 円形の (a) クラックモデルと (b) アスペリティモデル（Boatwright[5] に基づく）．描き方は Irikura and Miyake[27] に従い，半径 R の大きな円が震源断層を，半径 a の小さな円が応力降下一定の領域を，黒く塗られた部分はすべりがゼロであることを示す．r は二つの円の中心の間の距離を表す．

*) Irikura and Miyake[27] の (1) 式において $R \to a$ としたものに一致する．

このように，震源断層内のある領域において応力降下が一定とみなせて，それ以外の領域ではすべりがゼロである場合をクラックモデル *crack model* と呼び（図 2.35a），このモデルの中で応力降下一定の領域をクラック *crack* と呼ぶ．一方，応力降下一定の領域以外でもすべりがあるとする場合をアスペリティモデル *asperity model* と呼び（図 2.35b），このモデルの中では応力降下一定の領域をアスペリティ *asperity* と呼ぶ [11)]．

アスペリティモデルにおいて二つの状態を考える．第 1 の状態はアスペリティモデルの標準状態であり，アスペリティに応力降下 $\Delta\sigma$ があって，すべり D が起こっているとする．第 2 の状態では，震源断層全体に応力降下 $\Delta\tau = \mu$ があって，すべり E が起こっているとすると，これは震源断層全体がクラックになったクラックモデルであるから，(2.169) 式から

$$E(r) = \frac{24}{7\pi}\sqrt{R^2 - r^2}\,. \tag{2.173}$$

ここで r は震源断層の中心からの距離である．これら二つの状態に，内部不連続が存在する場合の**相反定理**（(2.4) 式）を適用する [47)]．体積力は存在せず，応力降下もすべりも時間を含まないからコンボリューションは積になるので

$$\mu \iint D\,dS = \iint \Delta\sigma E\,dS\,. \tag{2.174}$$

この式の左辺は (2.171) 式からアスペリティモデルの M_0 である．また，応力降下が $\Delta\sigma$ であるのはアスペリティ内限りであり，その外側の応力降下は十分小さいとすると，右辺の S はアスペリティの円形領域となる．さらに，$a \ll R$ ならば，アスペリティの中心が震源断層の中心から距離 r のところにあるとき

$$M_0 = \iint \Delta\sigma E\,dS \sim \Delta\sigma E(r)\,\pi a^2 \tag{2.175}$$

とすることができる．つまり，アスペリティモデルの M_0 はアスペリティの位置によって変化し，その平均値は

$$\begin{aligned} M_0 &= \Delta\sigma\cdot\overline{E(r)}\,\pi a^2 = \Delta\sigma\frac{1}{\pi R^2}\frac{24}{7\pi}\int_0^R 2\pi R\sqrt{R^2 - r^2}dr\cdot\pi a^2 \\ &= \frac{16}{7}\Delta\sigma a^2 R = \frac{16}{7}\Delta\sigma R^3\frac{S_a}{S}\,,\quad S_a = \pi a^2\,,\quad S = \pi R^2 \end{aligned} \tag{2.176}$$

である＊)．なお，クラックモデルの M_0（(2.172) 式）はクラックの位置によらず一定である．

現実の地震の震源は，震源断層の中に複数のクラックまたはアスペリティを置いた**複合モデル** *composite model* で表現できると考えられるが，複合クラックモデル（**バリアモデル** *barrier model* とも呼ばれる）に比べ複合アスペリティモデルの方が，観測された地震動スペクトルの**スケーリング則**（§2.3.4）をよく説明することが Boatwright[5] により示された．そうした複合アスペリティモデルにおいて，全体の地震モーメント M_0 は個々のアスペリティの地震モーメント M_{0k} の和で表され，アスペリティは円形でその半径が a_k，アスペリティ内の応力降下はどのアスペリティでも $\Delta\sigma_a$ で一定であるとすると

$$M_0 = \sum_k M_{0k} = \frac{16}{7}\Delta\sigma_a R^3 \frac{\sum_k S_{ak}}{S} \tag{2.177}$$

となるから，複合アスペリティモデルであっても $S_a = \sum_k S_{ak}$，$\Delta\sigma = \Delta\sigma_a$ とすれば (2.176) 式がそのまま成り立つ．

微視的断層パラメータのもう一つの例には，その物理学的背景が応力降下と同じように比較的よく調べられている**すべり速度関数**（§2.1.2），$\dot{D}(t)$ を挙げておく．中村・宮武[52] は，断層破壊の数値シミュレーションの結果をとり

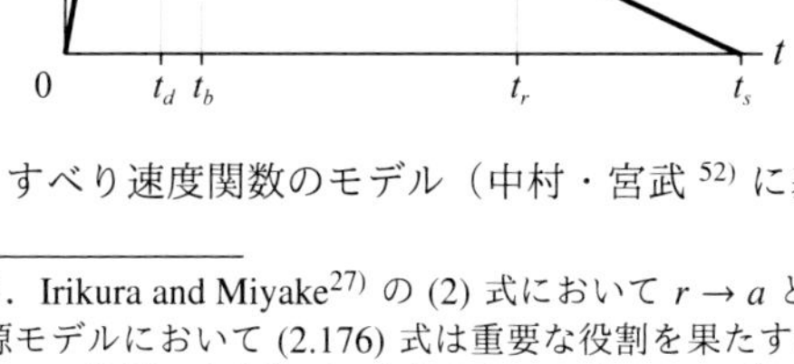

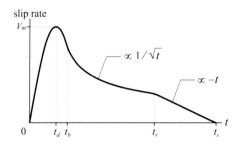

図 2.36　すべり速度関数のモデル（中村・宮武[52] に基づく）．

＊) Boatwright[5] による．Irikura and Miyake[27] の (2) 式において $r \to a$ としたものに一致する．同論文の特性化震源モデルにおいて (2.176) 式は重要な役割を果たすが，同式を導出する際の条件「アスペリティの外側の応力降下は十分小さい」をこのモデルが満たしているわけではない．この問題は入倉・三宅[26] で議論されている．

とめて図 2.36 に示すすべり速度関数のモデルを提案した*)．すべりの時間変化をコントロールしているのは断層面における摩擦であり，地震時の断層破壊ではすべりが進むにつれて摩擦が減少する**すべり弱化** *slip weakening* が支配的であることが岩石実験などからわかっている[55]．それを取り入れた 2 次元シミュレーションが行われ，その結果を破壊開始の $t=0$ から $t=t_b$ まで上に凸の 2 次関数で近似し，その後 $t=t_r$ までを $\sqrt{t}$ の逆数（これを Kostrov[43] 型という）で近似する．

ある程度すべった後は摩擦のすべり依存性はあまり効いてこないので，依存性を考慮しない前述のクラックモデルとアスペリティモデルに対して 3 次元のシミュレーションが行われた．その結果の t_r 以前の部分はすべり弱化の 2 次元シミュレーションと同じような Kostrov 型になり，t_r を過ぎるとすべり速度は急速に減衰し，しばらくしてゼロになってすべりは停止する．以上をまとめると

$$\dot{D}(t)=\begin{cases}0, & t\le 0\ \text{ or }\ t\ge t_s\\ \dfrac{2V_m}{t_d}t\left(1-\dfrac{t}{2t_d}\right), & 0\le t\le t_b\\ \dfrac{b}{\sqrt{t-\varepsilon}}, & t_b\le t\le t_r\\ c-a_r(t-t_r), & t_r\le t\le t_s\end{cases} \tag{2.178}$$

となる．

この中のパラメータのうち独立に決めなければならないのは以下の四つである．なお，幅 W，すべり量 D と破壊伝播速度 υ_r（§2.3.4）および応力降下 $\Delta\sigma$（本項）は別途，事前に決められているとする．

1. $t_d=\dfrac{1}{\pi f_{\max}}$．$f_{\max}$ は観測スペクトルから伝播特性を取り除いた震源スペクトルより見積もられる**震源起源 $f_{\max}$** *source-controlled* $f_{\max}$ †)．シミュレーション結果の波形と角周波数スペクトルから中村・宮武[52] が $t_d=2\cdot\dfrac{1}{2\pi f_{\max}}$ という経験式を得たことによる．

---

*) 原論文[52] が日本語で書かれているため海外ではあまり知られていない．代わりに，Kostrov の解[43] ではなく Yoffe の解[73] を用いた Tinti *et al.* のモデル[67] が使われることがある．

†) §2.3.5 で述べたように $f_{\max}$ の観測には難しい面があるので，6 Hz などの固定値とすることが多い[29]．

2. $t_r = \dfrac{W}{2v_r}$. W はアスペリティまたは震源断層の幅. Day[12] は t_r を立ち上がり時間と呼び，この経験式を得た.

3. $t_s = \dfrac{3}{2}t_r$. $[t_r, t_s]$ の部分が地震動に与える影響は小さいので中村・宮武[52] が簡単に $t_s - t_r$ は t_r の半分と仮定した.

4. $V_m = \dfrac{\Delta\sigma}{\mu}\sqrt{2f_c W v_r}$. Day[12] が理論的な近似式から得たもの. W は 2. に同じ，$\Delta\sigma$ はアスペリティまたはそれ以外の領域の応力降下，f_c は震源起源 $f_{\max}$ に等しいとする.

これら四つが決まれば. 残りのパラメータは t_b の関数として

$$\varepsilon = \frac{5t_b - 6t_d}{4(1 - t_d/t_b)} \tag{2.179}$$

$$b = \frac{2V_m t_b}{t_d}\sqrt{t_b - \varepsilon}\left(1 - \frac{t_b}{2t_d}\right), \quad c = \frac{b}{\sqrt{t_r - \varepsilon}}, \quad a_r = \frac{c}{t_s - t_r}$$

と表される. ここで ε は $t = t_b$ において 2 次関数と Kostrov 型関数がなめらかに連続する条件から得られる. 最後に

$$F(t_b) = \int_0^{t_s} \dot{D}(t)dt = D \tag{2.180}$$

という方程式を数値的に解いて t_b を得る.

2.3.7 ディレクティビティ効果

1995 年 1 月 16 日（日本時間: 1 月 17 日）の**兵庫県南部地震** *Kobe earthquake*[*)]（1995, M_w 6.9）とそれに伴う**阪神・淡路大震災** *Hanshin-Awaji earthquake disaster* は，まず第一にその甚大な人的，物的被害（死亡 6,434 名，住家全壊 10 万 5 千戸[40)]）が深い衝撃であったが，地震動の研究にとっては大きな転換点となった. こうした大きな被害をもたらした強震動を観測するためには，**強震計**（§4.1.2）が展開されている必要があるが，**K–NET** などの全国規模の強震計ネットワークはこの地震を契機に構築されたものであるので，当時，観測された強震記録は限られたものである.

[*)] 海外では *Kobe earthquake* が定着している.

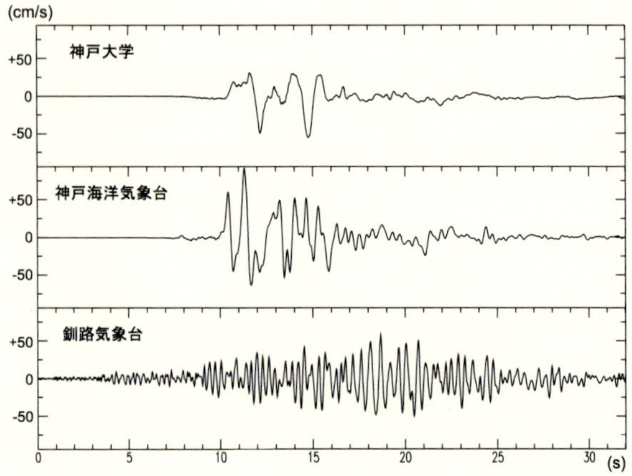

図 2.37　兵庫県南部地震（北南成分，上中段）と釧路沖地震（東西成分，下段）の速度記録（関西地震観測研究協議会と気象庁による）.

しかし，こうした強震記録の中に，それまでの地震動に関する常識を覆すような観測事実が隠されていた．図 2.37 の下段は，釧路沖地震（1993，M_w 7.6）の釧路気象台における強震記録である．全般に数 Hz 程度の地震動が目立って 20 秒以上の継続時間があり，それ以前に国内で観測されたほとんどの強震記録も同じような傾向を示していた．ところが，上中段に掲げた兵庫県南部地震の記録では様相が一変し，周期 1〜2 秒の長周期が主体となって継続時間も数秒と短い．上段の神戸大の記録などは，周期 2 秒程度の**パルス波** *seismic pulse* 二つで構成されていると言っても過言ではない．また，兵庫県南部地震の水平方向の地震動 2 成分を組み合わせて軌跡を描かせてみると，震源断層に近い強震動は震源断層に直交する方向に強く揺れていることがわかる（図 2.38）．こうした強震動の**指向性**も，それまで日本では経験していなかったものであった．

長周期と指向性という兵庫県南部地震の強震動の二大特徴は，指向性の英訳から**ディレクティビティ効果** *directivity effect* と総称される．ディレクティビティ効果が釧路沖地震を含めた従来の強震記録と著しく異なるため，地震直後は兵庫県南部地震の震源過程が非常に特別なものであると想定されたこともあったが，その後の研究でディレクティビティ効果が，California の **Landers**

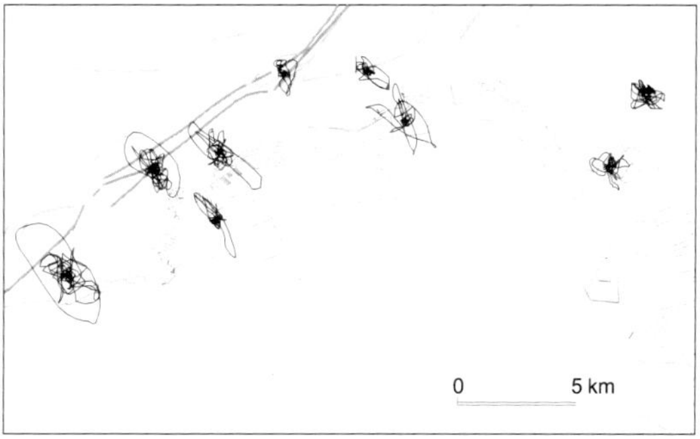

図 **2.38**　兵庫県南部地震の震源断層近くの水平方向強震動（関震協・気象庁・神戸市・JR 警報地震計・大阪ガス・土木研による）の軌跡．灰色は活断層で濃い色は震源断層に相当するもの．

地震 *Landers earthquake*（1992，M_w 7.3）や **Imperial Valley** 地震 *Imperial Valley earthquake*（1979，M_w 6.5），トルコの **Kocaeli** 地震 *Kocaeli earthquake*（1999，M_w 7.6）でも見られた（図 2.39），震源断層の近傍の普遍的な現象であり，震源の効果によるものとして物理学的な説明が可能であることが明らかになった[39]．

図 2.40 の中央は，兵庫県南部地震の震源断層の状況（図 2.33 左，図 2.38）を地表面の上空から俯瞰して模式的に表したものである．図 2.38 では西南西から東北東に延びている震源断層を，紙面の左から右に延びる，右横ずれ断層の点震源で構成された線震源で表現している．兵庫県南部地震の破壊開始点は西南西の明石海峡であるから，中央図では線震源の左端（★印）がそ

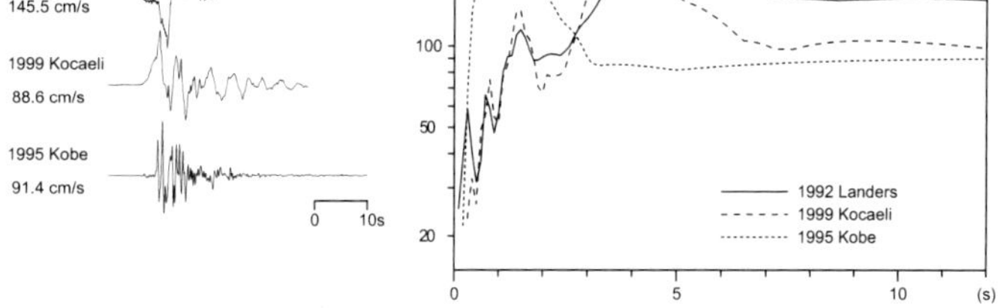

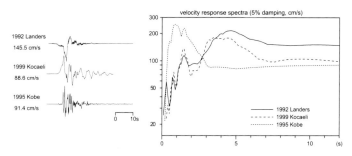

図 **2.39**　ディレクティビティ効果の例[42]．速度記録（左）と速度応答スペクトル（右）．

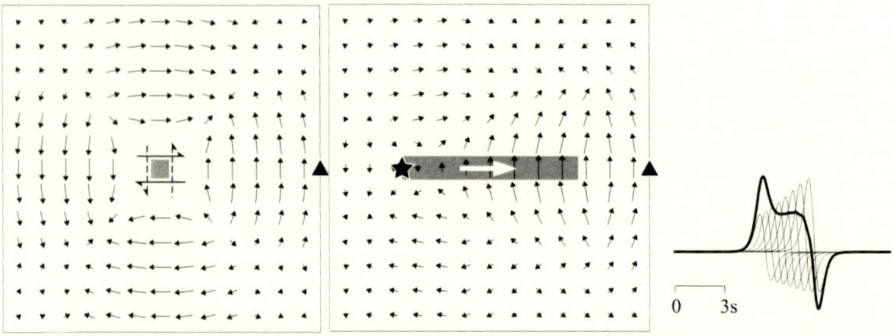

図 2.40　横ずれ断層の点震源と線震源の地震動パターンの俯瞰図（左・中）およびパルス波の形成（右）．★は破壊開始点で▲は右の波形が観測される地点．

れに相当し，**破壊伝播**がそこから始まって右端まで進むことになる．その過程で線震源を構成している点震源が順次，地震動を発するが，地震動の主要部分を形成する S 波の速度と**破壊伝播速度**の差は小さいので，観測点に到着する地震動群は右図のようにひとかたまりとなって**建設的干渉** *constructive interference* を起こし，全体として長周期のパルス波を形作る．

また，各点震源による地表の地震動の分布は左図の 4 象限型のパターンになる．これは図 2.15 の S 波の**放射パターン**から得られるが，図 2.15 は左横ずれ断層であるのに対して兵庫県南部地震は右横ずれ断層なので地震動の向きは反転してある．この左図と中央図を比較すると，4 象限のうち断層に直交する方向に大きな地震動となる象限において破壊伝播に伴う建設的干渉が起こっているので，地震動はこの方向が卓越することになる．つまり，震源の効果のうち断層の破壊伝播と放射パターンの二つが組み合わさってディレクティビティ効果が生み出している．

兵庫県南部地震では，ディレクティビティ効果が見られるのは地震動のうち周期 0.5 秒から 1 秒より長周期の成分であり，これより短周期側では断層直交方向が大きいような傾向は見られない[56]．これは，高周波では一定速度で破壊が伝播するといった決定論的な性質より，統計的なランダム現象が顕著になってくるためと考えられている．

ここまでは**横ずれ断層**の地震の場合であったが，逆断層の**縦ずれ断層**である **Northridge 地震** *Northridge earthquake*（1994，M_w 6.6）でもディレクティ

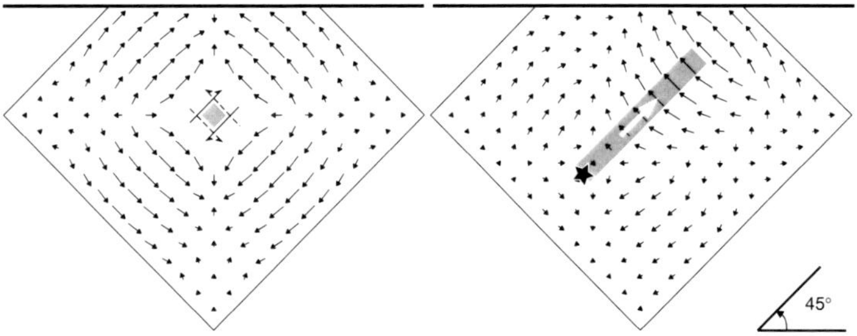

図 **2.41**　逆断層の点震源（左）と線震源（右）の地震動パターンの断面図．★は破壊開始点，太い実線は地表面を表す．

ビティ効果が現れた．その発生メカニズムは図 2.40 左と中央を反時計回りに 45° 回転させることにより説明できる（図 2.41）．元の図 2.40 は横ずれ断層を俯瞰したものであるが，回転後の図 2.41 は逆断層を横から見た図になる．斜め上向きの破壊伝播により，その延長上の地表面の観測点では建設的干渉により長周期のパルス波が生成され，放射パターンから断層直交方向に指向性を持つのは横ずれ断層と同じである．違いは，紙面に垂直な断層面を 45° 回転させたことにより，断層直交方向が水平方向から斜め上方向に変わることである．

以上の典型的な場合に加えて，南カリフォルニア地震センター（SCEC）の NGA-West2 プロジェクトに関連した理論的な研究や Koketsu *et al.*[41] による観測に基づく研究により，ディレクティビティ効果は多様な地震動に影響を及ぼし，**熊本地震** *Kumamoto earthquake*（2016, M_w 7.0）や台湾の**集集地震** *Chi-Chi earthquake* （1999, M_w 7.6）のように断層に平行な成分にも現れることが明らかになってきた．

2.4　参考文献

1) Aki, K.: Generation and propagation of G waves from the Niigata earthquake of June 16, 1964. Part 2. Estimation of earthquake moment, released energy, and stress-strain drop from the G wave spectrum, *Bull. Earthq. Res. Inst.*, **44**, 73–88 (1966).

2) Aki, K.: Scaling law of seismic spectrum, *J. Geophys. Res.*, **71**, 1217–1231 (1967).

3) Aki, K. and P. G. Richards: *Quantitative Seismology*, 2nd ed., University Science Books, 700pp. (2002).

4) Bessonova, É. N., O. D. Gotsadze, V. I. Keilis-Borok, I. V. Kililova, S. D. Kogan, T. I. Kikhtikova, L. N. Molinovskaya, G. I. Pavlova, and A. A. Sorskii: *Investigation of the Mechanism of Earthquakes*, American Geophysical Union, 201pp. (1960).

5) Boatwright, J.: The seismic radiation from composite models of faulting, *Bull. Seismol. Soc. Am.*, **78**, 489–508 (1988).

6) Boore, D. M.: Stochastic simulation of high-frequency ground motions based on seismological models of the radiated spectra, *Bull. Seismol. Soc. Am.*, **73**, 1865–1894 (1983).

7) Brune, J. N.: Tectonic stress and spectra of seismic shear waves from earthquakes, *J. Geophys. Res.*, **75**, 4997–5009 (1970). Correction, *J. Geophys. Res.*, **76**, 5002 (1971).

8) Burridge, R. and L. Knopoff: Body force equivalents for seismic dislocations, *Bull. Seismol. Soc. Am.*, **54**, 1875–1888 (1964).

9) Cummins, P. R.: Earthquake near field and W phase observations at teleseismic distances, *Geophys. Res. Lett.*, **24**, 2857–2860 (1997).

10) 壇一男・佐藤俊明：断層の非一様すべり破壊を考慮した半経験的波形合成法による強震動予測, 日本建築学会構造系論文集, **509**, 49–60, (1998).

11) Das, S. and Kostrov, B. V.: Fracture of a single asperity on a finite fault: a model for slow earthquake?, in *Earthquake Source Mechanics*, S. Das, J. Boatwright, and C. H. Scholz (ed.), American Geophysical Union, 91–96 (1986).

12) Day, S. M.: Three-dimensional finite difference simulation of fault dynamics: rectangular faults with fixed rupture velocity, *Bull. Seismol. Soc. Am.*, **72**, 705–727 (1982).

13) Dreger, D., G. Hurtado, A. Chopra, and S. Larsen: Near-field across-fault seismic ground motions, *Bull. Seismol. Soc. Am.*, **101**, 202–221 (2011).

14) Dziewonski, A. M., T.-A. Chou, and J. H. Woodhouse: Determination of earthquake source parameters from waveform data for studies of global and regional seismicity, *J. Geophys. Res.*, **86**, 2825–2852 (1981).

15) Eshelby, J. D.: The determination of the elastic field of an ellipsoidal inclusion, and related problems, *Proc. Roy. Soc. London Ser. A*, **241**, 316–396 (1957).

16) 深尾良夫: 第 2 章 古典的地震学, 『地震の物理』, 金森博雄 (編), 岩波書店, 19–87 (1978).

17) 福山英一・石田瑞穂・D. S. Dreger・川井啓廉: オンライン広帯域地震データを用いた完全自動メカニズム決定, 地震 2, **51**, 149–156 (1998).

18) Geiger, L.: Herdbestimmung bei Erdbeben aus den Ankunftszeiten, *Nachrichten von der Gesellschaft der Wissenschaften zu Göttingen, Mathematisch-Physikalische Klasse*, **4**, 331–349 (1910).

19) Geller, R. J.: Scaling relations for earthquake source parameters and magnitudes, *Bull. Seismol. Soc. Am.*, **66**, 1501–1523 (1976).

20) Harkrider, D. G.: Potentials and displacements for two theoretical seismic sources, *Geophys. J. R. astr. Soc.*, 47, 97–133 (1976).

21) Hartzell, S. H. and T. H. Heaton: Inversion of strong ground motion and teleseismic waveform data for the fault rupture history of the 1979 Imperial Valley, California, earthquake, *Bull. Seismol. Soc. Am.*, **73**, 1553–1583 (1983).

22) Haskell, N. A.: Elastic displacements in the near-field of a propagating fault, *Bull. Seismol. Soc. Am.*, **59**, 865–908 (1969)

23) Honda, H.: On the initial motion and the types of the seismograms of the North Idu and Itô earthquakes, *Geophysical Magazine*, **4**, 185–213 (1931); On the mechanism and the types of the seismograms of shallow earthquakes, *Geophysical Magazine*, **5**, 69–88 (1932); *etc.*

24) 本多弘吉: 『地震波動』, 岩波書店, 230pp. (1954).

25) Irikura, K.: Prediction of strong acceleration motion using empirical Green's function, *Proc. 7th Japan Earthq. Eng. Symp., Tokyo*, 151–156 (1986).

26) 入倉孝次郎・三宅弘恵: シナリオ地震の強震動予測, 地学雑誌, **110**, 849–875 (2001).

27) Irikura, K. and H. Miyake: Recipe for predicting strong ground motion from crustal earthquake scenarios, *Pure Appl. Geophys.*, **168**, 85-104 (2011).

28) 地震調査委員会: 日本の地震活動, 追補版, 391pp. (1999).

29) 地震調査委員会: 震源断層を特定した地震の強震動予測手法（「レシピ」）, 平成 28 年（2016 年）6 月（12 月修正版）, 46pp. (2016).

30) Kanamori, H.: The energy release in great earthquakes, *J. Geophys. Res.*, **82**, 2981–2987 (1977).

31) Kanamori, H.: W-phase, *Geophys. Res. Lett.*, **20**, 1691–1694 (1993).

32) Keilis-Borok, V. I.: Determination of the dynamic characteristics of the focus of an earthquake, *Akad. Nauk SSSR Geofiz. Inst. Trudy*, No. 9, 3–19 (1950) (in Russian).

33) 菊地正幸: 地震波の放射パターン・断層モデル：震源過程, 『地震の事典』, 第 2 版, 朝倉書店, 248–283 (2001).

34) 菊地正幸: 『リアルタイム地震学』, 東京大学出版会, 222pp. (2003).

35) Kikuchi, M. and Y. Fukao: Iterative deconvolution of complex body waves from great earthquakes − Tokachi-oki earthquake of 1968, *Phys. Earth Planet. Int.*, **37**, 235–248 (1985).

36) 気象庁: 『平成 28 年（2016 年）熊本地震』について（第 7 報）, 17pp. (2016).

37) 気象庁: 『発震機構解と断層面』について, http://www.data.jma.go.jp/svd/eqev/data/mech/kaisetu/mechkaisetu2.html (2016 年にアクセス).

38) 纐纈一起: 深さが負にならない震源決定, 地震 2, **42**, 325–331 (1989).

39) 纐纈一起: カリフォルニアの被害地震と兵庫県南部地震, 科学, 66, 93–97 (1996).

40) 纐纈一起: 日本付近のおもな被害地震年代表・世界地震分布図とプレート境界,『理科年表』(平成 29 年, 国立天文台編), 丸善出版, 728–761, 788–789 (2016).

41) Koketsu, K., H. Kobayashi, and H. Miyake: Irregular modes of rupture directivity found in recent and past damaging earthquakes, 11th National Conference on Earthquake Engineering, Paper No. 645 (2018).

42) Koketsu, K. and H. Miyake: A seismological overview of long-period ground motion, *J. Seismol.*, **12**, 133–143 (2008).

43) Kostrov, B. V.: Selfsimilar problems of propagation of shear cracks, *J. Appl. Math. Mech.*, **28**, 1077–1087 (1964).

44) Kuge, K.: Source modeling using strong-motion waveforms: Toward automated determination of earthquake fault planes and moment-release distributions, *Bull. Seismol. Soc. Am.*, **93**, 639–654 (2003).

45) Lawson, C. L. and R. J. Hanson: *Solving least squares problems*, Prentice-Hall, 337pp. (1974).

46) Love, A. E. H.: *A Treatise on the Mathematical Theory of Elasticity*, 2nd ed., Cambridge Univ. Press, 551pp. (1906).

47) Madariaga, R.: On the relation between seismic moment and stress drop in the presence of stress and strength heterogeneity, *J. Geophys. Res.*, **84**, 2243–2250 (1979).

48) Maruyama, T.: On the force equivalents of dynamical elastic dislocations with reference to the earthquake mechanism, *Bull. Earthq. Res. Inst.*, **41**, 467–486 (1963).

49) 丸山卓男: 地震波 –基礎的理論–,『地震・火山・岩石物性』, 宮村摂三 (編), 共立出版, 1–62 (1968).

50) 森口繁一・宇田川銈久・一松信: 『数学公式 III』, 岩波書店, 298pp. (1960).

51) Nabelek, J. L.: Determination of earthquake source parameters from inversion of body waves, *Ph.D.* thesis, Massachusetts Institute of Technology (1984).

52) 中村洋光・宮武隆: 断層近傍強震動シミュレーションのための滑り速度時間関数の近似式, 地震 2, **53**, 1–9 (2000).

53) Nakano, H.: Notes on the nature of the forces which give rise to the earthquake motions, *Seismol. Bull.*, **1**, 92–120 (1923).

54) 大中康誉: 地震の原因の探求史,『地震の事典』, 第 2 版, 朝倉書店, 212–217 (2001).

55) Ohnaka, M., Y. Kuwahara and K. Yamamoto: Constitutive relations between dynamic physical parameters near a tip of the propagation slip zone during stick-slip shear failure, *Tectonophysics*, **144**, 109–125 (1987).

56) 大野晋・武村雅之・小林義尚: 観測記録から求めた震源近傍における強震動の方向性, 第 10 回日本地震工学シンポジウム論文集, **1**, 133–138 (1998).

57) Reid, H. F.: Volume II. The Mechanics of the earthquake, The California earthquake of April 18, 1906, *Report of the State Earthquake Investigation Commission*, Carnegie

Inst. Washington, 192pp. (1910).

58) Sato, R.: Formulations of solutions for earthquake source models and some related problems, *J. Phys. Earth*, **17**, 101-110 (1969).

59) Sato, R.: Seismic waves in the near field, *J. Phys. Earth*, **20**, 357–375 (1972).

60) 佐藤良輔・阿部勝征・岡田義光・島崎邦彦・鈴木保典:『日本の地震断層パラメター・ハンドブック』, 鹿島出版会, 390pp. (1989).

61) 佐藤俊明: 理論的地震動評価,『地震動 その合成と波形処理』, 鹿島出版会, 21–88 (1994).

62) Savage, J. G.: Relation of corner frequency to fault dimensions, *J. Geophys. Res.*, **77**, 3788–3795 (1972).

63) Shearer, P. M.: *Introduction to Seismology*, 2nd ed., Cambridge University Press, 396pp. (2009).

64) Sommerfeld, A.: Über die Ausbreitung der Wellen in der drahtlosen Telegraphie, *Annalen der Physik*, **28**, 665–736 (1909).

65) 外岡秀俊:『地震と社会』, 上, みすず書房, 366pp. (1997).

66) Stokes, G. G.: On the dynamical theory of diffraction, *Trans. Cambridge Phil. Soc.*, **9**, 1–62 (1851).

67) Tinti, E., E. Fukuyama, A. Piatanesi, and M. Cocco: A kinematic source-time function compatible with earthquake dynamics, *Bull. Seismol. Soc. Am.*, **95**, 1211–1223 (2005).

68) USGS (United States Geological Survey): Earthquake Glossary, https://earthquake.usgs.gov/learn/glossary/（2016 年にアクセス）.

69) 宇津徳治:『地震学』, 第 3 版, 共立出版, 376pp. (2001).

70) Wald, D. J. and T. H. Heaton: Spatial and temporal distribution of slip for the 1992 Landers, California, earthquake, *Bull. Seismol. Soc. Am.*, **84**, 668–691 (1994).

71) Webster, A. G.: *Partial Differential Equations of Mathematical Physics*, B. G. Teubner, 440pp. (1927).

72) 山下輝夫: 地震とは何か,『地震・津波と火山の辞典』, 藤井敏嗣・纐纈一起（編）, 丸善出版, 19–35 (2008).

73) Yoffe, E.: The moving Griffith crack, *Phil. Mag.*, **42**, 739-750 (1951).

74) Yoshida, S., K. Koketsu, B. Shibazaki, T. Sagiya, T. Kato, and Y. Yoshida: Joint Inversion of near- and far-field waveforms and geodetic data for the rupture process of the 1995 Kobe earthquake, *J. Phys. Earth*, **44**, 437–454 (1996).

第3章　伝播の効果

3.1　1次元地下構造での伝播

3.1.1　1次元地下構造

地下構造は一般に深さ方向の変化が水平方向の変化より大きいので，地震動への伝播の効果を評価する場合，第1次近似として深さ方向にのみ変化する **1次元地下構造** *one-dimensional velocity structure* が使われることが多く，その中でも，均質な複数の**層** *layer* とそれらを分ける水平な**境界面**（§1.2.4）で構成される**水平成層構造** *horizontally layered structure* がもっともよく使われる．この構造のように区分的に均質であればP波，SV波，SH波の変位ポテンシャルは各層に存在し（§1.2.4），不連続な境界面が水平ならば地震動がそこを伝播しても変位ポテンシャルの存在は維持されるが，P波とSV波は**カップリング** *coupling* しなければならない．

後者の証明は前者と同じく，Aki and Richards[3)] により次のように行われている [*)]．原点を通る水平面をデカルト座標系の $x-y$ 平面とするとき，地震動（弾性変位）$\mathbf{u}$ の3成分 u_x，u_y，u_z が境界面において連続でなければならない．この**連続の条件** *continuity condition* は x や y で微分可能なはずであるから，$\partial u_y/\partial x - \partial u_x/\partial y$，$\partial u_x/\partial x + \partial u_y/\partial y$，$u_z$ の連続の条件，つまり

$$(\nabla \times \mathbf{u})_z\,,\quad \nabla \cdot \mathbf{u} - \partial u_z/\partial z\,,\quad u_z \tag{3.1}$$

の連続の条件に置き換えることができる．同じように，境界面における力の連続の条件を考えると，(1.11) 式から境界面の法線方向 $\mathbf{n}$ の応力ベクトル $\mathbf{T}_n$

[*)] Aki and Richards[3)] の Box 6.5．§1.2.4 における前者の証明と同じように条件の置換に関する証明は行われていないが，3条件を別の3条件に置き換えるだけで，かつ置換後の3変数は互いに独立であるようなので問題ないと思われる．

は

$$\mathbf{T}_n = 連続 \tag{3.2}$$

でなければならない．ここでは境界面が水平であるから $\mathbf{n}$ は z 軸方向となり，$\mathbf{T}_n$ の各成分は応力 τ_{zx}，τ_{zy}，τ_{zz} になる．これら応力の連続の条件は $\partial\tau_{zy}/\partial x - \partial\tau_{zx}/\partial y$，$\partial\tau_{zx}/\partial x - \partial\tau_{zy}/\partial y$，$\tau_{zz}$ の連続の条件，つまり Hooke の法則の (1.18) 式より

$$\mu\partial(\nabla\times\mathbf{u})_z/\partial z\,,\quad \mu(\partial\nabla\cdot\mathbf{u}/\partial z - 2\partial^2 u_z/\partial z^2 + \nabla^2 u_z)\,,\quad \lambda\nabla\cdot\mathbf{u} + 2\mu\partial u_z/\partial z \tag{3.3}$$

の連続の条件に置き換えることができる．

境界面の手前の層で地震動が SH 波であった場合，そこでは $(\nabla\times\mathbf{u})_z \neq 0$, $\nabla\cdot\mathbf{u} = 0$, $u_z = 0$ であるので，第 2 と第 3 の条件から向こう側の層でも $\nabla\cdot\mathbf{u} = 0$, $u_z = 0$ となり SH 波の地震動が維持される．さらに第 5 と第 6 の条件も自動的に満たされ，残る第 1 と第 4 の条件から向こう側の上向き SH 波の振幅と下向き SH 波の振幅が決められる．一方，手前の層で地震動が P 波や SV 波であった場合，そこでは $(\nabla\times\mathbf{u})_z = 0$，$\nabla\cdot\mathbf{u} \neq 0$，$u_z \neq 0$ であるので，第 1 の条件から向こう側の層でも $(\nabla\times\mathbf{u})_z = 0$ となり P 波や SV 波の地震動が維持される．さらに第 4 の条件も自動的に満たされるが，それでも 4 条件が残されてしまう．したがって P 波単独でも SV 波単独でもこの 4 条件を同時に満足させることはできないから，P 波と SV 波の地震動はカップリングしなければならない．

§2.2 で示したように，水平成層構造における地震動は図 2.11 のような震央を原点とする**円筒座標系** (r, θ, z) を用いると取り扱いやすい．点震源から放射される地震動は，(2.59) 式，(2.72) 式が表すように**球面波**（§1.2.5）の組み合わせであるが，水平成層構造では地震動が単純な球面波とはならない．しかし，その **Fourier 変換**が**円筒調和関数** *cylindrical harmonics*

$$J_l(kr)\ \begin{matrix}\cos l\theta\\ \sin l\theta\end{matrix}\ e^{\mp i\nu_\upsilon z} \tag{3.4}$$

の**重ね合わせ** *superposition* で表現できると仮定すると球面波と同じような取り扱いが可能となる．ここで J_l は l 次の **Bessel 関数**であり，k は円筒波（§1.2.5）

の波数（§2.1.5），ν_υ（(2.76) 式）は深さ方向の波数と呼ばれる．(2.129) 式に示したように，点震源から放射される地震動は球面波であるから (3.4) 式の形式になっており，点震源を含む層ではこの仮定が成り立っている．それ以外の層は点震源などを含まないので，変位ポテンシャルが満たすべき**波動方程式**（§1.2.4）は (1.43) 式において $\Phi = \Psi = \mathrm{X} = 0$ と置いた斉次（§1.2.5）の波動方程式となり，その Fourier 変換は **Helmholtz 方程式** *Helmholtz equation* の形式[75] $\nabla^2 \mathcal{H} + \omega^2 \mathcal{H} = 0$ になっている．円筒調和関数は Helmholtz 方程式を変数分離で解いたときの特解の一つである[94] から，それ以外の層であっても同じく仮定が成り立っている．

そこで水平成層構造を図 3.1 のようにインデックス化する．層は浅い方から第 1 層，第 2 層，$\cdots$ と番号付けして，境界面も同じように番号付けするが，もっとも浅い境界面である**地表面** *ground surface* を 0 番とする．第 i 境界面の深さは z_i（$z_0 = 0$）とするので，第 i 層の厚さは $d_i = z_i - z_{i-1}$ となる．第 i 層の**物性値**（§1.2.4）は P 波速度，S 波速度，密度を α_i，β_i，ρ_i とする．最下層を第 n 層とするが，現実の地球は数千 km の深さまで続いているから第 n

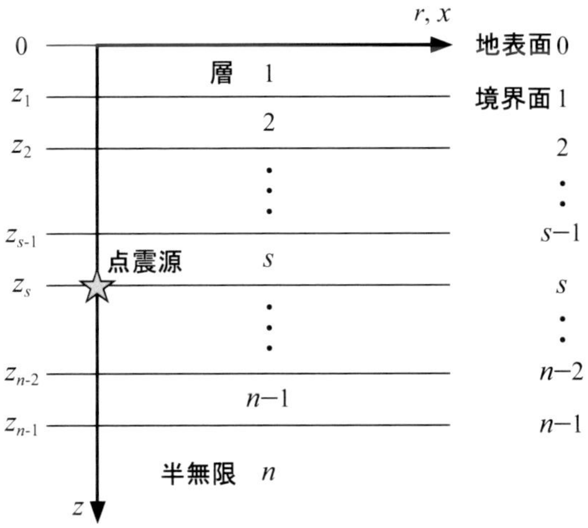

図 **3.1**　水平成層構造のインデックス．第 i 層の厚さ，P 波速度，S 波速度，密度を $d_i = z_i - z_{i-1}$，α_i，β_i，ρ_i とする．

境界面を持たないとしなければ伝播の効果の正しい評価はできない．こうした構造は**半無限** *semi-infinite, halfspace* と呼ばれる．また，点震源は必ず第 s 境界面の上にあると仮定する．現実には点震源は層の中に埋まっているのが通常と考えられるが，その場合はその層を同じ物理定数の仮想的なふたつの層に分け，その境界面に震源があると考える．

第 i 層の中の変位ポテンシャルの Fourier 変換は，(2.129) 式を参照しながら水平方向の放射パターン（§2.2.5）と円筒調和関数を重ね合わせて

$$
\begin{aligned}
\bar{\phi}_i &= \sum_{l=0}^{2} \bar{\phi}_{li} = \sum_{l=0}^{2} \Lambda_l(\theta) \int_0^\infty \tilde{\phi}_{li}(z)\, J_l(kr)\, dk \\
\bar{\psi}_i &= \sum_{l=0}^{2} \bar{\psi}_{li} = \sum_{l=0}^{2} \Lambda_l(\theta) \int_0^\infty \tilde{\psi}_{li}(z)\, J_l(kr) \frac{\mathrm{i}}{k} dk \\
\bar{\chi}_i &= \sum_{l=0}^{2} \bar{\chi}_{li} = \sum_{l=0}^{2} \frac{d\Lambda_l(\theta)}{d\theta} \int_0^\infty \tilde{\chi}_{li}(z)\, J_l(kr)\, dk \\
\tilde{\phi}_{li} &= A_{li} e^{+\mathrm{i}\nu_{\alpha i} z} + B_{li} e^{-\mathrm{i}\nu_{\alpha i} z} = \phi_{li}^- + \phi_{li}^+ \,, \quad \tilde{\psi}_{li} = C_{li} e^{+\mathrm{i}\nu_{\beta i} z} + D_{li} e^{-\mathrm{i}\nu_{\beta i} z} = \psi_{li}^- + \psi_{li}^+ \\
\tilde{\chi}_{li} &= E_{li} e^{+\mathrm{i}\nu_{\beta i} z} + F_{li} e^{-\mathrm{i}\nu_{\beta i} z} = \chi_{li}^- + \chi_{li}^+ \,, \quad k_{\alpha i} = \omega/\alpha_i \,, \quad k_{\beta i} = \omega/\beta_i \\
\nu_{\alpha i} &= \begin{cases} \sqrt{k_{\alpha i}^2 - k^2}\,, & k_{\alpha i} \geq k \\ -\mathrm{i}\sqrt{k^2 - k_{\alpha i}^2}\,, & k_{\alpha i} < k \end{cases} , \quad \nu_{\beta i} = \begin{cases} \sqrt{k_{\beta i}^2 - k^2}\,, & k_{\beta i} \geq k \\ -\mathrm{i}\sqrt{k^2 - k_{\beta i}^2}\,, & k_{\beta i} < k \end{cases}
\end{aligned}
\tag{3.5}
$$

とした**円筒波展開**（§2.2）で定義する *⁾．水平境界面により点震源の水平方向の放射パターンは乱されないと考えられるので，ここでは (2.129) 式の $\Lambda_l(\theta)$ をそのまま用いた．前述のように，α_i，β_i は第 i 層の P 波速度と S 波速度である．さらに (1.42) 式の Fourier 変換

$$
\begin{aligned}
\bar{u}_r &= \frac{\partial\bar{\phi}}{\partial r} + \frac{\partial^2\bar{\psi}}{\partial r\partial z} + \frac{1}{r}\frac{\partial\bar{\chi}}{\partial\theta} \\
\bar{u}_\theta &= \frac{1}{r}\frac{\partial\bar{\phi}}{\partial\theta} + \frac{1}{r}\frac{\partial^2\bar{\psi}}{\partial\theta\partial z} - \frac{\partial\bar{\chi}}{\partial r} \\
\bar{u}_z &= \frac{\partial\bar{\phi}}{\partial z} + \frac{\partial^2\bar{\psi}}{\partial z^2} - \nabla^2\bar{\psi}
\end{aligned}
\tag{3.6}
$$

---

*⁾ $\bar{\psi}_i$ の被積分関数に付く係数 i/k は平面波の変位ポテンシャル $\bar{\psi}_i'$（§3.1.4）との違いを吸収するため．$\bar{\chi}_i$ の $l=0$ の項は常にゼロである（§2.2.5）．序文で述べたように $\tilde{}$ は Hankel 変換を意味するが，その厳密な定義（Arfken and Weber[5] の 847 頁など）に従ってはいない．

が変位ポテンシャルの Fourier 変換と地震動の Fourier 変換を結びつける．

(3.5) 式に現れる ϕ_{li}^{+} などの肩付き記号は，+ ならば z 軸の + 方向，つまり下向きに伝播する地震動を，− ならば上向きに伝播する地震動であることを表す．本書の Fourier 変換の定義（§4.2.2）では，ϕ_{li}^{+} などを時間領域の地震動に関係する量にするために

$$\frac{1}{2\pi}\int_{-\infty}^{+\infty}\phi_{li}^{+}e^{\mathrm{i}\omega t}d\omega = \frac{1}{2\pi}\int_{-\infty}^{+\infty}B_{li}e^{-\mathrm{i}(\nu_{\alpha i}z-\omega t)}d\omega \tag{3.7}$$

という **Fourier 逆変換**を行う．たとえば，この ϕ_{li}^{+} の逆変換では位相の項が $-\mathrm{i}(\nu_{\alpha i}z-\omega t)$ という形をしているから，同じ位相になるためには z が大きくなったら時間 t が長く経過しなければならない（§1.2.5 に同じ）．これは地震動が z 軸の + 方向に伝播していることを意味しているので，ϕ_{li}^{+} のように $e^{-\mathrm{i}\nu_{\alpha i}z}$ を含むものには + の肩付き記号を付与した．反対に，$e^{+\mathrm{i}\nu_{\alpha i}z}$ を含むものは z 軸の − 方向に伝播していることになるので − の肩付き記号を付与した．

§1.2.6 の脚注ですでに触れたが，本書では一貫して §4.2.2 で定義された一般的な Fourier 変換を用いている．しかし，Aki and Richards[3) や Kennett[61) では時間領域に限って異なる定義を用いていて，このことは地震波の進行方向に関する解釈に影響を与える．仮に Aki and Richards[3) の Fourier 変換の定義を用いると，位相の項は $-\mathrm{i}(\nu_{\alpha i}z+\omega t)$ となり，同じ位相になるためには z が大きくなったら時間 t が短くなる必要があるから，z 軸の − 方向の伝播を表すことになる[*)．

一方，円筒調和関数（(3.4) 式）を構成するもうひとつの要素である **Bessel 関数** $J_l(kr)$ は水平方向の地震動の伝播を表す．Bessel 関数は

$$J_l(kr) = \frac{1}{2}\left\{H_l^{(1)}(kr) + H_l^{(2)}(kr)\right\} \tag{3.8}$$

と第 1 種と第 2 種の **Hankel 関数** *Hankel function* に分解できるが，r が大きいときはそれぞれが

$$H_l^{(1)}, H_l^{(2)} \sim \sqrt{\frac{2}{\pi kr}}\exp\left\{\pm\mathrm{i}\left(kr-\frac{l\pi}{2}-\frac{\pi}{4}\right)\right\} \tag{3.9}$$

*) この場合，指数の符号と伝播方向の符号が一致するので都合が良いと Aki and Richards[3) は Box 5.2 で主張している．

と近似できる*)(複号の + が (1)，− が (2) に対応する)．(3.9) 式には $e^{\pm i\nu_{\alpha i}z}$ に似た複素指数関数が含まれるから，(3.7) 式と同じような検討から $H_l^{(2)}(kr)$ は点震源から外向きに r が大きくなる方向に伝播することを意味することがわかる．また，$H_l^{(1)}(kr)$ は

$$H_l^{(1)}(-kr) = -e^{-li\pi}H_l^{(2)}(kr), \quad H_l^{(2)}(-kr) = -e^{+li\pi}H_l^{(1)}(kr) \tag{3.10}$$

の公式†) により負の波数 k の $H_l^{(2)}$ に変換されるが，大きな r のときは負の波数からの貢献は小さく，しばしば無視される‡)．以上をまとめると，Bessel 関数 $J_l(kr)$ は主に点震源から外向きの地震動の伝播を表している．

3.1.2　SH 波

まずカップリングのない SH 波について考えると，(3.6) 式で $\bar{\phi} = \bar{\psi} = 0$ とすれば

$$\bar{u}_r = \frac{1}{r}\frac{\partial\bar{\chi}}{\partial\theta}, \quad \bar{u}_\theta = -\frac{\partial\bar{\chi}}{\partial r}, \quad \bar{u}_z = 0\,. \tag{3.11}$$

Aki and Richards[3] の証明（§3.1.1）によれば境界面での境界条件として地震動に関するものが 1 件，応力に関するものが 1 件あれば十分であるので，ここでは u_θ と $\tau_{z\theta}$ に関するものを取り出すことにする．応力の定義式（(1.32) 式）から $\tau_{z\theta}$ を得て，その Fourier 変換に (3.11) を代入すると

$$\bar{\tau}_{z\theta} = \mu\frac{\partial\bar{u}_\theta}{\partial z} = -\mu\frac{\partial^2\bar{\chi}}{\partial r\partial z} \tag{3.12}$$

となり，$\bar{u}_\theta$，$\bar{\tau}_{z\theta}$ はともに $\partial\bar{\chi}/\partial r$ を含んでいる．そこで，第 i 層の $\bar{u}_\theta$，$\bar{\tau}_{z\theta}$ は，(3.5) 式における $\bar{\chi}_i$ の円筒調和関数重ね合わせを r に関して偏微分したものを用いて

$$\bar{u}_{\theta i} = \sum_{l=0}^{2}\bar{\upsilon}_{li} = \sum_{l=0}^{2}\frac{d\Lambda_l(\theta)}{d\theta}\int_0^\infty \tilde{\upsilon}_{li}(z)\frac{dJ_l(kr)}{dr}dk\,,$$

---

*) Ben-Menahem and Singh[9] の (D.32) 式と (D.33) 式．
†) Ben-Menahem and Singh[9] の (D.6) 式．
‡) Kennett[60] の 177 頁．

$$\bar{\tau}_{z\theta i} = \sum_{l-0}^{2} \bar{p}_{li} = \sum_{l-0}^{2} \frac{d\Lambda_l(\theta)}{d\theta} \int_0^{\infty} \tilde{p}_{li}(z) \frac{dJ_l(kr)}{dr} dk \tag{3.13}$$

と表すことにする．$\tilde{v}_{li}(z)$ を SH 波の地震動の $\omega-k$ 成分と呼び，(3.13) 式を (3.11) 式，(3.12) 式に代入すると

$$\begin{aligned} \tilde{v}_{li} &= -\chi_{li}^{-} - \chi_{li}^{+} \\ \tilde{p}_{li} &= -\mathrm{i}\mu_i \nu_{\beta i} \chi_{li}^{-} + \mathrm{i}\mu_i \nu_{\beta i} \chi_{li}^{+} \end{aligned} \tag{3.14}$$

が得られる．$\mu_i = \rho_i \beta_i^2$ は第 i 層の剛性率である．

以上の関係をベクトルと行列で表記すると，第 i 層内の**ポテンシャルベクトル** *potential vector* $\mathbf{\Phi}_{li} = \left(\chi_{li}^{-}, \chi_{li}^{+}\right)^{\mathrm{T}}$ と**地震動・応力ベクトル** *motion-stress vector* [3)] $\mathbf{S}_{li} = (\tilde{v}_{li}, \tilde{p}_{li})^{\mathrm{T}}$ に対して

$$\mathbf{S}_{li} = \mathbf{T}_i \, \mathbf{\Phi}_{li} \,, \quad \mathbf{T}_i = \begin{pmatrix} -1 & -1 \\ -\mathrm{i}\mu_i \nu_{\beta i} & +\mathrm{i}\mu_i \nu_{\beta i} \end{pmatrix}, \quad \mathbf{T}_i^{-1} = \frac{1}{2} \begin{pmatrix} -1 & \dfrac{-1}{\mathrm{i}\mu_i \nu_{\beta i}} \\ -1 & \dfrac{+1}{\mathrm{i}\mu_i \nu_{\beta i}} \end{pmatrix} \tag{3.15}$$

という関係が成立する．一方，第 i 層の上端の $\mathbf{\Phi}(z_{i-1})$ と下端の $\mathbf{\Phi}(z_i)$ の間には

$$\mathbf{\Phi}_{li}(z_i) = \mathbf{E}_i \, \mathbf{\Phi}_{li}(z_{i-1}) \,, \quad \mathbf{E}_i = \begin{pmatrix} e^{+\mathrm{i}\nu_{\beta i}(z_i - z_{i-1})} & 0 \\ 0 & e^{-\mathrm{i}\nu_{\beta i}(z_i - z_{i-1})} \end{pmatrix} \tag{3.16}$$

という関係がなければならない．したがって行列 $\mathbf{T}_i, \mathbf{E}_i$ を用いて，第 i 層上端の $\mathbf{S}_{li}$ と下端の $\mathbf{S}_{li}$ は

$$\mathbf{S}_{li}(z_i) = \mathbf{G}_i \, \mathbf{S}_{li}(z_{i-1}) \,, \quad \mathbf{G}_i = \mathbf{T}_i \mathbf{E}_i \mathbf{T}_i^{-1} = \begin{pmatrix} (G_i)_{11} & (G_i)_{12} \\ (G_i)_{21} & (G_i)_{22} \end{pmatrix} \tag{3.17}$$

$$\begin{aligned} &(G_i)_{11} = (G_i)_{22} = \cos Q_i \,, && d_i = z_i - z_{i-1} \\ &(G_i)_{12} = (\mu_i k r_{\beta i})^{-1} \sin Q_i \,, && Q_i = \nu_{\beta i} d_i \\ &(G_i)_{21} = -\mu_i k r_{\beta i} \sin Q_i \,, && r_{\beta i} = \nu_{\beta i}/k \end{aligned}$$

と関係づけられる [*)]．ここで d_i は第 i 層の厚さを表す．

---

*) 下付き添え字のある行列 $\mathbf{G}_i$ の要素を $(G_i)_{kl}$ と表すのは Kind[64)] による．

以上の定式化と，境界面における地震動と応力の連続の条件 [†)]

$$\mathbf{S}_{l,i+1}(z_i) = \mathbf{S}_{li}(z_i), \quad i = n-1, n-2, \cdots, 1 \tag{3.18}$$

および点震源による地震動・応力の不連続（§2.2.5）のベクトル $\mathbf{\Delta}_l$（以下では**不連続ベクトル** *discontinuity vector* という）を用いて，半無限上端のポテンシャルベクトル $\mathbf{\Phi}_{ln}(z_{n-1})$ は地表面の地震動・応力ベクトル $S_{l1}(0)$ と次のように関係づけられる．$\mathbf{T}_n$ は (3.15) 式，$\mathbf{G}_i$（$i = n\text{-}1, n\text{-}2, \cdots, 1$）は (3.17) 式で与えられている行列である．各項目に対応する (3.19) 式内の式には，その項目の番号を付した．

(1) $\mathbf{T}_n$ の逆行列により $\mathbf{\Phi}_{ln}(z_{n-1})$ は $\mathbf{S}_{ln}(z_{n-1})$ になる．
(2) 第 n-1 境界面での連続の条件より第 n-1 層の $\mathbf{S}_{l,n-1}(z_{n-1})$ になる．
(3) $\mathbf{G}_{n-1}$ により第 n-2 境界面の $\mathbf{S}_{l,n-1}(z_{n-2})$ に持ち上げる．
(4) (2), (3) の手順を繰り返して第 s 境界面の $\mathbf{S}_{l,s+1}(z_s)$ まで持ち上げる．
(5) 点震源の不連続ベクトルを加えた第 s 層の $\mathbf{S}_{ls}(z_s)$ になる．
(6) $\mathbf{G}_s$ により $\mathbf{S}_{ls}(z_s)$ の部分を第 s-1 境界面の $\mathbf{S}_{ls}(z_{s-1})$ に持ち上げる．
(7) 再び (2), (3) の手順を繰り返して $\mathbf{S}_{ls}(z_s)$ の部分を地表面の $\mathbf{S}_{l1}(0)$ まで持ち上げる．

$$\begin{aligned}
\mathbf{\Phi}_{ln}(z_{n-1}) &= \mathbf{T}_n^{-1}\mathbf{S}_{ln}(z_{n-1}) && (1)\\
&= \mathbf{T}_n^{-1}\mathbf{S}_{l,n-1}(z_{n-1}) && (2)\\
&= \mathbf{T}_n^{-1}\mathbf{G}_{n-1}\mathbf{S}_{l,n-1}(z_{n-2}) && (3)\\
&\ \ \vdots\\
&= \mathbf{T}_n^{-1}\mathbf{G}_{n-1}\mathbf{G}_{n-2}\cdots\mathbf{G}_{s+1}\mathbf{S}_{l,s+1}(z_s) && (4)\\
&= \mathbf{T}_n^{-1}\mathbf{G}_{n-1}\mathbf{G}_{n-2}\cdots\mathbf{G}_{s+1}(\mathbf{\Delta}_l + \mathbf{S}_{ls}(z_s)) && (5)\\
&= \mathbf{T}_n^{-1}\mathbf{G}_{n-1}\mathbf{G}_{n-2}\cdots\mathbf{G}_{s+1}(\mathbf{\Delta}_l + \mathbf{G}_s\mathbf{S}_{ls}(z_{s-1})) && (6)\\
&\ \ \vdots\\
&= \mathbf{T}_n^{-1}\mathbf{G}_{n-1}\mathbf{G}_{n-2}\cdots\mathbf{G}_{s+1}(\mathbf{\Delta}_l + \mathbf{G}_s\mathbf{G}_{s-1}\cdots\mathbf{G}_1\mathbf{S}_{l1}(0)) && (7)
\end{aligned} \tag{3.19}$$

[†)] 力の連続の条件（(3.2) 式）は境界面の $\mathbf{n}$ が z 軸方向なので応力 τ_{zi} の連続の条件になる（§3.1.1）．

(3.19) 式の中のすべての行列は水平成層構造の物性値から既知とできる．また，不連続ベクトルも (2.129) 式の震源ポテンシャルから

$$\boldsymbol{\Delta}_0 = \begin{pmatrix} 0 \\ 0 \end{pmatrix}, \quad \boldsymbol{\Delta}_1 = \frac{\overline{M}_0(\omega)}{4\pi\rho_s\omega^2}\begin{pmatrix} -2k_{\beta s}^2 \\ 0 \end{pmatrix}, \quad \boldsymbol{\Delta}_2 = \frac{\overline{M}_0(\omega)}{4\pi\rho_s\omega^2}\begin{pmatrix} 0 \\ -\mu_s k k_{\beta s}^2 \end{pmatrix} \tag{3.20}$$

と与えられ既知とできるので，この式は $\boldsymbol{\Phi}_{ln}(z_{n-1})$ と $\mathbf{S}_{l1}(0)$ を未知数とするふたつの 1 次方程式の連立方程式である．

ただし，半無限の中には境界面は存在しないから，点震源から放射された地震動は伝播の過程を経て上端から半無限に入射され，そのまま下向きに伝播するのみで上向きに戻ってくる地震動は存在しない．これは**放射境界条件** *radiation boundary condition* と呼ばれ，$\boldsymbol{\Phi}_{ln}(z_{n-1})$ の中で

$$\chi_{ln}^{-}(z_{n-1}) = 0 \tag{3.21}$$

とすることに相当する．なお，(3.5) 式の ν_β が虚数になった場合の符号は，残ったポテンシャル χ_{ln}^{+} が $z = +\infty$ において発散しないように $-$ にとられている．

また，地表面では上に弾性体が存在しないので内力である応力ベクトル（§1.2.2）も存在しない．応力ベクトルがゼロならば，その成分である応力，ここでは $\tau_{z\theta}$ もゼロである．これは**応力解放条件** *stress-free condition* と呼ばれ，地表面も**自由表面** *free surface* と呼ばれることがある．SH 波の応力解放条件は $\mathbf{S}_{l1}(0)$ の中で

$$\tilde{p}_{l1}(0) = 0 \tag{3.22}$$

とすることであるから，結局，未知数は $\chi_{ln}^{+}(z_{n-1})$ と $\tilde{v}_{l1}(0)$ のふたつということになり，2 方程式の連立方程式が解けて地表面における地震動 $\tilde{v}_{l1}(0)$ が次のように得られる．

$$\begin{aligned} \mathbf{M} &= \mathbf{T}_n^{-1}\mathbf{G}_{n-1}\mathbf{G}_{n-2}\cdots\mathbf{G}_{s+1}\mathbf{G}_s\mathbf{G}_{s-1}\cdots\mathbf{G}_1\,, \\ \mathbf{M}^h &= \mathbf{T}_n^{-1}\mathbf{G}_{n-1}\mathbf{G}_{n-2}\cdots\mathbf{G}_{s+1} \end{aligned} \tag{3.23}$$

と置けば（肩付き文字の h は点震源より半無限側を意味する），(3.19) 式は

$$\begin{pmatrix} 0 \\ \chi^+_{ln}(z_{n-1}) \end{pmatrix} = \mathbf{M}^h \begin{pmatrix} \Delta_{l1} \\ \Delta_{l2} \end{pmatrix} + \mathbf{M} \begin{pmatrix} \tilde{v}_{l1}(0) \\ 0 \end{pmatrix} \tag{3.24}$$

という連立方程式となり，その第 1 式と行列 $\mathbf{M}^h$，$\mathbf{M}$ の各要素を用いて

$$\tilde{v}_{l1}(0) = \frac{-1}{M_{11}}(M^h_{11}\Delta_{l1} + M^h_{12}\Delta_{l2})\,. \tag{3.25}$$

3.1.3　P 波・SV 波

カップリングのある P 波・SV 波の場合は SH 波に比べ格段に複雑になる．(3.6) 式で $\bar{\chi} = 0$ とすれば

$$\bar{u}_r = \frac{\partial\bar{\phi}}{\partial r} + \frac{\partial^2\bar{\psi}}{\partial r\partial z}\,,\quad \bar{u}_\theta = \frac{1}{r}\frac{\partial\bar{\phi}}{\partial\theta} + \frac{1}{r}\frac{\partial^2\bar{\psi}}{\partial\theta\partial z}\,,\quad \bar{u}_z = \frac{\partial\bar{\phi}}{\partial z} + \frac{\partial^2\bar{\psi}}{\partial z^2}\,. \tag{3.26}$$

再び Aki and Richards[3)] の証明（§3.1.1）から境界条件は地震動に関するものを 2 件，応力に関するものが 2 件必要なので，ここでは u_r, u_z と τ_{zr}, τ_{zz} に関するものを取り出すことにする．応力の円筒座標系における定義式（(1.32) 式）から τ_{zr} と τ_{zz} を得て，その Fourier 変換に (3.26) を代入すると

$$\begin{aligned} \bar{\tau}_{zr} &= 2\mu\left(\frac{\partial^2\bar{\phi}}{\partial r\partial z} + \frac{\partial^3\bar{\psi}}{\partial r\partial z^2}\right) + \mu k_\beta^2\frac{\partial\bar{\psi}}{\partial r}\,, \\ \bar{\tau}_{zz} &= -\lambda k_\alpha^2\bar{\phi} + 2\mu\left(\frac{\partial^2\bar{\phi}}{\partial z^2} + \frac{\partial^3\bar{\psi}}{\partial z^3} + k_\beta^2\frac{\partial\bar{\psi}}{\partial z}\right) \end{aligned} \tag{3.27}$$

となり，$\bar{u}_r$ と $\bar{\tau}_{zr}$ は全項が r の偏微分 $\partial/\partial r$ を含むのに対して，$\bar{u}_z$ と $\bar{\tau}_{zz}$ では全項に含まれていない．そこで，第 i 層の $\bar{u}_r$，$\bar{\tau}_{zr}$ は，(3.5) 式における $\bar{\phi}_i$ や $\bar{\psi}_i$ の円筒調和関数重ね合わせを r で偏微分したものを用いて

$$\begin{aligned} \bar{u}_{ri} &= \sum_{l=0}^{2}\bar{u}_{li} = \sum_{l=0}^{2}\Lambda_l(\theta)\int_0^\infty \tilde{u}_{li}(z)\frac{dJ_l(kr)}{dr}\frac{1}{\mathrm{i}k}dk\,, \\ \bar{\tau}_{zri} &= \sum_{l=0}^{2}\bar{t}_{li} = \sum_{l=0}^{2}\Lambda_l(\theta)\int_0^\infty \tilde{t}_{li}(z)\frac{dJ_l(kr)}{dr}\frac{1}{\mathrm{i}k}dk \end{aligned} \tag{3.28}$$

と表し[*)]，第 i 層の $\bar{u}_z$，$\bar{\tau}_{zz}$ は r で偏微分しないものを用いて

[*)] 被積分関数に付く係数 $1/\mathrm{i}k$ は円筒調和関数と 2 次元調和関数（§3.1.4）の微分の違いを吸収するため．

$$\bar{u}_{zi} = \sum_{l=0}^{2} \bar{w}_{li} = \sum_{l=0}^{2} \Lambda_l(\theta) \int_0^\infty \tilde{w}_{li}(z) J_l(kr) dk\,,$$
$$\bar{\tau}_{zzi} = \sum_{l=0}^{2} \bar{s}_{li} = \sum_{l=0}^{2} \Lambda_l(\theta) \int_0^\infty \tilde{s}_{li}(z) J_l(kr) dk \tag{3.29}$$

と表すことにする．$\tilde{u}_{li}(z)$，$\tilde{w}_{li}(z)$ を P 波・SV 波の地震動の $\omega-k$ 成分と呼ぶ．

(3.28) 式，(3.29) 式を (3.26) 式，(3.27) 式に代入しポテンシャルベクトル $\mathbf{\Phi}_{li} = \left(\phi_{li}^-, \psi_{li}^-, \phi_{li}^+, \psi_{li}^+\right)^{\mathrm{T}}$ と地震動・応力ベクトル $\mathbf{S}_{li} = (\tilde{u}_{li}, \tilde{w}_{li}, \tilde{s}_{li}, \tilde{t}_{li})^{\mathrm{T}}$ を新たに定義して整理すると

$$\mathbf{S}_{li} = \mathbf{T}_i \mathbf{\Phi}_{li}\,,\quad \mathbf{T}_i = \begin{pmatrix} +\mathrm{i}k & -\mathrm{i}\nu_{\beta i} & +\mathrm{i}k & +\mathrm{i}\nu_{\beta i} \\ +\mathrm{i}\nu_{\alpha i} & +\mathrm{i}k & -\mathrm{i}\nu_{\alpha i} & +\mathrm{i}k \\ +\mu_i l_i & -2\mu_i k\nu_{\beta i} & +\mu_i l_i & +2\mu_i k\nu_{\beta i} \\ -2\mu_i k\nu_{\alpha i} & -\mu_i l_i & +2\mu_i k\nu_{\alpha i} & -\mu_i l_i \end{pmatrix}, \tag{3.30}$$

$$\mathbf{T}_i^{-1} = \frac{1}{2\mu_i\nu_{\alpha i}\nu_{\beta i}k_{\beta i}^2} \begin{pmatrix} -2\mathrm{i}\mu_i k\nu_{\alpha i}\nu_{\beta i} & +\mathrm{i}\mu_i l_i\nu_{\beta i} & -\nu_{\alpha i}\nu_{\beta i} & -k\nu_{\beta i} \\ -\mathrm{i}\mu_i l_i\nu_{\alpha i} & -2\mathrm{i}\mu_i k\nu_{\alpha i}\nu_{\beta i} & -k\nu_{\alpha i} & +\nu_{\alpha i}\nu_{\beta i} \\ -2\mathrm{i}\mu_i k\nu_{\alpha i}\nu_{\beta i} & -\mathrm{i}\mu_i l_i\nu_{\beta i} & -\nu_{\alpha i}\nu_{\beta i} & -k\nu_{\beta i} \\ +\mathrm{i}\mu_i l_i\nu_{\alpha i} & -2\mathrm{i}\mu_i k\nu_{\alpha i}\nu_{\beta i} & +k\nu_{\alpha i} & +\nu_{\alpha i}\nu_{\beta i} \end{pmatrix},$$

$$l_i = 2k^2 - k_{\beta i}^2$$

という関係が成立する．これらは Fuchs[34] が得たもの（原論文の (18) および (19) 式）であるが，この複雑な逆行列 $\mathbf{T}_i^{-1}$ は余因子行列 *adjugate matrix* を用いた公式[75]

$$\mathbf{A}^{-1} = \frac{1}{|\mathbf{A}|} \begin{pmatrix} \tilde{a}_{11} & \tilde{a}_{21} & \tilde{a}_{31} & \tilde{a}_{41} \\ \tilde{a}_{12} & \tilde{a}_{22} & \tilde{a}_{32} & \tilde{a}_{42} \\ \tilde{a}_{13} & \tilde{a}_{23} & \tilde{a}_{33} & \tilde{a}_{43} \\ \tilde{a}_{14} & \tilde{a}_{24} & \tilde{a}_{34} & \tilde{a}_{44} \end{pmatrix},\quad \tilde{a}_{12} = (-1)^{1+2} \begin{vmatrix} A_{21} & A_{23} & A_{24} \\ A_{31} & A_{33} & A_{34} \\ A_{41} & A_{43} & A_{44} \end{vmatrix} \ \text{etc.} \tag{3.31}$$

などから得ることができる．

一方，第 i 層の上端の $\mathbf{\Phi}(z_{i-1})$ と下端の $\mathbf{\Phi}(z_i)$ の間の関係が

$$\mathbf{\Phi}_{li}(z_i) = \mathbf{E}_i \mathbf{\Phi}_{li}(z_{i-1})\,, \tag{3.32}$$

$$\mathbf{E}_i = \begin{pmatrix} e^{+\mathrm{i}\nu_{\alpha i}(z_i - z_{i-1})} & 0 & 0 & 0 \\ 0 & e^{+\mathrm{i}\nu_{\beta i}(z_i - z_{i-1})} & 0 & 0 \\ 0 & 0 & e^{-\mathrm{i}\nu_{\alpha i}(z_i - z_{i-1})} & 0 \\ 0 & 0 & 0 & e^{-\mathrm{i}\nu_{\beta i}(z_i - z_{i-1})} \end{pmatrix}$$

であることは容易に得られるので，第 i 層上端の $\mathbf{S}_{li}$ と下端の $\mathbf{S}_{li}$ は

$$\mathbf{S}_{li}(z_i) = \mathbf{G}_i\,\mathbf{S}_{li}(z_{i-1}),\quad \mathbf{G}_i = \mathbf{T}_i\mathbf{E}_i\mathbf{T}_i^{-1} = \begin{pmatrix} (G_i)_{11} & (G_i)_{12} & (G_i)_{13} & (G_i)_{14} \\ (G_i)_{21} & (G_i)_{22} & (G_i)_{23} & (G_i)_{24} \\ (G_i)_{31} & (G_i)_{32} & (G_i)_{33} & (G_i)_{34} \\ (G_i)_{41} & (G_i)_{42} & (G_i)_{43} & (G_i)_{44} \end{pmatrix} \tag{3.33}$$

$$(G_i)_{11} = (G_i)_{44} = -\gamma_i \cos P_i + (\gamma_i + 1)\cos Q_i$$

$$(G_i)_{12} = (G_i)_{34} = \mathrm{i}\left\{(\gamma_i + 1) r_{\alpha i}^{-1} \sin P_i + \gamma_i r_{\beta i} \sin Q_i\right\}$$

$$(G_i)_{13} = (G_i)_{24} = \mathrm{i}(\rho_i c\omega)^{-1}(-\cos P_i + \cos Q_i)$$

$$(G_i)_{14} = (\rho_i c\omega)^{-1}(r_{\alpha i}^{-1} \sin P_i + r_{\beta i} \sin Q_i)$$

$$(G_i)_{21} = (G_i)_{43} = -\mathrm{i}\left\{\gamma_i r_{\alpha i} \sin P_i + (\gamma_i + 1) r_{\beta i}^{-1} \sin Q_i\right\}$$

$$(G_i)_{22} = (G_i)_{33} = (\gamma_i + 1)\cos P_i - \gamma_i \cos Q_i$$

$$(G_i)_{23} = (\rho_i c\omega)^{-1}(r_{\alpha i} \sin P_i + r_{\beta i}^{-1} \sin Q_i)$$

$$(G_i)_{31} = (G_i)_{42} = -\mathrm{i}\rho_i c\omega\gamma_i(\gamma_i + 1)(\cos P_i - \cos Q_i)$$

$$(G_i)_{32} = -\rho_i c\omega\left\{(\gamma_i + 1)^2 r_{\alpha i}^{-1} \sin P_i + \gamma_i^2 r_{\beta i} \sin Q_i\right\}$$

$$(G_i)_{41} = -\rho_i c\omega\left\{\gamma_i^2 r_{\alpha i} \sin P_i + (\gamma_i + 1)^2 r_{\beta i}^{-1} \sin Q_i\right\}$$

$$d_i = z_i - z_{i-1},\ P_i = \nu_{\alpha i} d_i,\ Q_i = \nu_{\beta i} d_i,$$

$$r_{\alpha i} = \nu_{\alpha i}/k,\ r_{\beta i} = \nu_{\beta i}/k,\ \gamma_i = -2k^2/k_{\beta i}^2,\ \rho_i c\omega = \mu_i k_{\beta i}^2/k$$

と関係づけられる [*)]．$c \equiv \omega/k$ は位相速度である．また，不連続ベクトルは (2.129) 式の震源ポテンシャルから

---

*) ここでは Fuchs[34)] の表記法を用いている（ただし，原論文にはいくつか誤植がある）．

$$\mathbf{\Delta}_0=\frac{\overline{M}_0(\omega)}{4\pi\rho_s\omega^2}\begin{pmatrix}0\\4kk_{\alpha s}^2\\0\\2\mathrm{i}\mu_s k^2\cdot\\(4k_{\alpha s}^2-3k_{\beta s}^2)\end{pmatrix},\ \mathbf{\Delta}_1=\frac{\overline{M}_0(\omega)}{4\pi\rho_s\omega^2}\begin{pmatrix}-2\mathrm{i}kk_{\beta s}^2\\0\\0\\0\end{pmatrix},\ \mathbf{\Delta}_2=\frac{\overline{M}_0(\omega)}{4\pi\rho_s\omega^2}\begin{pmatrix}0\\0\\0\\-2\mathrm{i}\mu_s k^2k_{\beta s}^2\end{pmatrix} \tag{3.34}$$

と与えられる．

以上の行列やベクトルを用いると，SH 波と同様に (3.19) 式により，P 波・SV 波の半無限ポテンシャルベクトル $\mathbf{\Phi}_{ln}(z_{n-1})$ は地表面の地震動・応力ベクトル $\mathbf{S}_{l1}(0)$ に結びつけることができるが，ここでは (3.19) 式の連立方程式がカップリングにより二つの 1 次方程式から四つの 1 次方程式に拡大する．**放射境界条件**は

$$\phi_{ln}^-(z_{n-1})=0\,,\quad \psi_{ln}^-(z_{n-1})=0\,, \tag{3.35}$$

応力解放条件は

$$\tilde{s}_{l1}(0)=0\,,\quad \tilde{t}_{l1}(0)=0 \tag{3.36}$$

であるから，未知数は $\bar{\phi}_{ln}^+(z_{n-1})$，$\bar{\psi}_{ln}^+(z_{n-1})$ と $\bar{u}_{l1}(0)$，$\bar{w}_{l1}(0)$ の四つとなって連立方程式が解けて地表面の地震動 $\bar{u}_{l1}(0)$，$\bar{w}_{l1}(0)$ が得られる．なお，(3.5) 式の ν_α，ν_β が虚数になった場合の符号は，残ったポテンシャル ϕ_{ln}^+，ψ_{ln}^+ が $z=+\infty$ において発散しないように − にとられている．

ただし，形式的には SH 波の (3.19) 式と同じでも連立方程式が拡大したため，ベクトルは 2 行から 4 行，行列も 2 行 2 列から 4 行 4 列となり SH 波の (3.24) 式が P 波・SV 波では

$$\begin{pmatrix}0\\0\\\phi_{ln}^+(z_{n-1})\\\psi_{ln}^+(z_{n-1})\end{pmatrix}=\mathbf{M}^h\begin{pmatrix}\Delta_{l1}\\\Delta_{l2}\\\Delta_{l3}\\\Delta_{l4}\end{pmatrix}+\mathbf{M}\begin{pmatrix}\tilde{u}_{l1}(0)\\\tilde{w}_{l1}(0)\\0\\0\end{pmatrix} \tag{3.37}$$

となってしまう．その解も

$$\tilde{u}_{l1}(0)\ =\ \frac{1}{\hat{M}_{11}}\Big\{-M_{22}(M_{11}^h\Delta_{l1}+M_{12}^h\Delta_{l2}+M_{13}^h\Delta_{l3}+M_{14}^h\Delta_{l4})$$

$$
\begin{aligned}
&\qquad\qquad +M_{12}(M^h_{21}\Delta_{l1} + M^h_{22}\Delta_{l2} + M^h_{23}\Delta_{l3} + M^h_{24}\Delta_{l4})\Big\}\,, \\
\tilde{w}_{l1}(0) &= \frac{1}{\hat{M}_{11}}\Big\{+M_{21}(M^h_{11}\Delta_{l1} + M^h_{12}\Delta_{l2} + M^h_{13}\Delta_{l3} + M^h_{14}\Delta_{l4}) \qquad (3.38)\\
&\qquad\qquad -M_{11}(M^h_{21}\Delta_{l1} + M^h_{22}\Delta_{l2} + M^h_{23}\Delta_{l3} + M^h_{24}\Delta_{l4})\Big\}\,, \\
\hat{M}_{11} &= M_{11}M_{22} - M_{12}M_{21}
\end{aligned}
$$

と複雑化する．

複雑化するだけでなく，数値計算上困ったことも起こる．前述のように (3.5) 式で定義される深さ方向波数 $\nu_{\alpha i}$，$\nu_{\beta i}$ は，$\omega/\alpha_i < k$ または $\omega/\beta_i < k$ となって虚数になった場合，半無限の下向きポテンシャルが $z = +\infty$ で発散しないように $-$ 符号がとられる．一方，半無限以外の層内では上向きポテンシャルが存在するので，i 層内でこれらの条件が成立した場合，行列 $\mathbf{G}_i$ は $e^{+|\nu_{\alpha i}|d_i}$，$e^{+|\nu_{\beta i}|d_i}$ という指数関数の項を持ってしまう．特に，P 波・SV 波では (3.38) 式の解に $\mathbf{M}$ や $\mathbf{M}^h$ の要素同士の積が存在するので $e^{+2|\nu_{\alpha i}|d_i}$，$e^{+2|\nu_{\beta i}|d_i}$ という計算も現れ，k あるいは d_i が大きいとき桁あふれ *overflow* を起こしやすい．つまり $k = 2\pi \times$ 周波数/位相速度 であるので，高い周波数，遅い位相速度の地震波が厚い層を通過するような問題は事実上計算不能となる．

こうした障害を避けるため Dunkin[31] は，(3.38) 式の $\hat{M}_{11}$ が $\mathbf{M}$ から $(1,1),(1,2),(2,1),(2,2)$ の要素を取り出して作られた 2 行 2 列小行列 $\mathbf{M}_{11}$ の行列式であって，これは $\mathbf{M}$ を構成する各行列 $\mathbf{T}_n^{-1}$，$\mathbf{G}_{n-1}$，$\mathbf{G}_{n-2}$，$\cdots$，$\mathbf{G}_1$ ((3.23) 式）の小行列の行列式（以下，小行列式 *minor determinant, subdeterminant* という）の積で表されることを明らかにした．さらに，それぞれの小行列式を (3.30) 式や (3.33) 式から導出してみると $e^{+2|\nu_{\alpha i}|d_i}$，$e^{+2|\nu_{\beta i}|d_i}$ がキャンセルされて含まれないので，それらから $\hat{M}_{11}$ を計算すれば桁あふれの問題は SH 波と同じ $e^{+|\nu_{\alpha i}|d_i}$，$e^{+|\nu_{\beta i}|d_i}$ 程度とすることができる．

ここで小行列式の表記方法は Červený[17] によるものを用いる．Dunkin[31] が行列 $\mathbf{A}$ の $(p,r),(q,s),(p,s),(q,r)$ 要素を取り出して定義した小行列式，$A\big|^{pq}_{rs}$ は $12 \to 1,\ 13 \to 2,\ 14 \to 3,\ 23 \to 4,\ 24 \to 5,\ 34 \to 6$ という規則で pq を k に，rs を l に置き換えて

$$
\hat{A}_{kl} = A\big|^{pq}_{rs} = A_{pr}\,A_{qs} - A_{ps}\,A_{qr} \qquad (3.39)
$$

と表す．つまり，$\hat{M}_{11} = M\Big|^{12}_{12} = M_{11}M_{22} - M_{12}M_{21}$ である（(3.38) 式）．Dunkin[31] による上記の定理を，この表記方法と**総和規約**（§1.3.2）を用いて表せば，$\mathbf{B} = \mathbf{A}_1\mathbf{A}_2\cdots\mathbf{A}_m$ であるとき

$$\hat{B}_{kl} = (\hat{A}_1)_{kj_1}(\hat{A}_2)_{j_1 j_2}\cdots(\hat{A}_m)_{j_{m-1}l}\,. \tag{3.40}$$

したがって，P 波・SV 波の $\mathbf{M}$，$\mathbf{M}^h$（(3.23) 式）に適用すれば

$$\begin{aligned}\hat{M}_{kl} &= (\hat{\mathrm{T}}_n^{-1})_{kj_n}(\hat{G}_{n-1})_{j_n j_{n-1}}\cdots(\hat{G}_s)_{j_{s+1}j_s}(\hat{G}_{s-1})_{j_s j_{s-1}}\cdots(\hat{G}_1)_{j_2 l} \\ \hat{M}^h_{kl} &= (\hat{\mathrm{T}}_n^{-1})_{kj_n}(\hat{G}_{n-1})_{j_n j_{n-1}}\cdots(\hat{G}_s)_{j_{s+1}l}\end{aligned} \tag{3.41}$$

となる．$(\hat{\mathrm{T}}_i^{-1})_{1l}$，$(\hat{G}_i)_{kl}$ の具体的な表現 *) は Fuchs[34] や Kind[64] が与えているが，$(\hat{\mathrm{T}}_i^{-1})_{1l}$ の係数に誤りがあり Baumgardt[8] により訂正されている（訂正済みの $(\hat{\mathrm{T}}_i^{-1})_{kl}$，$(\hat{G}_i)_{kl}$ の一部を (3.163) 式に掲載した）．

(3.38) 式の $\hat{M}_{11}$ 以外の部分から $e^{+2|\nu_{\alpha i}|d_i}$，$e^{+2|\nu_{\beta i}|d_i}$ を消去することは，$\mathbf{M}$ が $\mathbf{M}^h$ を含むため非常に困難なことのように見えるが，Kind[65] が

$$\mathbf{G}^l = \mathbf{G}_s\mathbf{G}_{s-1}\cdots\mathbf{G}_1 \tag{3.42}$$

（肩付き文字の l は点震源より浅い側を意味する）を用いて次のように解決した．$\hat{M}_{11}$ 以外の部分において $\mathbf{M} = \mathbf{M}^h\mathbf{G}^l$ と $\mathbf{G}^l$ の対称性を巧妙に利用すると

$$\begin{aligned}\tilde{u}_{l1}(0) &= \frac{1}{\hat{M}_{11}}\begin{pmatrix}\hat{M}^h_{11} & \hat{M}^h_{12} & \hat{M}^h_{13} & \hat{M}^h_{15} & \hat{M}^h_{16}\end{pmatrix}\begin{pmatrix}-G^l_{22} & G^l_{12} & 0 & 0 \\ -G^l_{32} & 0 & G^l_{12} & 0 \\ -G^l_{42} & -G^l_{32} & G^l_{22} & G^l_{12} \\ 0 & -G^l_{42} & 0 & G^l_{22} \\ 0 & 0 & -G^l_{42} & G^l_{32}\end{pmatrix}\begin{pmatrix}\Delta_{l1} \\ \Delta_{l2} \\ \Delta_{l3} \\ \Delta_{l4}\end{pmatrix} \\ \tilde{w}_{l1}(0) &= \frac{-1}{\hat{M}_{11}}\begin{pmatrix}\hat{M}^h_{11} & \hat{M}^h_{12} & \hat{M}^h_{13} & \hat{M}^h_{15} & \hat{M}^h_{16}\end{pmatrix}\begin{pmatrix}-G^l_{21} & G^l_{11} & 0 & 0 \\ -G^l_{31} & 0 & G^l_{11} & 0 \\ -G^l_{41} & -G^l_{31} & G^l_{21} & G^l_{11} \\ 0 & -G^l_{41} & 0 & G^l_{21} \\ 0 & 0 & -G^l_{41} & G^l_{31}\end{pmatrix}\begin{pmatrix}\Delta_{l1} \\ \Delta_{l2} \\ \Delta_{l3} \\ \Delta_{l4}\end{pmatrix}\end{aligned} \tag{3.43}$$

---

*) §3.1.5 に書かれた理由により $\mathbf{T}_i$ の小行列式にはローマン体を用いる．

のように，$\mathbf{M}^h$ の小行列式のベクトルと $\mathbf{G}^l$ の要素で構成される行列に分離される．ベクトルの方は Dunkin の方法で障害を避けられ，行列の方には要素同士の積は含まれていない．また，同じ層の $\mathbf{G}_i$ が $\mathbf{M}^h$ と $\mathbf{G}^l$ の両方に含まれていることはないので，(3.43) 式内のベクトルと行列の掛け算が新たな障害を生むこともない．

このほか，Harvey[43] は，(3.43) 式のような関係式では $\hat{M}_{11}$ とそれ以外の部分が分母と分子という形になっていることに注目して，$e^{+|\nu_{\alpha i}|d_i}$ や $e^{+|\nu_{\beta i}|d_i}$ が発生したときはそれに関係した量で分母，分子を割り算して**正規化** *normalization* する対策を考え出した．これを行えば，Dunkin や Kind の対策を施した後でも P 波・SV 波に残っているだけでなく，SH 波にも存在する $e^{+|\nu_{\alpha i}|d_i}$ や $e^{+|\nu_{\beta i}|d_i}$ による障害を緩和することができる．Wang[109] は正規直交化を利用する方法を提案した．

3.1.4　Haskell 行列

ここまでは点震源の地震動を表現しやすい円筒波展開（§2.2）について考えてきたが，**遠地実体波**（§3.1.11）など震源が十分遠方にあるときは**平面波展開** *plane wave expansion* で十分であり，その研究の歴史は円筒波展開より長い．水平成層構造における平面波の境界条件のマッチングが行列の演算でできることは古く 1950 年に Thomson[102] により示され，Haskell[44] が地震学分野に紹介した．この行列は後に，より一般的な **propagator** 行列 *propagator matrix* の一種であることが示された[39] が，紹介者の名をとって **Haskell** 行列 *Haskell matrix* と呼ばれることが多い．なお，propagator 行列の概念は円筒波展開の場合にもあてはまるので，§3.1.2 や §3.1.3 に現れる行列 $\mathbf{G}_i$ も propagator 行列と呼ばれる．

図 3.1 において x，z が示すようにデカルト座標系を設定したとき，地震動がデカルト座標系の x および z 軸方向には振動的で，紙面に垂直な y 軸方向には変化しない（$\partial/\partial y \equiv 0$）**平面波**（§1.2.5）であるとき，震源が存在しないならば (1.42) 式の Fourier 変換より

$$\bar{u}_x = \frac{\partial\bar{\phi}}{\partial x} + \frac{\partial^2\bar{\psi}}{\partial x\partial z}\,,\quad \bar{u}_y = -\frac{\partial\bar{\chi}}{\partial x}\,,\quad \bar{u}_z = \frac{\partial\bar{\phi}}{\partial z} - \frac{\partial^2\bar{\psi}}{\partial x^2} \tag{3.44}$$

となって，P 波・SV 波は $\bar{u}_x$，$\bar{u}_z$，SH 波は $\bar{u}_y$ と完全に分離される．また，i 層内の変位ポテンシャルの Fourier 変換は，震源なしの波動方程式 (1.43) 式の Fourier 変換である **Helmholtz 方程式**の特解のひとつ，2 次元調和関数

$$e^{-\mathrm{i}kx}e^{\mp\mathrm{i}\nu_{\upsilon}z} \tag{3.45}$$

の**重ね合わせ**で次のように表現される．

$$\begin{aligned}
\bar{\phi}_i &= \int_{-\infty}^{\infty}\tilde{\phi}e^{-\mathrm{i}kx}dk,\ \ \frac{\partial\bar{\psi}_i}{\partial x} = \bar{\psi}'_i = \int_{-\infty}^{\infty}\tilde{\psi}'_i e^{-\mathrm{i}kx}dk,\ \ \bar{\chi}_i = \int_{-\infty}^{\infty}\tilde{\chi}_i e^{-\mathrm{i}kx}dk \\
\tilde{\phi}_i &= A_i e^{+\mathrm{i}\nu_{\alpha i}z} + B_i e^{-\mathrm{i}\nu_{\alpha i}z} = \phi_i^- + \phi_i^+,\ \ \tilde{\psi}_i = C_i e^{+\mathrm{i}\nu_{\beta i}z} + D_i e^{-\mathrm{i}\nu_{\beta i}z} = \psi_i^- + \psi_i^+ \\
\tilde{\chi}_i &= E_i e^{+\mathrm{i}\nu_{\beta i}z} + F_i e^{-\mathrm{i}\nu_{\beta i}z} = \chi_i^- + \chi_i^+ \\
\nu_{\alpha i} &= \begin{cases} (k_{\alpha i}^2 - k^2)^{\frac{1}{2}},\ k_{\alpha i} = \omega/\alpha_i \geq k \\ -\mathrm{i}(k^2 - k_{\alpha i}^2)^{\frac{1}{2}},\ k_{\alpha i} = \omega/\alpha_i < k \end{cases},\ \ \nu_{\beta i} = \begin{cases} (k_{\beta i}^2 - k^2)^{\frac{1}{2}},\ k_{\beta i} = \omega/\beta_i \geq k \\ -\mathrm{i}(k^2 - k_{\beta i}^2)^{\frac{1}{2}},\ k_{\beta i} = \omega/\beta_i < k \end{cases}
\end{aligned} \tag{3.46}$$

同じく弾性変位 3 成分と $x-y$ 平面内の応力 3 成分の Fourier 変換を 2 次元調和関数で

$$\begin{aligned}
\bar{u}_{xi} &= \int_{-\infty}^{\infty}\tilde{u}_i e^{-\mathrm{i}kx}dk,\ \ \bar{u}_{yi} = \int_{-\infty}^{\infty}\tilde{\upsilon}_i e^{-\mathrm{i}kx}dk,\ \ \bar{u}_{zi} = \int_{-\infty}^{\infty}\tilde{w}_i e^{-\mathrm{i}kx}dk \\
\bar{\tau}_{zxi} &= \int_{-\infty}^{\infty}\tilde{t}_i e^{-\mathrm{i}kx}dk,\ \ \bar{\tau}_{zyi} = \int_{-\infty}^{\infty}\tilde{p}_i e^{-\mathrm{i}kx}dk,\ \ \bar{\tau}_{zzi} = \int_{-\infty}^{\infty}\tilde{s}_i e^{-\mathrm{i}kx}dk
\end{aligned} \tag{3.47}$$

と表す．

(3.46) 式で $\bar{\psi}'_i$ が新たに定義されたので (3.44) 式を

$$\bar{u}_x = \frac{\partial\bar{\phi}}{\partial x} + \frac{\partial\bar{\psi}'}{\partial z},\ \ \bar{u}_y = -\frac{\partial\bar{\chi}}{\partial x},\ \ \bar{u}_z = \frac{\partial\bar{\phi}}{\partial z} - \frac{\partial\bar{\psi}'}{\partial x} \tag{3.48}$$

と書き換え，デカルト座標系における応力の定義式 (1.22) 式から

$$\bar{\tau}_{zx} = \mu\left(\frac{\partial\bar{u}_x}{\partial z} + \frac{\partial\bar{u}_z}{\partial x}\right),\ \ \bar{\tau}_{zy} = \mu\frac{\partial\bar{u}_y}{\partial z},\ \ \bar{\tau}_{zz} = \lambda\left(\frac{\partial\bar{u}_x}{\partial x} + \frac{\partial\bar{u}_z}{\partial z}\right) + 2\mu\frac{\partial\bar{u}_z}{\partial z} \tag{3.49}$$

を得る．SH 波の i 層内の**ポテンシャルベクトル**と**地震動・応力ベクトル**を

$$\mathbf{\Phi}_i = (\chi_i^-, \chi_i^+)^{\mathrm{T}},\ \ \mathbf{S}_i = \left(\mathrm{i}k\tilde{\upsilon}_i, \tilde{p}_i\right)^{\mathrm{T}} \tag{3.50}$$

と定義すると，(3.46) 式，(3.48) 式，(3.49) 式から

$$\mathbf{S}_i = \mathbf{T}_i\,\boldsymbol{\Phi}_i\,,\ \mathbf{T}_i = \mathrm{i}k\begin{pmatrix} +\mathrm{i}k & +\mathrm{i}k \\ +\mathrm{i}\mu_i\nu_{\beta i} & -\mathrm{i}\mu_i\nu_{\beta i} \end{pmatrix},\ \mathbf{T}_i^{-1} = \frac{1}{-2\mathrm{i}k^2\mu_i\nu_{\beta i}}\begin{pmatrix} +\mathrm{i}\mu_i\nu_{\beta i} & +\mathrm{i}k \\ +\mathrm{i}\mu_i\nu_{\beta i} & -\mathrm{i}k \end{pmatrix} \quad (3.51)$$

および第 i 層の上端の $\boldsymbol{\Phi}_i(z_{i-1})$ と下端の $\boldsymbol{\Phi}_i(z_i)$ に対して

$$\boldsymbol{\Phi}_i(z_i) = \mathbf{E}_i\,\boldsymbol{\Phi}_i(z_{i-1})\,,\quad \mathbf{E}_i = \begin{pmatrix} e^{+\mathrm{i}\nu_{\beta i}(z_i - z_{i-1})} & 0 \\ 0 & e^{-\mathrm{i}\nu_{\beta i}(z_i - z_{i-1})} \end{pmatrix} \quad (3.52)$$

という関係が成り立つ．これらから SH 波の Haskell 行列

$$\mathbf{G}_i = \mathbf{T}_i\mathbf{E}_i\mathbf{T}_i^{-1} = \begin{pmatrix} (G_i)_{11} & (G_i)_{12} \\ (G_i)_{21} & (G_i)_{22} \end{pmatrix} \quad (3.53)$$

$$(G_i)_{11} = (G_i)_{22} = \cos Q_i\,,\quad d_i = z_i - z_{i-1}$$
$$(G_i)_{12} = \mathrm{i}(\mu_i r_{\beta i})^{-1}\sin Q_i\,,\quad Q_i = \nu_{\beta i}d_i$$
$$(G_i)_{21} = \mathrm{i}\mu_i r_{\beta i}\sin Q_i\,,\qquad r_{\beta i} = \nu_{\beta i}/k$$

が得られる [44]．

この Haskell 行列を §3.1.2 で得られた propagator 行列（(3.17) 式）と比較すると，後者が円筒波のものであるにも関わらず両者はほぼ一致している．これは，水平成層構造においてポテンシャルベクトルや地震動・応力ベクトルを適切に定義できれば，平面波でも円筒波でも類似した行列演算に帰結できることを意味している．ただし，Haskell[44] は地震動・応力ベクトルの地震動要素だけを $\dot{\tilde{v}}_i/c$ と無次元化する定義をとっており，$\dot{v}$ は $\partial v/\partial t$ を意味するから地震動要素は表 4.3 の公式より $\dot{\tilde{v}}_i/c = \mathrm{i}\omega\tilde{v}_i/c = \mathrm{i}k\tilde{v}_i$ である（(3.50) 式）．この無次元化の影響で (3.53) 式の $(G_i)_{12}$ は (3.17) 式の ik 倍に，$(G_i)_{21}$ は 1/ik になっている．このほか，本来の Haskell 行列 [44] では $\tilde{\chi}_i \equiv \tilde{v}_i$ としているため，$\mathbf{T}_i$ から因子の ik が落ちるが，そうした $\mathbf{T}_i$ の違いが $\mathbf{G}_i$ には影響しない（(3.53) 式より $\mathbf{G}_i$ には $\mathbf{T}_i$ と $\mathbf{T}_i^{-1}$ が入っていて影響がキャンセルされるため）．

P 波・SV 波については導出を省略して Haskell[44] の結果のみを示す．各要素に含まれるパラメータの定義は，γ_i を除いて (3.33) 式に同じ．

$$\mathbf{G}_i = \Big((G_i)_{jm}\Big),\quad \gamma_i = +2k^2/k_{\beta i}^2\,, \quad (3.54)$$

$$
\begin{aligned}
(G_i)_{11} &= (G_i)_{44} = \gamma_i \cos P_i - (\gamma_i - 1)\cos Q_i\,, \\
(G_i)_{12} &= (G_i)_{34} = \mathrm{i}\left\{(\gamma_i - 1) r_{\alpha i}^{-1} \sin P_i + \gamma_i r_{\beta i} \sin Q_i\right\}\,, \\
(G_i)_{13} &= (G_i)_{24} = -(\rho_i c^2)^{-1}(\cos P_i - \cos Q_i)\,, \\
(G_i)_{14} &= \mathrm{i}(\rho_i c^2)^{-1}(r_{\alpha i}^{-1} \sin P_i + r_{\beta i} \sin Q_i)\,, \\
(G_i)_{21} &= (G_i)_{43} = -\mathrm{i}\left\{\gamma_i r_{\alpha i} \sin P_i + (\gamma_i - 1) r_{\beta i}^{-1} \sin Q_i\right\}\,, \\
(G_i)_{22} &= (G_i)_{33} = -(\gamma_i - 1)\cos P_i + \gamma_i \cos Q_i\,, \\
(G_i)_{23} &= \mathrm{i}(\rho_i c^2)^{-1}(r_{\alpha i} \sin P_i + r_{\beta i}^{-1} \sin Q_i)\,, \\
(G_i)_{31} &= (G_i)_{42} = \rho_i c^2 \gamma_i(\gamma_i - 1)(\cos P_i - \cos Q_i)\,, \\
(G_i)_{32} &= \mathrm{i}\rho_i c^2 \left\{(\gamma_i - 1)^2 r_{\alpha i}^{-1} \sin P_i + \gamma_i^2 r_{\beta i} \sin Q_i\right\}\,, \\
(G_i)_{41} &= \mathrm{i}\rho_i c^2 \left\{\gamma_i^2 r_{\alpha i} \sin P_i + (\gamma_i - 1)^2 r_{\beta i}^{-1} \sin Q_i\right\}\,.
\end{aligned}
$$

この Haskell 行列を §3.1.3 で得られた propagator 行列（(3.33) 式）と，γ_i の符号が異なることに注意しながら比較すると，ほぼ一致している． SH 波と同様に地震動要素は $\tilde{u}_i/c$，$\tilde{w}_i/c$ と無次元化する定義をとっているため，(3.54) 式の $(G_i)_{13}$，$(G_i)_{14}$，$(G_i)_{23}$，$(G_i)_{24}$ は (3.33) 式の ik 倍に，$(G_i)_{31}$，$(G_i)_{32}$，$(G_i)_{41}$，$(G_i)_{42}$ は $\dfrac{1}{\mathrm{i}k}$ になっている．(3.33) 式の propagator 行列はもともと Fuchs[34)] が平面 P 波・SV 波に対して提案したものだが，Kohketsu[66)] が §3.1.3 の導出を行って円筒波展開にも同じ行列が使えることを示した．Fuchs[34)] は平面 P 波・SV 波に対して (3.48) 式と異なり

$$
\bar{u}_x = \frac{\partial\bar{\phi}}{\partial x} - \frac{\partial\bar{\psi}'}{\partial z}\,,\ \ \bar{u}_z = \frac{\partial\bar{\phi}}{\partial z} + \frac{\partial\bar{\psi}'}{\partial x} \tag{3.55}
$$

を用いていること，および 2 次元調和関数を

$$
e^{+\mathrm{i}kx} e^{\mp\mathrm{i}\nu_\upsilon z} \tag{3.56}
$$

としているため，いくつかの要素の符号が反転する．以上の異同をまとめると，P 波・SV 波の Haskell 行列（(3.54) 式）を Fuchs の propagator 行列（(3.33) 式）から添え字 H で区別するとき，両者の間には次のような違いがある．

$$\mathbf{G}_i^{\mathrm{H}} = \begin{pmatrix} (G_i)_{11} & -(G_i)_{12} & \mathrm{i}k(G_i)_{13} & \mathrm{i}k(G_i)_{14} \\ -(G_i)_{21} & (G_i)_{22} & \mathrm{i}k(G_i)_{23} & \mathrm{i}k(G_i)_{24} \\ -\frac{1}{\mathrm{i}k}(G_i)_{31} & \frac{1}{\mathrm{i}k}(G_i)_{32} & (G_i)_{33} & -(G_i)_{34} \\ \frac{1}{\mathrm{i}k}(G_i)_{41} & -\frac{1}{\mathrm{i}k}(G_i)_{42} & -(G_i)_{43} & (G_i)_{44} \end{pmatrix}. \tag{3.57}$$

円筒波展開においても平面波展開と同じ Haskell 行列が使えることは，Harkrider[42] により示された．その後，別の形式の propagator 行列がいくつか提案されているが，ポテンシャルベクトルや地震動・応力ベクトルのとり方により微妙に異なるだけでこれらと本質的な違いはない．また，層内で速度や密度が z 方向に変化する場合の propagator 行列も Kennett[60),61] が詳しく議論している．

3.1.5　反射・透過行列 I [*]

propagator 行列における**桁あふれ**の問題とそれへの対策については §3.1.3 で詳しく述べた．しかし，propagator 行列を使う限り，対策を施したとしても少ないにしろ危険性は残っており，これをも回避するためには行列そのものの定義を変えなければならない．Kennett [60] は propagator 行列を境界面における反射及び透過に関する部分と，層内の伝播を表現する位相項に分離した．さらに，演算を上向きポテンシャルに関係する部分と下向きポテンシャルに関係する部分に分けて，伝播の効果は常に前進方向へ演算を進めることで $e^{+|\nu_{\alpha i}|d_i}$ や $e^{+|\nu_{\beta i}|d_i}$ を完全に回避することに成功した．

図 3.1 の水平成層構造の中から $z = z_i$ にある第 i 境界面を取り出し，そこへ第 i 層から単位強さの SH 波の地震動が下向きに入射したとする（図 3.2 左）．この境界面で反射と透過が起こり，**反射波** *reflected wave* は第 i 層へ上向きに，**透過波** *transmitted wave* は第 $i+1$ 層へ下向きに伝播する．Bessel 関数が外向きの伝播を与える（§3.1.1）ので，入射や伝播の方向としては斜め下向きまたは上向きの伝播方向（図中矢印）となる．反射係数と透過係数を

[*] §3.1.5，§3.1.6 の記述は当然 Kennett[60),61] に基づくが，反射・透過行列の定義と導出は Fuchs[34] や Červený[17] に基づく．

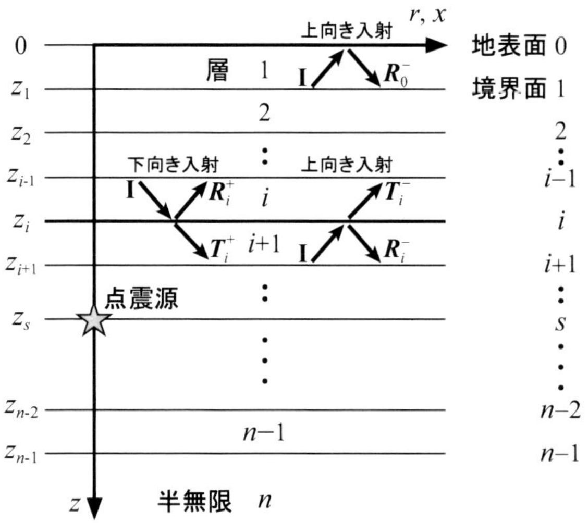

図 **3.2**　水平成層構造（図 3.1）の第 i 境界面へ下向き（左）または上向き（右）に地震動が入射した場合の反射・透過行列と，地表面へ上向き（上）に地震動が入射した場合の反射・透過行列.

R_i^+，T_i^+ とすれば，第 i 層内の地震動は下向きつまり z 軸の正の方向の成分が 1，上向きつまり z 軸の負の方向の成分が R_i^+ となり，第 $i+1$ 層内の地震動は z 軸の正の方向の成分が T_i^+，z 軸の負の方向の成分が 0 となる．したがって，§3.1.2 のポテンシャルベクトルは第 i 層側で $\mathbf{\Phi}_{li}(z_i) = \left(R_i^+, 1\right)^{\mathrm{T}}$，第 $i+1$ 層側で $\mathbf{\Phi}_{l,i+1}(z_i) = \left(0, T_i^+\right)^{\mathrm{T}}$ である．これらを (3.15) 式と連続の条件（(3.18) 式）に代入すると

$$\begin{pmatrix} 0 \\ T_i^+ \end{pmatrix} = \mathbf{Q}_i \begin{pmatrix} R_i^+ \\ 1 \end{pmatrix},\ \mathbf{Q}_i = \begin{pmatrix} (Q_i)_{11} & (Q_i)_{12} \\ (Q_i)_{21} & (Q_i)_{22} \end{pmatrix} = \mathbf{T}_{i+1}^{-1}\mathbf{T}_i\,. \tag{3.58}$$

(3.15) 式の中の $\mathbf{T}_i$ と $\mathbf{T}_i^{-1}$ の表現から得られる $\mathbf{Q}_i$ の要素

$$(Q_i)_{11} = (Q_i)_{22} = \frac{\mu_{i+1}\nu_{\beta,i+1} + \mu_i\nu_{\beta i}}{2\mu_{i+1}\nu_{\beta,i+1}},\ (Q_i)_{12} = (Q_i)_{21} = \frac{\mu_{i+1}\nu_{\beta,i+1} - \mu_i\nu_{\beta i}}{2\mu_{i+1}\nu_{\beta,i+1}} \tag{3.59}$$

を用いて (3.58) 式の連立方程式を解けば

$$R_i^+ = -\frac{(Q_i)_{12}}{(Q_i)_{11}} = \frac{\mu_i\nu_{\beta i} - \mu_{i+1}\nu_{\beta,i+1}}{\mu_i\nu_{\beta i} + \mu_{i+1}\nu_{\beta,i+1}},\ T_i^+ = (Q_i)_{21}R_i^+ + (Q_i)_{22} = \frac{2\mu_i\nu_{\beta i}}{\mu_i\nu_{\beta i} + \mu_{i+1}\nu_{\beta,i+1}} \tag{3.60}$$

が得られる [*]．上向き入射の R_i^- と T_i^- には連立方程式が

$$\begin{pmatrix} 1 \\ R_i^- \end{pmatrix} = \mathbf{Q}_i \begin{pmatrix} T_i^- \\ 0 \end{pmatrix} \tag{3.61}$$

となり，これを解いて

$$T_i^- = \frac{1}{(Q_i)_{11}} = \frac{2\mu_{i+1}\nu_{\beta,i+1}}{\mu_{i+1}\nu_{\beta,i+1}+\mu_i\nu_{\beta i}},\ R_i^- = (Q_i)_{21}T_i^- = \frac{\mu_{i+1}\nu_{\beta,i+1}-\mu_i\nu_{\beta i}}{\mu_{i+1}\nu_{\beta,i+1}+\mu_i\nu_{\beta i}}. \tag{3.62}$$

つまり，SH 波では行列ではなくスカラー量 $R_i^\pm$，$T_i^\pm$ が反射および透過を表すが，P 波・SV 波と併せて総称する場合には，このスカラー量のみを要素として持つ反射・透過行列とする．

P 波が下向きに入射する場合は P 波と SV 波のカップリングにより格段に複雑になる．ポテンシャルベクトルは第 i 層側で $\mathbf{\Phi}_{li}(z_i) = \left(R_i^{\mathrm{PP}+}, R_i^{\mathrm{PS}+}, 1, 0\right)^{\mathrm{T}}$，第 $i+1$ 層側で $\mathbf{\Phi}_{l,i+1}(z_i) = \left(0, 0, T_i^{\mathrm{PP}+}, T_i^{\mathrm{PS}+}\right)^{\mathrm{T}}$．これらを (3.30) 式と連続の条件（(3.18) 式）に代入すると

$$\begin{pmatrix} 0 \\ 0 \\ T_i^{\mathrm{PP}+} \\ T_i^{\mathrm{PS}+} \end{pmatrix} = \mathbf{Q}_i \begin{pmatrix} R_i^{\mathrm{PP}+} \\ R_i^{\mathrm{PS}+} \\ 1 \\ 0 \end{pmatrix},\ \mathbf{Q}_i = \begin{pmatrix} (Q_i)_{11} & (Q_i)_{12} & (Q_i)_{13} & (Q_i)_{14} \\ (Q_i)_{21} & (Q_i)_{22} & (Q_i)_{23} & (Q_i)_{24} \\ (Q_i)_{31} & (Q_i)_{32} & (Q_i)_{33} & (Q_i)_{34} \\ (Q_i)_{41} & (Q_i)_{42} & (Q_i)_{43} & (Q_i)_{44} \end{pmatrix} = \mathbf{T}_{i+1}^{-1}\mathbf{T}_i. \tag{3.63}$$

この連立方程式の第 1 式 $\times\{(-(Q_i)_{22}\}$ と第 2 式 $\times(Q_i)_{12}$ の和，および第 1 式 $\times(Q_i)_{21}$ と第 2 式 $\times\{-(Q_i)_{11}\}$ の和をとれば，$\mathbf{Q}_i$ の小行列式（(3.39) 式）を用いて反射係数

$$\begin{aligned} R_i^{\mathrm{PP}+} &= \frac{-(Q_i)_{13}\{-(Q_i)_{22}\}-(Q_i)_{23}(Q_i)_{12}}{(Q_i)_{11}\{-(Q_i)_{22}\}+(Q_i)_{21}(Q_i)_{12}} = \frac{-(Q_i)\big|_{23}^{12}}{-(Q_i)\big|_{12}^{12}} = \frac{(\hat{Q}_i)_{14}}{(\hat{Q}_i)_{11}}, \\ R_i^{\mathrm{PS}+} &= \frac{-(Q_i)_{13}(Q_i)_{21}-(Q_i)_{23}\{-(Q_i)_{11}\}}{(Q_i)_{12}(Q_i)_{21}+(Q_i)_{22}\{-(Q_i)_{11}\}} = \frac{(Q_i)\big|_{13}^{12}}{-(Q_i)\big|_{12}^{12}} = \frac{-(\hat{Q}_i)_{12}}{(\hat{Q}_i)_{11}} \end{aligned} \tag{3.64}$$

が得られる [†]．また，第 3 式および第 4 式から透過係数が

---

[*] 佐藤 [94] の (6.6.4) 式において $\zeta \to \nu_\beta$ としたものに一致する．

[†] Fuchs[34] の (54)，(55) 式において $m \to (Q_i)$ としたものに一致する．

$$T_i^{\mathrm{PP}+} = (Q_i)_{31} R_i^{\mathrm{PP}+} + (Q_i)_{32} R_i^{\mathrm{PS}+} + (Q_i)_{33} = \frac{1}{(\hat{Q}_i)_{11}} \begin{vmatrix} (Q_i)_{11} & (Q_i)_{12} & (Q_i)_{13} \\ (Q_i)_{21} & (Q_i)_{22} & (Q_i)_{23} \\ (Q_i)_{31} & (Q_i)_{32} & (Q_i)_{33} \end{vmatrix} = \frac{(\tilde{Q}_i)_{44}}{(\hat{Q}_i)_{11}},$$

$$T_i^{\mathrm{PS}+} = (Q_i)_{41} R_i^{\mathrm{PP}+} + (Q_i)_{42} R_i^{\mathrm{PS}+} + (Q_i)_{43} = \frac{1}{(\hat{Q}_i)_{11}} \begin{vmatrix} (Q_i)_{11} & (Q_i)_{12} & (Q_i)_{13} \\ (Q_i)_{21} & (Q_i)_{22} & (Q_i)_{23} \\ (Q_i)_{41} & (Q_i)_{42} & (Q_i)_{43} \end{vmatrix} = \frac{(\tilde{Q}_i)_{34}}{(\hat{Q}_i)_{11}} \tag{3.65}$$

と計算される[*]．(3.65) 式の各式の後半に現れる行列式は，$\mathbf{Q}_i$ から 4 行と 4 列または 3 行と 4 列を除いた 3 行 3 列の小行列の行列式になっているので，それぞれを $(\tilde{Q}_i)_{44}$，$(\tilde{Q}_i)_{34}$ と表した[17]．一方，SV 波が下向きに入射する場合はポテンシャルベクトルが第 i 層側で $\mathbf{\Phi}_{li}(z_i) = \left(R_i^{\mathrm{SP}+}, R_i^{\mathrm{SS}+}, 0, 1\right)^{\mathrm{T}}$，第 $i+1$ 層側で $\mathbf{\Phi}_{l,i+1}(z_i) = \left(0, 0, T_i^{\mathrm{SP}+}, T_i^{\mathrm{SS}+}\right)^{\mathrm{T}}$ であるから，(3.63) 式が

$$\begin{pmatrix} 0 \\ 0 \\ T_i^{\mathrm{SP}+} \\ T_i^{\mathrm{SS}+} \end{pmatrix} = \mathbf{Q}_i \begin{pmatrix} R_i^{\mathrm{SP}+} \\ R_i^{\mathrm{SS}+} \\ 0 \\ 1 \end{pmatrix} \tag{3.66}$$

となり，この連立方程式を解いて反射係数，透過係数

$$R_i^{\mathrm{SP}+} = \frac{(\hat{Q}_i)_{15}}{(\hat{Q}_i)_{11}},\quad R_i^{\mathrm{SS}+} = \frac{-(\hat{Q}_i)_{13}}{(\hat{Q}_i)_{11}},\quad T_i^{\mathrm{SP}+} = \frac{(\tilde{Q}_i)_{43}}{(\hat{Q}_i)_{11}},\quad T_i^{\mathrm{SS}+} = \frac{(\tilde{Q}_i)_{33}}{(\hat{Q}_i)_{11}} \tag{3.67}$$

が得られる[†]．以上をまとめると，P 波・SV 波においては第 i 境界面への下向き入射に対する反射および透過が 2 行 2 列の**反射・透過行列** *reflection-transmission matrix*

$$\boldsymbol{R}_i^{+} = \begin{pmatrix} R_i^{\mathrm{PP}+} & R_i^{\mathrm{PS}+} \\ R_i^{\mathrm{SP}+} & R_i^{\mathrm{SS}+} \end{pmatrix},\quad \boldsymbol{T}_i^{+} = \begin{pmatrix} T_i^{\mathrm{PP}+} & T_i^{\mathrm{PS}+} \\ T_i^{\mathrm{SP}+} & T_i^{\mathrm{SS}+} \end{pmatrix} \tag{3.68}$$

で表現され[‡]，それぞれの要素は (3.64) 式，(3.65) 式，(3.67) 式で与えられる．

---

[*] 各式の前半は Fuchs[34] の (56)，(57) 式において $m \to (Q_i)$ としたものに，後半は Červený[17] の (5) 式において $D \to (\hat{Q}_i)_{11}$，$\tilde{H} \to (\tilde{Q}_i)$ としたものに一致する．

[†] 反射係数は Červený[17] の (8) 式において $W \to (\hat{Q}_i)$ としたものに，透過係数は Červený[17] の (5) 式において $D \to (\hat{Q}_i)_{11}$，$\tilde{H} \to (\tilde{Q}_i)$ としたものに一致する．

[‡] 反射・透過行列を本書の表記法に従ってボールド体とすると (3.15) 式や (3.30) の $\mathbf{T}_i$ と区別がつかないので，イタリックボールド体とする．

要素に含まれる $\mathbf{Q}_i$ の小行列式は Dunkin[31] の定理（(3.40) 式）より $\mathbf{T}_{i+1}^{-1}$ の小行列式と $\mathbf{T}_i$ の小行列式から解析的に得られるが，要素そのものの具体的な表現も Červený *et al.*[20] などが与えている．

第 i 境界面への上向き入射（図 3.2 右）に対してポテンシャルベクトルは，P 波入射ならば第 i 層側で $\mathbf{\Phi}_{li}(z_i) = \left(T_i^{\mathrm{PP}-}, T_i^{\mathrm{PS}-}, 0, 0\right)^{\mathrm{T}}$，第 $i+1$ 層側で $\mathbf{\Phi}_{l,i+1}(z_i) = \left(1, 0, R_i^{\mathrm{PP}-}, R_i^{\mathrm{PS}-}\right)^{\mathrm{T}}$，SV 波入射ならば第 i 層側で $\mathbf{\Phi}_{li}(z_i) = \left(T_i^{\mathrm{SP}-}, T_i^{\mathrm{SS}-}, 0, 0\right)^{\mathrm{T}}$，第 $i+1$ 層側で $\mathbf{\Phi}_{l,i+1}(z_i) = \left(1, 0, R_i^{\mathrm{SP}-}, R_i^{\mathrm{SS}-}\right)^{\mathrm{T}}$ であるから，解くべき連立方程式は

$$\begin{pmatrix} 1 \\ 0 \\ R_i^{\mathrm{PP}-} \\ R_i^{\mathrm{PS}-} \end{pmatrix} = \mathbf{Q}_i \begin{pmatrix} T_i^{\mathrm{PP}-} \\ T_i^{\mathrm{PS}-} \\ 0 \\ 0 \end{pmatrix}, \quad \begin{pmatrix} 0 \\ 1 \\ R_i^{\mathrm{SP}-} \\ R_i^{\mathrm{SS}-} \end{pmatrix} = \mathbf{Q}_i \begin{pmatrix} T_i^{\mathrm{SP}-} \\ T_i^{\mathrm{SS}-} \\ 0 \\ 0 \end{pmatrix}, \quad \mathbf{Q}_i = \mathbf{T}_{i+1}^{-1}\mathbf{T}_i \tag{3.69}$$

となる．これらの第 1 式 $\times(Q_i)_{22}$ と第 2 式 $\times\{-(Q_i)_{12}\}$ の和，および第 1 式 $\times(Q_i)_{21}$ と第 2 式 $\times(-(Q_i)_{11})$ の和をとれば $\mathbf{Q}_i$ の小行列式を用いて透過係数

$$\begin{aligned} T_i^{\mathrm{PP}-} &= \frac{(Q_i)_{22}}{(Q_i)_{11}(Q_i)_{22} - (Q_i)_{21}(Q_i)_{12}} = \frac{(Q_i)_{22}}{(\hat{Q}_i)_{11}}, \\ T_i^{\mathrm{PS}-} &= \frac{(Q_i)_{21}}{(Q_i)_{12}(Q_i)_{21} - (Q_i)_{22}(Q_i)_{11}} = \frac{-(Q_i)_{21}}{(\hat{Q}_i)_{11}}, \\ T_i^{\mathrm{SP}-} &= \frac{-(Q_i)_{12}}{(Q_i)_{11}(Q_i)_{22} - (Q_i)_{21}(Q_i)_{12}} = \frac{-(Q_i)_{12}}{(\hat{Q}_i)_{11}}, \\ T_i^{\mathrm{SS}-} &= \frac{(Q_i)_{11}}{(Q_i)_{12}(Q_i)_{21} - (Q_i)_{22}(Q_i)_{11}} = \frac{(Q_i)_{11}}{(\hat{Q}_i)_{11}} \end{aligned} \tag{3.70}$$

が得られる*)．また，第 3 式および第 4 式から反射係数が

$$\begin{aligned} R_i^{\mathrm{PP}-} &= (Q_i)_{31}T_i^{\mathrm{PP}-} + (Q_i)_{32}T_i^{\mathrm{PS}-} = \frac{(Q_i)_{31}(Q_i)_{22} - (Q_i)_{32}(Q_i)_{21}}{(\hat{Q}_i)_{11}} = \frac{-(\hat{Q}_i)_{41}}{(\hat{Q}_i)_{11}}, \\ R_i^{\mathrm{PS}-} &= (Q_i)_{41}T_i^{\mathrm{PP}-} + (Q_i)_{42}T_i^{\mathrm{PS}-} = \frac{(Q_i)_{41}(Q_i)_{22} - (Q_i)_{42}(Q_i)_{21}}{(\hat{Q}_i)_{11}} = \frac{-(\hat{Q}_i)_{51}}{(\hat{Q}_i)_{11}}, \\ R_i^{\mathrm{SP}-} &= (Q_i)_{31}T_i^{\mathrm{SP}-} + (Q_i)_{32}T_i^{\mathrm{SS}-} = \frac{-(Q_i)_{31}(Q_i)_{22} + (Q_i)_{32}(Q_i)_{11}}{(\hat{Q}_i)_{11}} = \frac{(\hat{Q}_i)_{21}}{(\hat{Q}_i)_{11}}, \end{aligned}$$

---

*) Červený[17] の (5) 式において $D \to (\hat{Q}_i)_{11}$，$\tilde{H} \to (\tilde{Q}_i)$ としたものに一致する．

$$R_i^{\mathrm{SS}-} = (Q_i)_{41}T_i^{\mathrm{SP}-} + (Q_i)_{42}T_i^{\mathrm{SS}-} = \frac{-(Q_i)_{41}(Q_i)_{22} + (Q_i)_{42}(Q_i)_{11}}{(\hat{Q}_i)_{11}} = \frac{(\hat{Q}_i)_{31}}{(\hat{Q}_i)_{11}} \quad (3.71)$$

と計算される *)．以上をまとめると，P 波・SV 波においては第 i 境界面への下向き入射に対する反射および透過が 2 行 2 列の反射・透過行列

$$\boldsymbol{R}_i^- = \begin{pmatrix} R_i^{\mathrm{PP}-} & R_i^{\mathrm{PS}-} \\ R_i^{\mathrm{SP}-} & R_i^{\mathrm{SS}-} \end{pmatrix}, \quad \boldsymbol{T}_i^- = \begin{pmatrix} T_i^{\mathrm{PP}-} & T_i^{\mathrm{PS}-} \\ T_i^{\mathrm{SP}-} & T_i^{\mathrm{SS}-} \end{pmatrix} \quad (3.72)$$

で表現され，それぞれの要素は (3.70) 式と (3.71) 式で与えられる．要素に含まれる $\mathbf{Q}_i$ の小行列式は (3.68) 式と同じく解析的に得られるが，要素そのものの具体的な表現も Červený *et al.*[20] などが与えている．

なお，(3.63) 式，(3.66) 式，(3.68) 式および (3.69) 式，(3.72) 式を行列形式にまとめると

$$\begin{pmatrix} \mathbf{0} \\ \boldsymbol{T}_i^+ \end{pmatrix} = \mathbf{Q}_i \begin{pmatrix} \boldsymbol{R}_i^+ \\ \mathbf{I} \end{pmatrix}, \quad \begin{pmatrix} \mathbf{I} \\ \boldsymbol{R}_i^- \end{pmatrix} = \mathbf{Q}_i \begin{pmatrix} \boldsymbol{T}_i^- \\ \mathbf{0} \end{pmatrix}, \quad \mathbf{0} = \begin{pmatrix} 0 & 0 \\ 0 & 0 \end{pmatrix}, \quad \mathbf{I} = \begin{pmatrix} 1 & 0 \\ 0 & 1 \end{pmatrix}. \quad (3.73)$$

これの第 1 式および第 2 式は図 3.2 左および右に相当し，SH 波下向き入射の (3.58) 式および上向き入射の (3.61) 式を行列化したものになっている．

特別な場合として，$i = 0$ の地表面の反射・透過行列を考える．ただし，上側の空中では地震動が存在しないから，第 1 層からの上向き入射しか存在せず，上向き入射でも透過波は存在しない（図 3.2 上）．まず SH 波の場合，地震動・応力ベクトルとポテンシャルベクトルの関係式（(3.15) 式）を地表面に適用して，応力解放条件（(3.22) 式）と，地表面への SH 波の上向き入射に対するポテンシャルベクトル $\mathbf{\Phi}_{l1}(0) = \left(1, R_0^-\right)^{\mathrm{T}}$ を代入すると，連立方程式

$$\begin{pmatrix} \tilde{v}_{l1}(0) \\ 0 \end{pmatrix} = \begin{pmatrix} -1 & -1 \\ -\mathrm{i}\mu_1\nu_{\beta 1} & +\mathrm{i}\mu_1\nu_{\beta 1} \end{pmatrix} \begin{pmatrix} 1 \\ R_0^- \end{pmatrix} \quad (3.74)$$

が得られる．その第 2 式から

$$R_0^- = \frac{+\mathrm{i}\mu_1\nu_{\beta 1}}{+\mathrm{i}\mu_1\nu_{\beta 1}} = 1 \quad (3.75)$$

---

*) Červený[17] の (8) 式において $W \to (\hat{Q}_i)$ としたものに一致する．

となって反射波の強さが入射波の強さに一致するから**全反射** *total reflection* が起こる．また，第1式から

$$\tilde{v}_{l1}(0) = -1 - R_0^- = -2 \tag{3.76}$$

となり，入射波が単位強さのときの地震動は**増幅係数** *amplification factor* と見ることができるので[60)61)]，それを W_0 と表せば

$$W_0 = -2 \tag{3.77}$$

である．SH 波の W_0 はスカラー量であるが，P 波・SV 波と併せて総称する場合には，このスカラー量のみを要素として持つ増幅係数行列 $\mathbf{W}_0$ とする．

P 波･SV 波では地震動･応力ベクトルとポテンシャルベクトルの関係式（(3.30) 式）を地表面に適用して，応力解放条件（(3.36) 式）と，地表面への P 波の上向き入射に対するポテンシャルベクトル $\mathbf{\Phi}_{l1}(0) = \left(1, 0, R_0^{\mathrm{PP}-}, R_0^{\mathrm{PS}-}\right)^{\mathrm{T}}$ または地表面への SV 波の上向き入射に対するポテンシャルベクトル $\mathbf{\Phi}_{l1}(0) = \left(0, 1, R_0^{\mathrm{SP}-}, R_0^{\mathrm{SS}-}\right)^{\mathrm{T}}$ を代入すると，連立方程式

$$\begin{pmatrix} \tilde{u}_{l1}^{\mathrm{P}}(0) \\ \tilde{w}_{l1}^{\mathrm{P}}(0) \\ 0 \\ 0 \end{pmatrix} = \mathbf{T}_1 \begin{pmatrix} 1 \\ 0 \\ R_0^{\mathrm{PP}-} \\ R_0^{\mathrm{PS}-} \end{pmatrix}, \quad \begin{pmatrix} \tilde{u}_{l1}^{\mathrm{S}}(0) \\ \tilde{w}_{l1}^{\mathrm{S}}(0) \\ 0 \\ 0 \end{pmatrix} = \mathbf{T}_1 \begin{pmatrix} 0 \\ 1 \\ R_0^{\mathrm{SP}-} \\ R_0^{\mathrm{SS}-} \end{pmatrix} \tag{3.78}$$

が得られる．確認のため (3.78) 式の第3式と第4式から2元連立方程式を作り，(3.30) 式を代入すると

$$\begin{pmatrix} \mu_1 l_1 & 2\mu_1 k\nu_{\beta 1} \\ 2\mu_1 k\nu_{\alpha 1} & -\mu_1 l_1 \end{pmatrix} \begin{pmatrix} R_0^{\mathrm{PP}-} \\ R_0^{\mathrm{PS}-} \end{pmatrix} = \begin{pmatrix} -\mu_1 l_1 \\ 2\mu_1 k\nu_{\alpha 1} \end{pmatrix},$$
$$\begin{pmatrix} \mu_1 l_1 & 2\mu_1 k\nu_{\beta 1} \\ 2\mu_1 k\nu_{\alpha 1} & -\mu_1 l_1 \end{pmatrix} \begin{pmatrix} R_0^{\mathrm{SP}-} \\ R_0^{\mathrm{SS}-} \end{pmatrix} = \begin{pmatrix} 2\mu_1 k\nu_{\beta 1} \\ \mu_1 l_1 \end{pmatrix} \tag{3.79}$$

とすることができる[*)]．

[*)] 佐藤[94)] の (7.1.6) 式において $\xi \to k$，$c_P \to \alpha_1$，$c_S \to \beta_1$，$A'/A = R_0^{\mathrm{PP}-}$，$B'/A = R_0^{\mathrm{PS}-}$，$A'/B = R_0^{\mathrm{SP}-}$，$B'/B = R_0^{\mathrm{SS}-}$ として両辺を μ_1 倍したものに一致する．

(3.30) 式に示されている $\mathbf{T}_i$ の要素を，透過係数と区別するためローマン体を用いて $(\mathrm{T}_i)_{kl}$ と表すとして，(3.78) 式の第 3 式 $\times(\mathrm{T}_1)_{44}$ と第 4 式 $\times\{-(\mathrm{T}_1)_{34}\}$ の和，および第 3 式 $\times(\mathrm{T}_1)_{43}$ と第 4 式 $\times\{-(\mathrm{T}_1)_{33}\}$ の和をとれば，やはりローマン体で表した $\mathbf{T}_1$ の小行列式 $(\hat{\mathrm{T}}_1)_{kl}$ を用いて反射係数

$$
\begin{aligned}
R_0^{\mathrm{PP}-} &= \frac{-(\mathrm{T}_1)_{31}(\mathrm{T}_1)_{44}-(\mathrm{T}_1)_{41}\{-(\mathrm{T}_1)_{34}\}}{(\mathrm{T}_1)_{33}(\mathrm{T}_1)_{44}+(\mathrm{T}_1)_{43}\{-(\mathrm{T}_1)_{34}\}} = \frac{-(\mathrm{T}_1)\Big|_{14}^{34}}{(\mathrm{T}_1)\Big|_{34}^{34}} = \frac{-(\hat{\mathrm{T}}_1)_{63}}{(\hat{\mathrm{T}}_1)_{66}}, \\
R_0^{\mathrm{PS}-} &= \frac{-(\mathrm{T}_1)_{31}(\mathrm{T}_1)_{43}-(\mathrm{T}_1)_{41}\{-(\mathrm{T}_1)_{33}\}}{(\mathrm{T}_1)_{34}(\mathrm{T}_1)_{43}+(\mathrm{T}_1)_{44}\{-(\mathrm{T}_1)_{33}\}} = \frac{-(\mathrm{T}_1)\Big|_{13}^{34}}{-(\mathrm{T}_1)\Big|_{34}^{34}} = \frac{(\hat{\mathrm{T}}_1)_{62}}{(\hat{\mathrm{T}}_1)_{66}}, \\
R_0^{\mathrm{SP}-} &= \frac{-(\mathrm{T}_1)_{32}(\mathrm{T}_1)_{44}-(\mathrm{T}_1)_{42}\{-(\mathrm{T}_1)_{34}\}}{(\mathrm{T}_1)_{33}(\mathrm{T}_1)_{44}+(\mathrm{T}_1)_{43}\{-(\mathrm{T}_1)_{34}\}} = \frac{-(\mathrm{T}_1)\Big|_{24}^{34}}{(\mathrm{T}_1)\Big|_{34}^{34}} = \frac{-(\hat{\mathrm{T}}_1)_{65}}{(\hat{\mathrm{T}}_1)_{66}}, \qquad (3.80) \\
R_0^{\mathrm{SS}-} &= \frac{-(\mathrm{T}_1)_{32}(\mathrm{T}_1)_{43}-(\mathrm{T}_1)_{42}\{-(\mathrm{T}_1)_{33}\}}{(\mathrm{T}_1)_{34}(\mathrm{T}_1)_{43}+(\mathrm{T}_1)_{44}\{-(\mathrm{T}_1)_{33}\}} = \frac{-(\mathrm{T}_1)\Big|_{23}^{34}}{-(\mathrm{T}_1)\Big|_{34}^{34}} = \frac{(\hat{\mathrm{T}}_1)_{64}}{(\hat{\mathrm{T}}_1)_{66}}
\end{aligned}
$$

が得られ，地表面における反射行列

$$
\boldsymbol{R}_0^- = \begin{pmatrix} R_0^{\mathrm{PP}-} & R_0^{\mathrm{PS}-} \\ R_0^{\mathrm{SP}-} & R_0^{\mathrm{SS}-} \end{pmatrix} \qquad (3.81)
$$

を構成する．$(\hat{\mathrm{T}}_1)_{kl}$ の具体的な表現はFuchs[34]やKind[64]が与えている（§3.1.3）．また，(3.78) 式の第 1 式，第 2 式を解いて得られる

$$
\begin{aligned}
\tilde{u}_{l1}^{\mathrm{P}}(0) &= (\mathrm{T}_1)_{11}+(\mathrm{T}_1)_{13}R_0^{\mathrm{PP}-}+(\mathrm{T}_1)_{14}R_0^{\mathrm{PS}-} = \frac{1}{(\hat{\mathrm{T}}_1)_{66}}\begin{vmatrix} (\mathrm{T}_1)_{11} & (\mathrm{T}_1)_{13} & (\mathrm{T}_1)_{14} \\ (\mathrm{T}_1)_{31} & (\mathrm{T}_1)_{33} & (\mathrm{T}_1)_{34} \\ (\mathrm{T}_1)_{41} & (\mathrm{T}_1)_{43} & (\mathrm{T}_1)_{44} \end{vmatrix} = \frac{(\tilde{\mathrm{T}}_1)_{22}}{(\hat{\mathrm{T}}_1)_{66}}, \\
\tilde{w}_{l1}^{\mathrm{P}}(0) &= (\mathrm{T}_1)_{21}+(\mathrm{T}_1)_{23}R_0^{\mathrm{PP}-}+(\mathrm{T}_1)_{24}R_0^{\mathrm{PS}-} = \frac{1}{(\hat{\mathrm{T}}_1)_{66}}\begin{vmatrix} (\mathrm{T}_1)_{21} & (\mathrm{T}_1)_{23} & (\mathrm{T}_1)_{24} \\ (\mathrm{T}_1)_{31} & (\mathrm{T}_1)_{33} & (\mathrm{T}_1)_{34} \\ (\mathrm{T}_1)_{41} & (\mathrm{T}_1)_{43} & (\mathrm{T}_1)_{44} \end{vmatrix} = \frac{(\tilde{\mathrm{T}}_1)_{12}}{(\hat{\mathrm{T}}_1)_{66}}, \qquad (3.82) \\
\tilde{u}_{l1}^{\mathrm{S}}(0) &= (\mathrm{T}_1)_{12}+(\mathrm{T}_1)_{13}R_0^{\mathrm{SP}-}+(\mathrm{T}_1)_{14}R_0^{\mathrm{SS}-} = \frac{1}{(\hat{\mathrm{T}}_1)_{66}}\begin{vmatrix} (\mathrm{T}_1)_{12} & (\mathrm{T}_1)_{13} & (\mathrm{T}_1)_{14} \\ (\mathrm{T}_1)_{32} & (\mathrm{T}_1)_{33} & (\mathrm{T}_1)_{34} \\ (\mathrm{T}_1)_{42} & (\mathrm{T}_1)_{43} & (\mathrm{T}_1)_{44} \end{vmatrix} = \frac{(\tilde{\mathrm{T}}_1)_{21}}{(\hat{\mathrm{T}}_1)_{66}},
\end{aligned}
$$

$$\tilde{w}^{\mathrm{S}}_{l1}(0) = (\mathrm{T}_1)_{22} + (\mathrm{T}_1)_{23}R_0^{\mathrm{PP}-} + (\mathrm{T}_1)_{24}R_0^{\mathrm{PS}-} = \frac{1}{(\hat{\mathrm{T}}_1)_{66}} \begin{vmatrix} (\mathrm{T}_1)_{22} & (\mathrm{T}_1)_{23} & (\mathrm{T}_1)_{24} \\ (\mathrm{T}_1)_{32} & (\mathrm{T}_1)_{33} & (\mathrm{T}_1)_{34} \\ (\mathrm{T}_1)_{42} & (\mathrm{T}_1)_{43} & (\mathrm{T}_1)_{44} \end{vmatrix} = \frac{(\tilde{\mathrm{T}}_1)_{11}}{(\hat{\mathrm{T}}_1)_{66}},$$

を用いて増幅係数行列

$$\mathbf{W}_0 = \begin{pmatrix} W_0^{\mathrm{RP}} & W_0^{\mathrm{RS}} \\ W_0^{\mathrm{ZP}} & W_0^{\mathrm{ZS}} \end{pmatrix} = \begin{pmatrix} \tilde{u}^{\mathrm{P}}_{l1}(0) & \tilde{u}^{\mathrm{S}}_{l1}(0) \\ \tilde{w}^{\mathrm{P}}_{l1}(0) & \tilde{w}^{\mathrm{S}}_{l1}(0) \end{pmatrix} = \frac{1}{(\hat{\mathrm{T}}_1)_{66}} \begin{pmatrix} (\tilde{\mathrm{T}}_1)_{22} & (\tilde{\mathrm{T}}_1)_{21} \\ (\tilde{\mathrm{T}}_1)_{12} & (\tilde{\mathrm{T}}_1)_{11} \end{pmatrix} \tag{3.83}$$

を計算できる．$(\tilde{\mathrm{T}}_1)_{kl}$ は $\mathbf{T}_1$ から k 行と l 列を除いた 3 行 3 列の小行列の行列式であり [17]，(3.65) 式のために定義したものと同じ．

3.1.6　反射・透過行列 II [*]

§3.1.5 で定義した反射・透過を単独の境界面から，上下の 2 境界面を含む層に拡張する．第 i 層がこの層ならば，層全体は上から "第 $i-1$ 境界面近傍"，"第 i 層中心部"，"第 i 境界面近傍" の 3 つの小領域に分けられる（図 3.3）．各小領域はそれぞれ特徴的な伝播の効果を入射波に対して及ぼす．たとえば，第 i 境界面近傍は入射波を境界面に導き，§3.1.5 で得られた行列により反射・透過を起こす．また，第 i 層中心部は均質であるから（§3.1.1），そこでは前進する伝播しか起こらない．この伝播は位相の遅れのみをもたらすから，第 i 層中心部の透過行列を位相行列

$$E_i = e^{-\mathrm{i}\nu_{\beta i} d_i} \ (\text{SH 波}), \quad \boldsymbol{E}_i = \begin{pmatrix} e^{-\mathrm{i}\nu_{\alpha i} d_i} & 0 \\ 0 & e^{-\mathrm{i}\nu_{\beta i} d_i} \end{pmatrix} \ (\text{P 波・SV 波}) \tag{3.84}$$

とし [†]，反射行列はゼロとすればよい．propagator 行列の $\mathbf{E}_i$（(3.16) 式，(3.32) 式）に比べ，この位相行列は $e^{+\mathrm{i}\nu_{\alpha i} d_i}$，$e^{+\mathrm{i}\nu_{\beta i} d_i}$ を含まないのが，桁あふれの問題（§3.1.3）に関する反射・透過行列の利点である．

第 i 層内の地震動の伝播は，図 3.3 に示した伝播の効果の組み合わせにな

---

[*] §3.1.5, §3.1.6 の記述は当然 Kennett [60),61)] に基づくが，反射・透過行列の定義と導出は Fuchs [34)] や Červený [17)] に基づく．

[†] 本書の表記法に従ってボールド体とすると (3.16) 式や (3.32) 式の $\mathbf{E}_i$ と区別がつかないのでイタリックボールド体とする．SH 波の場合も要素ひとつの位相行列と総称する．

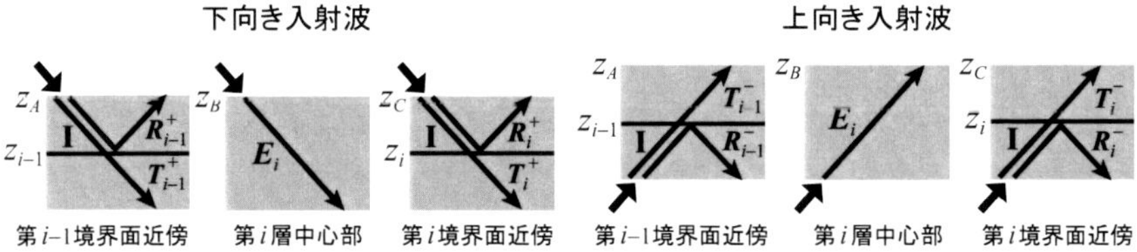

図 3.3　下向き入射波（左）および上向き入射波（右）に対して第 i 層の 3 小領域が及ぼす伝播の効果.

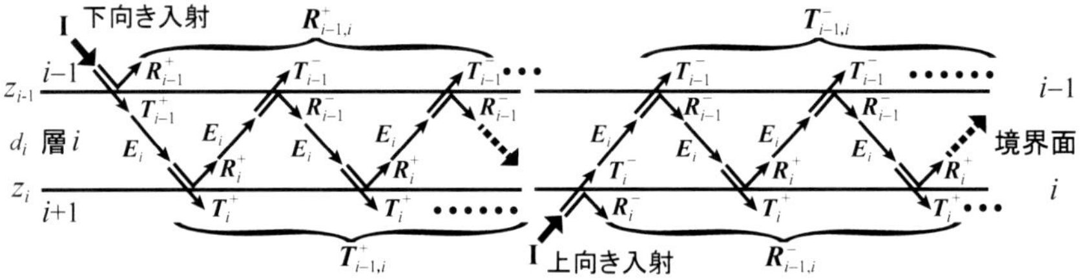

図 3.4　単独の第 i 境界面（図 3.2）から第 $i-1$ 境界面と第 i 境界面にはさまれた第 i 層へ拡張された下向き入射（左）と上向き入射（右）の反射・透過行列.

るはずである．層は上下を境界面ではさまれているから，それらの間で反射を繰り返す**重複反射** *multiple reflections, reverberations* [*] が起こるが，この重複反射も図 3.4 のように伝播の効果の組み合わせになっている．層に拡張した後の反射・透過行列は，たとえば第 i 層なら第 $i-1$ 境界面と第 i 境界面にはさまれた領域ということで $\boldsymbol{R}^{\pm}_{i-1,i}$，$\boldsymbol{T}^{\pm}_{i-1,i}$ と表す．下向き入射の場合，図 3.4 左と行列の等比級数の公式 [93]

$$(\mathbf{I}-\mathbf{A})^{-1}=\mathbf{I}+\mathbf{A}+\mathbf{A}^2+\cdots \tag{3.85}$$

から [†]（$\mathbf{I}$ は (3.73) 式で定義した単位行列）

$$\begin{aligned}\boldsymbol{R}^{+}_{i-1,i}&=\boldsymbol{R}^{+}_{i-1}+\boldsymbol{T}^{-}_{i-1}\boldsymbol{E}_i\boldsymbol{R}^{+}_{i}\boldsymbol{E}_i\boldsymbol{T}^{+}_{i-1}+\boldsymbol{T}^{-}_{i-1}\boldsymbol{E}_i\boldsymbol{R}^{+}_{i}\boldsymbol{E}_i\boldsymbol{R}^{-}_{i-1}\boldsymbol{E}_i\boldsymbol{R}^{+}_{i}\boldsymbol{E}_i\boldsymbol{T}^{+}_{i-1}+\cdots\\&=\boldsymbol{R}^{+}_{i-1}+\boldsymbol{T}^{-}_{i-1}\boldsymbol{E}_i\boldsymbol{R}^{+}_{i}\boldsymbol{E}_i\left(\mathbf{I}+\boldsymbol{R}^{-}_{i-1}\boldsymbol{E}_i\boldsymbol{R}^{+}_{i}\boldsymbol{E}_i+\cdots\right)\boldsymbol{T}^{+}_{i-1}\\&=\boldsymbol{R}^{+}_{i-1}+\boldsymbol{T}^{-}_{i-1}\boldsymbol{E}_i\boldsymbol{R}^{+}_{i}\boldsymbol{E}_i\left(\mathbf{I}-\boldsymbol{R}^{-}_{i-1}\boldsymbol{E}_i\boldsymbol{R}^{+}_{i}\boldsymbol{E}_i\right)^{-1}\boldsymbol{T}^{+}_{i-1}\end{aligned} \tag{3.86}$$

[*] 重複反射は「ちょうふくはんしゃ」と読まれることが多いが，金井 [55] は索引で「シ」の項に置いているので「じゅうふくはんしゃ」と読んでいたと思われる．本書では前者とする．
[†] この公式が成り立つためには $\mathbf{A}$ の固有値の絶対値が 1 より小さくなければならない．

$$\begin{aligned}\boldsymbol{T}^{+}_{i-1,i} &= \boldsymbol{T}^{+}_{i}\boldsymbol{E}_{i}\boldsymbol{T}^{+}_{i-1} + \boldsymbol{T}^{+}_{i}\boldsymbol{E}_{i}\boldsymbol{R}^{-}_{i-1}\boldsymbol{E}_{i}\boldsymbol{R}^{+}_{i}\boldsymbol{E}_{i}\boldsymbol{T}^{+}_{i-1} + \cdots \\ &= \boldsymbol{T}^{+}_{i}\boldsymbol{E}_{i}\left(\mathbf{I} + \boldsymbol{R}^{-}_{i-1}\boldsymbol{E}_{i}\boldsymbol{R}^{+}_{i}\boldsymbol{E}_{i} + \cdots\right)\boldsymbol{T}^{+}_{i-1} = \boldsymbol{T}^{+}_{i}\boldsymbol{E}_{i}\left(\mathbf{I} - \boldsymbol{R}^{-}_{i-1}\boldsymbol{E}_{i}\boldsymbol{R}^{+}_{i}\boldsymbol{E}_{i}\right)^{-1}\boldsymbol{T}^{+}_{i-1}\end{aligned}$$

が得られる*)．同様に，上向き入射の場合は図 3.4 右と (3.85) 式の公式から

$$\begin{aligned}\boldsymbol{R}^{-}_{i-1,i} &= \boldsymbol{R}^{-}_{i} + \boldsymbol{T}^{+}_{i}\boldsymbol{E}_{i}\boldsymbol{R}^{-}_{i-1}\boldsymbol{E}_{i}\boldsymbol{T}^{-}_{i} + \boldsymbol{T}^{+}_{i}\boldsymbol{E}_{i}\boldsymbol{R}^{-}_{i-1}\boldsymbol{E}_{i}\boldsymbol{R}^{+}_{i}\boldsymbol{E}_{i}\boldsymbol{R}^{-}_{i-1}\boldsymbol{E}_{i}\boldsymbol{T}^{-}_{i} + \cdots \\ &= \boldsymbol{R}^{-}_{i} + \boldsymbol{T}^{+}_{i}\boldsymbol{E}_{i}\boldsymbol{R}^{-}_{i-1}\left(\mathbf{I} + \boldsymbol{E}_{i}\boldsymbol{R}^{+}_{i}\boldsymbol{E}_{i}\boldsymbol{R}^{-}_{i-1} + \cdots\right)\boldsymbol{E}_{i}\boldsymbol{T}^{-}_{i} \\ &= \boldsymbol{R}^{-}_{i} + \boldsymbol{T}^{+}_{i}\boldsymbol{E}_{i}\boldsymbol{R}^{-}_{i-1}\left(\mathbf{I} - \boldsymbol{E}_{i}\boldsymbol{R}^{+}_{i}\boldsymbol{E}_{i}\boldsymbol{R}^{-}_{i-1}\right)^{-1}\boldsymbol{E}_{i}\boldsymbol{T}^{-}_{i}, \qquad (3.87) \\ \boldsymbol{T}^{-}_{i-1,i} &= \boldsymbol{T}^{-}_{i-1}\boldsymbol{E}_{i}\boldsymbol{T}^{-}_{i} + \boldsymbol{T}^{-}_{i-1}\boldsymbol{E}_{i}\boldsymbol{R}^{+}_{i}\boldsymbol{E}_{i}\boldsymbol{R}^{-}_{i-1}\boldsymbol{E}_{i}\boldsymbol{T}^{-}_{i} + \cdots \\ &= \boldsymbol{T}^{-}_{i-1}\left(\mathbf{I} + \boldsymbol{E}_{i}\boldsymbol{R}^{+}_{i}\boldsymbol{E}_{i}\boldsymbol{R}^{-}_{i-1} + \cdots\right)\boldsymbol{E}_{i}\boldsymbol{T}^{-}_{i} = \boldsymbol{T}^{-}_{i-1}\left(\mathbf{I} - \boldsymbol{E}_{i}\boldsymbol{R}^{+}_{i}\boldsymbol{E}_{i}\boldsymbol{R}^{-}_{i-1}\right)^{-1}\boldsymbol{E}_{i}\boldsymbol{T}^{-}_{i}\end{aligned}$$

が得られる．

ここで，第 i 層の 3 小領域の上端 $z_{i-1}-$，$z_{i-1}+$，z_i- を z_A，z_B，z_C とすると (図 3.3)，$\boldsymbol{R}^{\pm}_{i-1,i+1} = \boldsymbol{R}^{\pm}_{AC}$，$\boldsymbol{T}^{\pm}_{i-1,i+1} = \boldsymbol{T}^{\pm}_{AC}$ と表せる．§3.1.5 の定義や図 3.4 の図解から

$$\begin{aligned}\boldsymbol{R}^{+}_{AB} &= \boldsymbol{R}^{+}_{i-1}, \quad \boldsymbol{T}^{+}_{AB} = \boldsymbol{T}^{+}_{i-1}, \quad \boldsymbol{R}^{-}_{AB} = \boldsymbol{R}^{-}_{i-1}, \quad \boldsymbol{T}^{-}_{AB} = \boldsymbol{T}^{-}_{i-1}, \qquad (3.88) \\ \boldsymbol{R}^{+}_{BC} &= \boldsymbol{E}_{i}\boldsymbol{R}^{+}_{i}\boldsymbol{E}_{i}, \quad \boldsymbol{T}^{+}_{BC} = \boldsymbol{T}^{+}_{i}\boldsymbol{E}_{i}, \quad \boldsymbol{R}^{-}_{BC} = \boldsymbol{R}^{-}_{i}, \quad \boldsymbol{T}^{-}_{BC} = \boldsymbol{E}_{i}\boldsymbol{T}^{-}_{i}.\end{aligned}$$

これらを (3.86) 式，(3.87) 式に代入すると加算規則 *addition rule* [60),61)]

$$\begin{aligned}\boldsymbol{R}^{+}_{AC} &= \boldsymbol{R}^{+}_{AB} + \boldsymbol{T}^{-}_{AB}\boldsymbol{R}^{+}_{BC}(\mathbf{I} - \boldsymbol{R}^{-}_{AB}\boldsymbol{R}^{+}_{BC})^{-1}\boldsymbol{T}^{+}_{AB}, \\ \boldsymbol{T}^{+}_{AC} &= \boldsymbol{T}^{+}_{BC}(\mathbf{I} - \boldsymbol{R}^{-}_{AB}\boldsymbol{R}^{+}_{BC})^{-1}\boldsymbol{T}^{+}_{AB}, \qquad (3.89) \\ \boldsymbol{R}^{-}_{AC} &= \boldsymbol{R}^{-}_{BC} + \boldsymbol{T}^{+}_{BC}\boldsymbol{R}^{-}_{AB}(\mathbf{I} - \boldsymbol{R}^{+}_{BC}\boldsymbol{R}^{-}_{AB})^{-1}\boldsymbol{T}^{-}_{BC}, \\ \boldsymbol{T}^{-}_{AC} &= \boldsymbol{T}^{-}_{AB}(\mathbf{I} - \boldsymbol{R}^{+}_{BC}\boldsymbol{R}^{-}_{AB})^{-1}\boldsymbol{T}^{-}_{BC}\end{aligned}$$

が得られる†)．ここでは連続した小領域に加算規則が成り立つことを示したが，Kennett[60)] は連続した層や層群にも成り立つことを示している．

ここでも §3.1.5 と同じように，特別な場合として上端が地表面である第 1

*) Kennett[61)] の (14.1.14) 式，(14.1.15) 式において $A \to i-1$，$B \to i$，$D \to +$，$U \to -$ としたものに一致する．ただし原書にはいくつか誤植がある．

†) Kennett[60)] の (6.3) 式，(6.4) 式において $D \to +$，$U \to -$ としたものに一致する．

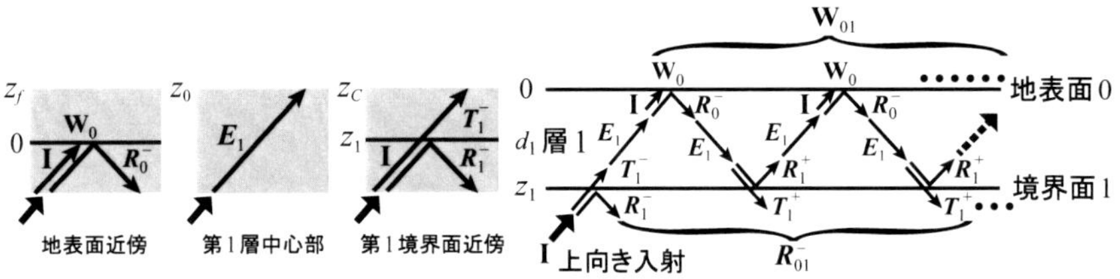

図 3.5　上向き入射波に対して第 1 層の 3 小領域が及ぼす伝播の効果（左）と，地表面，第 1 境界面にはさまれた第 1 層の反射行列・増幅率行列（右）.

層の加算規則を考える．上側の空中では地震動が存在しないから上向き入射しか存在しない．上向き入射でも，透過行列 $\boldsymbol{T}_0^-$ は存在しないが，増幅率行列 $\mathbf{W}_0$（(3.77) 式，(3.83) 式）は存在する．図 3.3 と同じように，第 1 層を "地表面近傍"，"第 1 層中心部"，"第 1 境界面近傍" の 3 小領域に分けると，それぞれによる伝播の効果は図 3.5 左のとおりとなる．これに基づいて第 1 層内の重複反射を表現したものが図 3.5 右となり，その中の $\boldsymbol{R}_{01}^-$ を図 3.4 右の中の $\boldsymbol{R}_{i-1,i}^1$ と比較すると，$i=1$ とすれば両者は一致する．また，増幅率行列には，図 3.5 右と (3.85) 式の公式から

$$
\begin{aligned}
\mathbf{W}_{01} &= \mathbf{W}_0\boldsymbol{E}_1\boldsymbol{T}_1^- + \mathbf{W}_0^-\boldsymbol{E}_1\boldsymbol{R}_1^+\boldsymbol{E}_1\boldsymbol{R}_0^-\boldsymbol{E}_1\boldsymbol{T}_1^- + \cdots \\
&= \mathbf{W}_0\left(\mathbf{I} + \boldsymbol{E}_1\boldsymbol{R}_1^+\boldsymbol{E}_1\boldsymbol{R}_0^- + \cdots\right)\boldsymbol{E}_1\boldsymbol{T}_1^- \\
&= \mathbf{W}_0\left(\mathbf{I} - \boldsymbol{E}_1\boldsymbol{R}_1^+\boldsymbol{E}_1\boldsymbol{R}_0^-\right)^{-1}\boldsymbol{E}_1\boldsymbol{T}_1^-
\end{aligned}
\tag{3.90}
$$

が得られ，これは $i=1$ とした (3.87) 式の中の $\boldsymbol{T}_{01}^-$ において $\boldsymbol{T}_0^-$ を $\mathbf{W}_0$ に置き換えたものに一致する．以上の一致から，地表面を上端とする場合でも，3 小領域の上端 0−，0+，z_1- を z_f，z_0，z_C とすれば（図 3.5），(3.89) 式の加算規則のうち上向き入射の反射行列のものはそのまま成り立ち，透過行列のものは増幅率行列に置き換わって

$$
\begin{aligned}
\boldsymbol{R}_{fC}^- &= \boldsymbol{R}_{0C}^- + \boldsymbol{T}_{0C}^+\boldsymbol{R}_0^-\left(\mathbf{I} - \boldsymbol{R}_{0C}^+\boldsymbol{R}_0^-\right)^{-1}\boldsymbol{T}_{0C}^-, \\
\mathbf{W}_{fC} &= \mathbf{W}_0\left(\mathbf{I} - \boldsymbol{R}_{0C}^+\boldsymbol{R}_0^-\right)^{-1}\boldsymbol{T}_{0C}^-
\end{aligned}
\tag{3.91}
$$

が得られる *).

*) Kennett[61] の (14.3.5)，(14.3.6) 式において $D \to +$，$U \to -$，$F \to 0$ としたものに一致する.

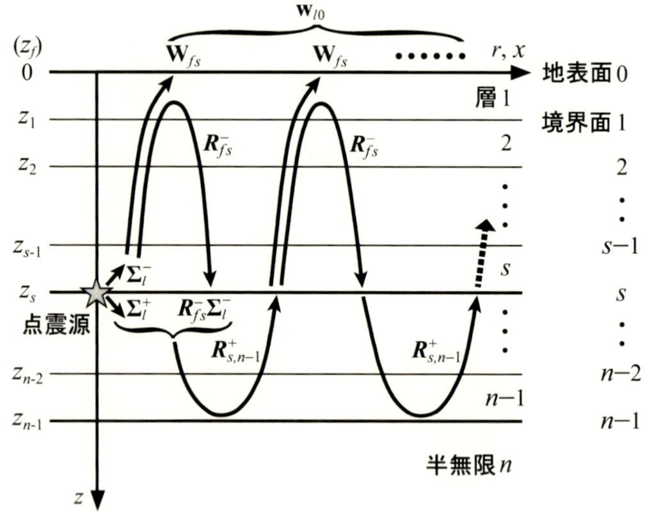

図 3.6　点震源から発した下向きおよび上向き地震波に反射・透過行列や増幅率行列が作用して地表面の地震動が構成されていく過程の模式図.

ここまで構築してきた反射・透過行列や増幅率行列の作用を用いれば，点震源から発せられる地震波へ水平成層構造が及ぼす伝播の効果が算出され，それに基づいて地表面の地震動ベクトル*)

$$w_{l0} = \tilde{v}_{l1}(0)\ \text{(SH 波)},\quad \mathbf{w}_{l0} = \begin{pmatrix} \tilde{u}_{l1}(0) \\ \tilde{w}_{l1}(0) \end{pmatrix}\ \text{(P 波・SV 波)} \tag{3.92}$$

を図 3.6 のように得ることができる．この中の下向きおよび上向き地震波のベクトル（$\boldsymbol{\Sigma}_l^{\pm}$）は，(2.129) 式の震源ポテンシャルを (3.5) 式の形に変形して得られる $\phi_{lS}^{\pm}$，$\psi_{lS}^{\pm}$，$\chi_{lS}^{\pm}$ から

$$\Sigma_l^{\pm} = \chi_{lS}^{\pm}\ \text{(SH 波)},\quad \boldsymbol{\Sigma}_l^{\pm} = \begin{pmatrix} \phi_{lS}^{\pm} \\ \psi_{lS}^{\pm} \end{pmatrix}\ \text{(P 波・SV 波)} \tag{3.93}$$

と求められる．一方，点震源と半無限の間の領域 $[z_s, z_{n-1}]$ による伝播の効果は反射行列 $\boldsymbol{R}_{s,n-1}^{+}$ が表し，この行列は第 $s \sim n-1$ 境界面の反射・透過行列と

*) 以下，SH 波のベクトルも行列と同じように要素一つのベクトルと総称する.

第 $s+1 \sim n-1$ 層の位相行列および (3.88) 式と (3.89) 式（または (3.86) 式）の加算規則から得られる．地表面と点震源の間の領域 $[0\,(z_f), z_s]$ による伝播の効果は反射行列 $\boldsymbol{R}^-_{fs}$ と増幅率行列 $\mathbf{W}_{fs}$ が表し，これら行列は地表面の増幅率行列，第 $1 \sim s$ 境界面の反射・透過行列，第 $1 \sim s$ 層の位相行列および (3.88) 式と (3.89) 式（または (3.87) 式）の加算規則から得られる．$\boldsymbol{\Sigma}^\pm_l$ を含みながら領域 $[0\,(z_f), z_{n-1}]$ 全体で重複反射が起こるので，図 3.6 の図解から

$$\mathbf{w}_{l0} = \mathbf{W}_{fs}\Sigma^-_l + \mathbf{W}_{fs}\left(\mathbf{I} - \boldsymbol{R}^+_{s,n-1}\boldsymbol{R}^-_{fs}\right)^{-1}(\boldsymbol{\Sigma}^+_l + \boldsymbol{R}^-_{fs}\boldsymbol{\Sigma}^-_l)\,. \tag{3.94}$$

本項の冒頭で述べたように，(3.94) 式や (3.88) 式，(3.89) 式には $e^{+\mathrm{i}\nu_{\alpha i}d_i}$，$e^{+\mathrm{i}\nu_{\beta i}d_i}$ が現れない．しかし，$e^{-\mathrm{i}\nu_{\alpha i}d_i}$，$e^{-\mathrm{i}\nu_{\beta i}d_i}$ を含む行列多項式の逆行列は含まれ，それが数値的不安定につながる可能性は残っている．

3.1.7　波数積分（近似解法）

§3.1.2~§3.1.6 では，水平成層構造の地表面における地震動の Fourier 変換が

$$\begin{aligned}
\bar{u}_{r0} &= \sum_{l=0}^{2}\Lambda_l(\theta)\int_0^\infty \tilde{u}_{l1}(0)\frac{dJ_l(kr)}{dr}\frac{dk}{\mathrm{i}k}\,,\\
\bar{u}_{\theta 0} &= \sum_{l=0}^{2}\frac{d\Lambda_l(\theta)}{d\theta}\int_0^\infty \tilde{v}_{l1}(0)\frac{dJ_l(kr)}{dr}\,dk\,,\\
\bar{u}_{z0} &= \sum_{l=0}^{2}\Lambda_l(\theta)\int_0^\infty \tilde{w}_{l1}(0)J_l(kr)\,dk
\end{aligned} \tag{3.95}$$

と表されるとき（(3.13) 式，(3.29) 式），被積分関数 $\tilde{u}_{l1}(0)$，$\tilde{v}_{l1}(0)$，$\tilde{w}_{l1}(0)$ は propagator 行列や反射・透過行列などの行列演算（(3.25) 式，(3.43) 式，(3.94) 式）で計算できることを示した．このことは逆に考えると，propagator 行列や反射・透過行列などで得られる解も (3.95) における**波数積分** *wavenumber integration* を実行しなければ地震動の Fourier 変換は得られないことを意味する．

行列演算の導入で被積分関数が容易に計算できるのに比べ，この波数積分を解析的に実行することは非常な困難を伴う．もっとも単純な地下構造といっていい半無限媒質（地表面を上端とする半無限だけで構成されている媒質）

でも，積分の解析的実行の研究は Lamb[76] に始まり Cagniard[15] が定式化，de Hoop[28] などが洗練させ，Kawasaki *et al.*[57] が点震源の解を得た．半無限媒質でも 70 年という年月を要しているわけであるから，水平成層構造では被積分関数に近似を施すか，数値的な方法に頼らざるをえない．本項では前者を Kennett[61] に基づいて解説する．

水平成層構造の反射・透過行列による被積分関数 $\mathbf{w}_{l0}$（(3.94) 式）に (3.85) 式の公式を逆に用いると

$$\mathbf{w}_{l0} = \sum_{I} \mathbf{g}_{lI}\, e^{-\mathrm{i}\omega\tau_I}, \quad \mathbf{g}_{lI} = \mathbf{f}_{lI} \prod_{j} T_j \prod_{k} R_k\,, \tag{3.96}$$
$$\mathbf{f}_{lI} = \mathbf{W}_0 \mathbf{\Sigma}_l^{\pm}\,, \quad \omega\tau_I = \sum_{m} \nu_m d_m$$

と展開することができる．展開後の各項は，たとえば図 3.4 の中に連続した矢印で示したような地震動の伝播の軌跡，いわゆる波線（§1.2.5）に相当している．しかし，後述の波線理論（§3.2.2）で計算できる実体波だけでなく，ヘッドウェーブ（本項で後述）などの非実体波も含んでいる．このため，各項は **generalized ray** と呼ばれるようになり[19]，そのための計算手法を Helmberger[45] は **generalized ray theory**（以下では GRT と略す）と呼んだ．

まず，Cagniard[15]，de Hoop[28]，Helmberger[45] に合わせて積分変数を波数 k からスローネス *slowness* $p \equiv k/\omega$*) に替えると，GRT の独立変数は ω と p に替わる．(3.96) 式の中で T_j，R_k は，generalized ray が通過した境界面における反射・透過行列の要素を表す．たとえば，(3.60) 式，(3.62) 式に書かれた SH 波の反射・透過行列の単独要素は，分母と分子の両方を ω で割って

$$R_i^+ = \frac{\mu_i q_{\beta i} - \mu_{i+1} q_{\beta,i+1}}{\mu_i q_{\beta i} + \mu_{i+1} q_{\beta,i+1}}\,,\ T_i^+ = \frac{2\mu_i q_{\beta i}}{\mu_i q_{\beta i} + \mu_{i+1} q_{\beta,i+1}}\,,\ R_i^- = \frac{\mu_{i+1} q_{\beta,i+1} - \mu_i q_{\beta i}}{\mu_{i+1} q_{\beta,i+1} + \mu_i q_{\beta i}}\,,$$
$$T_i^- = \frac{2\mu_{i+1} q_{\beta,i+1}}{\mu_{i+1} q_{\beta,i+1} + \mu_i q_{\beta i}}\,,\ q_{\beta i} = \frac{\nu_{\beta i}}{\omega} = \begin{cases} \sqrt{\beta_i^{-2} - p^2}\,, & \beta_i^{-1} \ge p \\ -\mathrm{i}\sqrt{p^2 - \beta_i^{-2}}\,, & \beta_i^{-1} < p \end{cases} \tag{3.97}$$

となるので，T_j，R_k は p のみにより ω にはよらない．$\mathbf{f}_{lI}$ は点震源および地表

---

*) 位相速度 $c \equiv \omega/k$ の逆数だから "遅さ" つまりスローネスである．

面の影響を表すもので $\mathbf{W}_0\Sigma_l^{\pm}$ となり[60)]，$\Sigma_l^{\pm}$ の中の ω による部分 $\bar{\mathsf{M}}(\omega)/\omega$ とそれ以外の部分に分けられるとする．一方，$e^{-\mathrm{i}\omega\tau_I}$ は通過した層の透過行列である位相行列 $\boldsymbol{E}_i$（(3.84) 式）の要素を集積したものになっているから，$\omega\tau_I$ は層内を z 方向に伝播することによる位相遅れの合計を表している．したがって，

$$\tau_I = \sum_m \frac{\nu_m}{\omega} d_m = \sum_m q_m d_m \tag{3.98}$$

は層内を z 方向に伝播することによる時間遅れの合計を表して，p のみにより ω にはよらない．以上の反射・透過行列や時間遅れの性質は，SH 波問題と等価な音波問題のみならず，P 波・SV 波問題でも成り立つ[61)]．これらすべての問題に対応するためには，(3.97) 式や (3.98) 式の q に関する変数を Sommerfeld 積分（(2.76) 式）の ν_υ と同じように

$$q_m = (\upsilon_m^{-2} - p^2)^{\frac{1}{2}} = \begin{cases} \sqrt{\upsilon_m^{-2} - p^2}, & \upsilon_m^{-1} \geq p \\ -\mathrm{i}\sqrt{p^2 - \upsilon_m^{-2}}, & \upsilon_m^{-1} < p \end{cases}, \quad \upsilon_m = \alpha_m \ \text{or} \ \beta_m \tag{3.99}$$

などと定義すればよい．υ_m は generalized ray の m 番目セグメントの地震波タイプにより，そのセグメントがある層の P 波速度 α_m または S 波速度 β_m とする．(2.76) 式の ν_υ が深さ方向の波数を表すのと同じように，q_m は m 番目セグメントの深さ方向のスローネスを表す．

たとえば，点震源の影響は方位 θ によらないとすれば円筒調和関数（(3.4) 式）のうち $l = 0$ の項のみとることになり*)，$\mathbf{g}_{0I} = (\bar{\mathsf{M}}(\omega)/\omega)(-pF_I, -pG_I)^{\mathrm{T}}$ とおいた上で，(3.95) 式に (3.96) 式を代入して Fourier 逆変換を行うと，地表面の地震動の z 成分は

$$\begin{aligned} u_{z0} &= \sum_I \frac{1}{2\pi}\int_{-\infty}^{\infty} e^{\mathrm{i}\omega t} d\omega \int_0^{\infty} \frac{\bar{\mathsf{M}}(\omega)(-p)G_I}{\omega} e^{-\mathrm{i}\omega\tau_I} J_0(kr)\, dk \\ &= \sum_I \frac{1}{2\pi}\int_{-\infty}^{\infty} e^{\mathrm{i}\omega t} d\omega\, \bar{\mathsf{M}}(\omega)\left\{\int_0^{\infty} G_I\, e^{-\mathrm{i}\omega\tau_I} J_0(\omega p r)(-p) dp\right\} \\ &= \sum_I \mathsf{M}(t) * \frac{1}{2\pi}\int_{-\infty}^{\infty} e^{\mathrm{i}\omega t} d\omega \int_0^{\infty} G_I\, e^{-\mathrm{i}\omega\tau_I} J_0(\omega p r)(-p) dp = \mathsf{M}(t) * \sum_I u_{zI} \end{aligned} \tag{3.100}$$

*) Helmberger[45)] が扱った海中発破の問題はこれに相当する．

と与えられる[*]．$\mathsf{M}(t)$ は $\bar{\mathsf{M}}(\omega)$ の逆 Fourier 変換である．(3.100) 式に示されているように，地震動の時間領域の解を得るには Fourier 逆変換と，波数積分またはスローネス積分 *slowness integration* という二つの積分を行わなければならないが，GRT では Fourier 逆変換，スローネス積分の順番で積分を行う．この順番による計算手法をスローネス法 *slowness method* と呼び，§3.1.8 の数値解法のように波数積分，Fourier 逆変換の順番で行う計算手法をスペクトラル法 *spectral method* と呼ぶ[60]．スローネス法に従い u_{zI} の Fourier 逆変換をまず行う．前述のように，u_{zI} の中で ω による項は $e^{-i\omega\tau_I}$ と $J_0(\omega pr)$ だけであり，前者は表 4.3 から τ_I の時間シフトを起こす．

後者の Bessel 関数は (3.8) 式から Hankel 関数に分解できるので，(3.100) 式の中の u_{zI} は

$$u_{zI} = \frac{1}{2\pi}\int_{-\infty}^{\infty} e^{i\omega t} d\omega \int_0^{\infty} G_I\, e^{-i\omega\tau_I} J_0(\omega pr)(-p)dp \tag{3.101}$$

$$= u_{zI-} + u_{zI+}\,,\quad u_{zI\mp} = \frac{1}{2\pi}\int_{-\infty}^{\infty} e^{i\omega t} d\omega \int_0^{\infty} G_I\, e^{-i\omega\tau_I} \frac{1}{2} H_0^{(1),(2)}(\omega pr)(-p)dp$$

となる．複号 $\mp$ と (1), (2) は同順とする．Bessel 関数と関連する特殊関数の Fourier 変換に関しては適切な公式が見つからなかったが，**Laplace 変換** *Laplace transform*

$$F_l(s) = \int_0^{\infty} f(t)e^{-st}dt \tag{3.102}$$

ならば

$$H(t-a)(t^2-a^2)^{\nu} \Leftrightarrow F_l(s) = \frac{\Gamma(\nu+1)}{\sqrt{\pi}}\left(\frac{2a}{s}\right)^{\nu+1/2} K_{\nu+1/2}(as) \tag{3.103}$$

がある[†]．$H(t)$ は階段関数（§4.2.2），$K_\nu(s)$ は**変形された Bessel 関数** *modified Bessel function* を表す．同じ $f(t)$ に対する Laplace 変換 $F_l(s)$ と Fourier 変換 $F(\omega)$ の間には

$$F_l(s) = F(\omega)\,,\quad \omega = \frac{s}{i} \tag{3.104}$$

[*] Kennett[61] の (16.1.22) 式と比べると，Fourier 変換の定義の違いのため $e^{-i\omega\tau_I}$ と $(-p)$ の符号が異なる．(3.101) 式の複号の順番を変えているのも同じ理由.

[†] 森口・他[82] の 288 頁に所収.

という関係が成り立つ[85)]．$\nu = -1/2$，$a = pr$ とした (3.103) 式と (3.104) 式，および $K_\nu(x) = \frac{\pi}{2} \mathrm{i}^{\nu+1} H_\nu^{(1)}(\mathrm{i}x)$（Arfken and Weber[4)] の (11.17) 式）と (3.10) 式から

$$\frac{H(t-pr)}{(t^2-p^2r^2)^{1/2}} \Longleftrightarrow K_0(\mathrm{i}\omega pr) = \frac{\pi \mathrm{i}}{2} H_0^{(1)}(-\omega pr) = \frac{-\pi \mathrm{i}}{2} H_0^{(2)}(\omega pr). \tag{3.105}$$

(3.105) 式の右辺第 3 式を $F(\omega)$ と置き，x が実数のときの公式[*)] $\left\{H_0^{(2)}(x)\right\}^* = H_0^{(1)}(x)$ と (3.10) 式から

$$\begin{aligned} F(-\omega) &= \frac{-\pi \mathrm{i}}{2} H_0^{(2)}((-\omega)pr) = \frac{\pi \mathrm{i}}{2} H_0^{(1)}(\omega pr), \\ \{F(\omega)\}^* &= \frac{\pi \mathrm{i}}{2} \left\{H_0^{(2)}(\omega pr)\right\}^* = \frac{\pi \mathrm{i}}{2} H_0^{(1)}(\omega pr) \end{aligned} \tag{3.106}$$

であるから，実関数の Fourier 変換の性質 $F(-\omega) = \{F(\omega)\}^*$（表 4.3）より (3.105) 式左辺の $H(t-pr)/(t^2-p^2r^2)^{1/2}$ は実関数である．(3.105) 式と $e^{-\mathrm{i}\omega\tau_l}$ による時間シフトを用いて，(3.101) 式の中の u_{zl+} に対して Fourier 逆変換を実行すると

$$u_{zl+} = \frac{1}{\pi \mathrm{i}} \int_0^\infty \frac{H(t-\tau_l-pr)}{\{(t-\tau_l)^2 - p^2r^2\}^{1/2}} G_l \, p \, dp \tag{3.107}$$

が得られる[†)]．また，(3.105) 式の右辺第 2 式に Fourier 変換の複素共役の性質 $\{f(t)\}^* \Leftrightarrow \{F(-\omega)\}^*$（表 4.3）を適用し，(3.105) 式の左辺が実関数であることを用いれば

$$\begin{aligned} &\left\{\frac{H(t-pr)}{(t^2-p^2r^2)^{1/2}}\right\}^* = \frac{H(t-pr)}{(t^2-p^2r^2)^{1/2}} \\ &\Longleftrightarrow \left\{\frac{\pi \mathrm{i}}{2} H_0^{(1)}(-(-\omega)pr)\right\}^* = \frac{-\pi \mathrm{i}}{2} \left\{H_0^{(1)}(\omega pr)\right\}^*. \end{aligned} \tag{3.108}$$

(3.108) 式と $e^{-\mathrm{i}\omega\tau_l}$ による時間シフト，および積分変数 x が実数であるときの公式[‡)]

$$\left\{\int f(x)\,dx\right\}^* = \int \left\{f(x)\right\}^* dx \tag{3.109}$$

---

*) Arfken and Weber[4)] の 659 頁に記述されている．

†) Kennett[61)] の (16.1.24) 式にほぼ一致するが因数が 1/2 だけ異なる．

‡) 斎藤[92)] の 251 頁で示唆されている．

を用いて，(3.101) 式の中の u_{zI-} の複素共役に対して Fourier 逆変換を実行すると，$\{G_I\}^* = G_I$ ならば*)

$$\{u_{zI-}\}^* = \frac{1}{\pi \mathrm{i}} \int_0^\infty \frac{H(t-\tau_I-pr)}{\{(t-\tau_I)^2 - p^2r^2\}^{1/2}} G_I \, p \, dp \tag{3.110}$$

が得られる．さらに，(3.110) 式を (3.107) 式と比べれば $u_{zI+} = \{u_{zI-}\}^*$ が成り立つ（この関係は **Schwarz の鏡像の原理** *Schwarz reflection principle* からも得られるという[61)]）．そうであれば (3.107) 式や (3.110) 式の中の積分の部分を $R_I + \mathrm{i}I_I$ と置くと

$$u_{zI+} = \frac{1}{\pi \mathrm{i}}(R_I + \mathrm{i}I_I) = \frac{1}{\pi}(I_I - \mathrm{i}R_I), \quad u_{zI-} = \{u_{zI+}\}^* = \frac{1}{\pi}(I_I + \mathrm{i}R_I) \tag{3.111}$$

であるから，(3.101) 式は

$$u_{zI} = u_{zI+} + u_{zI-} = \frac{2}{\pi} I_I = \frac{2}{\pi} \mathrm{Im} \int_0^\infty \frac{H(t-\tau_I-pr)}{\{(t-\tau_I)^2 - p^2r^2\}^{1/2}} G_I \, p \, dp \tag{3.112}$$

となる†)．

次に，スローネス積分を行うわけだが，その第一歩として

$$\theta = \tau_I + pr = \sum_m q_m d_m + pr = \sum_m (\upsilon_m^{-2} - p^2)^{\frac{1}{2}} d_m + pr \tag{3.113}$$

という積分変数の変数変換を行う．Cagniard[15)] はこれを，(3.100) 式の被積分関数の中の $J_0(kr)$ をその積分表示に置き換えたときに得られる指数関数の引数から導いた（同書 55 頁）．さらに，Cagniard[15)] はこの変数変換を行った (3.100) 式右辺が $t = \theta$ とした Laplace 変換（(3.102) 式）の形に変形できることを示した．de Hoop[28)] は**平面波展開**（§3.1.4）の (3.100) 式右辺に対して同じことを示した‡)．変数変換後，(3.112) 式は

$$u_{zI} = \frac{2}{\pi} \mathrm{Im} \int_{\tau_{0I}}^\infty \frac{H(t-\theta)}{\{(t-\theta)(t-\theta+2pr)\}^{1/2}} G_I p \frac{\partial p}{\partial \theta} d\theta, \tag{3.114}$$

*) (3.97) 式に示されているように，G_I の構成因子である T_j, R_k は $p \le \upsilon_i^{-1}, \upsilon_{i+1}^{-1}$ または $p \ge \upsilon_i^{-1}, \upsilon_{i+1}^{-1}$ ならば実数となるので，この条件を満たす．

†) Helmberger[45)] の (A3) 式において $\eta_1^{-1} \to G_I$，積分路を虚軸から実軸に変更したものに一致する．

‡) 本書では (3.107) 式と (3.110) 式で Fourier 逆変換を行ってしまっているから，この変数変換が Fourier 逆変換できる十分条件というよりは (3.105) 式が成り立つことによる必要条件である．

$$\frac{\partial p}{\partial \theta} = \left(\frac{\partial \theta}{\partial p}\right)^{-1} = \left\{ r - \sum_m \frac{p\, d_m}{(v_m^{-2} - p^2)^{\frac{1}{2}}} \right\}^{-1}, \quad \tau_{0l} = \tau_l \Big|_{p=0} = \sum_m \frac{d_m}{v_m}$$

となり，Cagniard[15] や de Hoop[28] が示したように θ は時間に相当する量であり，時間は実数でなければならないから積分路は実軸に沿っている（図 3.7 左）．簡単のため $m = 1$ のセグメントのみの generalized ray（1 層モデルの直達波 *direct wave* に相当する）を考えると，(3.113) 式は

$$\theta = q_1 d_1 + pr = (v_1^{-2} - p^2)^{\frac{1}{2}} d_1 + pr \tag{3.115}$$

を変形した p の 2 次方程式を解いて

$$R^2 p = \theta r - \mathrm{i} d_1 \left(\theta^2 - \frac{R^2}{v_1^2}\right)^{\frac{1}{2}}, \quad R^2 = r^2 + d_1^2 \tag{3.116}$$

が得られる．これは斎藤 [92] に基づくが，平方根の前の符号はそれと異なり (3.96) 式の $e^{-\mathrm{i}\omega\tau_l}$ に合わせてマイナスとした．この平方根に伴う分岐点 *branch point* が特異点として $\theta = R/v_1$ に存在する．これから $\theta = +\infty$ に向かって分岐線 *branch cut* が延びている（図 3.7 左の縦線入り実線）．$p = 0$ のとき (3.114) 式から $\theta = d_1/v_1$ であり，さらに (3.116) 式から

$$\frac{d_1 r}{v_1} = \mathrm{i} d_1 \left(\frac{d_1^2}{v_1} - \frac{R^2}{v_1^2}\right)^{\frac{1}{2}} \tag{3.117}$$

でなければならないが，そのためには平方根の虚部が負となる Riemann 面が選択され，θ 積分の積分路は図 3.7 左の黒太線のように実軸の第 4 象限側に沿って延びていかなければならない[*]．

θ 積分の積分路を (3.113) 式を用いてスローネス p の複素平面に写像し直したものが **Cagniard 積分路** *Cagniard path* である．ここでも簡単のため $m = 1$ のセグメントのみの generalized ray を考えると，p の積分路は θ を実数とし $\theta \geq R/v_1$ では平方根がマイナス符号の虚数となるとした (3.116) 式で決まる．$d_1/v_1 \leq \theta < R/v_1$ では平方根が虚数だから (3.116) 式から p は実数である（図 3.7

---

[*] 斎藤 [92] の 251 頁に基づく．ただし，(3.116) 式でマイナス符号を選択したので第 1 象限ではなく第 4 象限となった．

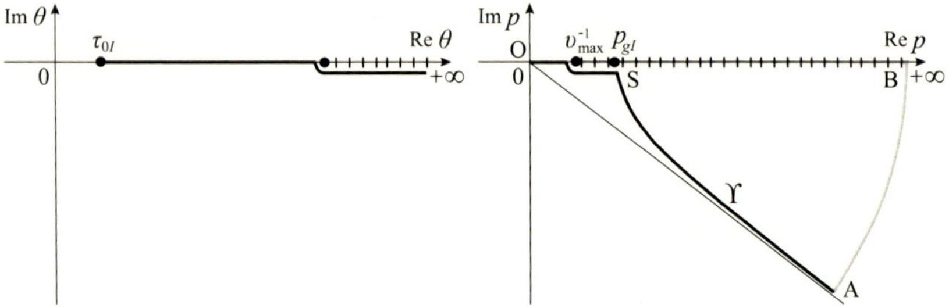

図 3.7　θ 積分の積分路（左; 斎藤[92] に基づく）とスローネス積分の Cagniard 積分路 Υ（右; Kennett[61] に基づく）.

右の黒太線の直線部分）．$\theta \geq R/v_1$ では平方根が実数で，$p_{\mathrm{R}} = \mathrm{Re}\, p, p_{\mathrm{I}} = \mathrm{Im}\, p$ として (3.116) 式の両辺の実部と虚部を比較すると

$$R^2 p_{\mathrm{R}} = \theta r\,, \quad R^2 p_{\mathrm{I}} = -d_1 \sqrt{\theta^2 - \frac{R^2}{v^2}}\,. \tag{3.118}$$

両式から θ を消去すれば

$$\frac{p_{\mathrm{R}}^2}{a^2} - \frac{p_{\mathrm{I}}^2}{b^2} = 1\,, \quad a = \frac{r}{Rv_1}\,,\ b = \frac{d_1}{Rv_1} \tag{3.119}$$

という双曲線の方程式が得られる．p 複素平面では実軸上に q_1（(3.99) 式）の平方根に伴う分岐点が存在し，それから $p = +\infty$ に向かって分岐線が延びている（図 3.7 右の縦線入り実線）[*]．分岐線では $e^{-\mathrm{i}\omega\tau_l}$ が発散しないように，(3.99) 式の平方根に対して $\mathrm{Im}\, p < 0$ の Riemann 面が選択されているから，積分路は分岐線から第 4 象限に延ばさなければならない[†]．したがって，(3.119) 式の双曲線のうち第 4 象限にある部分がこの generalized ray に対する積分路の一部（図 3.7 右の黒太線の曲線部分）となり，それは直線 $p_{\mathrm{I}} = -\dfrac{b}{a} p_{\mathrm{R}}$（同図の斜め実線）に漸近する．(3.101) 式の u_{zl+} に Hankel 関数の近似式 (3.9) を代入すると u_{zl+} の振動的な部分は $e^{-\mathrm{i}(\omega\tau_l + kr - \pi/4)} = e^{-\mathrm{i}\omega\theta + \mathrm{i}\pi/4}$ であるから，それに対する**最急降下路** *steepest descent path* の**鞍部点**（§3.1.9）は $\dfrac{\partial\theta}{\partial p} = 0$ で与えら

---

[*] この分岐線は本来，Laplace 変換を用いた場合に使われるもの[92] であり Fourier 変換主体の本書では使うべきものではないが，ここではすでに Fourier 逆変換が済んでいるので使うことができるとした．

[†] Cagniard[15] や Aki and Richards[3] では位相遅れの項の定義が本書と異なるため，前書 Fig. 13 や後書 Figure 6.14 では積分路が第 1 象限に延びている．

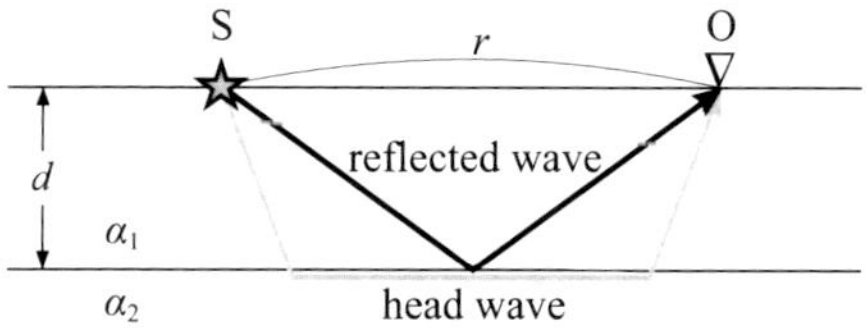

図 3.8　2層構造における反射P波の generalized ray．反射波だけでなくヘッドウェーブも含んでいる．

れる．(3.113) 式からこの generalized ray の鞍部点 p_{g1} を求めると $p_{g1} = \dfrac{r}{Rv_1}$ が得られ，これは双曲線の頂点 a（(3.119) 式）に一致する．

以上を複数セグメントに拡張するため，たとえば図 3.8 に示した2層構造における反射P波の generalized ray を考え，一般的な地下構造に準じて $\alpha_1 < \alpha_2$ とする．2層ではあるが今後の一般性のため $\alpha_2 = v_{\max}$ と表す．この geralized ray は $m = 1, 2$ ふたつのセグメントからなり，$d_1 = d_2 = d$，$v_1 = v_2 = \alpha_1$ であるから (3.113) 式より

$$\theta = 2(\alpha_1^{-2} - p)^{\frac{1}{2}} d + pr\,. \tag{3.120}$$

(3.120) 式を (3.115) 式と比べると $2d \leftrightarrow d_1$，$\alpha_1 \leftrightarrow v_1$ とすれば両者は一致するから，2層反射P波の積分路は前述の直達波の積分路にこれら置き換えをすれば得られる．ただし，G_I を構成する R_1^+ には $q_{\alpha 1}$（直達波の q_1 に相当）だけでなく $q_{\alpha 2}$ も含まれ，それに伴う分岐点が $p = v_{\max}^{-1} = 1/\alpha_2$ に現れ，そこから $p = +\infty$ へ分岐線が延びる．r が大きいとき鞍部点 $p_{gI} = \dfrac{r}{R\alpha_1} = \dfrac{r}{\alpha_1\sqrt{r^2 + 4d^2}}$ はこの分岐点の先にあるから，Cagniard 積分路のうち $v_{\max} \leq p \leq p_{gI}$ の区間では分岐線が現れるので実軸沿いの第4象限側にとる（図 3.7 右の黒太線の直線部分 $v_{\max}^{-1}$S）．この部分のうち $v_{\max}^{-1}$ 付近の積分によりヘッドウェーブ *head wave* *) が現れる（図 3.8 の灰色太線）．逆に，r が小さければ $p_{gI} < v_{\max}^{-1}$ となって Cagniard 積分路は $v_{\max}^{-1}$ 付近を通らないのでヘッドウェーブは現れない．3層以上になると単純な双曲線方程式は得られなくなるが，各セグメントは透

*) 屈折法探査に用いられる地震波の種類なので屈折波と呼ばれることが多いが，境界面を屈折しながら透過する実体波と誤解されやすいのでカタカナ書きとした．斎藤 [92] は「先頭波」と訳している．

過波（generalized ray 途中の直達波）または反射波になるから，Cagniard 積分路はいろいろな双曲線が組み合わさった複雑な図形になるはずである[*]．なお，元々実軸沿いだったスローネス積分の積分路を Cagniard 積分路に変更することの妥当性は，図 3.7 右における閉曲線 OSABO に沿った周回積分

$$\oint_{\mathrm{OSABO}} F(p)dp = \int_{\Upsilon} F(p)dp + \int_{\mathrm{AB}} F(p)dp - \int_0^{\infty} F(p)dp \tag{3.121}$$

の全体が **Cauchy の積分定理** *Cauchy's integral theorem*[75] からゼロになり，その一部の $\int_{\mathrm{AB}} F(p)dp$ も **Jordan の補題** *Jordan's lemma*[4] からゼロになるので $\int_{\Upsilon} F(p)dp = \int_0^{\infty} F(p)dp$ と証明される．また，Cagniard 積分路は θ 複素平面における実軸積分の解釈であって，GRT ではこれを用いて実際にスローネス積分を行うわけではないことに注意を要する．

本項のタイトルは波数積分（近似解法）であったが，解析的に積分ができたのは Fourier 逆変換の方であって，波数積分（スローネス積分）は時間積分（θ 積分）に変換されていまだ残っているので，GRT ではこれを数値的に実行するか，近似を施して標準的な積分の形にする．ただし，数値積分を行う場合でも，前述のように Cagniard 積分路の曲線部分が最急降下路に隣接していることから，対応する時間積分も急速に収束して長く積分を続ける必要がないことが期待される．数値積分の方法の詳細は Helmberger[45] に述べられている．一方，近似を施して標準的な積分の形にする方法ではコンボリューションの形（(4.20) 式）へ変形される．r が大きい場合，あるいは t が大きいところの貢献は無視できる場合，$t - \theta + 2pr \approx 2pr$ という近似が成り立ち，これを (3.114) 式に代入すると積分範囲で $H(t) = 1$ であるから

$$u_{zI} = \frac{2}{\pi}\,\mathrm{Im}\int_{\tau_{0I}}^{\infty} \frac{H(t-\theta)}{(t-\theta)^{1/2}\sqrt{2pr}} G_I p \frac{\partial p}{\partial \theta} d\theta = \frac{2}{\pi}\,\frac{1}{\sqrt{t}} * \psi(t), \tag{3.122}$$

$$\psi(t) = \mathrm{Im}\,\frac{\sqrt{p}}{\sqrt{2r}} G_I \frac{\partial p}{\partial t}$$

となる[†]．(3.122) 式は**初動近似** *first-motion approximation* と呼ばれている．

---

[*] Aki and Richards[3] の Figure 9.2 が象徴的に示している．

[†] Helmberger[45] の (A17) 式において $\mathcal{R}(p)\mathcal{T}(p)/\eta_1 \to G_I$ としたものに一致する．

この形にしてもコンボリューションの積分（(4.20) 式右辺）は残っているわけだが，コンボリューションなら高速に計算してくれる標準的な計算機コードが存在するだろう．

ここまでは水平成層構造の各層の中は均質としていたが，高周波の GRT を物性値が z 方向に変化する場合に拡張することを考える．その場合には SH 波と P 波・SV 波の分離（§3.1.1）は維持されるが，$\nabla\lambda$，$\nabla\mu$ はゼロではなくなるので波動方程式 (1.40) は変わってしまう．しかし，Richards[90] が球座標系において得た方程式が円筒座標系でも成り立つとすれば

$$\nabla^2\phi + \frac{\omega^2}{\alpha^2(z)}\phi = O\left(\frac{|\mathbf{u}|}{\omega}\right), \quad \nabla^2\boldsymbol{\psi} + \frac{\omega^2}{\beta^2(z)}\boldsymbol{\psi} = O\left(\frac{|\mathbf{u}|}{\omega}\right) \tag{3.123}$$

が得られる．ω が大きい高周波のとき，(3.123) 式は α，β が z の関数であることを除いて，$\partial^2\phi/\partial t^2 = -\omega^2\phi$ などとした震源項なしの (1.40) 式に一致する．ω が大きいときの (3.123) 式を変数分離で解いたときの z に関する方程式

$$\frac{d^2Z}{dz^2} + \nu_v^2(z)Z = 0 \tag{3.124}$$

も，$\nu_v = \omega q_v$（(2.76) 式，(3.99) 式）が z の関数であることを除いて (1.40) 式から得られるもの [94] に一致する．

(3.124) 式の形の 2 階常微分方程式に **WKBJ 近似** *WKBJ approximation*[*)] を施すと，Jeffreys[53] によれば，ω が大きいときのその解は

$$Z(z) = \frac{1}{|q_v|}\exp\left(\mp \mathrm{i}\omega\int q_v(z)dz\right) \tag{3.125}$$

となる．(3.125) 式は，z 方向（深さ方向）に区分的連続に変化する地下構造において，深さ方向の位相は q_v の z 方向積分で表されることを意味する．これを前段までと同じ $l = 0$ 震源の u_{z0} に適用すると，(3.98) 式の τ_I を

$$\tau_I = \int_{z_1}^{z_2} q_v(z)dz \tag{3.126}$$

*) 量子力学における “WKB 近似” に同じ．しかし，Wentzel，Kramer，Brillouin の 3 論文はいずれも Schrödinger 方程式を対象として 1926 年に出版されたのに対して，Jeffreys の論文はより一般的な 2 階常微分方程式を対象としてその前年の 1925 年に出版されているから，もっとも大きな貢献として “WKBJ 近似” と呼び名に含められるべきであろう．

に置き換えればよい．積分範囲 $[z_1, z_2]$ は generalized ray により異なるが，深さ方向に速度が連続的に増加する半無限媒質では図 3.9 のように generalized ray が転回するので，**転回点** *turning point* の深さ z_a を用いて

$$\tau_I = 2\int_0^{z_a} q_v(z)dz \tag{3.127}$$

となる．Chapman[22] によれば，(3.125) 式を組み込んだ (3.101) 式の Fourier・Hankel 逆変換は Fourier 変換の公式（表 4.3）などを用いて解析的に行うことができる．その結果は地震動の初動近似となり，**WKBJ seismogram** と呼ばれる．

この手法は区分的連続な地下構造の地震動を GRT の初動近似並みに高速に計算できる．しかし，転回する generalized ray の転回点付近では特別な考慮が必要であり，表面波などを含めるには定式化に追加項が必要である[60]．WKBJ seismogram の WKBJ 近似を Langer 近似に置き換えた手法は **full wave theory** という少々奇妙な名で呼ばれるが，これによれば転回点付近の特別な考慮が不要になる[25]．これら GRT および関連した手法は *Seismological Algorithms*[30] などで計算機プログラムが公開されている．手法としては計算が高速であり，実体波だけでなくヘッドウェーブなどの非実体波も含んでおり，重複反射波を重ね合わせるなどにより表面波を表現することもできる．しかし，地震動を generalized ray ごとに評価し，どの generalized ray を評価するかは計算者に任されているので，貢献の大きい generalized ray を含め忘れてしまえば正しい波形が得られないのが欠点である．

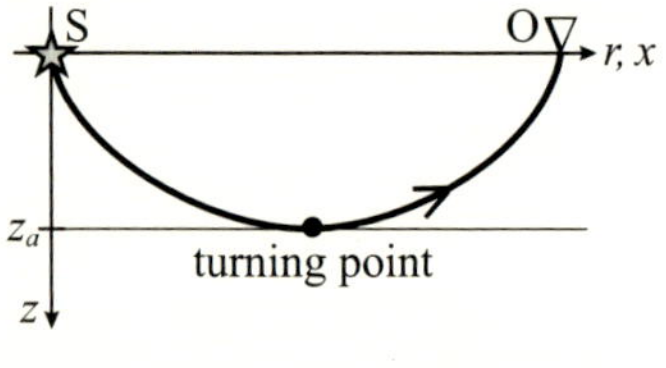

図 **3.9**　深さ方向に速度が連続的に増加する半無限媒質における generalized ray．黒丸の地点を転回点という（Chapman[22] に基づく）．

3.1.8 波数積分（数値解法）

波数積分を解析的に行うのが困難なら，数値的に実行してしまえというアイデアは簡単に思いつきそうだが，コンピュータの進歩もからんでかなりコロンブスの卵的要素を持っている．簡単な2層構造に対して初めてこれを実行し，時間領域の合成波形を得たのは Phinney[88] であり，円筒波展開を用いて多層構造に適用したのが Fuchs[35] である．その後，後者に関しては GRT による波形との比較も含め，詳細な報告が Fuchs and Müller[36] によりなされた．彼らは地殻および上部マントルの構造解析を目的としていたため，地下構造の浅部には (3.100) 式と同様の近似を適用している．これにより彼らの被積分関数は，解析対象からの reflectivity（一般化された反射係数）と解釈される形をとり，そのため彼らは自らの手法を **reflectivity 法** *reflectivity method* と呼んだ．浅部の近似は Kind[65] によって取り除かれ，現在では完全な合成波形が計算できるようになっている．以上では被積分関数の計算に propagator 行列を用いている（Kind[65] は Haskell 行列，Kohketsu[66] は Fuchs[34] の行列）のに対して，反射・透過行列を用いた計算は Kennett[59] が行った．その後の例では，Zhu and Rivera[116] が Haskell 行列を用いて $\omega \sim 0$ でも安定な計算法（§3.1.12）を，Hisada[46] が反射・透過行列を用いて $r \sim 0$，$h \sim 0$ でも安定な計算法を提案した．

被積分関数は次のような特異点を持っている．まず第一に，深さ方向の波数 $\nu_{\alpha i}$，$\nu_{\beta i}$ の平方根（(3.5) 式）に伴う分岐点が実軸上の $k = \omega/\upsilon_i$（$\upsilon = \alpha$ or β，$i = 1, 2, \cdots, n$）に存在する．$\alpha_i > \beta_i$ であり，一般的な地下構造では $\upsilon_{\max} = \upsilon_n$，$\upsilon_{\min} = \upsilon_1$ であるから，一番原点に近い分岐点は ω/α_n，一番遠い分岐点が ω/β_1 にある（図 3.10 の黒丸）．(3.5) 式における $\nu_{\alpha i}$，$\nu_{\beta i}$ の定義は **Sommerfeld 積分**（§2.2.1）から来ているが，平方根の前の符号には，半無限の第 n 層のポテンシャルのうち放射境界条件で消されず残る $\phi^+_{ln} = B_{ln}e^{-i\nu_{\alpha n}z}$，$\psi^+_{ln} = D_{ln}e^{-i\nu_{\beta n}z}$，$\chi^+_{ln} = F_{ln}e^{-i\nu_{\beta n}z}$ が $z \to +\infty$ で発散しないようにするため，$\mathrm{Im}\,\nu_{\upsilon n} \le 0$ という条件が課せらる．(3.5) 式より，$\omega/\upsilon_n \ge k$ ならば $\nu_{\upsilon n}$ は実数となって，この条件は自動的に満たされるので分岐線は存在しない．一方，$\omega/\upsilon_n < k$ では $\nu_{\upsilon n}$ が虚数となり Riemann 面の選択によって条件を満たす場合と満たさない場合が

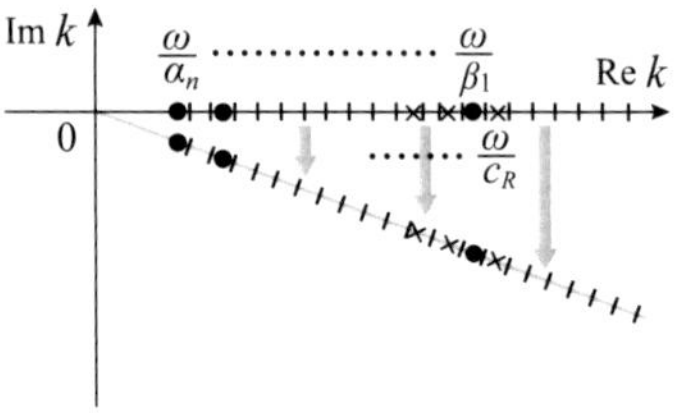

図 3.10　k 複素平面において表面波極 ×，分岐点●と分岐線（短い縦線列）は実軸上にあるが，ω に $-i\omega_I$ を導入すると第 4 象限に移動する（Phinney[88] に基づく）.

出てくるので，分岐点 $k = \omega/v_n$ から実軸上を $+\infty$ に向かって分岐線が必要になる（図 3.10 の縦線入り実線）．分岐線上では $\mathrm{Im}\,\nu_{vn} = 0$ であって，そこから $\mathrm{Im}\,\nu_{vn} < 0$ の Riemann 面を選択する*)．第 n 層以外の ν_{vi} に対しても同様の分岐線を設定するものとする.

地震動が §3.1.7 のように generalized ray に展開されているならば，分岐点以外の特異点は存在しない．しかし，generalized ray に展開されていない場合，分岐点に加えて表面波に関連した**極** *pole* が実軸上に複数，存在する．その中で一番原点から遠いのは **Rayleigh** 波（§3.1.10）に関連するもので，その位相速度 c_R は β_1 より遅いから ω/β_1 の右側にあり，その他の極はそこから原点に向かって並んでいる（図 3.10 の × 印）．この**表面波極**（§3.1.9）では被積分関数が発散してしまうので，数値的に波数積分する際には障害となってしまう．これを回避する方法はすでに Phinney[88] が発見しており，実数である角周波数 ω に

$$\omega \to \omega - i\omega_I \tag{3.128}$$

という形で負の虚数部を与えると，$\omega/c_R \to \omega/c_R - i\omega_I/c_R$ などとなるので，すべての極と分岐点は第 4 象限に移動して傾き $-\omega_I/\omega$ の直線（図 3.10 の灰色実線）上に並ぶ．また，ω が複素数になるから，(3.5) 式における $\nu_{\alpha i}$，$\nu_{\beta i}$ の定義が，$k_{vi} = \omega/v_i$ を用いて

*) Phinney[88] では $\nu = \left\{k^2 - (\omega/v_n)^2\right\}^{1/2}$ と定義されているので，$\mathrm{Re}\,\nu > 0$ の Riemann 面がとられている.

$$\nu_{\alpha i} = \begin{cases} \sqrt{k_{\alpha i}^2 - k^2}, |k_{\alpha i}| \geq |k| \\ -\mathrm{i}\sqrt{k^2 - k_{\alpha i}^2}, |k_{\alpha i}| < |k| \end{cases}, \ \nu_{\beta i} = \begin{cases} \sqrt{k_{\beta i}^2 - k^2}, |k_{\beta i}| \geq |k| \\ -\mathrm{i}\sqrt{k^2 - k_{\beta i}^2}, |k_{\beta i}| < |k| \end{cases} \tag{3.129}$$

にかわる[58]．また，$\mathrm{Im}\,\nu_{\upsilon i} = 0$ は $k = \omega/\upsilon_i - \mathrm{i}\omega_\mathrm{I}/\upsilon_i$ と等価であるから，分岐線も第4象限に移動し傾き $-\omega_\mathrm{I}/\omega$ の直線に沿って延びる（図3.10）．以上より，実軸上には特異点も分岐線も存在しなくなったので，実軸に沿った波数積分が可能になった．

周波数シフトの公式（表4.3）

$$f(t)e^{\mathrm{i}\omega_0 t} \Leftrightarrow F(\omega - \omega_0) \tag{3.130}$$

が虚数のシフトでも成り立つとすると，$\omega_0 = \mathrm{i}\omega_\mathrm{I}$ と置けば

$$f(t)e^{-\omega_\mathrm{I} t} \Leftrightarrow F(\omega - \mathrm{i}\omega_\mathrm{I}) \tag{3.131}$$

である．したがって，$-\omega_\mathrm{I}$ の影響は得られた地震動を $e^{+\omega_\mathrm{I} t}$ 倍するだけで取り除くことができる．しかし，この操作は $f(t)$ の後半の計算誤差を無用に拡大させる可能性があるので，$f(t)$ に継続時間 T が必要なときに $\omega_\mathrm{I} = \pi/T$ 程度の値にするのが妥当ということが経験的にわかっている．また，媒質に**内部減衰**の **Q** 値を与えて速度を複素数にする（§1.2.6）ことでも同じような効果が得られる[65]．つまり，地球を構成する媒質は多かれ少なかれ減衰性を有するものであるから，それを考慮するだけで表面波極の問題は自然に解決するが，減衰なしのケースが必要な場合もあり得るから ω_I を組み込んでおくべきであろう．

波数積分の積分範囲は形式上，0から∞までであるが（(3.95)式），すべての実体波や表面波の位相速度を十分カバーするように位相速度の範囲 $[c_1, c_2]$ を設定して，それに対応する波数の範囲 $[\omega/c_2, \omega/c_1]$ の外側では被積分関数が小さいのでこの範囲内で積分すればよい．経験上，c_1 には β_1 の9割程度（前述のように **Rayleigh** 波速度 c_R に相当．§3.1.10）を下回る値，c_2 には $\alpha_1, \alpha_2, \cdots, \alpha_n$ のうち最大のものを上回る値が必要である．ただし，第1層以外の層が最小S波速度 $\beta_{\min}$ を与え，それが β_1 の9割程度を下回るならば c_1 は $\beta_{\min}$ を下回らなくてはならない．

平面波展開（§3.1.4）に対する波数積分（(3.47) 式）を数値的に実行するということは，数値積分の台形公式を用いると

$$\int_{-\infty}^{+\infty} \tilde{u}_i(k,z,\omega)e^{-\mathrm{i}kx}dk \approx \sum_{n=-N}^{N-1} \frac{\Delta k}{2}\left\{\tilde{u}(k_n,z,\omega)e^{-\mathrm{i}k_n x} + \tilde{u}(k_{n+1},z,\omega)e^{-\mathrm{i}k_{n+1}x}\right\}$$

$$= \Delta k \sum_{n=-N}^{N} \epsilon_n \tilde{u}_i(k_n,z,\omega)e^{-\mathrm{i}k_n x},\ k_n = n\Delta k\,,\ \epsilon_n = \begin{cases} 1/2, & \text{if } n=-N,N \\ 1, & \text{otherwise} \end{cases} \tag{3.132}$$

と近似することに等しい．この近似式は $\Delta k = 2\pi/L$ と置けば，Bouchon and Aki[11] がいう所の discrete wavenumber representation に他ならない．両端の係数が 1/2 だけ異なるが，正しい波形が得られるように N を十分大きくとればその違いは問題にならない．同様に，円筒波展開における波数積分を台形公式で近似したものは Bouchon[12] における discrete wavenumber representation に一致する．つまり**離散化波数法** *discrete wavenumber method* とは，波数積分を台形公式で数値積分する **reflectivity** 法とまったく等価である．

(3.132) のように波数の連続積分を離散化すると，FFT によるスペクトルの逆変換が有限時刻歴の繰り返しとなるように（§4.2.3），空間領域にも同様のエイリアシング（§4.2.3）がもたらされる．このエイリアシングを物理的に解釈すると，(3.132) 式では x 軸に沿った間隔 L の震源の繰り返し [11] に，円筒波展開に対する数値積分では真の震源と観測点を結ぶ r 軸に沿った間隔 L の震源の繰り返し [12] となる（図 3.11）．FFT のエイリアシングを回避するため

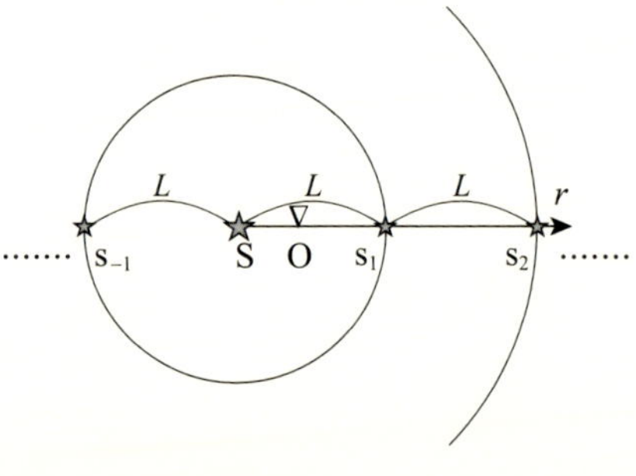

図 3.11　円筒波展開に対する数値波数積分のエイリアシング（Bouchon[11] に基づく）．真の震源 S と観測点 O を結ぶ r 軸に沿った震源の繰り返し $\cdots, s_{-1}, (S), s_1, s_2, \cdots$.

に時刻歴の繰り返し周期を調整するように，この空間エイリアシングを回避するためには，隣の仮想震源の影響が出ないように震源の繰り返し周期 L を Δk を通して調整すればよい．

以上のような数値解法で波数積分を行うならば，被積分関数にどのような行列が用いられていても同じ結果を与えるはずである．図 3.12 では，台湾西部の地下構造における縦ずれ点震源に対して合成速度波形が，Kohketsu[66] の方法（Fuchs[34] の行列）と Zhu and Rivera[116] の方法（Haskell 行列）で計算されている．比較すると両者はよく一致していることがわかる．さらには，波数積分を数値解法とする手法同士だけではなく，数値解法と近似解法の間でも，めざしているものは同じだから似た合成波形が得られるはずである．前述の reflectivity 法と **generalized ray theory** との比較 [36] や，reflectivity 法と **full wave theory** との比較 [24] などが行われ，概ねの一致が得られている．

最後に，数値解法の場合，波数積分後に得られるのは地震動の Fourier 変換であるから，Fourier 逆変換しなければ地震動そのものは得られないが，この Fourier 逆変換に特別なものはないので第 4 章で改めて述べる．

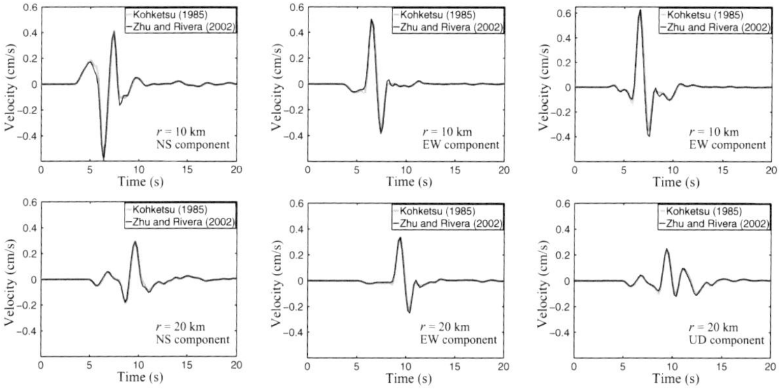

図 3.12 台湾西部の地下構造における縦ずれ点震源による合成速度波形の比較．灰色太線と黒細線はそれぞれ Kohketsu[66] の方法および Zhu and Rivera[116] の方法で計算されている（Diao *et al.*[29] の Electronic Supplement より）．

3.1.9　表面波（Love 波）*)

表面波とは現象論的には「（地）表面に沿って伝わる波」[106] であるが，物理的には次のような意味を持っている．ある系において系全体のエネルギーが保存されるならば，**基準振動** *normal oscillation* と呼ばれる振動が存在し，系の任意の振動は基準振動の重ね合わせで表わすことができる [77]．地下構造を連続体の系と見たときの基準振動は**正規モード** *normal mode* と呼ばれる [3]．地下構造が図 3.1 のような 1 次元地下構造であるならば，最下層の第 n 層が半無限で $z = +\infty$ に向かって開いている．ここでの変位ポテンシャル ϕ^+_{ln}，ψ^+_{ln}，χ^+_{ln}（ϕ^-_{ln}，ψ^-_{ln}，χ^-_{ln} は放射境界条件より存在しない）が (3.5) 式のうち $k \le k_{\alpha_n} < k_{\beta n}$（$k_{\alpha n} = \omega/\alpha_n$，$k_{\beta n} = \omega/\beta_n$）の場合の

$$B_{ln}e^{-\mathrm{i}\sqrt{k_{\alpha n}^2-k^2}z},\quad D_{ln}e^{-\mathrm{i}\sqrt{k_{\beta n}^2-k^2}z},\quad F_{ln}e^{-\mathrm{i}\sqrt{k_{\beta n}^2-k^2}z} \tag{3.133}$$

であるとき，地震動は正弦波となって $z = +\infty$ まで伝わってしまいエネルギーが保存されない．したがって，正規モードの最下層の変位ポテンシャルは (3.5) 式のうち

$$k > k_{\beta n} > k_{\alpha_n} \tag{3.134}$$

の場合の

$$B_{ln}e^{-\sqrt{k^2-k_{\alpha n}^2}z},\quad D_{ln}e^{-\sqrt{k^2-k_{\beta n}^2}z},\quad F_{ln}e^{-\sqrt{k^2-k_{\beta n}^2}z} \tag{3.135}$$

でなければならない．これらは $z = +\infty$ に向かって指数関数的に小さくなるから，正規モードのエネルギーの多くは $z = 0$ の地表面に近い方に集まっており，**表面波** *surface wave* と呼べるものとなっている．

基準振動は波動方程式を振動の方程式と見たときの**自由振動**†) の解であり，**固有振動** *characteristic oscillation* とも呼ばれる．地震動の円筒波展開に対して SH 波の波動方程式から得られる地震動の解 (3.25) 式において，自由振動ならば点震源は存在せず不連続ベクトルはゼロ（$\Delta_{l1} = \Delta_{l2} = 0$）であるから

---

*) §3.1.9 に関しては斎藤 [92] が詳しい．

†) 地震学では地球の固有振動に限って "自由振動" と呼ぶことが多いが（たとえば §2.3.3），ここでは物理学全般で一般的な「外力なしに系がその内力によって行う振動」[14] という意味合いで用いている．

$$\tilde{v}_{l1}(0) = \frac{-1}{M_{11}}(M^h_{11}\Delta_{l1} + M^h_{12}\Delta_{l2}) \implies M_{11}\tilde{v}_{l1}(0) = 0\,. \tag{3.136}$$

右側の方程式が自明な解 $\tilde{v}_{l1}(0) = 0$ 以外の解を持つためには $M_{11} = 0$ でなければならない．簡単のため，まず 1 層構造（図 3.1 で $n = 1$ とする）つまり半無限媒質を考えると，$\mathbf{M} = \mathbf{T}_1^{-1}$ であるから $M_{11} = (\mathrm{T}_1^{-1})_{11}$ であり，(3.15) 式より $M_{11} = (\mathrm{T}_1^{-1})_{11}$ は恒等的に 1/2 に等しいから，$M_{11} = 0$ は決して実現しないので半無限媒質では SH 波型の表面波は存在しない．しかし，$n = 2$ の 2 層構造ならば $\mathbf{M} = \mathbf{T}_2^{-1}\mathbf{G}_1$ であるので (3.15) 式，(3.17) 式より *)

$$\begin{aligned} M_{11} &= (\mathrm{T}_2^{-1})_{11}(G_1)_{11} + (\mathrm{T}_2^{-1})_{12}(G_1)_{21} = \frac{1}{2}\left(-\cos Q_1 + \frac{-1}{\mathrm{i}\mu_2\nu_{\beta2}}(-\mu_1\nu_{\beta1})\sin Q_1\right) = 0 \\ &\implies \tan Q_1 = \tan \nu_{\beta1}d_1 = \frac{\mathrm{i}\mu_2\nu_{\beta2}}{\mu_1\nu_{\beta1}}\,. \end{aligned} \tag{3.137}$$

ここで (3.134) 式に加えて第 1 層内では地震動が振動的である条件を課すと $k_{\beta2} < k < k_{\beta1}$ であるので，(3.5) 式と**位相速度** $c \equiv \omega/k$ を用いて**特性方程式** *characteristic equation*

$$\tan\left(\omega d_1\sqrt{\frac{1}{\beta_1^2} - \frac{1}{c^2}}\right) = \frac{\mu_2}{\mu_1}\left(\sqrt{\frac{1}{\beta_1^2} - \frac{1}{c^2}}\right)^{-1}\sqrt{\frac{1}{c^2} - \frac{1}{\beta_2^2}} \tag{3.138}$$

が得られる †)．

なお，第 1 層内で振動的であるということは，表面波の第 1 層内の部分を分解すると実体波になっていることを意味しており，SH 波の実体波のうち**重複反射**の地震波が**建設的干渉**を起こす条件を記述すると特性方程式 (3.138) が得られる [92]．この性質を利用して，**generalized ray theory** で表面波が計算されることは §3.1.7 で述べた．地震動が深いところからやってくるとき，つまり震源が深いときには，地表面での反射波が垂直に近い形で返っていくので重複反射が起きにくい．したがって，震源が深くなると表面波は発達しづらくなる．

---

*) Haskell 行列の (3.51) 式，(3.53) 式を用いても同じ結果が得られる．

†) 多くの文献に書かれているが，たとえば佐藤 [94] の (6.4.8) 式において $0 \to 2, c\xi \to \omega$ としたもの，Aki and Richards[3] の (7.6) 式において $H \to d_1$ としたものに一致する．

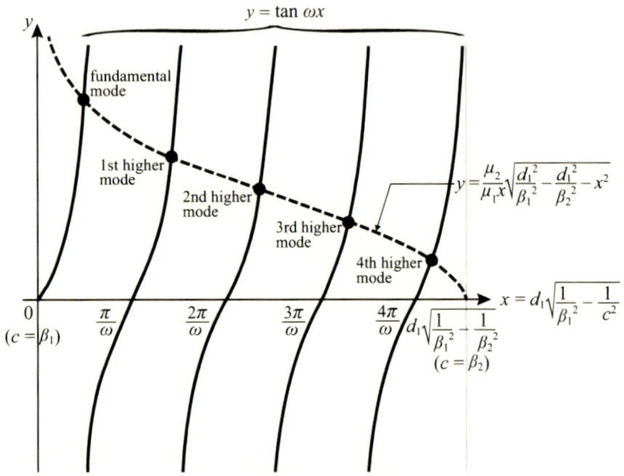

図 **3.13**　2 層構造における Love 波の特性方程式の解法．$4\pi/\omega \le d_1\sqrt{1/\beta_1^2-1/\beta_2^2} < 5\pi/\omega$ の場合（Aki and Richards[3] に基づく）．

波数の条件 $k_{\beta 2} < k < k_{\beta 1}$ を $1/\omega$ して分母の条件に置き換えた $\beta_1 < c < \beta_2$ のもとで，c を変数としてこの方程式を解くわけだが，左辺の tan 関数が複雑なのでその引数を簡略にするために $x = d_1\sqrt{1/\beta_1^2 - 1/c^2}$ という変数変換をまず行って 左辺 = $\tan\omega x$ とする．右辺も $C/x\cdot\sqrt{A-x^2}, C=\mu_2/\mu_1, A=d_1^2(\beta_1^{-2}-\beta_2^{-2})$ という x の無理関数に変形することができる．したがって，図 3.13 に示すように $y=\tan\omega x$ と $y=C/x\cdot\sqrt{A-x^2}$ が描かれている紙面上の作図で特性方程式の解を求めることができる．解の探索範囲は $c=\beta_1$ に対応する $x=0$ から $c=\beta_2$ に対応する $d_1\sqrt{1/\beta_1^2-1/\beta_2^2}$ までである．$\beta_1<\beta_2$ ならば 1 個以上の解が必ず存在し，この種類の表面波は Love が 1911 年の著書 [78] で初めて理論的に示したので **Love 波** *Love wave* と呼ばれる [*]．解の個数は探索範囲に $y=\tan\omega x$ の曲線が何本引けるかによって決まる．図 3.13 には $4\pi/\omega \le d_1\sqrt{1/\beta_1^2-1/\beta_2^2} < 5\pi/\omega$ の場合が描かれており解は 5 個存在するが，そのうち最小の解による Love 波は基本モード *fundamental mode* と呼ばれ，それ以降は個別に 1 次の高次モード *higher mode*，2 次の高次モード，… と呼ばれる．同じ ω ならばモードの次数（基本モードは 0 次とする）が上がるにつれて c は大きくなる．このように $n=2$ の 2 層構造ならば作図による解法が原理的には可能ではあるが，

[*] 宇津 [106] の 6 頁に記述されている．

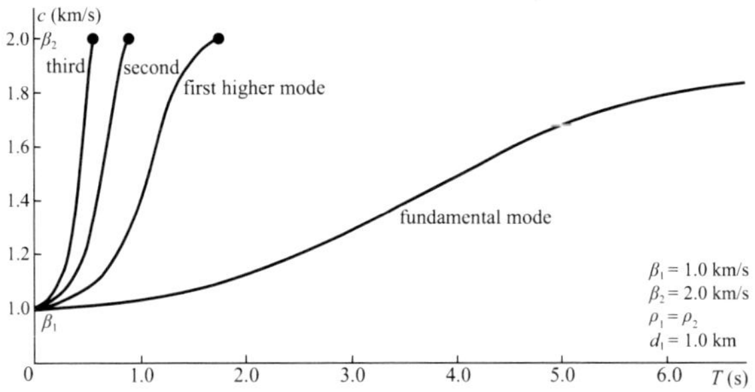

図 3.14　2 層構造における Love 波の周期 T に対する分散曲線．右下は 2 層構造のパラメータ（佐藤 [94] に基づく）．

方程式の数値解法（§3.2.3 で解説される）を用いるのが一般的である．$n \geq 3$ の多層構造では数値解法を用いるしかない．

方程式 (3.138) の左辺には ω がパラメータとして含まれているから，その位相速度 c の解は角周波数 ω あるいは周期 $T = 2\pi/\omega$ の関数になる．位相速度が周期に依存するこうした現象は**分散** *dispersion* と呼ばれ，周期に寄らず媒質の P 波速度や S 波速度でしか伝播しない実体波とは異なる性質である．図 3.13 の中では，一つのモードに対して一つの $y = \tan \omega x$ の曲線が対応し，その曲線は ω が大きくなれば x 軸の原点に向かって移動する．これに対して $y = C/x \cdot \sqrt{A - x^2}$ の曲線は ω を含まないから ω が大きくなっても移動しない．したがって，二つの曲線の交点である解も x 軸の原点に向かって移動して解の x は小さくなるので c も小さくなる．ω が小さくなれば T は大きくなるから，c をいろいろな T に対して計算して図示すると単調増加する曲線になる（図 3.14）[94]．これを**分散曲線** *dispersion curve* という．どのモードの分散曲線も T が小さくなる（ω が大きくなる）側では c が小さくなりながら必ず β_1 に漸近するが，T が大きくなる（ω が小さくなる）側では c が大きくなりながら c の範囲の上限である β_2 に達したモードの分散曲線はそこで打ち切られる．図 3.13 において $y = C/x \cdot \sqrt{A - x^2}$ の曲線が $c = \beta_2$ になるのは x 軸上の点 $\left(d_1 \sqrt{1/\beta_1^2 - 1/\beta_2^2}, 0\right)$ に限られる．一方，m 次モードの $y = \tan \omega x$ 曲線が x 軸と交わる点も $(m\pi/\omega, 0)$ に限られるから，打ち切られる（遮断される）ときには両者の点が一致している必要があり，この条件から**遮断周波数** *cut-off frequency*[3] は

$$\omega_{cm} = \frac{m\pi}{d_1}\left(\sqrt{\frac{1}{\beta_1^2} - \frac{1}{\beta_2^2}}\right)^{-1} \tag{3.139}$$

と与えられる（図 3.14 の黒丸は $2\pi/\omega_{cm}$ を表す）[*]．

以上の方法で Love 波の位相速度 c あるいは波数 $k \equiv \omega/c$ を求めることができた．この k は $M_{11} = 0$（(3.137) 式）を与え M_{11} は地震動の解（(3.25) 式）の分母に現れるから（§3.1.2），k は地震動の解の極であり**表面波極** *surface wave pole* と呼ばれる（§3.1.8）．したがって，Love 波のみによる地震動を得るため[†]，解を被積分関数とした波数積分（(3.95) 式）を表面波極における**留数** *residue* で評価することが可能である．具体的な計算方法は Harkrider[42] が与えている．また，Harvey[43] は最下層に仮想的な高速度層を導入すると，表面波極での留数計算による**正規モード解** *normal mode solution*[92] が，実体波を含む地震動全体の良い近似を与えることを示した．

地震動が Love 波で構成されているとき，Love 波は図 3.14 のようになめらかに分散しているので，ω が少し異なる成分同士は c も少し異なる．こうした状況では ω が少し異なる成分だけを取り出すと，音波のうなり *beat* に似た現象が起こる[‡]．簡単のため，(3.95) 式の $\bar{u}_{\theta 0}$ において $l = 1$ だけ考え（$l = 0$ はもともと常にゼロ（§2.2.5）），本項で解説した方法などにより位相速度は $c(\omega)$ と得られているとし，Harkrider[42] などに基づいた留数計算により正規モード解は $\bar{v}^L_{10}(0)H_1^{(2)}(kr)$ と得られているとする．それと $\partial\Lambda_1/\partial\theta$ の積を $\bar{v}_{10}(0)H_1^{(2)}(kr)$ とすると $\bar{u}_{\theta 0} = \bar{v}_{10}(0)H_1^{(2)}(kr)$．地震動はこれの Fourier 逆変換であるから

$$u_{\theta 0} = \frac{1}{2\pi}\int_{-\infty}^{+\infty} \bar{v}_{10}(0)H_1^{(2)}(kr)e^{\mathrm{i}\omega t}d\omega\,. \tag{3.140}$$

Hankel 関数の近似式 (3.9) を適用した上で，ω が少し異なる成分だけ取り出

---

*) Aki and Richards[3] の (7.8) 式において $\hat{n} \to m$, $H \to d_1$ としたものに一致する．

†) 実体波，表面波などすべてを含む地震動ならば §3.1.8 の方法で計算できる．

‡) ただし，音波では時間領域だけの現象として説明されることが多い．たとえば『改訂版 物理学辞典』[14] など．

すために積分範囲を $[\omega_0-\Delta\omega/2, \omega_0+\Delta\omega/2]$ に限ると

$$u_{\theta 0}=\frac{1}{2\pi}\int_{\omega_0-\Delta\omega/2}^{\omega_0+\Delta\omega/2}V(\omega)e^{\mathrm{i}(\omega t-kr)}d\omega,\quad V(\omega)=\sqrt{\frac{2}{\pi kr}}e^{3\pi\mathrm{i}/4}\bar{v}_{10}(0) \tag{3.141}$$

となる．ω_0 付近では $V(\omega)$ の変化は激しくないとして $V(\omega)\sim V(\omega_0)$ と仮定できるとし[92]，$k(\omega)=\omega/c(\omega)$ は ω_0 周りの 1 次の Taylor 展開

$$k(\omega)=k_0+k_0'(\omega-\omega_0),\quad k_0=k(\omega_0),\ k_0'=\left.\frac{dk}{d\omega}\right|_{\omega=\omega_0}=\left.\frac{dk}{d\omega}\right|_0 \tag{3.142}$$

で近似する．以下では $\big|_{\omega=\omega_0}$ を $\big|_0$ と略記し[92]，さらに $w=\omega-\omega_0$ の変数変換を行うと

$$\begin{aligned}u_{\theta 0}&=\frac{1}{2\pi}V(\omega_0)\int_{-\Delta\omega/2}^{+\Delta\omega/2}e^{\mathrm{i}(wt+\omega_0 t-(k_0+k_0'w)r)}dw\\&=\frac{\Delta\omega}{2\pi}\frac{\sin(t-k_0'r)\Delta\omega/2}{(t-k_0'r)\Delta\omega/2}V(\omega_0)e^{\mathrm{i}(\omega_0 t-k_0 r)}\end{aligned} \tag{3.143}$$

となる*)．k_0' は

$$k_0'=\left.\frac{d}{d\omega}\left(\frac{\omega}{c(\omega)}\right)\right|_0=\frac{1}{c_0}\left(1-\frac{\omega_0}{c_0}\left.\frac{dc}{d\omega}\right|_0\right) \tag{3.144}$$

であるから速度の逆数の次元を持っているので $1/U_0$ と置く．この $k_0'=1/U_0$ と $k_0=\omega_0/c(\omega_0)=\omega_0/c_0$ を (3.143) 式に代入すると

$$u_{\theta 0}=\frac{\Delta\omega}{2\pi}\frac{\sin(t-r/U_0)\Delta\omega/2}{(t-r/U_0)\Delta\omega/2}V(\omega_0)e^{\mathrm{i}\omega_0(t-r/c_0)}, \tag{3.145}$$

さらに，一般的な表現にするため $\omega_0\to\omega$，$c_0\to c$，$U_0\to U$ と置き換えると

$$u_{\theta 0}=F(t-\frac{r}{U})V(\omega)e^{\mathrm{i}\omega(t-r/c)},\ \frac{1}{U}=\frac{1}{c}\left(1-\frac{\omega}{c}\frac{dc}{d\omega}\right),\ F(t)=\frac{\Delta\omega}{2\pi}\frac{\sin\Delta\omega t/2}{\Delta\omega t/2} \tag{3.146}$$

が得られる．

(3.146) 式の $u_{\theta 0}$ の中で，$V(\omega)e^{\mathrm{i}\omega(t-r/c)}=V(\omega)e^{\mathrm{i}(\omega t-kr)}$ は (3.141) 式の $u_{\theta 0}$ の

---

*) 斎藤[92] の 141 頁最上段の式において $x\to r$ としたものにほぼ一致するが，Fourier 変換の定義が本書と異なるため指数関数の引数の符号が反転している．

スペクトル（§4.2.2）に一致するから，角周波数 ω における Love 波の地震動のスペクトル，つまり振幅 $V(\omega)$，角周波数 ω，位相速度 c の正弦波を表す．一方，$u_{\theta 0}$ の残りの部分 $F(t)$ は $A \sin at/at$ という形をしており，その関数形は $t = 0$ を中心とした $[-\pi/a, \pi/a]$ でなめらかな山型を主要部分としている*)．$F(t)$ では $a = \Delta\omega/2$ が小さいので，図 3.15 の中に破線で示したように，その波形は $t = 0$ を中心とした幅広な山型が目立ったものになる．しかも，(3.146) 式では $F(t - r/U)$ となっているので，この山型が速度 U で伝播する．

両者の組み合わせである $u_{\theta 0}$ は，後者の幅広な山型の中に前者の数サイクル分が入って**波群** *wavetrain*†) を構成する．U はその波群が伝播する速度になるので**群速度** *group velocity* と呼ばれる．図 3.15 には一例が示されており，震央距離 r に応じた縦位置に共通の時間軸 t でプロットするというレコードセクション *record section* の形式で，3 地点の Love 波地震動が黒実線で描かれている．したがって，地震動の特定の位相，たとえば山になっている部分の時間軸上の点を結べば，その傾きは位相速度 c に（図中右側の灰色直線），幅

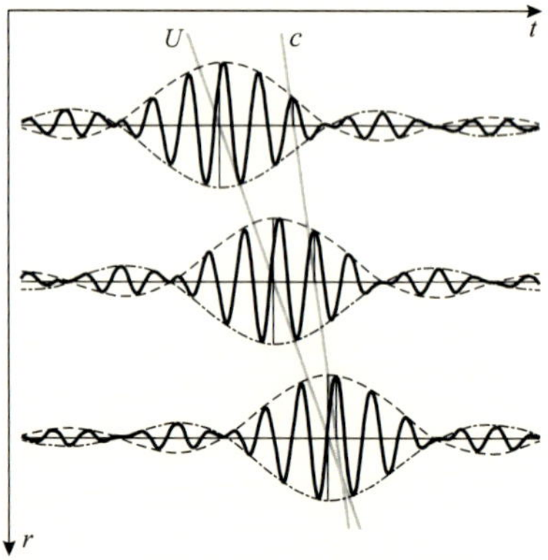

図 3.15　2 層構造における Love 波の地震動の例．複数の r での地震動の波形（太実線）と (3.146) 式の $F(t)$（破線）がレコードセクションの形式で描かれている．$F(t)$ とその鏡像（一点鎖線）の組み合わせである地震動の包絡線と，位相速度 c，群速度 U も図示した（斎藤 92) に基づく）．

---

*) たとえば Papoulis85) の Figure 2-10 に $\sin at/\pi t$ のグラフが描かれている．

†) wavetrain は Aki and Richards3)，Kennett61) が用いている用語．

広な山型の中心部を結べば，その傾きは群速度 U になっている（左側の灰色直線）．前述のように 2 層構造ならば c は T に対して単調増加，つまり ω に対して単調減少であるから $dc/d\omega < 0$ なので (3.146) 式より $U < c$ である．

最急降下法 *method of steepest descent* を用いれば，Fourier 逆変換の積分範囲を (3.141) 式のように $[\omega_0 - \Delta\omega/2, \omega_0 + \Delta\omega/2]$ に限らない一般の場合

$$u_{\theta 0} = \frac{1}{2\pi}\int_{-\infty}^{+\infty} V(\omega)e^{\mathrm{i}(\omega t - kr)}d\omega = \int_{-\infty}^{+\infty}\frac{V(\omega)}{2\pi}e^{\mathrm{i}(\omega t - kr)}d\omega \tag{3.147}$$

でも地震動の近似式を得ることができる．この方法によれば，積分路 C を，両端で被積分関数がゼロになる開曲線，または閉曲線にとれば，複素積分

$$I(s) = \int_C g(z)e^{sf(z)}dz \tag{3.148}$$

は，s が大きな実数で，$g(z)$ が指数関数項に圧倒されている *) とき

$$I(s) \sim \frac{\sqrt{2\pi}g(z_0)e^{sf(z_0)}e^{\mathrm{i}\alpha}}{\left|sf''(z_0)\right|^{1/2}}, \quad f'(z_0) = 0, \quad \alpha = \arg(z - z_0) \tag{3.149}$$

と近似され，z_0 は**鞍部点** *saddle point* と呼ばれる [4]．$z \to \omega$ および $s \to r$，$f(z) \to \mathrm{i}(\omega t/r - k)$，$g(z) \to V(\omega)/2\pi$ と置くと (3.148) 式の被積分関数と積分変数は (3.147) 式のものに一致する．積分路 C は ω 複素平面の実軸上の $-\infty$ から始まり実軸に沿って $+\infty$ まで延びたあと，上半平面を周回して $-\infty$ に戻る閉曲線とすると，**Jordan の補題**から上半平面の部分による積分はゼロとなるので，前記の置き換えを行った $I(s)$ は (3.147) 式の $u_{\theta 0}$ に一致する．観測点が離れていると実数 r は大きく，$V(\omega)$ の変化が小さいことはすでに (3.142) 式のところで仮定しているから，(3.147) 式に最急降下法が適用可能となる．(3.142) 式，(3.144) 式による

$$\begin{aligned} &z_0 \to \omega_0, \quad f'(z_0) = 0 \to \mathrm{i}r\left(\frac{t}{r} - \left.\frac{dk}{d\omega}\right|_0\right) = 0 \Rightarrow U(\omega_0) = \frac{t}{r} \\ &sf''(z_0) \to \mathrm{i}r\left.\frac{d}{d\omega}\left(\frac{t}{r} - \frac{dk}{d\omega}\right)\right|_0 = -\mathrm{i}r\left.\frac{d^2k}{d\omega^2}\right|_0 \end{aligned} \tag{3.150}$$

*) Arfken and Weber[4] ではまさに「is dominated」と書かれているが，$g(z)$ の変化は指数関数項の変化より小さいという意味であろう．

を用いると，適用した結果は

$$u_{\theta 0} \sim \frac{V(\omega_0)}{\sqrt{2\pi r \left| d^2k/d\omega^2 \big|_0 \right|}} \exp\left\{ \mathrm{i}(\omega_0 t - k_0 r \mp \frac{\pi}{4}) \right\} \tag{3.151}$$

になる（複号 ∓ は $\left.\dfrac{d^2k}{d\omega^2}\right|_0$ の符号 ± に同順）*)．この式は，Love 波が**震央距離** r の平方根 $\sqrt{r}$ に反比例して**幾何減衰**することを示している．

(3.151) 式は $\left.\dfrac{d^2k}{d\omega^2}\right|_0 \sim 0$ となる場合に極大となり大きな波群が現れる．しかし，この 2 次微分係数 = 0 を単純に (3.151) 式に代入すると発散してしまう．その理由は，最急降下法が 2 次までの Taylor 展開

$$f(z) \sim f(z_0) + f'(z_0)(z - z_0) + \frac{1}{2} f''(z_0)(z - z_0)^2 \tag{3.152}$$

を用いていること [4] であるので，この大きな波群のために 3 次までの Taylor 展開をとり，(3.150) 式などより $f'(z_0) = f''(z_0) = 0$ とすると

$$2\pi\, u_{\theta 0} \sim \frac{2V(\omega_0)}{\sqrt[3]{(r/6)\; d^3k/d\omega^3 \big|_0}} \exp\{\mathrm{i}(\omega_0 t - k_0 r)\} \int_0^\infty \cos(y^3) dy \tag{3.153}$$

となる [94]．ただし，佐藤 [94] に比べ先頭に 2π が追加されているのは，(3.151) 式の脚注と同じ理由による．Airy 関数 $\mathrm{Ai}(x)$ に関する公式 †)

$$\mathrm{Ai}(0) = \frac{1}{\pi} \int_0^\infty \cos\left(\frac{x^3}{3}\right) dx = \frac{3^{-2/3}}{\Gamma(2/3)} \tag{3.154}$$

において，$x = 3^{1/3} y$ と置けば (3.153) 式の最後の積分になり

$$u_{\theta 0} \sim \frac{V(\omega_0)}{\sqrt[3]{(r/6)\; d^3k/d\omega^3 \big|_0}} \frac{1}{3\Gamma(2/3)} \exp\left\{ \mathrm{i}(\omega_0 t - k_0 r) \right\} \tag{3.155}$$

が得られる ‡)．この近似式を得るために Airy 関数の公式（(3.154) 式）が使わ

---

*) 佐藤 [94] の (18.2.10) 式において $f^* \to V$，$\xi \to k$，$x \to r$ としたものにほぼ一致するが，Fourier 逆変換に $1/2\pi$ が付いていないので 2π 倍になっている．斎藤 [92] の (6.1.10) 式において $x \to r$ としたものにもほぼ一致するが，Fourier 変換の定義が本書と異なるため指数関数の引数の符号が反転している．Aki and Richards [3] の (7.18) 式も同様..

†) Ben-Menahem and Singh [9] の (G.10) 式．

‡) 斎藤 [92] の 146 頁末尾の式において $x \to r$ としたものにほぼ一致するが因数が $1/2\pi$ 異なる．

れているので，大きな波群は **Airy 相** *Airy phase* と呼ばれている．

3.1.10　表面波（**Rayleigh 波**）[*)]

Love 波が SH 波の波動方程式の自由振動解から得られるのと同じように，P 波・SV 波の波動方程式の自由振動解に関係する表面波が存在することは，Love の 1911 年著書に先んじて Rayleigh[†)] が 1885 年の論文[89)]で理論的に示した[106)]．そのため，この表面波は **Rayleigh 波** *Rayleigh wave* と呼ばれている．P 波・SV 波の波動方程式から得られる地震動の解 (3.38) 式において，自由振動ならば点震源は存在せず不連続ベクトルはゼロ（$\Delta_{l1} = \Delta_{l2} = \Delta_{l3} = \Delta_{l4} = 0$）であるから

$$\begin{aligned}
\tilde{u}_{l1}(0) &= \frac{1}{\hat{M}_{11}}\Big\{-M_{22}(M^h_{11}\Delta_{l1} + M^h_{12}\Delta_{l2} + M^h_{13}\Delta_{l3} + M^h_{14}\Delta_{l4}) \\
&\quad + M_{12}(M^h_{21}\Delta_{l1} + M^h_{22}\Delta_{l2} + M^h_{23}\Delta_{l3} + M^h_{24}\Delta_{l4})\Big\} \implies \hat{M}_{11}\tilde{u}_{l1}(0) = 0\,, \\
\tilde{w}_{l1}(0) &= \frac{1}{\hat{M}_{11}}\Big\{+M_{21}(M^h_{11}\Delta_{l1} + M^h_{12}\Delta_{l2} + M^h_{13}\Delta_{l3} + M^h_{14}\Delta_{l4}) \\
&\quad - M_{11}(M^h_{21}\Delta_{l1} + M^h_{22}\Delta_{l2} + M^h_{23}\Delta_{l3} + M^h_{24}\Delta_{l4})\Big\} \implies \hat{M}_{11}\tilde{w}_{l1}(0) = 0
\end{aligned} \tag{3.156}$$

となる．これらが自明な解 $\tilde{u}_{l1}(0) = \tilde{w}_{l1}(0) = 0$ 以外の解を持つためには $\hat{M}_{11} = 0$ でなければならない．$n = 1$ の 1 層構造（半無限媒質）では (3.30) 式から

$$\hat{M}_{11} = (\hat{\mathrm{T}}_1^{-1})_{11} = -\frac{\beta_1^4}{4\omega^4}\left(4k^2 + \frac{l_1^2}{\nu_{\alpha1}\nu_{\beta1}}\right) = 0 \tag{3.157}$$

となる[8)]．l_1 は (3.30) 式で定義されている．この方程式は SH 波のような単項式ではないので，(3.134) 式の条件 $k > k_{\beta1} > k_{\alpha1}$ の下で解くことができる．Love 波と同じように (3.5) 式と位相速度 $c \equiv \omega/k$ を用いて，半無限媒質における Rayleigh 波の**特性方程式**

[*)] §3.1.10 に関しては斎藤[92)]が詳しい．

[†)] 本名は John William Strutt, third Baron Rayleigh．しかし，本人が自分の論文の著者名を Lord Rayleigh としているので参考文献リストではそれを載せた．Cambridge 大学や王立協会などでの科学的な経歴に加えて，本名に third Baron とあるように Rayleigh 男爵家の 3 代目（そのため Lord の敬称が使われる）としての経歴がある．Essex にある領地の経営を任せた弟が乳牛牧場を営み，そこの乳製品で London 市内に「Lord Rayleigh's Dairies」という直営店を数店舗設けたので，イギリス大衆にも知られた存在であった[49)]．

$$
\begin{aligned}
&4k^2 + \frac{l_1^2}{\nu_{\alpha 1}\nu_{\beta 1}} = 0 \\
&\Rightarrow (2k^2 - k_{\beta 1}^2)^2 = 4k^2\sqrt{k^2 - k_{\alpha 1}^2}\sqrt{k^2 - k_{\beta 1}^2} \qquad (3.158) \\
&\Rightarrow \left(\frac{2}{c^2} - \frac{1}{\beta_1^2}\right)^4 = \frac{16}{c^4}\left(\frac{1}{c^2} - \frac{1}{\alpha_1^2}\right)\left(\frac{1}{c^2} - \frac{1}{\beta_1^2}\right) \\
&\Rightarrow (2x-1)^4 = 16x^2(x-a^2)(x-1),\quad x = \frac{\beta_1^2}{c^2},\ a = \frac{\beta_1}{\alpha_1} \\
&\Rightarrow 16(1-a^2)x^3 + (16a^2 - 24)x^2 + 8x - 1 = 0 \qquad (3.159)
\end{aligned}
$$

が得られ*)，これを解いて得られる位相速度 c_R を **Rayleigh 波速度**と呼ぶ[92]．以下，斎藤[92]に従って，まず媒質の **Poisson 比** ν が代表的な値 1/4 をとるとすると $\lambda_1 = \mu_1$ であるから（§1.2.3），$a = \beta_1/\alpha_1 = \sqrt{\mu_1/(\lambda_1 + 2\mu_1)} = 1/\sqrt{3}$．これを (3.159) 式に代入すると，

$$
\frac{32}{3}x^3 - \frac{56}{3}x^2 + 8x - 1 = (4x-1)\left(\frac{8}{3}x^2 - 4x + 1\right) = 0 \qquad (3.160)
$$

となる．この方程式の解のうち，(3.134) 式の条件を満たして $c < \beta_1$，つまり $x > 1$ であるものは $x = (3+\sqrt{3})/4$ しかない．したがって，$\nu = 1/4$ の半無限媒質における Rayleigh 波速度は

$$
c_R = \frac{2}{\sqrt{3+\sqrt{3}}}\beta_1 \approx 0.919402\,\beta_1 \qquad (3.161)
$$

と与えられ，これは ω を含まないので分散は存在しない．

続いて，Love 波と同じような 2 層構造における Rayleigh 波を考えると，(3.40) 式より

$$
\hat{M}_{11} = \sum_{j=1}^{6}(\hat{\mathrm{T}}_2^{-1})_{1j}(\hat{G}_1)_{j1} = 0 \qquad (3.162)
$$

であり，この中の $(\hat{\mathrm{T}}_2^{-1})_{1j}$ や $(\hat{G}_1)_{j1}$ は (3.30) 式や (3.33) 式から

*) 宇津[106]の (3.85) 式において $q \to k$，$k \to k_{\beta 1}$，$a = \sqrt{k^2 - k_{\alpha 1}^2}$，$b = \sqrt{k^2 - k_{\beta 1}^2}$ としたものは (3.158) 式に一致する．斎藤[92]の (6.3.7) 式は (3.159) 式に一致する．

$$
\begin{aligned}
(\hat{\mathrm{T}}_2^{-1})_{11} &= -\frac{\beta_2^4}{4\omega^4}\left(4k^2 + \frac{l_2^2}{\nu_{\alpha 2}\nu_{\beta 2}}\right), \quad (\hat{\mathrm{T}}_2^{-1})_{12} = \frac{\mathrm{i}\beta_2^2}{4\mu_2\nu_{\beta 2}\omega^2}, \\
(\hat{\mathrm{T}}_2^{-1})_{13} &= (\hat{\mathrm{T}}_2^{-1})_{14} = -\frac{\mathrm{i}\beta_2^4}{4\mu_2\omega^3 c}\left(2 + \frac{l_2}{\nu_{\alpha 2}\nu_{\beta 2}}\right), \\
(\hat{\mathrm{T}}_2^{-1})_{15} &= -\frac{\mathrm{i}\beta_2^2}{4\mu_2\nu_{\alpha 2}\omega^2}, \quad (\hat{\mathrm{T}}_2^{-1})_{16} = -\frac{1}{4\rho_2^2\omega^4}\left(1 + \frac{k^2}{\nu_{\alpha 2}\nu_{\beta 2}}\right), \\
(\hat{G}_1)_{11} &= -2\gamma_1(\gamma_1 + 1) + \left\{2\gamma_1(\gamma_1 + 1) + 1\right\}\cos P_1 \cos Q_1 \\
&\quad - \left\{(\gamma_1 + 1)^2 W_1 Y_1 + \gamma_1^2 X_1 Z_1\right\}, \qquad (3.163) \\
(\hat{G}_1)_{21} &= -\rho_1 c\omega\left\{\gamma_1^2 Z_1 \cos P_1 + (\gamma_1 + 1)^2 W_1 \cos Q_1\right\}, \\
(\hat{G}_1)_{31} &= (\hat{G}_1)_{41} = \mathrm{i}\rho_1 c\omega\,\gamma_1\Big[(\gamma_1 + 1)(2\gamma_1 + 1)(1 - \cos P_1 \cos Q_1) \\
&\quad + \left\{(\gamma_1 + 1)^3 W_1 Y_1 + \gamma_1^3 X_1 Z_1\right\}\Big], \\
(\hat{G}_1)_{51} &= \rho_1 c\omega\left\{(\gamma_1 + 1)^2 \cos P_1\, Y_1 + \gamma_1^2 X_1 \cos Q_1\right\}, \\
(\hat{G}_1)_{61} &= -(\rho_1 c\omega)^2\Big\{2\gamma_1^2(\gamma_1 + 1)^2(1 - \cos P_1 \cos Q_1) \\
&\quad + (\gamma_1 + 1)^4 W_1 Y_1 + \gamma_1^4 X_1 Z_1\Big\}, \\
& W_1 = r_{\alpha 1}^{-1}\sin P_1, \ Y_1 = r_{\beta 1}^{-1}\sin Q_1, \ X_1 = r_{\alpha 1}\sin P_1, \ Z_1 = r_{\beta 1}\sin Q_1, \\
& \gamma_1 = -2k^2/k_{\beta 1}^2, \ r_{\alpha 1} = \nu_{\alpha 1}/k, \ r_{\beta 1} = \nu_{\beta 1}/k, \ P_1 = \nu_{\alpha 1}d_1, \ Q_1 = \nu_{\beta 1}d_1
\end{aligned}
$$

と与えられる[34),8)]．$n = 1$ のときの (3.158) 式と同じように，$\hat{M}_{11}$ の各項から $-\beta_2^4/(4\omega^4)$ を共通因子として括り出して特性方程式を作ると，その特性方程式は

$$
\Delta_R = \sum_{j=1}^{6}(\hat{\mathrm{T}}_2^{-1})'_{1j}(\hat{G}_1)_{j1} = 0, \qquad (3.164)
$$

$$
\begin{aligned}
(\hat{\mathrm{T}}_2^{-1})'_{11} &= 4k^2 + \frac{l_2^2}{\nu_{\alpha 2}\nu_{\beta 2}}, \quad (\hat{\mathrm{T}}_2^{-1})'_{12} = \frac{\omega^2}{\mathrm{i}\mu_2\nu_{\beta 2}\beta_2^2}, \\
(\hat{\mathrm{T}}_2^{-1})'_{13} &= (\hat{\mathrm{T}}_2^{-1})'_{14} = \frac{\mathrm{i}\omega}{\mu_2 c}\left(2 + \frac{l_2}{\nu_{\alpha 2}\nu_{\beta 2}}\right), \\
(\hat{\mathrm{T}}_2^{-1})'_{15} &= \frac{\mathrm{i}\omega^2}{\mu_2\nu_{\alpha 2}\beta_2^2}, \quad (\hat{\mathrm{T}}_2^{-1})'_{16} = \frac{1}{\rho_2^2\beta_2^4}\left(1 + \frac{k^2}{\nu_{\alpha 2}\nu_{\beta 2}}\right)
\end{aligned}
$$

となる．

まず，Rayleigh 波が低周波で ω が小さく，Love 波と同じように (3.134) 式に加えて第 1 層内では地震動の P 波，SV 波ともに振動的であるという条件を課すと $k_{\alpha2} < k_{\beta2} < k < k_{\alpha1} < k_{\beta1}$ および $\beta_1 < \alpha_1 < c < \beta_2 < \alpha_2$ であるので，(3.5) 式より

$$\nu_{\alpha1} = \omega\sqrt{\alpha_1^{-2} - c^{-2}},\ \nu_{\beta1} = \omega\sqrt{\beta_1^{-2} - c^{-2}},$$
$$\nu_{\alpha2} = -\mathrm{i}\omega\sqrt{c^{-2} - \alpha_2^{-2}},\ \nu_{\beta2} = -\mathrm{i}\omega\sqrt{c^{-2} - \beta_2^{-2}}. \tag{3.165}$$

$\omega \to 0$ であるから $(\hat{\mathrm{T}}_2^{-1})'_{12}, (\hat{\mathrm{T}}_2^{-1})'_{13}, (\hat{\mathrm{T}}_2^{-1})'_{14}, (\hat{\mathrm{T}}_2^{-1})'_{15}, (\hat{G}_1)_{61} \to 0$．また，$\nu_{\alpha i}, \nu_{\beta i}, P_1, Q_1 \to 0$ から $(\hat{G}_1)_{11} \to 1$ であるので，特性方程式は

$$\Delta_R \to (\hat{\mathrm{T}}_2^{-1})'_{11} = 4k^2 + \frac{l_2^2}{\nu_{\alpha2}\nu_{\beta2}} = 0 \tag{3.166}$$

となる．これは $1 \to 2$ とした (3.158) 式に一致しており，第 2 層のみで構成される半無限媒質における Rayleigh 波の特性方程式である．しかし，Love 波と同じように第 1 層内で振動的である条件を課しているので，第 1 層内の実体波の重複反射で構成されている Rayleigh 波のモードである．このモードの Rayleigh 波速度を c_{R2} とする．

次に，Rayleigh 波が高周波で ω が大きく，$c < \beta_1 < \alpha_1$ の場合を考える．(3.5) 式より $\nu_{\alpha1} = -\mathrm{i}\sqrt{k^2 - \omega^2/\alpha_1^2} = -\mathrm{i}\omega\sqrt{1/c^2 - 1/\alpha_1^2}$，$\nu_{\beta1} = -\mathrm{i}\sqrt{k^2 - \omega^2/\beta_l^2} = -\mathrm{i}\omega\sqrt{1/c^2 - 1/\beta_1^2}$ および $\cos z = \cosh \mathrm{i}z$，$\sin z = \mathrm{i}^{-1}\sinh \mathrm{i}z$ [82] であるから

$$\cos P_1 = \cos\nu_{\alpha1}d_1 = \cosh \mathrm{i}\nu_{\alpha1}d_1, \quad \tan P_1 = \mathrm{i}^{-1}\tanh \mathrm{i}\nu_{\alpha1}d_1.$$

ここで双曲線関数の公式 [82] $\lim_{x\to\infty}\cosh x = \infty$，$\lim_{x\to\infty}\tanh x = 1$ を用いれば，$\omega \to \infty$ のとき $\cos P_1 \to \infty$，$\tan P_1 \to -\mathrm{i}$．同様に $\cos Q_1 \to \infty$，$\tan Q_1 \to -\mathrm{i}$．これらと (3.163) 式より

$$(\hat{G}_1)_{11} = \cos P_1 \cos Q_1 \left[\frac{-2\gamma_1(\gamma_1+1)}{\cos P_1 \cos Q_1} + \left\{2\gamma_1(\gamma_1+1)+1\right\} - \left\{(\gamma_1+1)^2\frac{\tan P_1 \tan Q_1}{r_{\alpha1}r_{\beta1}} + \gamma_1^2 r_{\alpha1}r_{\beta1}\tan P_1 \tan Q_1\right\}\right]$$

$$
\begin{aligned}
&\to \frac{\cos P_1 \cos Q_1}{r_{\alpha 1} r_{\beta 1}} \left[r_{\alpha 1} r_{\beta 1} \left\{ 2\gamma_1(\gamma_1+1)+1 \right\} + \left\{ (\gamma_1+1)^2 + \gamma_1^2 r_{\alpha 1}^2 r_{\beta 1}^2 \right\} \right] \\
&= \frac{\cos P_1 \cos Q_1}{r_{\alpha 1} r_{\beta 1}} (1 + r_{\alpha 1} r_{\beta 1}) \left\{ (\gamma_1+1)^2 + \gamma_1^2 r_{\alpha 1} r_{\beta 1} \right\}, \\
(\hat{G}_1)_{21} &= \cos P_1 \cos Q_1 (-\rho_1 c\omega) \left\{ \gamma_1^2 r_{\beta 1} \tan Q_1 + (\gamma_1+1)^2 r_{\alpha 1}^{-1} \tan P_1 \right\} \\
&\to \frac{\cos P_1 \cos Q_1}{r_{\alpha 1} r_{\beta 1}} (-\rho_1 c\omega) \left\{ \gamma_1^2 r_{\alpha 1} r_{\beta 1}^2 (-\mathrm{i}) + (\gamma_1+1)^2 r_{\beta 1} (-\mathrm{i}) \right\} \\
&= \frac{\cos P_1 \cos Q_1}{r_{\alpha 1} r_{\beta 1}} \mathrm{i}\rho_1 c\omega\, r_{\beta 1} \left\{ (\gamma_1+1)^2 + \gamma_1^2 r_{\alpha 1} r_{\beta 1} \right\}, \\
(\hat{G}_1)_{31} &= \frac{\cos P_1 \cos Q_1}{r_{\alpha 1} r_{\beta 1}} \mathrm{i}\rho_1 c\omega \Bigg[\gamma_1(\gamma_1+1)(2\gamma_1+1) \left(\frac{1}{\cos P_1 \cos Q_1} - 1 \right) r_{\alpha 1} r_{\beta 1} \\
&\quad + \left\{ (\gamma_1+1)^3 \tan P_1 \tan Q_1 + \gamma_1^3 \tan P_1 \tan Q_1 r_{\alpha 1}^2 r_{\beta 1}^2 \right\} \Bigg] \\
&\to \frac{\cos P_1 \cos Q_1}{r_{\alpha 1} r_{\beta 1}} \mathrm{i}\rho_1 c\omega \Big[-\gamma_1(\gamma_1+1)(2\gamma_1+1) r_{\alpha 1} r_{\beta 1} \\
&\quad - \left\{ (\gamma_1+1)^3 + \gamma_1^3 r_{\alpha 1}^2 r_{\beta 1}^2 \right\} \Big] \\
&= \frac{\cos P_1 \cos Q_1}{r_{\alpha 1} r_{\beta 1}} (-\mathrm{i}\rho_1 c\omega) \left[(\gamma_1 + 1 + \gamma_1 r_{\alpha 1} r_{\beta 1}) \left\{ (\gamma_1+1)^2 + \gamma_1^2 r_{\alpha 1} r_{\beta 1} \right\} \right], \\
(\hat{G}_1)_{51} &= \cos P_1 \cos Q_1 \rho_1 c\omega \left\{ (\gamma_1+1)^2 r_{\beta 1}^{-1} \tan Q_1 + \gamma_1^2 r_{\alpha 1} \tan P_1 \right\} \\
&\to \frac{\cos P_1 \cos Q_1}{r_{\alpha 1} r_{\beta 1}} \rho_1 c\omega \left\{ (\gamma_1+1)^2 r_{\alpha 1} (-\mathrm{i}) + \gamma_1^2 r_{\alpha 1}^2 r_{\beta 1} (-\mathrm{i}) \right\} \\
&= \frac{\cos P_1 \cos Q_1}{r_{\alpha 1} r_{\beta 1}} (-\mathrm{i}\rho_1 c\omega r_{\alpha 1}) \left\{ (\gamma_1+1)^2 + \gamma_1^2 r_{\alpha 1} r_{\beta 1} \right\}, \\
(\hat{G}_1)_{61} &= \cos P_1 \cos Q_1 \left\{ -(\rho_1 c\omega)^2 \right\} \left[\frac{2\gamma_1^2(\gamma_1+1)^2}{\cos P_1 \cos Q_1} - 2\gamma_1^2(\gamma_1+1)^2 \right. \\
&\quad \left. + \left\{ (\gamma_1+1)^4 \frac{\tan P_1 \tan Q_1}{r_{\alpha 1} r_{\beta 1}} + \gamma_1^4 r_{\alpha 1} r_{\beta 1} \tan P_1 \tan Q_1 \right\} \right] \\
&\to \frac{\cos P_1 \cos Q_1}{r_{\alpha 1} r_{\beta 1}} (\rho_1 c\omega)^2 \left[r_{\alpha 1} r_{\beta 1} \left\{ 2\gamma_1^2 (\gamma_1+1)^2 \right\} - \left\{ -(\gamma_1+1)^4 - \gamma_1^4 r_{\alpha 1}^2 r_{\beta 1}^2 \right\} \right] \\
&= \frac{\cos P_1 \cos Q_1}{r_{\alpha 1} r_{\beta 1}} (\rho_1 c\omega)^2 \left\{ (\gamma_1+1)^2 + \gamma_1^2 r_{\alpha 1} r_{\beta 1} \right\}^2
\end{aligned}
\tag{3.167}
$$

となって，$\hat{G}_{j1}$ のすべてには共通の因子として $\cos P_1 \cos Q_1/(r_{\alpha 1} r_{\beta 1})\left\{(\gamma_1+1)^2 + \gamma_1^2 r_{\alpha 1} r_{\beta 1}\right\}$ が含まれていることがわかる．一方，(3.164) 式の $(\hat{\mathrm{T}}_2)_{1j}$ は共通因子

を持っていない．したがって，特性方程式は

$$\begin{aligned}\Delta_R &= \sum_{j=1}^{6}(\hat{\mathrm{T}}_2^{-1})'_{1j}(\hat{G}_1)_{j1} = 0 \\ &\Longrightarrow \frac{\cos P_1 \cos Q_1}{r_{\alpha 1} r_{\beta 1}}\left\{(\gamma_1+1)^2+\gamma_1^2 r_{\alpha 1} r_{\beta 1}\right\}F(c) = 0 \end{aligned} \tag{3.168}$$

という形をしており*)，その解は第2因子による方程式

$$(\gamma_1+1)^2+\gamma_1^2 r_{\alpha 1} r_{\beta 1} = 0 \tag{3.169}$$

の解となる．この方程式に $r_{\alpha i} = \nu_{\alpha i}/k$, $r_{\beta i} = \nu_{\beta i}/k$, $\gamma_i = -2k^2/k_{\beta i}^2$（以上は(3.33)式）と $l_1 = 2k^2 - k_{\beta 1}^2$（(3.157)式），$k_{\beta i} = \omega/\beta_i$（(3.5)式）を代入すると

$$\left(-\frac{2k^2}{k_{\beta 1}^2}+1\right)^2 + \frac{4k^4}{k_{\beta 1}^4}\frac{\nu_{\alpha 1}}{k}\frac{\nu_{\beta 1}}{k} = 0 \Longrightarrow 4k^2 + \frac{l_1^2}{\nu_{\alpha 1}\nu_{\beta 1}} = 0 \tag{3.170}$$

が得られる．(3.170)式の右辺は，第1層のみで構成された半無限媒質における Rayleigh 波の特性方程式 (3.158) に一致するから，その位相速度は Rayleigh 波速度 c_R（(3.161)式など）に等しい．したがって，もっとも遅い位相速度であるので，Rayleigh 波の基本モードに相当する．

最後に，引き続き Rayleigh 波が高周波で ω が大きいが，位相速度が基本モードより速く $\beta_1 < c < \alpha_1$ である高次モードを考える．$\beta_1 < c < \alpha_1$ と (3.5)式より $\nu_{\alpha 1} = -\mathrm{i}\sqrt{k^2-\omega^2/\alpha_1^2} = -\mathrm{i}\omega\sqrt{1/c^2-1/\alpha_1^2}$, $\nu_{\beta 1} = \sqrt{\omega^2/\beta_1^2-k^2} = \omega\sqrt{1/\beta_1^2-1/c^2}$ であるので，P_1 に関連するものは基本モードと同じく

$$\lim_{\omega\to\infty}\cos P_1 = \infty,\quad \lim_{\omega\to\infty}\tan P_1 = -\mathrm{i} \tag{3.171}$$

だが，$\cos Q_1$，$\tan Q_1$ は $\omega \to \infty$ においてもそのまま三角関数として残る．したがって，特性方程式は非常に複雑なものになってしまうが，基本モードと同じように $\cos Q_1$ は $(\hat{G}_1)_{j1}$ 各項の因子として括り出すことができる．そこで，特性方程式を (3.168) 式のように書き直せば，その中核部分は $\tan Q_1$ しか含

---

*) 斎藤[92] の 164 頁の式において $C_\alpha, C_\beta \to \cos P_1, \cos Q_1$，$\gamma_1 \to -\gamma_1$，$\mathrm{i}\xi_1 \to r_{\alpha 1}/c$，$\mathrm{i}\eta_1 \to r_{\beta 1}/c$ としたものに一致する．そこでは F の具体的な表現も与えられている．

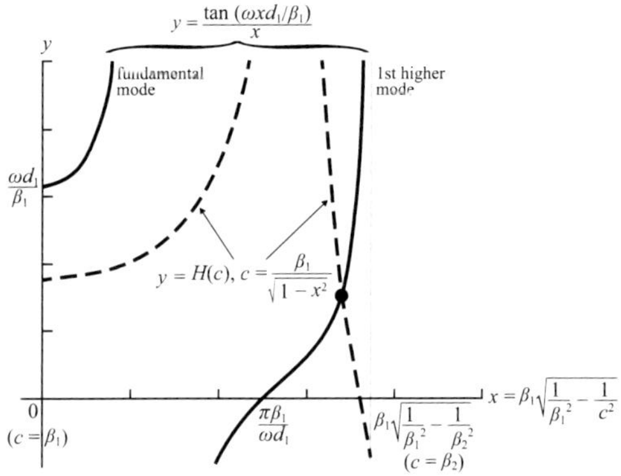

図 3.16　2 層構造における Rayleigh 波の特性方程式の解法．$\pi/\omega \cdot \beta_1/d_1 \leq \beta_1\sqrt{1/\beta_1^2 - 1/\beta_2^2} < 2\pi/\omega \cdot \beta_1/d_1$ の場合（斎藤 92) に基づく）．

まないので，Love 波の (3.137) 式に似た

$$\tan Q_1 = \frac{\nu_{\beta 1}}{k_{\beta 1}} H(c) \tag{3.172}$$

という方程式にすることができる 92)．さらに，$Q_1 = \nu_{\beta 1} d_1$（(3.163) 式）と上述の $\nu_{\beta 1} = \omega\sqrt{1/\beta_1^2 - 1/c^2}$ を代入すると，Love 波の (3.138) 式に似た

$$\tan\left(\omega d_1\sqrt{\frac{1}{\beta_1^2} - \frac{1}{c^2}}\right) = \beta_1\sqrt{\frac{1}{\beta_1^2} - \frac{1}{c^2}}\, H(c) \tag{3.173}$$

が得られる．$x = \beta_1\sqrt{1/\beta_1^2 - 1/c^2}$ を変数として (3.173) 式を

$$\frac{\tan(\omega x d_1/\beta_1)}{x} = H(c),\ c = \frac{\beta_1}{\sqrt{1 - x^2}} \tag{3.174}$$

と変形し，Love 波のときと同じように $y =$ 左辺 と $y =$ 右辺 をプロットして両者の交点を紙面上の作図で求め（図 3.16），特性方程式の解を得ることができる．地震動が表面波である条件（(3.134) 式）から $c < \beta_2 < \alpha_2$，および $\beta_1 < c < \alpha_1$ より解の探索範囲は $c = \beta_1$ に対応する $x = 0$ から $c = \beta_2$ に対応する $x = \beta_1\sqrt{1/\beta_1^2 - 1/\beta_2^2}$ までである（ただし，第 1 層の P 波速度が非常に遅く $\alpha_1 < \beta_2$ ならば c の上限は α_1 としなければならない）．解の個数（高次

モードの数）は探索範囲に $y = \tan(\omega x d_1/\beta_1)/x$ の曲線が何本引けるかによって決まる．図 3.16 には $\pi/\omega \cdot \beta_1/d_1 \le \beta_1 \sqrt{1/\beta_1^2 - 1/\beta_2^2} < 2\pi/\omega \cdot \beta_1/d_1$ の場合が描かれており高次モードの解は 1 個存在する．$y = \tan(\omega x d_1/\beta_1)/x$ の x 切片である $\pi\beta_1/(\omega d_1)$ は ω が大きくなると範囲の下限に近づき，それに伴って解も下限の $c = \beta_1$ に近づく．逆に ω が小さくなると x 切片は上限に近づき，それに伴って解も上限の $c = \beta_2$ に近づく．$\lim_{\theta\to\infty}(\tan\theta)/\theta = 1$ から基本モードの $y = \tan(\omega x d_1/\beta_1)/x$ は Love 波のように原点を通ることはないので，範囲の中で $y = H(c)$ と交わることはない．前述のように基本モードの位相速度 c_R は β_1 より小さい．この基本モードを含め，同じ ω ならばモードの次数（基本モードは 0 次とする）が上がるにつれて c は大きくなるのは Love 波と同じである．こうした作図による高周波近似の解法ではなく，現状ではやはり方程式の数値解法が用いられるのも Love 波と同じである．

方程式の数値解法により得られた，2 層構造における Rayleigh 波の分散曲線を図 3.17 に示した．2 層構造のパラメータは図の右下に与えられている．これを見ると，基本モードの c は $f = 0$ $(\omega = 0)$ で c_{R2} に等しいが，f または ω が少しでも大きくなると急速に c_R に近づくので，水平成層構造では基本モー

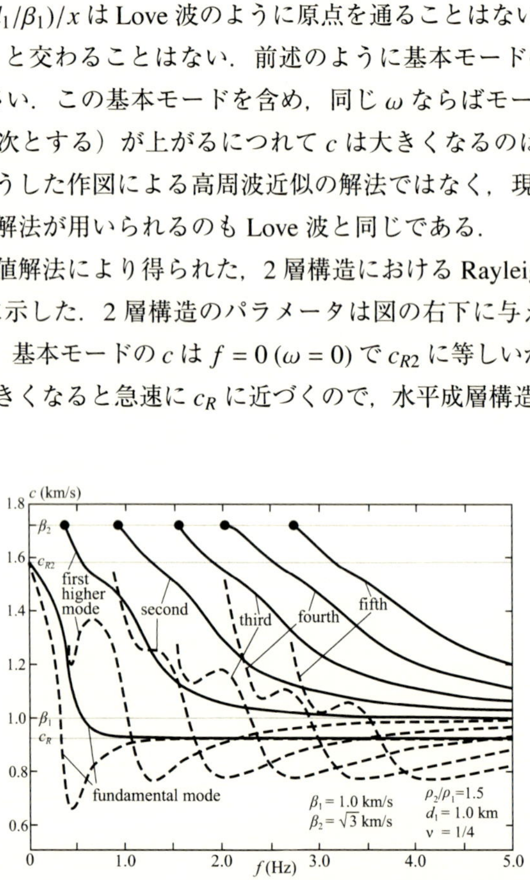

図 3.17　2 層構造における Rayleigh 波の周波数 f に対する分散曲線．黒丸は遮断周波数を示す．位相速度だけでなく群速度も破線で示した．右下は 2 層構造のパラメータ（斎藤 [92] に基づく）．

ドの位相速度を第 1 層のパラメータによる **Rayleigh** 波速度 c_R として概ねよいことがわかる．高次モードは範囲の上限 β_2 に始まり（そのときの周波数は Love 波と同じく**遮断周波数**と呼ばれる），f または ω が大きくなると範囲の下限の β_1 に漸近している．分散曲線のこれらの特徴は，$\omega \to 0$ と $\omega \to \infty$ の極限で近似的に検討した前段の結果に一致する．

以上の方法で Rayleigh 波の位相速度 c あるいは波数 $k \equiv \omega/c$ を求めることができた．Love 波と同じように分散曲線の $dc/d\omega$ と (3.146) 式から**群速度** U も得られ，図 3.17 にはそれらも描かれている．震源が深くなると発達しづらくなることや，$\sqrt{r}$ に反比例した幾何減衰，**Airy** 相なども Love 波と同様である．この k は $\hat{M}_{11} = 0$（(3.162) 式）を与え，$\hat{M}_{11}$ は地震動の解 (3.38) 式の分母に現れるから，Rayleigh 波の k は Love 波と同じく**表面波極**を構成する．Rayleigh 波のみの地震動が表面波極での留数計算による**正規モード解**で表されることや，それに対する仮想的な高速度最下層の効果も Love 波と同様である．

3.1.11　遠地実体波

USGS の用語集 [105] によれば teleseismic とは "pertaining to earthquakes at distances greater than 1,000 km from the measurement site" という意味合いの形容詞であり，teleseisms はそうした遠方の地震による地震動を意味する [61]．したがって，**遠地実体波** *teleseismic body wave* とは，こうした**遠地地震** *teleseismic earthquake* による地震動のうちの実体波成分である．世界的な**広帯域地震計**（§4.1.4）のネットワークが構築され，それにより観測された teleseisms は，M_w が 5.0 程度以上なら世界中どこで起こった地震でも **CMT** インバージョン（§2.3.3）でモーメントテンソルが決まるほどの検知能力を持っている．しかも，地震発生後，数時間で波形データが **IRIS** *Incorporated Research Institutions for Seismology* のデータセンターからインターネット公開されるので，海外の地震の**震源インバージョン**（§2.3.5）には必須のデータである．国内の地震でも他のデータに比べ，遠方のため分解能は劣るものの，解を安定化させることが多い（§2.3.5）という有用性を持っている．

図 3.18 はそうした有用性の一例である．右下のジョイントインバージョン

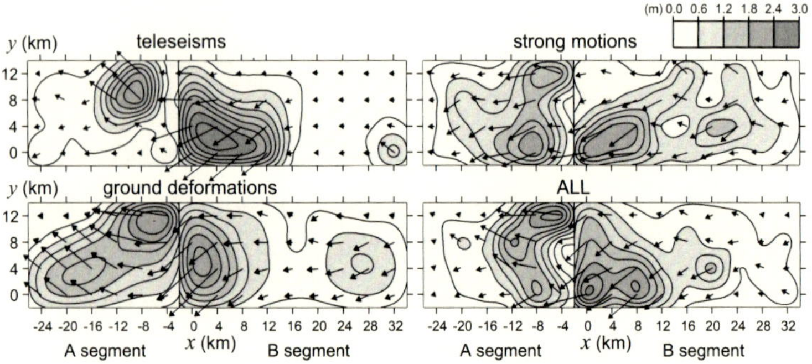

図 3.18　兵庫県南部地震に対する Yoshida *et al.*[114] の震源インバージョンのすべての結果（すべりベクトルとすべり量の分布）．遠地実体波データ（左上），強震動データ（右上），地殻変動データ（左下）をそれぞれ単独で用いたインバージョンの結果，右下はこれら 3 種類のデータをすべて用いたジョイントインバージョンの結果．右側 2 件は図 2.33 に同じ．

の結果は，兵庫県南部地震の震源過程の特徴が，破壊開始点（$x = 0$，$y = 0$ km）付近の深い大きなすべりと，淡路島側（図 2.33 左の A）の浅い部分（$x = 4 \sim 8$，$y = 12$ km）の大きなすべり，および神戸側（図 2.33 左の B）の中央部（$x = 20$，$y = 4$ km）付近のやや大きなすべりであることを示している．ところが，右上の強震動データの単独インバージョンでは 2 番目の特徴である淡路島側の浅い大きなすべりがあまり判然としていない．一方，左上の遠地実体波データの単独インバージョンでは，分解能が劣るために 3 番目の特徴である神戸側中央部のやや大きいすべりは見えていないが，2 番目の特徴はくっきり現れている．そのため，強震動データと遠地実体波データを同時に含めたジョイントインバージョンでは 2 番目と 3 番目の特徴の両方が得られることになる．

遠地実体波データの単独インバージョンでは Kikuchi and Kanamori[63] の方法がもっとも広く使われているので，そこで用いられている Green 関数の計算法をここでは解説する．Yoshida *et al.*[114] が用いた計算法も，これから震源や観測点近傍の地下構造の考慮を除いたものである．地球は球を成し，その中心を原点とする**球座標系** (R, θ, ϕ)（図 2.21）を用いるものとする．地球の内部構造が本節（§3.1）のタイトルのように 1 次元地下構造であるということは，それが R 方向にのみ変化する球対称であって，**物性値**（§1.2.4）は R のみの関数であることを意味する．伝播の効果の計算方法としてもっとも近似的な**波線理論**（§3.2.2）をこの球対称構造に適用する．また，遠地地震であるから点震源から放出される実体波は (2.56) 式の**遠地項**（§2.1.4）のみで表され，その弾性変位は (2.132) 式で与えられるとする．

まず，地球の中心を原点とした球座標系における**レイトレーシング**（§3.2.3）を考える（図 3.19）．球座標系では

$$\nabla = \left(\frac{\partial}{\partial R},\ \frac{1}{R}\frac{\partial}{\partial\theta},\ \frac{1}{R\sin\theta}\frac{\partial}{\partial\phi}\right) \tag{3.175}$$

であるから，波線の向きを表すベクトル $\mathbf{p} = \nabla\tau$（(3.244) 式，図 3.22）は

$$\mathbf{p} = \left(p_R, \frac{p_\theta}{R}, \frac{p_\phi}{R\sin\theta}\right),\quad p_R = \frac{\partial\tau}{\partial R},\quad p_\theta = \frac{\partial\tau}{\partial\theta},\quad p_\phi = \frac{\partial\tau}{\partial\phi}. \tag{3.176}$$

アイコナル方程式 (3.237) は

$$p_R^2 + \frac{p_\theta^2}{R^2} + \frac{p_\phi^2}{R^2\sin^2\theta} = s^2,\quad s = \alpha^{-1}\ \text{or}\ \ \beta^{-1} \tag{3.177}$$

となり，波線方程式 (3.243) は

$$\begin{aligned}&\frac{dR}{d\lambda} = \frac{p_R}{s},\quad \frac{d\theta}{d\lambda} = \frac{p_\theta}{sR^2},\quad \frac{d\phi}{d\lambda} = \frac{p_\phi}{sR^2\sin^2\theta},\\ &\frac{dp_R}{d\lambda} = \frac{\partial s}{\partial R} + \frac{p_\theta^2}{sR^3} + \frac{p_\phi^2}{sR^3\sin^2\theta},\ \frac{dp_\theta}{d\lambda} = \frac{\partial s}{\partial\theta} + \frac{\cot\theta}{sR^2\sin^2\theta}p_\phi^2,\ \frac{dp_\phi}{d\lambda} = \frac{\partial s}{\partial\phi}\end{aligned} \tag{3.178}$$

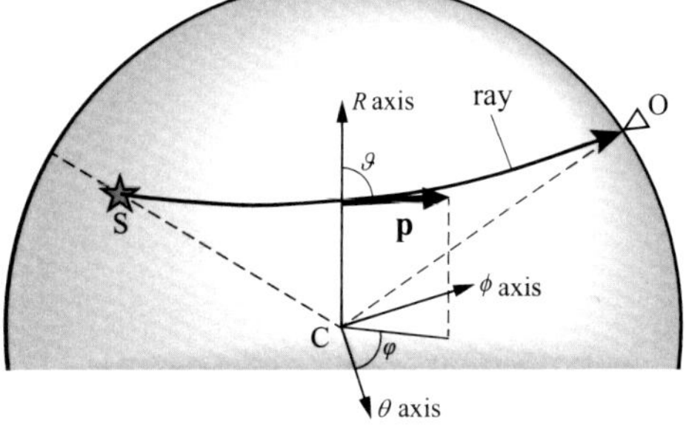

図 3.19　地球の中心 C を原点とした球座標系における遠地実体波の波線（太実線）および波線の向きのベクトル **p**（太矢印）の方位角 φ と射出角 ϑ.

になる*)．また，波線の**方位角** φ と**射出角** ϑ（§3.2.3）を，φ は $\mathbf{p}$ の θ–ϕ 成分と θ 軸が成す角度，ϑ は $\mathbf{p}$ と R 軸が成す鋭角な角度と定義すると（図 3.19），(3.277) 式と同じように (3.177) 式から

$$p_R = s\cos\vartheta, \quad \frac{p_\theta}{R} = s\sin\vartheta\cos\varphi, \quad \frac{p_\phi}{R\sin\theta} = s\sin\vartheta\sin\varphi \tag{3.179}$$

とすることができる†)．これら座標やパラメータの点震源における値は添え字 S を付けて表すものとする．

物性値であるスローネス s が R のみによっていて θ や ϕ にはよらないとき，(3.178) 式の第 6 式から $\dfrac{dp_\phi}{d\lambda} = 0$ であるので，p_ϕ は点震源における初期値 $p_{\phi\mathrm{S}}$ から変化せず $p_\phi \equiv p_{\phi\mathrm{S}}$．この場合，球座標系の θ 軸や ϕ 軸は互いに直交していればどのような向きにとっても結果に影響を与えないから[19]，点震源における方位角が $\varphi_\mathrm{S} = 0^\circ$ となるような向きにとると $p_\phi \equiv p_{\phi\mathrm{S}} = 0$．$p_\phi = 0$ とき (3.179) 式の第 3 式より $\sin\varphi = 0$ または $\sin\vartheta = 0$ であるが，後者では $\mathbf{p} = (s, 0, 0)$ という自明な解しか持たないから，前者で前方に射出される波線に限れば $\varphi = 0^\circ$ である．$p_\phi = 0$ を (3.178) 式の第 3 式に代入すると $\dfrac{d\phi}{d\lambda} = 0$ であるので波線は $\phi =$ 一定 の面内にとどまる．次に $p_\phi = 0$ と $\partial s/\partial\theta = 0$ を (3.178) 式の第 5 式に代入すると，同じく $\dfrac{dp_\theta}{d\lambda} = 0$ となり $p_\theta =$ 一定．$\varphi = 0^\circ$ および $s = v^{-1}$ を (3.179) 式の第 2 式に代入し，p_θ の一定値を p とすると

$$p_\theta = \frac{R\sin\vartheta}{v} = \text{一定} = p \tag{3.180}$$

という，球座標系の **Snell の法則** *Snell's law* が得られる‡)．この p は**波線パラメータ** *ray parameter* と呼ばれている．

遠地実体波のような地球規模の問題では，**震央距離**を km ではなく，震央と観測点を結ぶ大円を地球の中心から見込む角度で表すことが多い（図 3.20 の Δ）．この角度は点震源 S から見た観測点 O の ϑ に相当し，ここでは $\varphi = 0^\circ$ とするから $\vartheta = \theta$ であり，(3.178) 式を用いると

*) Červený[19] の (3.5.28) 式において $T \to \tau$，$T_j \to p_j$ としたものは (3.177) 式に，(3.5.31) 式において $n = 1$，$u \to \lambda$，$T_j \to p_j$ としたものは (3.178) 式に一致する．

†) Dahlen and Tromp[27] の (15.206) 式において $r \to R$，$i \to \vartheta$，$\zeta \to \varphi$ としたものに一致する．

‡) 宇津[106] の (4.6) 式において $r \to R$，$i \to \vartheta$ としたものに一致する．デカルト座標系では s が z のみの関数であるとき (3.277) 式の $p_x =$ 一定，Snell の法則 $\sin\vartheta/v =$ 一定 になる．

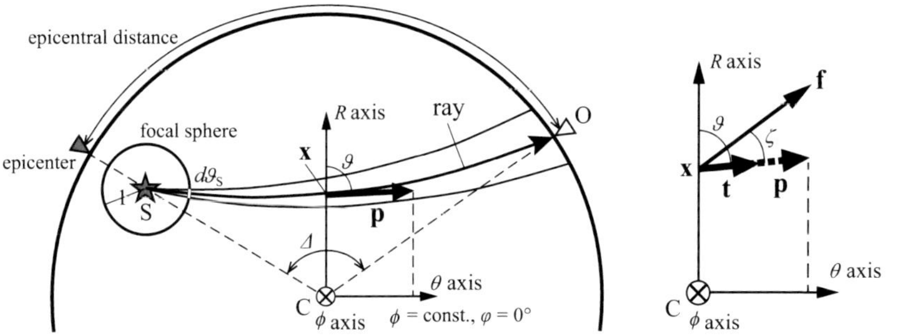

図 3.20　球対称構造の地球における遠地実体波の波線（太実線）および波線の向きのベクトル **p**（太矢印）の射出角 ϑ．点震源 S の震央と観測点 O の間の震央距離 $\varDelta$．右は **x** 付近のベクトルの関係を示す拡大図．

$$\varDelta = \int_S^O \frac{d\theta}{d\lambda} d\lambda = \int_{R_S}^{R_O} \frac{d\theta}{dR} dR, \quad \frac{d\theta}{dR} = \frac{d\theta}{d\lambda}\frac{d\lambda}{dR} = \frac{p_\theta}{R^2 p_R}. \tag{3.181}$$

(3.177) 式と $p_\phi \equiv 0$ から

$$p_R = \left(s^2 - \frac{p_\theta^2}{R^2}\right)^{1/2} = \left(\frac{1}{\upsilon^2} - \frac{p^2}{R^2}\right)^{1/2}, \quad \upsilon = \alpha \text{ or } \beta \tag{3.182}$$

であるから

$$\frac{d\theta}{dR} = \frac{p_\theta}{R^2 p_R} = \frac{p}{R^2\left(1/\upsilon^2 - p^2/R^2\right)^{1/2}} = \frac{p}{R\left\{(R/\upsilon)^2 - p^2\right\}^{1/2}} \tag{3.183}$$

が得られる．観測点だけでなく点震源も地表にあるとき，波線の中点には図 3.9 のように転回点が現れ，それを境に波線は対称な形になる．したがって，地表と転回点の R を R_0，R_m とすると

$$\varDelta = 2\int_{R_m}^{R_0} \frac{d\theta}{dR} dR = 2\int_{R_m}^{R_0} \frac{p\,dR}{R\left\{(R/\upsilon)^2 - p^2\right\}^{1/2}} \tag{3.184}$$

である [*]．一方，点震源から観測点まで地震動が伝播する時間 T，つまり走時（§3.2.2）は，その微分が $\dfrac{dT}{d\lambda} = s$ であるから（§3.2.3）

[*] (3.183)，(3.184) 式は宇津 [106] の (4.11)，(4.12) 式において $r \to R$ としたものに一致する．

$$\frac{dT}{dR}=\frac{dT}{d\lambda}\frac{d\lambda}{dR}=\frac{s^2}{p_R}=\frac{1}{\upsilon^2\left(1/\upsilon^2-p^2/R^2\right)^{1/2}}=\frac{R}{\upsilon\left(R^2-\upsilon^2p^2\right)^{1/2}}. \tag{3.185}$$

観測点と点震源が地表にあるとき，$\varDelta$ と同じように

$$T=2\int_{R_m}^{R_0}\frac{dT}{dR}dR=2\int_{R_m}^{R_0}\frac{R\,dR}{\upsilon\left(R^2-\upsilon^2p^2\right)^{1/2}} \tag{3.186}$$

が得られる *)．点震源が深さ h にある一般的な場合なら

$$\begin{aligned}\varDelta &= 2\int_{R_m}^{R_0-h}\frac{p\,dR}{R\left\{(R/\upsilon)^2-p^2\right\}^{1/2}}+\int_{R_0-h}^{R_0}\frac{p\,dR}{R\left\{(R/\upsilon)^2-p^2\right\}^{1/2}}\\ T &= 2\int_{R_m}^{R_0-h}\frac{R\,dR}{\upsilon\left(R^2-\upsilon^2p^2\right)^{1/2}}+\int_{R_0-h}^{R_0}\frac{R\,dR}{\upsilon\left(R^2-\upsilon^2p^2\right)^{1/2}}\end{aligned} \tag{3.187}$$

として計算される．転回点が現れないならば，それぞれ第2項のみでよい．(3.187) 式は，球対称構造ではレイトレーシングが R の積分に置き換わるということを意味している．積分の際には球対称の速度構造 $\upsilon(R)$ を与えなければならないが，震源インバージョンに用いる Green 関数ならばそれほど精密なものは必要ではなく，たとえば Kikuchi and Kanamori[63] では Jeffreys and Bullen[54] の古典的な速度構造がデフォルトになっている．

次に，球対称構造におけるダイナミックレイトレーシング（§3.2.3）を考える．図 3.20 と図 3.22 を見比べれば，§3.2.2 における波線の位置の座標系 $\mathbf{x}$ がここでは球座標系 (R,θ,ϕ) に，波線中心座標系 $\boldsymbol{\lambda}$ の γ_1,γ_2 がここでは ϑ 軸および φ 軸の座標になっており，のちの便利のために $\gamma_1=\vartheta_S$，$\gamma_2=\varphi_S$ とする．**波線ヤコビアン**（§3.2.2）$\mathcal{J}$ はデカルト座標系で定義されているから（(3.260) 式），それを球座標系に変換すると

$$\mathcal{J}=\frac{D(x,y,z)}{D(\vartheta_S,\varphi_S,\lambda)}=\frac{D(x,y,z)}{D(R,\theta,\phi)}\frac{D(R,\theta,\phi)}{D(\vartheta_S,\varphi_S,\lambda)},\ \frac{D(R,\theta,\phi)}{D(\vartheta_S,\varphi_S,\lambda)}=\begin{vmatrix}\dfrac{\partial R}{\partial\vartheta_S} & \dfrac{\partial R}{\partial\varphi_S} & \dfrac{dR}{\partial\lambda}\\ \dfrac{\partial\theta}{\partial\vartheta_S} & \dfrac{\partial\theta}{\partial\varphi_S} & \dfrac{d\theta}{d\lambda}\\ \dfrac{\partial\phi}{\partial\vartheta_S} & \dfrac{\partial\phi}{\partial\varphi_S} & \dfrac{d\phi}{d\lambda}\end{vmatrix} \tag{3.188}$$

*) (3.185)，(3.186) 式は Červený[19] の (3.7.33)，(3.7.37) 式において $r\to R$ としたものに一致．

になる．デカルト座標系・球座標系間のヤコビアン $\dfrac{D(x,y,z)}{D(R,\theta,\phi)}$ は $R^2 \sin\theta$ である[51)]．また，前述のように ϕ = 一定，$\varphi = 0°$ であるから $\partial\phi/\partial\vartheta_S = 0$，$\partial\phi/\partial\varphi_S = 1$[19)]，および $d\phi/d\lambda = 0$．これらを (3.188) 式に代入して**余因子展開** *cofactor expansion* を行うと

$$\mathcal{J} = R^2 \sin\theta \begin{vmatrix} \dfrac{\partial R}{\partial\vartheta_S} & \dfrac{dR}{d\lambda} \\ \dfrac{\partial\theta}{\partial\vartheta_S} & \dfrac{d\theta}{d\lambda} \end{vmatrix} = R\sin\theta \left| \left(\frac{\partial R}{\partial\vartheta_S}, R\frac{\partial\theta}{\partial\vartheta_S}, 0\right) \times \left(\frac{dR}{d\lambda}, R\frac{d\theta}{d\lambda}, 0\right) \right| \tag{3.189}$$

と与えられる．(3.176) 式と (3.178) 式，$p_\phi = 0$ から

$$\left(\frac{dR}{d\lambda}, R\frac{d\theta}{d\lambda}, 0\right) = \frac{1}{s}\left(p_R, \frac{p_\theta}{R}, \frac{p_\phi}{R\sin\theta}\right) = \frac{\mathbf{p}}{s} = \mathbf{t} \tag{3.190}$$

は波線の接線方向の単位ベクトル（図 3.22）であるから，外積の公式 $|\mathbf{a}\times\mathbf{b}| = |\mathbf{a}||\mathbf{b}|\sin\eta$（$\eta$ は $\mathbf{a}$ と $\mathbf{b}$ が成す角度）を用いて

$$\mathcal{J} = R\sin\theta\,|\,\mathbf{f}\,|\sin\zeta, \quad \mathbf{f} = \left(\frac{\partial R}{\partial\vartheta_S}, R\frac{\partial\theta}{\partial\vartheta_S}, 0\right) \tag{3.191}$$

が得られる（図 3.20 右の拡大図）．

ここからは，射出角やそれに関係する微係数などを R = 一定 の球面上で評価する[19)]（観測点がある地表面も R = 一定 の面である）．$\dfrac{\partial R}{\partial\vartheta_S} = 0$ であるから，$\mathbf{f}$ は θ 成分のみとなって θ 軸に平行になり $\zeta = 90° - \vartheta$．従って，波線ヤコビアンとして

$$\mathcal{J} = R^2 \sin\theta\cos\vartheta\frac{\partial\theta}{\partial\vartheta_S} \tag{3.192}$$

を用いる．(3.267) 式から，観測点 O における P 波地震動の振幅 $u_{1O}^{(0)}$ は点震源における振幅 $u_{1S}^{(0)}$ に

$$u_{1O}^{(0)} = \frac{1}{\mathcal{L}}u_{1S}^{(0)}, \quad \frac{1}{\mathcal{L}} = \left(\frac{\rho_S\alpha_S\mathcal{J}_S}{\rho_O\alpha_O\mathcal{J}_O}\right)^{1/2} \tag{3.193}$$

と関係づけられ，$1/\mathcal{L}$ は**幾何減衰**と呼ばれる[*)]．前述のように，$u_{i\mathbf{S}}^{(0)}$ は §2.1.4

[*)] §1.2.5 では波面が幾何学的に広がることにより振幅が減少する現象を幾何減衰と呼んだが，$1/\mathcal{L}$ のような減少の数学的表現もそう呼ばれることが多い．現象と区別するために geometrical spreading factor と呼ばれることもある[63),27)]．

の (2.132) 式で与えられるが，その中に含まれる $1/R$（この式では R が点震源からの距離を意味する）という項は点震源において発散してしまうので，周囲に半径 1 の震源球（§2.3.1）を図 3.20 のように設定する．射出角は R = 一定 の面で評価されるから，その微小変化（図 3.20）は

$$d\vartheta_{\mathrm{S}} = \cos\vartheta_{\mathrm{S}} d\theta_{\mathrm{S}} \tag{3.194}$$

である．(3.181) 式から $\theta_{\mathrm{O}} = \varDelta$ とすると

$$\frac{1}{\mathcal{L}} = \left(\frac{\rho_{\mathrm{S}}\alpha_{\mathrm{S}} R_{\mathrm{S}}^2 \sin\theta_{\mathrm{S}} \cos\vartheta_{\mathrm{S}} \dfrac{\partial\theta_{\mathrm{S}}}{\partial\vartheta_{\mathrm{S}}}}{\rho_{\mathrm{O}}\alpha_{\mathrm{O}} R_{\mathrm{O}}^2 \sin\theta_{\mathrm{O}} \cos\vartheta_{\mathrm{O}} \dfrac{\partial\theta_{\mathrm{O}}}{\partial\vartheta_{\mathrm{S}}}} \right)^{1/2} = \frac{1}{R_{\mathrm{O}}} \left(\frac{\rho_{\mathrm{S}}\alpha_{\mathrm{S}} \sin\theta_{\mathrm{S}}}{\rho_{\mathrm{O}}\alpha_{\mathrm{O}} \sin\varDelta \cos\vartheta_{\mathrm{O}}} \frac{d\vartheta_{\mathrm{S}}}{d\varDelta} \right)^{1/2} \tag{3.195}$$

が得られる*)．S 波地震動の振幅 $u_2^{(0)}$，$u_3^{(0)}$ についてもまったく同様に (3.276) 式から

$$u_{2\mathrm{O}}^{(0)} = \frac{1}{\mathcal{L}} u_{2\mathrm{S}}^{(0)}, \quad u_{3\mathrm{O}}^{(0)} = \frac{1}{\mathcal{L}} u_{3\mathrm{S}}^{(0)}, \quad \frac{1}{\mathcal{L}} = \frac{1}{R_{\mathrm{O}}} \left(\frac{\rho_{\mathrm{S}}\beta_{\mathrm{S}} \sin\theta_{\mathrm{S}}}{\rho_{\mathrm{O}}\beta_{\mathrm{O}} \sin\varDelta \cos\vartheta_{\mathrm{O}}} \frac{d\vartheta_{\mathrm{S}}}{d\varDelta} \right)^{1/2} \tag{3.196}$$

が得られる．球対称構造では波線は点震源 S，観測点 O，地球の中心 C を含む平面内にとどまり（図 3.20），C から O に向かう鉛直方向ベクトルと波線の法線方向ベクトル **n**（図 3.22）はこの平面内にあるから，S 波地震動の **n** 成分の振幅 $u_2^{(0)}$（(3.250) 式）は **SV** 波（§1.2.4）を表す．一方，陪法線方向ベクトル **b** はこの平面に垂直であるから，**b** 成分の振幅 $u_3^{(0)}$ は **SH** 波を表す．(3.195) 式，(3.196) 式は，球対称構造ではダイナミックレイトレーシングを行う必要がなく，R の積分で得られる $\varDelta$ および点震源と観測点における物性値などから振幅を計算できることを意味する．

遠地実体波の波線は，その大部分が地球内部のうちマントル *mantle* と呼ばれる部分にあり，マントルにおける物性値の空間変化は穏やかであるので，波線理論の適応で十分である．しかし，観測点の直下，および浅い地震ならば

---

*) Kikuchi[62] の (8.22) 式において $h, 0 \to \mathrm{S}, \mathrm{O}$ にしたもの，宇津[106] の (4.20) 式において $r \to R$, $\sin e_0 \to \cos\vartheta_{\mathrm{O}}$ にしたものなど，多くの文献に書かれたものに一致する．これら文献では近似的な幾何学で説明されているが，その背後にある物理学を本項と §3.2.2~3 で解説した．

震源付近は地殻 *crust* という地球の最表層にあり，そこでの物性値の空間変化は大きく，§3.1.1~3.1.8 で解説した手法を用いることが望ましい．点震源から観測点直下の地殻構造の最下部まで伝播してきて平面波に広がった地震動を波線理論で計算し，ポテンシャルの形にして Fourier 変換しておく．観測点直下の地殻には震源が存在しないことから，$\boldsymbol{\Delta}_{li} = 0$ とした (3.24) 式や (3.37) 式において計算結果を SH 波なら $\chi^{-}_{ln}(z_{n-1})$ に，P 波なら $\phi^{-}_{ln}(z_{n-1})$ に，SV 波なら $\psi^{-}_{ln}(z_{n-1})$ に代入して方程式を解く．震源付近の地殻構造の影響は，**相反定理**（§1.3.2）を用いて観測点と点震源を入れ換えて同様の計算を行う．以上の方法により，幾何減衰を考慮した地震動のスペクトルが得られる．Kikuchi and Kanamori[63] では地殻構造の影響を評価する部分で **Haskell 行列**（§3.1.4）が用いられている．

最後に，現実的な遠地実体波を計算するためには**内部減衰**を考慮しなければならない．しかし，§3.1.1~3.1.8 で用いられている，内部減衰の **Q** 値を地震波速度に与えて複素数にする方法（§1.2.6）を単純に適用することができない．速度が複素数になるとレイトレーシングやダイナミックレイトレーシングの定式化が成り立たなくなるためである．適用できるようにするもっとも簡単な方法は，地球の減衰構造が均質であると近似することである．速度，Q 値が v，Q である均質媒質内の 1 次元の地震動は**減衰振動**（§1.2.6）となり，(1.59) 式や (1.63) 式から，その振幅は

$$e^{-\eta t}, \quad \eta = \frac{\omega}{2Q} \tag{3.197}$$

に従って減衰する．波線理論による地震動は，波線に沿った 1 次元の地震動と見ることができて，(3.197) 式の効果が波線に沿って連続的に成り立つとすると，観測点における地震動は

$$e^{-\omega Y}, \quad Y = \int_0^T \frac{1}{2Q} d\tau = \int_{\mathrm{S}}^{\mathrm{O}} \frac{1}{2Q} \frac{d\lambda}{v} \tag{3.198}$$

に従って減衰すると近似できるであろう．さらに，平均的 Q 値 $\overline{Q}$ を $T/2\overline{Q} = Y$，$\boldsymbol{t^*}$ を $t^* = T/\overline{Q}$ と定義すると

$$e^{-\omega Y} = e^{-\omega T/2\overline{Q}} = e^{-\omega t^*/2}. \tag{3.199}$$

マントルの t^* の標準値としてP波ならば1 s，S波ならば4 sという値が知られており[63]，(3.198) 式の積分は実行せず，この標準値が用いられることが多い．さらには，(3.199) 式が地震動の因果律を乱すことを補正するための項（§1.2.6）を追加して

$$D(\omega) = \exp\left(-\frac{1}{2}\omega t^* + \mathrm{i}\omega\frac{t^*}{\pi}\ln\frac{\omega}{\omega_r}\right) \tag{3.200}$$

が得られる[*)]．$D(\omega)$ は**散逸フィルタ** *dissipation filter*[19] と呼ばれ，上記の幾何減衰を考慮した地震動スペクトルに掛け合わせて Fourier 逆変換すると内部減衰を含む地震動が得られる．

3.1.12　地殻変動

かつては測量によって，最近では主に **GNSS** *Global Navigation Satellite System*[†)] や **InSAR** *Interferometric Synthetic Aperture Radar* などの衛星技術によって観測される**地殻変動** *crustal deformation* は，静的変位や永久変位などと別称されるため地震"動"とは別物と思われがちである．しかし，モーメント時間関数やすべり時間関数が立ち上がり時間後に平坦になった部分，たとえば傾斜関数の $t > \tau$ の部分（図 2.23）が媒質に及ぼす影響であるから，地震動の一部であり $\omega = 0$ の周波数成分である．

震源インバージョンにおいて地殻変動データは，時間推移に関する情報を持たないものの，遠地実体波データと同じように解を安定化させる効果をもたらす．特に，時間の情報を持たないが故に，断層破壊の時間と位置のトレードオフ（§2.3.5）を解消するには最適なデータである．図 3.18 の兵庫県南部地震の例で言えば，強震動データの単独インバージョンでは淡路島側の大きなすべりが深めに求まっているが，地殻変動データの単独インバージョンでは地表にくい違いが現れた野島断層付近に正しく求まっている．結果として，ジョイントインバージョンではすべりの位置が正しく，時間情報を持った震

[*)] Kikuchi[63] の (8.12) 式において $T/\overline{Q} \to t^*$，$2\pi f \to \omega$ としたものに指数部が一致する．Červený[19] の (5.5.19) 式にも一致するが，Fourier 変換の定義の違いにより $\mathrm{i}\omega$ の符号が反転．

[†)] **GPS** *Global Positioning System* と呼ばれることが多いが，GPS はアメリカの観測網の固有名詞なので，こう呼ぶべきとされている．

源過程モデルが得られている．

§3.1.1~3.1.8 の手法に $\omega \to 0$ を次にように適用すると，1 次元地下構造における地殻変動を計算できる [116)]．ここでは $f(\omega)$ に $\omega \to 0$ を適用した結果は $\lim_{\omega\to 0} f(\omega) = (f)_0$ と表すとする．SH 波の地震動の $\omega - k$ 成分 $\tilde{v}_{l1}(0)$ は (3.25) 式に (3.23) 式を代入したものから計算されるので，$\tilde{v}_{l1}(0)$ は不連続ベクトル $\mathbf{\Delta}_l$ と propagator 行列 $\mathbf{G}_i$，$\mathbf{T}_n^{-1}$ で構成されている（§3.1.2）．$\mathbf{\Delta}_l$（(3.20) 式）では $k_{\beta i} = \omega/\beta_i$ （(3.5) 式）の 2 乗が分母の ω^2 をキャンセルするので

$$(\mathbf{\Delta}_0)_0 = \begin{pmatrix} 0 \\ 0 \end{pmatrix},\quad (\mathbf{\Delta}_1)_0 = \frac{\overline{M}_0(0)}{4\pi\rho_s}\begin{pmatrix} -\dfrac{2}{\beta_s^2} \\ 0 \end{pmatrix},\quad (\mathbf{\Delta}_2)_0 = \frac{\overline{M}_0(0)}{4\pi\rho_s}\begin{pmatrix} 0 \\ -\dfrac{\mu_s k}{\beta_s^2} \end{pmatrix}. \tag{3.201}$$

$k_{\beta i} < k$ のときの定義 $\nu_{\beta i} = -\mathrm{i}\sqrt{k^2 - k_{\beta i}^2}$ ((3.5) 式) と $(k_{\beta i})_0 = 0$ による $(\nu_{\beta i})_0 = -\mathrm{i}k$ を (3.17) 式，(3.15) 式に用いると

$$(\mathbf{G}_i)_0 = \begin{pmatrix} \cosh kd_i & (\mu_i k)^{-1}\sinh kd_i \\ \mu_i k \sinh kd_i & \cosh kd_i \end{pmatrix},\quad (\mathbf{T}_n^{-1})_0 = \frac{1}{2}\begin{pmatrix} -1 & \dfrac{-1}{\mu_n k} \\ -1 & \dfrac{+1}{\mu_n k} \end{pmatrix}. \tag{3.202}$$

(3.202) 式は Zhu and Rivera[116)] の (A10) 式にほぼ一致するが，Haskell[44)] が $\tilde{v}_{l1}(0)$ を無次元化していること（§3.1.4）と，Zhu and Rivera[116)] の (A5) 式と Haskell[44)] の (9.6) 式（本書 (3.53) 式）の違いから，$((G_i)_{12})_0$ は $\dfrac{1}{\mathrm{i}^2 k}$ に，$((G_i)_{21})_0$ は $\mathrm{i}^2 k$ 倍になっている．得られた $(\mathbf{\Delta}_l)_0$，$(\mathbf{G}_i)_0$，$(\mathbf{T}_n^{-1})_0$ を (3.23) 式，(3.25) 式に代入すれば地殻変動の SH 成分 $(\tilde{v}_{l1}(0))_0$ が計算できる．

地殻変動の P・SV 成分の場合，その地震動の $\omega - k$ 成分 $\tilde{u}_{l1}(0)$，$\tilde{w}_{l1}(0)$ を構成する $\mathbf{\Delta}_l$，$\mathbf{G}_i$，$\mathbf{T}_n^{-1}$ は (3.34) 式，(3.33) 式，(3.30) 式に与えられている．$\mathbf{\Delta}_l$（(3.34) 式）は SH 成分と同じように，$k_{\alpha i} = \omega/\alpha_i$，$k_{\beta i} = \omega/\beta_i$ （(3.5) 式）の 2 乗が分母の ω^2 をキャンセルするので

$$(\mathbf{\Delta}_0)_0 = \frac{\overline{M}_0(0)}{4\pi\rho_s}\begin{pmatrix} 0 \\ 4k/\alpha_s^2 \\ 0 \\ 2\mathrm{i}\mu_s k^2 \cdot \\ (4/\alpha_s^2 - 3/\beta_s^2) \end{pmatrix},\ (\mathbf{\Delta}_1)_0 = \frac{\overline{M}_0(0)}{4\pi\rho_s}\begin{pmatrix} -2\mathrm{i}k/\beta_s^2 \\ 0 \\ 0 \\ 0 \end{pmatrix},\ (\mathbf{\Delta}_2)_0 = \frac{\overline{M}_0(0)}{4\pi\rho_s}\begin{pmatrix} 0 \\ 0 \\ 0 \\ -2\mathrm{i}\mu_s k^2/\beta_s^2 \end{pmatrix} \tag{3.203}$$

となる．これに比べて $(\mathbf{G}_i)_0$ は複雑な導出となってしまうが，**L'Hôpital** の定理 *L'Hôpital's rule* [4),*)]

$$\lim_{x\to x_0} f(x) = 0,\ \lim_{x\to x_0} g(x) = 0 \text{ のとき } \lim_{x\to x_0}\frac{f(x)}{g(x)} = \lim_{x\to x_0}\frac{f'(x)}{g'(x)} \tag{3.204}$$

を用いれば求めることができる（「′」は 1 階微分を表す）[116)]．$(\cos P_i - \cos Q_i)_0 = 0$，$(\gamma_i^{-1})_0 = 0$（$P_i, Q_i, \gamma_i$ は (3.33) 式）であるから，この定理より

$$\left(\frac{\cos P_i - \cos Q_i}{\gamma_i^{-1}}\right)_0 = \left(\frac{-(P_i)'\sin P_i + (Q_i)'\sin Q_i}{(\gamma_i^{-1})'}\right)_0. \tag{3.205}$$

$k_{\alpha i} < k$ のときの定義 $\nu_{\alpha i} = -\mathrm{i}\sqrt{k^2 - k_{\alpha i}^2}$（(3.5) 式）から右辺のうち

$$\left(\frac{(P_i)'}{(\gamma_i^{-1})'}\right)_0 = \lim_{\omega\to 0}\frac{-\mathrm{i}}{2}\left(k^2 - \frac{\omega^2}{\alpha_i^2}\right)^{-1/2}\frac{-2\omega}{\alpha_i^2}d_i\left(\frac{-2\omega}{2k^2\beta_i^2}\right)^{-1} = -\mathrm{i}kd_i\frac{\beta_i^2}{\alpha_i^2}. \tag{3.206}$$

同様に $\left(\dfrac{(Q_i)'}{(\gamma_i^{-1})'}\right)_0 = -\mathrm{i}kd_i$ であり，$(\sin P_i)_0 = (\sin Q_i)_0 = \mathrm{i}^{-1}\sinh kd_i$ も用いると

$$\Big(\gamma_i(\cos P_i - \cos Q_i)\Big)_0 = -kd_i(1-\xi_i)\sinh kd_i,\quad \xi_i = \frac{\beta_i^2}{\alpha_i^2} \tag{3.207}$$

が得られる[†)]．

続いて，$\left(r_{\alpha i}^{-1}\sin P_i + r_{\beta i}\sin Q_i\right)_0 = 0$（$r_{\alpha i}$，$r_{\beta i}$ は (3.33) 式）と $(\gamma_i^{-1})_0 = 0$ に L'Hôpital の定理を適用すると

---

*) L'Hôpital を L'Hospital と表記する文献は Arfken and Weber[4)] を含め多い．

†) Zhu and Rivera[116)] の (28) 式に符号反転を除いて一致する．符号反転は，同論文が用いている Haskell[44)] の 18 頁（本書 (3.54) 式）と，Fuchs[34)] の 409 頁（本書 (3.17) 式）で γ_i の符号が反転しているため．

$$\left(\frac{r_{\alpha i}^{-1}\sin P_i + r_{\beta i}\sin Q_i}{\gamma_i^{-1}}\right)_0$$
$$= \left(\frac{(r_{\alpha i}^{-1})'\sin P_i + r_{\alpha i}^{-1}(P_i)'\cos P_i + (r_{\beta i})'\sin Q_i + r_{\beta i}(Q_i)'\cos Q_i}{(\gamma_i^{-1})'}\right)_0 . \quad (3.208)$$

これに (3.206) 式などや，$\left(r_{\alpha i}^{-1}\right)_0 = (k/\nu_{\alpha i})_0 = \mathrm{i}$，$\left(r_{\beta i}\right)_0 = \left(\nu_{\beta i}/k\right)_0 = -\mathrm{i}$，

$$\left(\frac{\left(r_{\alpha i}^{-1}\right)'}{(\gamma_i^{-1})'}\right)_0 = \lim_{\omega\to 0}\frac{-1}{r_{\alpha i}^2}\frac{-\mathrm{i}}{2}\left(k^2 - \frac{\omega^2}{\alpha_i^2}\right)^{-1/2}\frac{-2\omega}{\alpha_i^2}\frac{1}{k}\left(\frac{-2\omega}{2k^2\beta_i^2}\right)^{-1} = -\mathrm{i}\frac{\beta_i^2}{\alpha_i^2} = -\mathrm{i}\xi_i ,$$
$$\left(\frac{\left(r_{\beta i}\right)'}{(\gamma_i^{-1})'}\right)_0 = \lim_{\omega\to 0}\frac{-\mathrm{i}}{2}\left(k^2 - \frac{\omega^2}{\beta_i^2}\right)^{-1/2}\frac{-2\omega}{\beta_i^2}\frac{1}{k}\left(\frac{-2\omega}{2k^2\beta_i^2}\right)^{-1} = -\mathrm{i} \quad (3.209)$$

などを代入し，$(\cos P_i)_0 = (\cos Q_i)_0 = \cosh kd_i$ なども用いると

$$\left(\gamma_i\left(r_{\alpha i}^{-1}\sin P_i + r_{\beta i}\sin Q_i\right)\right)_0 = -(1+\xi_i)\sinh kd_i - (1-\xi_i)kd_i\cosh kd_i . \quad (3.210)$$

さらに，$\left(r_{\alpha i}\sin P_i + r_{\beta i}^{-1}\sin Q_i\right)_0 = 0$ と $(\gamma_i^{-1})_0 = 0$ に L'Hôpital の定理を適用すると

$$\left(\frac{r_{\alpha i}\sin P_i + r_{\beta i}^{-1}\sin Q_i}{\gamma_i^{-1}}\right)_0$$
$$= \left(\frac{(r_{\alpha i})'\sin P_i + r_{\alpha i}(P_i)'\cos P_i + (r_{\beta i}^{-1})'\sin Q_i + r_{\beta i}^{-1}(Q_i)'\cos Q_i}{(\gamma_i^{-1})'}\right)_0 . \quad (3.211)$$

(3.210) 式と同じように，これに $(r_{\alpha i})_0 = (\nu_{\alpha i}/k)_0 = -\mathrm{i}$，$\left(r_{\beta i}^{-1}\right)_0 = \left(k/\nu_{\beta i}\right)_0 = \mathrm{i}$ や

$$\left(\frac{\left(r_{\alpha i}\right)'}{(\gamma_i^{-1})'}\right)_0 = \lim_{\omega\to 0}\frac{-\mathrm{i}}{2}\left(k^2 - \frac{\omega^2}{\alpha_i^2}\right)^{-1/2}\frac{-2\omega}{\alpha_i^2}\frac{1}{k}\left(\frac{-2\omega}{2k^2\beta_i^2}\right)^{-1} = -\mathrm{i}\frac{\beta_i^2}{\alpha_i^2} = -\mathrm{i}\xi_i ,$$
$$\left(\frac{\left(r_{\beta i}^{-1}\right)'}{(\gamma_i^{-1})'}\right)_0 = \lim_{\omega\to 0}\frac{-1}{r_{\beta i}^2}\frac{-\mathrm{i}}{2}\left(k^2 - \frac{\omega^2}{\beta_i^2}\right)^{-1/2}\frac{-2\omega}{\beta_i^2}\frac{1}{k}\left(\frac{-2\omega}{2k^2\beta_i^2}\right)^{-1} = -\mathrm{i}\frac{\beta_i^2}{\beta_i^2} = -\mathrm{i} \quad (3.212)$$

などを代入すると

$$\left(\gamma_i\left(r_{\alpha i}\sin P_i + r_{\beta i}^{-1}\sin Q_i\right)\right)_0 = -(1+\xi_i)\sinh kd_i + (1-\xi_i)kd_i\cosh kd_i \quad (3.213)$$

となる．

(3.33) 式の propagator 行列 $\mathbf{G}_i$ に対して $(\rho_i c\omega)^{-1} = -\dfrac{\gamma_i}{2k\mu_i}$ とした上で $\omega \to 0$ を行い，(3.207) 式，(3.210) 式，(3.213) 式などを代入する．その結果 $(\mathbf{G}_i)_0$ の各要素 $((G_i)_{jm})_0$ を $S = \sinh kd_i$, $C = \cosh kd_i$, $x = kd_i(1-\xi_i)$ と置いて書くと

$$
\begin{aligned}
((G_i)_{11})_0 &= ((G_i)_{44})_0 = -(\gamma_i(\cos P_i - \cos Q_i))_0 + (\cos Q_i)_0 = xS + C\,,\\
((G_i)_{12})_0 &= ((G_i)_{34})_0 = \mathrm{i}\left(\gamma_i\left(r_{\alpha i}^{-1}\sin P_i + r_{\beta i}\sin Q_i\right)\right)_0 + \mathrm{i}\left(r_{\alpha i}^{-1}\sin P_i\right)_0\\
&= -\mathrm{i}(1+\xi_i)S - \mathrm{i}(1-\xi_i)kd_iC + \mathrm{i}S = \mathrm{i}^{-1}(\xi_iS + xC)\,,\\
((G_i)_{13})_0 &= ((G_i)_{24})_0 = \frac{-\mathrm{i}}{2k\mu_i}(\gamma_i(\cos P_i - \cos Q_i))_0 = \frac{1}{\mathrm{i}k}\frac{-xS}{2\mu_i}\,,\\
((G_i)_{14})_0 &= \frac{-1}{2k\mu_i}\left(\gamma_i\left(r_{\alpha i}^{-1}\sin P_i + r_{\beta i}\sin Q_i\right)\right)_0 = \frac{1}{-k}\frac{-(1+\xi_i)S - xC}{2\mu_i}\,,\\
((G_i)_{21})_0 &= ((G_i)_{43})_0 = -\mathrm{i}\left(\gamma_i\left(r_{\alpha i}\sin P_i + r_{\beta i}^{-1}\sin Q_i\right)\right)_0 - \mathrm{i}\left(r_{\beta i}^{-1}\sin Q_i\right)_0\\
&= -\mathrm{i}\,\{-(1+\xi_i)S + (1-\xi_i)kd_iC\} - \mathrm{i}S = \mathrm{i}(\xi_iS - xC)\,, \qquad (3.214)\\
((G_i)_{22})_0 &= ((G_i)_{33})_0 = (\gamma_i(\cos P_i - \cos Q_i))_0 + (\cos P_i)_0 = -xS + C\,,\\
((G_i)_{23})_0 &= \frac{-1}{2k\mu_i}\left(\gamma_i\left(r_{\alpha i}\sin P_i + r_{\beta i}^{-1}\sin Q_i\right)\right)_0 = \frac{1}{-k}\frac{-(1+\xi_i)S + xC}{2\mu_i}\,,\\
((G_i)_{31})_0 &= ((G_i)_{42})_0 = 2\mathrm{i}k\mu_i\,\{(\gamma_i\,(\cos P_i - \cos Q_i))_0\\
&\quad + (\cos P_i - \cos Q_i)_0\} = -\mathrm{i}k\cdot 2\mu_i xS\,,\\
((G_i)_{32})_0 &= 2k\mu_i\left\{\left(2+\frac{1}{\gamma_i}\right)_0\left(r_{\alpha i}^{-1}\sin P_i\right)_0 + \left(\gamma_i\left(r_{\alpha i}^{-1}\sin P_i + r_{\beta i}\sin Q_i\right)\right)_0\right\}\\
&= 2k\mu_i\{2S - (1+\xi_i)S - xC\} = -k\cdot 2\mu_i\{-(1-\xi_i)S + xC\}\,,\\
((G_i)_{41})_0 &= 2k\mu_i\left\{\left(\gamma_i\left(r_{\alpha i}\sin P_i + r_{\beta i}^{-1}\sin Q_i\right)\right)_0 + \left(2+\frac{1}{\gamma_i}\right)_0\left(r_{\beta i}^{-1}\sin Q_i\right)_0\right\}\\
&= 2k\mu_i\{-(1+\xi_i)S + xC + 2S\} = -k\cdot(-2\mu_i)\{(1-\xi_i)S + xC\}
\end{aligned}
$$

が得られる．

(3.214) 式は Zhu and Rivera[116] の (27) 式に概ね一致するが微妙な違いがあり，その原因は propagator 行列の定式化の違いにある．Zhu and Rivera[116] の定式化は Haskell[44] とほぼ同じだが，虚数が陽に現れないようにしてあるため，その結果の propagator 行列 $\mathbf{a}_i$ は Haskell 行列 $\mathbf{G}_i^{\mathrm{H}}$（3.54 式）とは

$$\mathbf{a}_i = \begin{pmatrix} (G_i^{\mathrm{H}})_{11} & \mathrm{i}^{-1}(G_i^{\mathrm{H}})_{12} & (G_i^{\mathrm{H}})_{13} & \mathrm{i}(G_i^{\mathrm{H}})_{14} \\ \mathrm{i}(G_i^{\mathrm{H}})_{21} & (G_i^{\mathrm{H}})_{22} & \mathrm{i}(G_i^{\mathrm{H}})_{23} & -(G_i^{\mathrm{H}})_{24} \\ (G_i^{\mathrm{H}})_{31} & \mathrm{i}^{-1}(G_i^{\mathrm{H}})_{32} & (G_i^{\mathrm{H}})_{33} & \mathrm{i}(G_i^{\mathrm{H}})_{34} \\ \mathrm{i}^{-1}(G_i^{\mathrm{H}})_{41} & -(G_i^{\mathrm{H}})_{42} & -\mathrm{i}(G_i^{\mathrm{H}})_{43} & (G_i^{\mathrm{H}})_{44} \end{pmatrix} \tag{3.215}$$

という違いがある．さらには，(3.214) 式のもとになっている propagator 行列 $\mathbf{G}_i$（(3.33) 式）は Haskell 行列と (3.57) 式に示された違いがあるから，結局，$\mathbf{a}_i$ と $\mathbf{G}_i$ の間には

$$\mathbf{a}_i = \begin{pmatrix} (G_i)_{11} & \mathrm{i}(G_i)_{12} & \mathrm{i}k(G_i)_{13} & -k(G_i)_{14} \\ -\mathrm{i}(G_i)_{21} & (G_i)_{22} & -k(G_i)_{23} & -\mathrm{i}k(G_i)_{24} \\ -\dfrac{1}{\mathrm{i}k}(G_i)_{31} & -\dfrac{1}{k}(G_i)_{32} & (G_i)_{33} & \mathrm{i}^{-1}(G_i)_{34} \\ -\dfrac{1}{k}(G_i)_{41} & \dfrac{1}{\mathrm{i}k}(G_i)_{42} & \mathrm{i}(G_i)_{43} & (G_i)_{44} \end{pmatrix} \tag{3.216}$$

の関係があり，これが Zhu and Rivera[116) の (27) 式と (3.214) 式との間にも成り立っている．

P 波・SV 波地震動の $\omega-k$ 成分 $\tilde{u}_{l1}(0)$，$\tilde{w}_{l1}(0)$ を構成する最後の要素，$\mathbf{T}_n^{-1}$ については，(3.30) 式が示すように共通因子の分母に $k_{\beta n}^2 = \omega^2/\beta_n^2$ が含まれているので，$\omega \to 0$ を行うと発散してしまう．しかし，$\tilde{u}_{l1}(0)$，$\tilde{w}_{l1}(0)$ を求める方程式 (3.43) では，分母の $\hat{M}_{11}$ と分子の $\hat{M}^h_{1j'}(j' = 1, 2, \cdots, 6)$ に小行列式（§3.1.3）の形で共通に含まれているので，発散する因子を小行列式から括り出せれば分母，分子でキャンセルされる[116)]．小行列式 $(\hat{\mathrm{T}}_n^{-1})_{1j}$ は §3.1.9 の (3.163) 式で与えられており，そこでは $n = 2$ となっているが一般的な n で成り立つ．$(\hat{\mathrm{T}}_n^{-1})_{1j}$ から $\mathbf{T}_n^{-1}$ の共通因子 $\dfrac{1}{2\mu_n\nu_{\alpha n}\nu_{\beta n}k_{\beta i}^2}$（(3.30) 式）を括り出すと，Fuchs[34)] の §6.3 に書かれた

$$\begin{aligned} (\hat{\mathrm{T}}_n^{-1})'_{11} &= -\frac{\beta_n^4\rho_n}{2\omega^2}\left(4k^2\nu_{\alpha n}\nu_{\beta n} + l_n^2\right), \quad (\hat{\mathrm{T}}_n^{-1})'_{12} = \frac{\mathrm{i}\nu_{\alpha n}}{2}, \\ (\hat{\mathrm{T}}_n^{-1})'_{13} &= (\hat{\mathrm{T}}_n^{-1})'_{14} = -\frac{\mathrm{i}\beta_n^2}{2\omega c}\left(l_n + 2\nu_{\alpha n}\nu_{\beta n}\right), \\ (\hat{\mathrm{T}}_n^{-1})'_{15} &= -\frac{\mathrm{i}\nu_{\beta n}}{2}, \quad (\hat{\mathrm{T}}_n^{-1})'_{16} = -\frac{1}{2\rho_n\omega^2}\left(\nu_{\alpha n}\nu_{\beta n} + k^2\right) \end{aligned} \tag{3.217}$$

になることが知られている[8)]．ここで新たに

$$\delta_n = \gamma_n \left(1 + \frac{\nu_{\alpha n}\nu_{\beta n}}{k^2}\right) + 1 = \gamma_n \left(1 + r_{\alpha n} r_{\beta n}\right) + 1 \tag{3.218}$$

を定義すると，(3.217) 式は

$$(\hat{\mathrm{T}}_n^{-1})'_{11} = k^2 \mu_n \left(\delta_n + 1 - \gamma_n^{-1}\right), \quad (\hat{\mathrm{T}}_n^{-1})'_{12} = \frac{\mathrm{i}\nu_{\alpha n}}{2}, \tag{3.219}$$
$$(\hat{\mathrm{T}}_n^{-1})'_{13} = (\hat{\mathrm{T}}_n^{-1})'_{14} = \frac{\mathrm{i}k}{2}\delta_n, \quad (\hat{\mathrm{T}}_n^{-1})'_{15} = -\frac{\mathrm{i}\nu_{\beta n}}{2}, \quad (\hat{\mathrm{T}}_n^{-1})'_{16} = \frac{1}{4\mu_n}(\delta_n - 1)$$

と書き換えられる．$\left(1 + r_{\alpha n} r_{\beta n}\right)_0 = 0$ と $\left(\gamma_n^{-1}\right)_0 = 0$ に L'Hôpital の定理を適用して (3.209) 式，(3.212) 式などを代入すれば

$$\left(\frac{1 + r_{\alpha n} r_{\beta n}}{\gamma_n^{-1}}\right)_0 = \left(\frac{(r_{\alpha n})' \, r_{\beta n} + r_{\alpha n}\left(r_{\beta n}\right)'}{(\gamma_n^{-1})'}\right)_0 = -\xi_n - 1 \tag{3.220}$$

が得られるから $(\delta_n)_0 = -\xi_n$ である．これと $(\nu_{\alpha n})_0 = \left(\nu_{\beta n}\right)_0 = -\mathrm{i}k$ を用いれば

$$\left((\hat{\mathrm{T}}_n^{-1})'_{11}\right)_0 = k^2 \mu_n (1 - \xi_n), \ \left((\hat{\mathrm{T}}_n^{-1})'_{12}\right)_0 = \frac{k}{2}, \tag{3.221}$$
$$\left((\hat{\mathrm{T}}_n^{-1})'_{13}\right)_0 = \left((\hat{\mathrm{T}}_n^{-1})'_{14}\right)_0 = \frac{-\mathrm{i}k\xi_n}{2}, \ \left((\hat{\mathrm{T}}_n^{-1})'_{15}\right)_0 = -\frac{k}{2}, \ \left((\hat{\mathrm{T}}_n^{-1})'_{16}\right)_0 = \frac{-1}{4\mu_n}(1 + \xi_n)$$

となり，さらに $\dfrac{k}{2}$ を追加の共通因子として除くと

$$\left((\hat{\mathrm{T}}_n^{-1})'_{11}\right)_0 = 2k\mu_n (1 - \xi_n), \ \left((\hat{\mathrm{T}}_n^{-1})'_{12}\right)_0 = 1, \tag{3.222}$$
$$\left((\hat{\mathrm{T}}_n^{-1})'_{13}\right)_0 = \left((\hat{\mathrm{T}}_n^{-1})'_{14}\right)_0 = -\mathrm{i}\xi_n, \ \left((\hat{\mathrm{T}}_n^{-1})'_{15}\right)_0 = -1, \ \left((\hat{\mathrm{T}}_n^{-1})'_{16}\right)_0 = \frac{-1}{2k\mu_n}(1 + \xi_n).$$

(3.222) 式は Zhu and Rivera[116)] の (34) 式のベクトル部分にほぼ一致するが，$\mathbf{a}_i$ と $\mathbf{G}_i$（(3.33) 式）の間と同じような微妙な違いが Zhu and Rivera[116)] の $\mathbf{E}_n$ と $\mathbf{T}_n^{-1}$（(3.30) 式）の間にあるので，それが (3.222) 式にも反映されている．

(3.214) 式の $((G_i)_{jm})_0$ から $((G^l)_{jm})_0$（(3.42) 式）と $((\hat{G}_i)_{j'm'})_0$ を計算する．後者に (3.222) 式の $\left((\hat{\mathrm{T}}_n^{-1})'_{1j'}\right)_0$ を組み合わせて，(3.41) 式から $(\hat{M}_{11})_0$ と $(\hat{M}^h_{1m'})_0$ を計算する．これらの結果と (3.203) 式を (3.43) 式に代入することにより地殻

変動の P・SV 成分 $(\tilde{u}_{l1}(0))_0$，$(\tilde{w}_{l1}(0))_0$ が得られる．なお，Zhu and Rivera[116] は，本項で解説した $\omega \to 0$ の定式化を行わず，§3.1.1~3.1.8 の定式化のままにして，角周波数に小さな虚数を与える（(3.128) 式の角周波数において $\omega = 0$, $\omega_I = 2\pi \times 0.01$ Hz 程度とする）だけで十分な精度の地殻変動が計算できるという報告もしている．

3.2　3 次元地下構造での伝播

3.2.1　3 次元地下構造

深さ方向にのみ変化する 1 次元地下構造をより現実的なものに拡張することを考えると，まずは水平 2 方向のうち 1 方向の変化を追加した **2 次元地下構造** *two-dimensional velocity structure* とするのが自然な流れであるし，地震動の理論的な研究もそのような方向に 1970 年頃から進んでいった．しかし，現実に即した **3 次元地下構造** *three-dimensional velocity structure* と 1 次元地下構造の中間にあって中途半端な存在であるので，理論的な研究にとどまり，地震動の解析などで利用されることは少ない．そこで本節は「3 次元地下構造での伝播」と題するが，それでも 3 次元地下構造での伝播を紙面で理解するためには 2 次元地下構造が欠かせないので，理論の説明は波線理論を除いて，概ね 2 次元地下構造において行うものとする．

まずは代表的な計算手法として波線理論（§3.2.2, 3.2.3）と差分法（§3.2.4）を次項以降で説明する．それら以外に有限要素法，境界要素法，Aki-Larner 法などいろいろなものがある．これらは一見まったく別々の手法のように見えるが，その成立過程を丹念に見ていくと，すべてが同一の数学的基盤である**重み付き残差法** *method of weighted residuals* に依っていることがわかる．地下構造の空間座標 $\mathbf{x}$ の関数 $u(\mathbf{x})$ に関する偏微分方程式 $L(u) = 0$ と境界条件 $B(u) = 0$ があるとき，u を 1 次独立な任意の関数群 $\phi_n(\mathbf{x})$ で

$$u(\mathbf{x}) = \sum_{n=1}^{N} a_n \phi_n(\mathbf{x}) \tag{3.223}$$

と展開する．それを $L(u)$ あるいは $B(u)$ に代入したときの残差が，ある重み関数の下で 0 になるよう a_n を決定するのが重み付き残差法である[32),33)]．こ

こで ϕ_n は**試行関数** *trial function* と呼ばれる．運動方程式 (1.28) の時間項を Fourier 変換して $u \to \bar{\mathbf{u}}$ とすると，地震動の問題もこの方法で解くことができる．また時間の Fourier 変換をせず，時間項は差分法で解くということもよく行われる．重み付き残差法のアプローチは，有限要素法の導出の際に言及される Rayleigh-Ritz の方法によく似ている（特に後述の Galerkin 法を用いるとき）．しかし，エネルギーが保存されず変分原理が成り立たない問題にも適用できるので，より一般的であると言えるだろう．実際，**放射境界** *radiation boundary*（**放射境界条件**（§3.1.2）が与えられる境界）を持った媒質では実体波がそこからどんどんもれていくので，エネルギー保存は成り立たない．

重み付き残差法は試行関数のとり方により**領域法** *domain method, interior method*，**境界法** *boundary method*，**混合法** *mixed method* の 3 つに分類される．領域法では境界条件をすでに満足している試行関数を用い，内部領域における運動方程式の残差を 0 にする．これに対して境界法では，逆に運動方程式をすでに満足している試行関数を用い，境界面上で残差を 0 にする．しかし，境界条件あるいは運動方程式を満たす関数が必ず発見できると保障されているわけではないので，そうした場合にはどちらも満たさない試行関数を用いて運動方程式と境界条件の残差の和を 0 にすればよい．これが混合法である．3 つの分類のうち領域法，なかでも代表的な領域法である**有限要素法**には，固体力学を中心とした広い分野で 1950 年代半ばからの長い研究の歴史があるので [14]，§3.2.5 で解説する．

これに対して，境界法を代表する境界要素法も 1960 年代に開発された歴史があるが [14]，地震動の分野で用いられることは少ない．それでも，1970 年頃から地震動の分野で境界法の別の手法が研究されるようになったのは，均質な層が不規則な境界面で区切られているという境界法のモデルが，多くの人々の持つ地下構造のイメージに近いという理由であろう．また，地下構造の大きな部分を占める内部領域ではなく境界面のみを扱うので，領域法より計算の規模が小さくて済むように見えるが，境界面の不規則性が現実的になるにつれ計算上の有利さは失われる．境界法の中ではもっともよく研究され，地震動の分野に特有な手法である **Aki-Larner 法** [1] を §3.2.6 で解説する．

重み付き残差法では残差を，領域 V における領域法なら

$$\epsilon_k = \int w_k(\mathbf{x}) L\left(\sum_{n=1}^{N} a_n \phi_n(\mathbf{x})\right) dV, \tag{3.224}$$

境界面 S における境界法では

$$\epsilon_k = \int w_k(\mathbf{x}) B\left(\sum_{n=1}^{N} a_n \phi_n(\mathbf{x})\right) dS \tag{3.225}$$

というように**重み関数** *weighting function*（w_k）付きで定義する．この重み関数には表 3.1 のような種類がある．ここで最小自乗法とはもちろん $\int L^2 dV$ を最小にするが，この積分を a_n で偏微分して，形式的には表の (e) に書かれた重み関数で定義できる．これらの w_k を未知数の数 N だけ用意して，$\epsilon_k = 0$ の連立方程式を立てれば a_n を求めることができる．(a) ~ (c) では w_k の数を N より多くして，通常の意味の**最小二乗法**（§4.4）で解いてもよい．どの重み関数が適切かは対象となる問題によるが，一般論として (d), (e) に近づくほど精度がよく（(d) と (e) は同程度），(a) に近づくほど定式化がやさしいと言われ，主に利用されるのは (a) **選点法** *collocation method* か (d) **Galerkin 法** *Galerkin method* や (e) 最小自乗法である．有限要素法や Aki-Larner 法で使われている重み関数などは，それぞれの項 §3.2.5，§3.2.6 で説明する．

表 3.1　重み関数による重み付き残差法の分類

	名称	重み関数
(a)	選点法 (collocation method)	$w_k = \delta(\mathbf{x} - \mathbf{x}_k)$
(b)	部分領域法 (subdomain method)	$w_k = \begin{cases} 1 & \text{in } D \\ 0 & \text{outside} \end{cases}$
(c)	モーメント法 (method of moments)	$w_k = \mathbf{x}^{k-1}$
(d)	Galerkin 法 (Galerkin method)	$w_k = \phi_k(\mathbf{x})$
(e)	最小自乗法 (least-squares method)	$w_k = \partial L / \partial a_k$

3.2.2　波線理論

3 次元地下構造における地震動を計算する手法の中でもっとも古典的でよく研究されているものは，光に対する**幾何光学** *geometrical optics* を地震動に準用する方法である．体積力なしの運動方程式（(1.28) 式）の解として，Fourier 変換された時間依存が単振動 $e^{i\omega t}$ であり，地震動が地点 $\mathbf{x}$ まで伝播すること

による時間遅れが $\tau(\mathbf{x})$，振幅は i/ω のべき級数で表した

$$\mathbf{u}(\mathbf{x},t) = e^{\mathrm{i}\omega(t-\tau(\mathbf{x}))}\sum_{k=0}^{\infty}\mathbf{u}^{(k)}(\mathbf{x})\left(\frac{\mathrm{i}}{\omega}\right)^{k} \tag{3.226}$$

を仮定する[*)]．(3.226) 式では ω が大きいときに i/ω の高次の項は無視できるから，この式を運動方程式に代入して低次の項だけ集める操作は高周波近似に相当する．(3.226) 式のように仮定することは，区分的連続に変化する 1 次元地下構造において地震動に **WKBJ** 近似を施すことと等価である[†)]．

(3.96) 式における時間遅れ τ_l は 1 次元地下構造ならば (3.126) 式のように深さ方向のスローネスの積分になるが，3 次元地下構造では以下に述べるように複雑な計算となる．また，(3.226) 式は位相項として $e^{\mathrm{i}\omega(t-\tau(\mathbf{x}))}$ しか含んでいないが，本来の解は 2 次元調和関数の重ね合わせ（平面波展開，§3.1.4）や円筒調和関数の重ね合わせ（円筒波展開，§3.1.1）であり，重ね合わせは波数積分で表現されている．ここでは重ね合わせを行わず，以下の方法で決定する $\mathbf{x}$ を用いた位相項のみを考慮し，その $\mathbf{x}$ は §1.2.5 で定義した波線に相当するので，この計算手法は**波線理論** *ray theory* と呼ばれる．3 次元地下構造のみならず 1 次元地下構造においても理論的な困難が伴う波数積分（§3.1.7, §3.1.8）を含まないので，近似の程度に注意すれば広い適用範囲がある．

(3.226) 式を代入して整理すると，(1.28) 式は

$$\begin{aligned}
\mathbf{N}(\mathbf{u}^{(k)}) &= -\rho\mathbf{u}^{(k)} + (\lambda+\mu)\nabla\tau(\nabla\tau\cdot\mathbf{u}^{(k)}) + \mu(\nabla\tau)^2\mathbf{u}^{(k)}, \\
\mathbf{M}(\mathbf{u}^{(k)}) &= (\lambda+\mu)\left\{\nabla\tau(\nabla\cdot\mathbf{u}^{(k)}) + \nabla(\nabla\tau\cdot\mathbf{u}^{(k)})\right\} + \mu\left\{(\nabla^2\tau)\mathbf{u}^{(k)} + 2(\nabla\tau\cdot\nabla)\mathbf{u}^{(k)}\right\} \\
&\quad + \nabla\lambda(\nabla\tau\cdot\mathbf{u}^{(k)}) + \nabla\mu\times(\nabla\tau\times\mathbf{u}^{(k)}) + 2(\nabla\mu\cdot\nabla\tau)\mathbf{u}^{(k)}, \\
\mathbf{L}(\mathbf{u}^{(k)}) &= (\lambda+\mu)\nabla(\nabla\cdot\mathbf{u}^{(k)}) + \mu\nabla^2\mathbf{u}^{(k)} + \nabla\lambda(\nabla\cdot\mathbf{u}^{(k)}) \\
&\quad + \nabla\mu\times(\nabla\times\mathbf{u}^{(k)}) + 2(\nabla\mu\cdot\nabla)\mathbf{u}^{(k)}
\end{aligned} \tag{3.227}$$

と定義されるベクトル演算子を用いて

---

*) Červený and Ravindra[21)] の定義に一致し本書の Fourier 変換の定義に整合するが，Červený *et al.*[20)]，Červený[19)] とは $\mathrm{i}\omega$ の符号が反転している．つまり，後二者は本書とは異なる Fourier 変換を用いている．

†) Červený[19)] の 70 頁に記述．

$$e^{\mathrm{i}\omega(t-\tau)}\sum_{k=0}^{\infty}\left(\frac{\mathrm{i}}{\omega}\right)^k\left\{\mathbf{N}(\mathbf{u}^{(k)})-\mathbf{M}(\mathbf{u}^{(k-1)})-\mathbf{L}(\mathbf{u}^{(k-2)})\right\}=\mathbf{0},\ \mathbf{u}^{(-2)}\equiv\mathbf{u}^{(-1)}\equiv\mathbf{0}\quad(3.228)$$

と書き換えられる[21]．べき級数 $(\mathrm{i}/\omega)^k$ の一次独立性から (3.228) 式を満足させるには，$\mathbf{u}^{(k)}$ に関する漸化式

$$\mathbf{N}(\mathbf{u}^{(k)})-\mathbf{M}(\mathbf{u}^{(k-1)})-\mathbf{L}(\mathbf{u}^{(k-2)})=\mathbf{0},\quad \mathbf{u}^{(-2)}\equiv\mathbf{u}^{(-1)}\equiv\mathbf{0}\qquad(3.229)$$

が $k=0,1,2,\cdots$ において満たされなければならない．

特に第 0 次の高周波近似として $k=0$ の漸化式だけ取り出すと

$$\mathbf{N}(\mathbf{u}^{(0)})=-\rho\mathbf{u}^{(0)}+(\lambda+\mu)\nabla\tau(\mathbf{u}^{(0)}\cdot\nabla\tau)+\mu(\nabla\tau)^2\mathbf{u}^{(0)}=\mathbf{0}\qquad(3.230)$$

となる．ここで

$$\begin{aligned}(3.230)\cdot\nabla\tau &= \left\{-\rho+(\lambda+2\mu)(\nabla\tau)^2\right\}(\mathbf{u}^{(0)}\cdot\nabla\tau)=0,\\ (3.230)\times\nabla\tau &= \left\{-\rho+\mu(\nabla\tau)^2\right\}(\mathbf{u}^{(0)}\times\nabla\tau)=\mathbf{0}\end{aligned}\qquad(3.231)$$

であるから，(3.231) の 2 式が同時に満たされるためには

$$\begin{aligned}(\nabla\tau)^2&=1/\alpha^2,\quad \mathbf{u}^{(0)}\times\nabla\tau=\mathbf{0},\\ (\nabla\tau)^2&=1/\beta^2,\quad \mathbf{u}^{(0)}\cdot\nabla\tau=0\end{aligned}\qquad(3.232)$$

でなければならない．$\nabla\tau$ は波線の向き，つまり伝播方向を表すから（§1.2.5），上式は伝播速度が α で伝播（波線）に沿う方向に振幅を持つ P 波，下式は伝播速度が β で伝播（波線）に垂直な方向に振幅を持つ S 波を表わす．

(3.232) 式前半の

$$(\nabla\tau)^2=1/\alpha^2,\quad(\nabla\tau)^2=1/\beta^2\qquad(3.233)$$

はアイコナル方程式 *eikonal equation* と呼ばれ，非線型 1 階の偏微分方程式である．デカルト座標系 $\mathbf{x}=(x_i)=(x,y,z)$ において非線型 1 階の偏微分方程式

$$H(x_i,p_i,\tau)=0,\quad p_i=\frac{\partial\tau}{\partial x_i}\qquad(3.234)$$

は，特性微分方程式と呼ばれる一連の 1 階常微分方程式

$$\frac{dx_i}{\partial H/\partial p_i} = \frac{-dp_i}{\partial H/\partial x_i + p_i\partial H/\partial \tau} = \frac{d\tau}{\sum_{j=1}^{3} p_j\partial H/\partial p_j} \tag{3.235}$$

に変換される [51]．H が τ を陽に含まないならば (3.235) 式 $= d\xi$ と置くと，(3.235) 式の前半は

$$\frac{dx_i}{d\xi} = \frac{\partial H}{\partial p_i}, \quad \frac{dp_i}{d\xi} = -\frac{\partial H}{\partial x_i} \tag{3.236}$$

となり，解析力学における，p_i を**運動量** *momentum*，H をハミルトニアン *Hamiltonian* とする**正準方程式** *canonical equation* [77] と同じ形式の方程式が得られる．ただし，独立変数がここでは下記のように波線長であるのに対して，解析力学では時間を独立変数に用い，位置座標 (x_i) は一般化座標 (q_i) と表記される．アイコナル方程式 (3.233) と (3.234) 式によれば

$$(\nabla\tau)^2 = \sum_{j=1}^{3} p_j^2 = s^2, \quad s = \alpha^{-1} \text{ or } \beta^{-1} \tag{3.237}$$

である．ここで s は P 波速度または S 波速度の逆数で，物性値としてのスローネスを表す．(3.237) 式から

$$H(x_i, p_i) = \sqrt{\sum_{j=1}^{3} p_j^2} - s = 0 \tag{3.238}$$

という形式のハミルトニアンが可能である．これを (3.236) 式の第 1 式に代入すると

$$dx_i = \frac{\partial H}{\partial p_i} d\xi = \frac{p_i}{s} d\xi \tag{3.239}$$

が得られる．前述のように，アイコナル方程式を解いて得られる $\mathbf{x} = (x_i) = (x, y, z)$ は波線の位置であり，その微小変化の大きさ $d\lambda$ は図 3.21 から

$$d\lambda = \sqrt{dx^2 + dy^2 + dz^2} = \sqrt{\sum_{j=1}^{3} dx_j^2} \tag{3.240}$$

で与えられる．この $d\lambda$ は同じく図 3.21 から，点震源の位置 S から測った波線の長さの微小変化，つまり波線長の微小変化と見ることができる．(3.240)

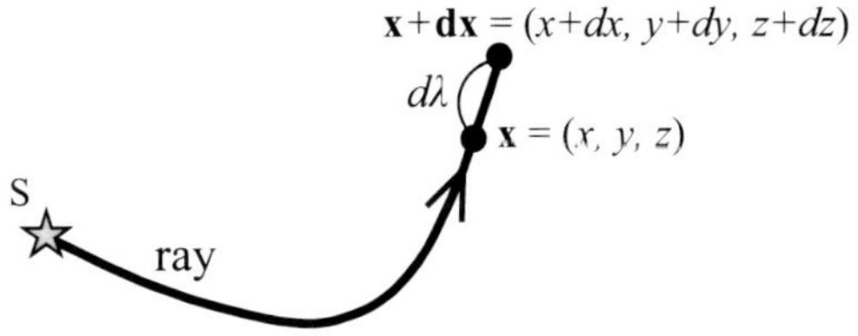

図 **3.21**　波線の位置の微小変化の大きさ $d\lambda$.

式に (3.239) 式を代入すれば

$$d\lambda = \sqrt{\sum_{j=1}^{3} \frac{p_j^2}{s^2} d\xi^2} = d\xi \tag{3.241}$$

が得られるから，(3.238) 式のハミルトニアンのもとでは独立変数 ξ は波線長 λ である.

正準方程式は

$$\frac{dx_i}{d\lambda} = \frac{p_i}{s}, \quad \frac{dp_i}{d\lambda} = \frac{\partial s}{\partial x_i} \tag{3.242}$$

となる．運動量ベクトル $\mathbf{p} = (p_i)$ を用いてベクトル表示をすれば

$$\frac{d\mathbf{x}}{d\lambda} = \frac{\mathbf{p}}{s}, \quad \frac{d\mathbf{p}}{d\lambda} = \nabla s\,. \tag{3.243}$$

これらを**波線方程式** *ray equation* と呼ぶことにする．(3.234) 式の $(p_i) = \left(\dfrac{\partial \tau}{\partial x_i}\right)$ から

$$\mathbf{p} = \nabla \tau \tag{3.244}$$

であるので，$\mathbf{p}$ は波線の向きを表す.

なお，(3.238) 式を変形して，ハミルトニアンを

$$H(x_i, p_i) = \frac{1}{2}\left(\sum_{j=1}^{3} \frac{p_j^2}{s^2} - 1\right) = 0 \tag{3.245}$$

とすることもできる．これを (3.235) 式の後半に代入すると

$$d\xi = \frac{d\tau}{\sum_{j=1}^{3} p_j \partial H/\partial p_j} = \frac{d\tau}{\sum_{j=1}^{3} p_j^2/s^2} = d\tau \tag{3.246}$$

となって，独立変数 ξ が解析力学と同じように時間（遅れ）τ に替わる．しかし，後述のように $\mathbf{x}$ を決定する数値計算において独立変数は λ にしておく方が安定的であるので（§3.2.3），本書では λ の場合のみを解説する．

解析力学へのアナロジーを続けると，解析力学における **Hamilton の原理** *Hamilton's principle*[14)]

$$\delta \int L\,dt = 0, \quad L = \sum_{j=1}^{3} p_j \frac{dq_j}{dt} - H \tag{3.247}$$

は，波線理論では $t \to \lambda$，$q_j \to x_j$ として

$$\delta \int L\,d\lambda = 0, \quad L = \sum_{j=1}^{3} p_j \frac{dx_j}{d\lambda} - H \tag{3.248}$$

である．この中の**ラグランジアン** *Lagrangian* の L に (3.237) 式のアイコナル方程式と (3.238) 式のハミルトニアン，(3.242) 式の波線方程式を代入すれば $L = s$ となるから，**Fermat の原理** *Fermat's principle*

$$\delta \int s\,d\lambda = 0 \tag{3.249}$$

が得られる．(3.249) 式の中の $s\,d\lambda = d\lambda/\alpha$ または $d\lambda/\beta$ は微小部分 $d\lambda$ を P 波または S 波が伝播する時間であるから，その積分 $\int s\,d\lambda$ は点震源からある地点まで地震動が伝播する時間，つまり**走時** *travel time*（T と表示する）を表す．したがって，Fermat の原理とは，点震源からある地点までの経路のうち，それに沿った走時が最小（$\delta T = 0$）となる経路が波線となることを意味している．

以上より，波線の位置 $\mathbf{x}$ を計算する定式化はできた．その計算の過程で走時 T も計算されるから，運動方程式の解である (3.226) 式のうち位相項 $e^{i\omega(t-\tau(\mathbf{x}))}$ は得られる．あとは振幅項 $\mathbf{u}^{(0)}$ を計算できれば，地震動の第 0 次高周波近似が得られる．(3.232) 式より P 波の $\mathbf{u}^{(0)}$ は波線に沿う成分を持ち，S 波の $\mathbf{u}^{(0)}$ は波線に垂直な成分を持つから，$\mathbf{u}^{(0)}$ を計算する第一歩は図 3.22 のような**波線中心座標系** *ray-centered coordinate system*[*)] を設定することである．この座

[*)] Červený *et al.*[20)] による定義であり，Červený[19)] は後述の振率 T が 0 になるように法平面（波面）内で **n**，**b** を回転させたものを波線中心座標系と呼んだ．

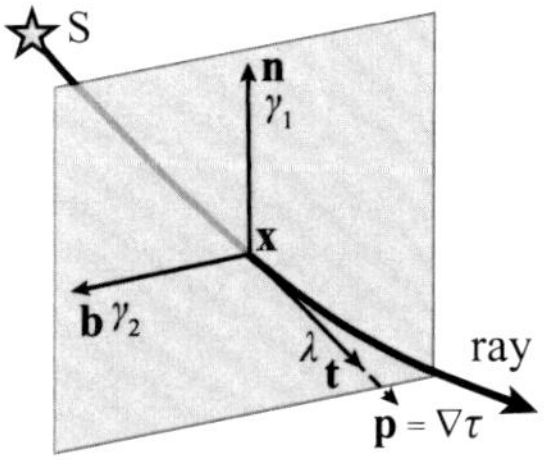

図 **3.22**　位置 **x** における波線の接線方向（単位ベクトル **t**），主法線方向（同 **n**），陪法線方向（同 **b**）で構成される波線中心座標系．**t** と **p** = ∇τ は重なる．灰色四角は **t** に垂直で **n**，**b** を含む法平面つまり波面（Červený[19] に基づく）．

標系のうち，波線に沿う接線座標の単位ベクトルを **t**，波線に垂直な主法線座標と陪法線座標の単位ベクトルをそれぞれ **n**，**b** として

$$\mathbf{u}^{(0)} = u_1^{(0)}\mathbf{t} + u_2^{(0)}\mathbf{n} + u_3^{(0)}\mathbf{b} \tag{3.250}$$

と置けば，$u_1^{(0)}\mathbf{t}$ は第 0 次の P 波地震動を表し，法平面*) 内のベクトル

$$\mathbf{u}_\perp^{(0)} = u_2^{(0)}\mathbf{n} + u_3^{(0)}\mathbf{b} \tag{3.251}$$

は第 0 次の S 波地震動を表す．なお，(3.232) 式のところで述べたように ∇τ は伝播（波線）に沿う方向を表しているから，**x** における **t** と **p** = ∇τ（(3.244) 式）は重なる．

(3.226) 式において τ を含む位相項は，べき級数の次数 k によらず共通であるから，アイコナル方程式 (3.233) は $k = 0$ の第 0 次近似のみならず $k \geq 1$ の場合でも成り立つはずである†)．つまり，$k = 0$ の漸化式である $\mathbf{N}(\mathbf{u}^{(0)}) = \mathbf{0}$（(3.230) 式）が (3.231) 式になるように，$\mathbf{N}(\mathbf{u}^{(1)}) = \mathbf{0}$ から

$$\begin{aligned}\mathbf{N}(\mathbf{u}^{(1)}) \cdot \nabla\tau &= \left\{-\rho + (\lambda + 2\mu)(\nabla\tau)^2\right\}(\mathbf{u}^{(1)} \cdot \nabla\tau) = 0\,, \\ \mathbf{N}(\mathbf{u}^{(1)}) \times \nabla\tau &= \left\{-\rho + \mu(\nabla\tau)^2\right\}(\mathbf{u}^{(1)} \times \nabla\tau) = \mathbf{0}\end{aligned} \tag{3.252}$$

が得られるはずである．また，(3.229) 式の漸化式は $k = 1$ のとき

$$\mathbf{N}(\mathbf{u}^{(1)}) - \mathbf{M}(\mathbf{u}^{(0)}) = \mathbf{0} \tag{3.253}$$

*) 波面は波線に直交する平面であるから（§1.2.5）法平面を波面と呼んでもよいであろう．
†) Červený and Ravindra[21] の 20 頁脚注に記述されているが，証明は示されていない．

であるから，(3.253) 式 $\cdot\nabla\tau$ と (3.253) 式 $\times\nabla\tau$ をとって (3.252) 式を代入すると

$$\mathbf{M}(\mathbf{u}^{(0)})\cdot\nabla\tau = \mathbf{N}(\mathbf{u}^{(1)})\cdot\nabla\tau = 0\,,$$
$$\mathbf{M}(\mathbf{u}^{(0)})\times\nabla\tau = \mathbf{N}(\mathbf{u}^{(1)})\times\nabla\tau = \mathbf{0}\,. \tag{3.254}$$

ここで P 波地震動のみを考えるとすると，(3.250) 式と (3.232) 式から

$$\mathbf{u}^{(0)} = u_1^{(0)}\mathbf{t} = u_t^{(0)}\nabla\tau,\quad u_t^{(0)} = \alpha u_1^{(0)}. \tag{3.255}$$

$k = 0$ の (3.227) 式第 2 式に (3.255) 式を代入し，$\nabla\tau\cdot\nabla\tau = (\nabla\tau)^2 = \alpha^{-2}$，$\nabla\tau\times\nabla\tau = \mathbf{0}$，$\nabla\cdot\nabla\tau = \nabla^2\tau$，$\nabla(u_t^{(0)}\nabla\tau) = \nabla u_t^{(0)}\nabla\tau + u_t^{(0)}\nabla(\nabla\tau)$，$\nabla\cdot u_t^{(0)}\nabla\tau = \nabla u_t^{(0)}\cdot\nabla\tau + u_t^{(0)}\nabla\cdot\nabla\tau$，$(\nabla\tau\cdot\nabla)\nabla\tau = 1/2\nabla(\nabla\tau)^2 = 1/2\nabla\alpha^{-2}$ を用いると[*)]

$$\begin{aligned}
\mathbf{M}(\mathbf{u}^{(0)}) &= \mathbf{M}(u_t^{(0)}\nabla\tau) = (\lambda+\mu)\left\{\nabla\tau(\nabla\cdot u_t^{(0)}\nabla\tau) + \nabla(\nabla\tau\cdot u_t^{(0)}\nabla\tau)\right\}\\
&\quad + \mu\left\{(\nabla^2\tau)u_t^{(0)}\nabla\tau + 2(\nabla\tau\cdot\nabla)u_t^{(0)}\nabla\tau\right\}\\
&\quad + \nabla\lambda(\nabla\tau\cdot u_t^{(0)}\nabla\tau) + \nabla\mu\times(\nabla\tau\times u_t^{(0)}\nabla\tau) + 2(\nabla\mu\cdot\nabla\tau)u_t^{(0)}\nabla\tau\\
&= (\lambda+\mu)\left\{(\nabla u_t^{(0)}\cdot\nabla\tau + u_t^{(0)}\nabla^2\tau)\nabla\tau + \nabla u_t^{(0)}\alpha^{-2} + u_t^{(0)}\nabla\alpha^{-2}\right\}\\
&\quad + \mu\left\{u_t^{(0)}(\nabla^2\tau)\nabla\tau + 2\nabla\tau\cdot\nabla u_t^{(0)}\nabla\tau + u_t^{(0)}\nabla\alpha^{-2}\right\}\\
&\quad + u_t^{(0)}\alpha^{-2}\nabla\lambda + u_t^{(0)}(\nabla(2\mu)\cdot\nabla\tau)\nabla\tau\,.
\end{aligned} \tag{3.256}$$

(3.256) 式を (3.254) 式の第 1 式に代入し $(\lambda+2\mu)/\rho = \alpha^2$ を用いると

$$\begin{aligned}
\mathbf{M}(\mathbf{u}^{(0)})\cdot\nabla\tau &= (\lambda+\mu)\left\{(\nabla u_t^{(0)}\cdot\nabla\tau + u_t^{(0)}\nabla^2\tau)\alpha^{-2} + \nabla u_t^{(0)}\cdot\nabla\tau\alpha^{-2} + u_t^{(0)}\nabla\alpha^{-2}\cdot\nabla\tau\right\}\\
&\quad + \mu\left\{u_t^{(0)}(\nabla^2\tau)\alpha^{-2} + 2\nabla\tau\cdot\nabla u_t^{(0)}\alpha^{-2} + u_t^{(0)}\nabla\alpha^{-2}\cdot\nabla\tau\right\}\\
&\quad + u_t^{(0)}\alpha^{-2}\nabla\lambda\cdot\nabla\tau + u_t^{(0)}(\nabla(2\mu)\cdot\nabla\tau)\nabla\tau\cdot\nabla\tau\\
&= (\lambda+2\mu)\left\{u_t^{(0)}\alpha^{-2}(\nabla^2\tau) + 2\nabla\tau\cdot\nabla u_t^{(0)}\alpha^{-2} + u_t^{(0)}\nabla\alpha^{-2}\cdot\nabla\tau\right\}\\
&\quad + u_t^{(0)}\alpha^{-2}\nabla(\lambda+2\mu)\cdot\nabla\tau\\
&= 2\rho\nabla\tau\cdot\nabla u_t^{(0)} + u_t^{(0)}\left\{\rho\nabla^2\tau + \nabla\tau\cdot\nabla\rho\right\} = 0
\end{aligned} \tag{3.257}$$

となる．定義より $\nabla = (\partial/\partial x_i)$，(3.234) 式より $(p_i) = \nabla\tau$ であり，(3.226) 式で

[*)] アイコナル方程式やベクトル幾何の公式，Červený and Ravindra[21)] の Appendix，Ben-Menahem and Singh[9)] の Appendix A などによる．

は τ, $\mathbf{u}^{(0)}$ は $\mathbf{x} = (x_i)$ の関数であるから，波線方程式 (3.242) の第 1 式を用いて

$$\nabla\tau \cdot \nabla u_t^{(0)} = \sum_{j=1}^{3} p_j \frac{\partial u_t^{(0)}}{\partial x_j} = \frac{1}{\alpha}\frac{du_t^{(0)}}{d\lambda}. \tag{3.258}$$

同じく密度 ρ も $\mathbf{x} = (x_i)$ の関数であるはずなので $\nabla\tau \cdot \nabla\rho$ も同様に変形できるから，P 波地震動の振幅 $u_1^{(0)}$ を計算する定式化は

$$\frac{du_t^{(0)}}{d\lambda} + u_t^{(0)}\left(\frac{\alpha}{2}\nabla^2\tau + \frac{1}{2\rho}\frac{d\rho}{d\lambda}\right) = 0, \quad u_t^{(0)} = \alpha u_1^{(0)} \tag{3.259}$$

となり*)，**輸送方程式** *transport equation* と呼ばれる．

(3.259) 式は，含まれている 2 次の偏導関数 $\nabla^2\tau$ を次のように置き換えれば，波線方程式と同じような 1 階常微分方程式にすることができる．図 3.22 の波線中心座標系おいて，法平面上の主法線方向と陪法線方向の座標値を γ_1 と γ_2 とする．接線方向の座標値は λ である．一般に，ある座標系と別の座標系の間の座標変換を表す変換行列の行列式はヤコビアン *Jacobian* といい[84]，波線の位置の座標系 $\mathbf{x}$ と波線中心座標系 $\boldsymbol{\lambda} = (\gamma_1, \gamma_2, \lambda)$ の間のヤコビアンは特に，**波線ヤコビアン** *ray Jacobian* と呼ばれている[19]．$\mathbf{x}$ がデカルト座標系ならば，波線ヤコビアンは

$$\mathcal{J} = \frac{D\mathbf{x}}{D\boldsymbol{\lambda}} = \frac{D(x,y,z)}{D(\gamma_1,\gamma_2,\lambda)} = \begin{vmatrix} \partial x/\partial\gamma_1 & \partial x/\partial\gamma_2 & \partial x/\partial\lambda \\ \partial y/\partial\gamma_1 & \partial y/\partial\gamma_2 & \partial y/\partial\lambda \\ \partial z/\partial\gamma_1 & \partial z/\partial\gamma_2 & \partial z/\partial\lambda \end{vmatrix} = \frac{\partial x}{\partial\gamma_1}\frac{\partial y}{\partial\gamma_2}\frac{\partial z}{\partial\lambda}$$
$$+\frac{\partial y}{\partial\gamma_1}\frac{\partial z}{\partial\gamma_2}\frac{\partial x}{\partial\lambda} + \frac{\partial x}{\partial\gamma_2}\frac{\partial y}{\partial\lambda}\frac{\partial z}{\partial\gamma_1} - \frac{\partial x}{\partial\lambda}\frac{\partial y}{\partial\gamma_2}\frac{\partial z}{\partial\gamma_1} - \frac{\partial x}{\partial\gamma_2}\frac{\partial y}{\partial\gamma_1}\frac{\partial z}{\partial\lambda} - \frac{\partial x}{\partial\gamma_1}\frac{\partial y}{\partial\lambda}\frac{\partial z}{\partial\gamma_2} \tag{3.260}$$

と定義される．**Smirnov の補題** *Smirnov's lemma*[101] によれば

$$\frac{d\mathbf{x}}{d\xi} = \mathbf{f}(\mathbf{x}) \tag{3.261}$$

の解 $\mathbf{x}$ が独立変数 ξ と二つのパラメータ η, ζ で記述されるとき

$$\frac{d}{d\xi}\ln\left(\frac{D\mathbf{x}}{D\boldsymbol{\xi}}\right) = \nabla\cdot\mathbf{f}, \quad \boldsymbol{\xi} = (\eta,\zeta,\xi) \tag{3.262}$$

*) Červený and Ravindra[21] の (2.25') 式において $W_0^\tau \to u_t^{(0)}$, $s \to \lambda$ としたものに一致する．

が満たされる．ここで $\dfrac{D\mathbf{x}}{D\boldsymbol{\xi}}$ は $\mathbf{x}$ と $\boldsymbol{\xi}$ の間のヤコビアンである．$\xi = \lambda$, $\mathbf{f} = \dfrac{\mathbf{p}}{\alpha^{-1}}$ とすれば (3.261) 式は波線方程式 (3.243) になるから，$\boldsymbol{\xi} = \boldsymbol{\lambda}$, $\dfrac{D\mathbf{x}}{D\boldsymbol{\xi}} = \mathcal{J}$ とすることができる．さらに (3.244) 式を用いれば (3.262) 式は

$$\frac{d}{d\lambda}\ln\mathcal{J} = \nabla\cdot\left(\frac{\nabla\tau}{\alpha^{-1}}\right) = \alpha\nabla^2\tau + \nabla\alpha\cdot\nabla\tau \implies \nabla^2\tau = \frac{1}{\alpha\mathcal{J}}\frac{d\mathcal{J}}{d\lambda} - \frac{1}{\alpha}\nabla\alpha\cdot\nabla\tau \quad (3.263)$$

となる．α は $\mathbf{x} = (x_i)$ の関数であるから (3.258) 式と同じように

$$\nabla\tau\cdot\nabla\alpha = \frac{1}{\alpha}\frac{d\alpha}{d\lambda}. \quad (3.264)$$

これを (3.263) 式に代入すると

$$\nabla^2\tau = \frac{1}{\alpha\mathcal{J}}\frac{d\mathcal{J}}{d\lambda} - \frac{1}{\alpha^2}\frac{d\alpha}{d\lambda} = \frac{1}{\mathcal{J}}\left\{\frac{1}{\alpha}\frac{d\mathcal{J}}{d\lambda} + \mathcal{J}\frac{d}{d\lambda}\left(\frac{1}{\alpha}\right)\right\} = \frac{1}{\mathcal{J}}\frac{d}{d\lambda}\left(\frac{\mathcal{J}}{\alpha}\right). \quad (3.265)$$

(3.265) 式*) を輸送方程式 (3.259) に代入すれば

$$\begin{aligned}
&\frac{du_t^{(0)}}{d\lambda} + u_t^{(0)}\left[\frac{\alpha}{2}\frac{1}{\mathcal{J}}\left\{\frac{1}{\alpha}\frac{d\mathcal{J}}{d\lambda} + \mathcal{J}\frac{d}{d\lambda}\left(\frac{1}{\alpha}\right)\right\} + \frac{1}{2\rho}\frac{d\rho}{d\lambda}\right] \\
&= \frac{du_t^{(0)}}{d\lambda} + u_t^{(0)}\left[\frac{1}{2\rho\alpha^{-1}\mathcal{J}}\left\{\rho\alpha^{-1}\frac{d\mathcal{J}}{d\lambda} + \rho\mathcal{J}\frac{d}{d\lambda}\left(\alpha^{-1}\right) + \alpha\mathcal{J}\frac{d\rho}{d\lambda}\right\}\right] \\
&= \frac{du_t^{(0)}}{d\lambda} + u_t^{(0)}\left\{\frac{1}{2\rho\alpha^{-1}\mathcal{J}}\frac{d}{d\lambda}\left(\rho\alpha^{-1}\mathcal{J}\right)\right\} = 0, \quad u_t^{(0)} = \alpha u_1^{(0)} \qquad (3.266)
\end{aligned}$$

が得られる．(3.266) 式は平方根の微分を利用して

$$u_t^{(0)} = \left(\rho\alpha^{-1}\mathcal{J}\right)^{-1/2}\varphi_1 \implies u_1^{(0)} = \frac{u_t^{(0)}}{\alpha} = \left(\rho\alpha\mathcal{J}\right)^{-1/2}\varphi_1 \quad (3.267)$$

と解析的に解くことができる†)．この中で φ_1 は λ によらない，波線上どこでも一定の積分定数で，点震源における $u_1^{(0)}$ の初期条件から決められるが，$\mathcal{J}$ は数値的な方法で得るしかないので，結局，$u_1^{(0)}$ も波線の位置 $\mathbf{x}$ と同じよう

---

*) Červený[19] の (3.10.30) 式において $T \to \tau$, $s \to \lambda$, $V \to \alpha$ としたものに一致する．

†) Červený *et al.*[20] の (2.30) 式に一致する．同書では τ を独立変数にしており，$\mathcal{J}$ の定義も異なり後述の (3.299) 式における $\boldsymbol{\Omega}$ になっているにも関わらず一致するのは，独立変数 τ のもとでの $\boldsymbol{\Omega}$ が波線ヤコビアンに等しい（Červený[19] の 206 頁）ことによる．

な数値解法によることになる（§3.2.3）.

S 波地震動は (3.251) 式が示すように 2 成分が関係しているので，(3.252) 式の第 2 式を

$$\mathbf{N}(\mathbf{u}^{(1)}) \cdot \mathbf{n} = 0, \quad \mathbf{N}(\mathbf{u}^{(1)}) \cdot \mathbf{b} = 0 \tag{3.268}$$

と変形した上で，(3.253) 式 $\cdot\mathbf{n}$ と (3.253) 式 $\cdot\mathbf{b}$ をとって (3.268) 式を代入すると

$$\mathbf{M}(\mathbf{u}^{(0)}) \cdot \mathbf{n} = \mathbf{N}(\mathbf{u}^{(1)}) \cdot \mathbf{n} = 0, \quad \mathbf{M}(\mathbf{u}^{(0)}) \cdot \mathbf{b} = \mathbf{N}(\mathbf{u}^{(1)}) \cdot \mathbf{b} = 0. \tag{3.269}$$

$k = 0$ の (3.227) 式第 2 式に (3.251) 式を代入し，$\nabla\tau$ が $\mathbf{t}$ に重なることとアイコナル方程式 $(\nabla\tau)^2 = \beta^{-2}$，**Frenet** の公式 *Frenet's formulas* の $d\mathbf{n}/d\lambda = \mathrm{T}\mathbf{b} - \mathrm{K}\mathbf{t}$ と $d\mathbf{b}/d\lambda = -\mathrm{T}\mathbf{n}$ [20] を用いて変形する．得られた $\mathbf{M}(\mathbf{u}^{(0)})$ と (3.269) 式は

$$\begin{aligned} \frac{du_2^{(0)}}{d\lambda} - \mathrm{T}u_3^{(0)} + \frac{\beta}{2\mu}u_2^{(0)}(\nabla \cdot \mu\nabla\tau) &= 0, \\ \frac{du_3^{(0)}}{d\lambda} + \mathrm{T}u_2^{(0)} + \frac{\beta}{2\mu}u_3^{(0)}(\nabla \cdot \mu\nabla\tau) &= 0 \end{aligned} \tag{3.270}$$

となる [21]．ここで T は波線の捩率（れいりつ）*torsion*（陪法線の向きの変化率）[100] である．P 波地震動と同じように $u_n^{(0)} = \beta u_2^{(0)}$，$u_b^{(0)} = \beta u_3^{(0)}$ と変数変換すると

$$\begin{aligned} \frac{1}{\beta}\frac{du_n^{(0)}}{d\lambda} - \frac{1}{\beta^2}\frac{d\beta}{d\lambda}u_n^{(0)} - \mathrm{T}\frac{u_b^{(0)}}{\beta} + \frac{1}{2\mu}u_n^{(0)}(\nabla \cdot \mu\nabla\tau) &= 0, \\ \frac{1}{\beta}\frac{du_b^{(0)}}{d\lambda} - \frac{1}{\beta^2}\frac{d\beta}{d\lambda}u_b^{(0)} + \mathrm{T}\frac{u_n^{(0)}}{\beta} + \frac{1}{2\mu}u_b^{(0)}(\nabla \cdot \mu\nabla\tau) &= 0. \end{aligned} \tag{3.271}$$

$\nabla \cdot a\mathbf{b} = \mathbf{b} \cdot \nabla a + a(\nabla \cdot \mathbf{b})$ という公式 [21] を用いると

$$\nabla \cdot \mu\nabla\tau = \nabla\tau \cdot \nabla\mu + \mu(\nabla \cdot \nabla\tau) = \nabla\tau \cdot \nabla\mu + \mu\nabla^2\tau. \tag{3.272}$$

また，μ は $\mathbf{x} = (x_i)$ の関数であるから (3.258) 式と同じように

$$\nabla\tau \cdot \nabla\mu = \sum_{j=1}^{3} p_j \frac{\partial\mu}{\partial x_j} = \frac{1}{\beta}\frac{d\mu}{d\lambda} = \beta\frac{d\rho}{d\lambda} + 2\rho\frac{d\beta}{d\lambda}. \tag{3.273}$$

(3.272) 式と (3.273) 式を (3.271) 式の β 倍に代入し，上記の変数変換を含め

れば

$$\frac{du_n^{(0)}}{d\lambda} - \mathrm{T}u_b^{(0)} + u_n^{(0)}\left(\frac{\beta}{2}\nabla^2\tau + \frac{1}{2\rho}\frac{d\rho}{d\lambda}\right) = 0,\quad u_n^{(0)} = \beta u_2^{(0)}$$
$$\frac{du_b^{(0)}}{d\lambda} + \mathrm{T}u_n^{(0)} + u_b^{(0)}\left(\frac{\beta}{2}\nabla^2\tau + \frac{1}{2\rho}\frac{d\rho}{d\lambda}\right) = 0,\quad u_b^{(0)} = \beta u_3^{(0)}. \tag{3.274}$$

(3.274) 式の 2 式が S 波地震動の輸送方程式であり，T を係数とする交差項を通して相互にカップリングしている．この交差項を除いて，P 波地震動の輸送方程式 (3.259) と同じ形をしているから，S 波の波線ヤコビアン $\mathcal{J}$ を用いて

$$\frac{du_n^{(0)}}{d\lambda} - \mathrm{T}u_b^{(0)} + u_n^{(0)}\left\{\frac{1}{2\rho\beta^{-1}\mathcal{J}}\frac{d}{d\lambda}\left(\rho\beta^{-1}\mathcal{J}\right)\right\} = 0,\quad u_n^{(0)} = \beta u_2^{(0)}$$
$$\frac{du_b^{(0)}}{d\lambda} + \mathrm{T}u_n^{(0)} + u_b^{(0)}\left\{\frac{1}{2\rho\beta^{-1}\mathcal{J}}\frac{d}{d\lambda}\left(\rho\beta^{-1}\mathcal{J}\right)\right\} = 0,\quad u_b^{(0)} = \beta u_3^{(0)} \tag{3.275}$$

と書き換えられる．(3.275) 式は (3.266) 式と同じように解析的に解くことができて，その解は

$$u_2^{(0)} = \left(\rho\beta\mathcal{J}\right)^{-1/2}(\varphi_2\cos\Theta + \varphi_3\sin\Theta)$$
$$u_3^{(0)} = \left(\rho\beta\mathcal{J}\right)^{-1/2}(\varphi_3\cos\Theta - \varphi_2\sin\Theta),\quad \Theta = \int_{\mathrm{S}}^{\mathrm{O}}\mathrm{T}d\lambda \tag{3.276}$$

となる [*]．(3.267) 式の φ_1 と同じように，φ_2，φ_3 は λ によらない，波線上どこでも一定の積分定数で，点震源における $u_2^{(0)}$，$u_3^{(0)}$ の初期条件から決められる．Θ の積分は波線に沿って点震源 S から観測点 O まで行われる．以上のように，P 波地震動と同じく S 波地震動の振幅も，$\mathcal{J}$ を数値的な方法で得る問題に帰結した．その具体的な数値解法は §3.2.3 で解説する．

波線理論は近似の程度が強いため，3 次元地下構造ではいろいろな問題が生ずる．たとえば，波線が観測点に到達しなければ波形は計算できないし（**シャドウ** *shadow* という），逆に無数の波線が集中して幾何減衰が発散してしまっても計算できない (**火面** *caustic* という)．これらの個々の問題に対してそれぞれ応急処置的対策が考えられているが，それらを適用するには構造の中で問題

[*] Červený *et al.*[20] の (2.32) 式と，$\beta d\tau \to d\lambda$ とした (2.28) 式に一致する．

が発生する箇所をあらかじめ知っていなければならないので一般的な解法とすることができない．しかし 1980 年代に入って定式化の段階でこれらを回避する手法が提案され，これらは波線理論の本質的な拡張となっている．その拡張では，地震動のエネルギーが波線に集中していると単純に近似するのではなく，ある関数で周囲に分布していると考える．その分布によるエネルギーの浸み出しがシャドウにおける**回折波** *diffracted wave* となる．また火面においても浸み出しがあるため波線が幅のある波束となり，その逆数である幾何減衰が計算可能となる．エネルギー分布には Gauss 分布が使われるので，この手法は **Gaussian beam 法** *Gaussian beam method* と呼ばれている[18)]．ただし，エネルギー分布の幅をどのくらいにとれば良い近似になるかについては理論的背景がなく，たぶんに経験的に決定せざるを得ないのが欠点である．また，波線に沿った空間座標で Fourier 変換された振幅項が，シャドウや火面の問題を起こさない性質を利用してスローネススペクトルを求め，Maslov 近似で逆変換する方法が提案されている．この方法による解は **Maslov seismogram** と呼ばれている[23)]．このほか，**Huygens の原理** *Huygens' principle* の一般的な表現である **Kirchhoff 積分** *Kirchhoff's integral* を用いて，波線理論の欠点を補うことが提案されている[41)]．

3.2.3　レイトレーシング

波線理論に基づく地震動の問題の第一歩は，与えられた始点（点震源）と終点（観測点）の境界条件のもとで波線方程式（(3.242) 式）の常微分方程式を解いて波線の位置 $\mathbf{x} = (x, y, z)$ を得ることであり，これを**レイトレーシング** *ray tracing* という．こうした常微分方程式の境界値問題の数値解法は，**シューティング法** *shooting method* と**リラクゼーション法** *relaxation method* の二つに大別される[88)]．

前者は始点の境界条件と微分方程式を満たす解を複数計算して，その中から終点の境界条件も満たすものを探索する方法である（§3.2.1 で解説した境界法に属する）．レイトレーシングとしては，始点の点震源から波線を飛ばして終点の観測点をシュート（shoot）させるから，やはりシューティング法と呼ばれている．波線方程式の未知数は形式上，位置 x, y, z と運動量 p_x, p_y, p_z

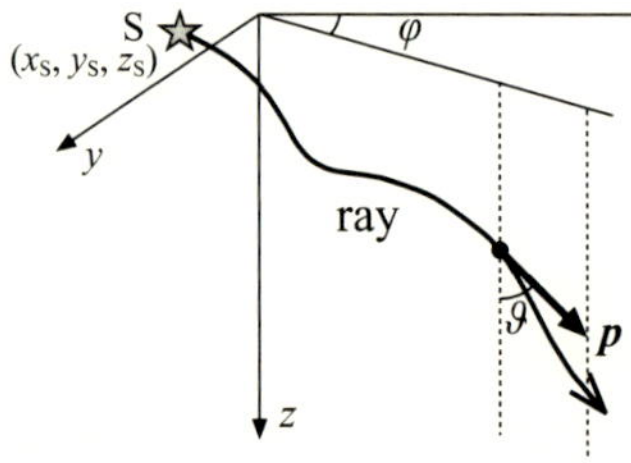

図 **3.23**　デカルト座標系における波線の運動量ベクトル $\mathbf{p}$ と方位角 φ, 射出角 ϑ.

の 6 個であるが，運動量に関する条件 $\sum_{j=1}^{3} p_j^2 = p_x^2 + p_y^2 + p_z^2 = s^2$（(3.237) 式）より

$$p_x = s\sin\vartheta\cos\varphi\,, \quad p_y = s\sin\vartheta\sin\varphi\,, \quad p_z = s\cos\vartheta \tag{3.277}$$

とすることができて，運動量 p_x, p_y, p_z から**方位角** *azimuthal angle*（φ）と**射出角** *takeoff angle*（ϑ）*) に変数変換できる [20)]．運動量ベクトル $\mathbf{p} = (p_x, p_y, p_z)$ は波線の向きであるから（§3.2.2），ϑ は $\mathbf{p}$ と z 軸，φ は $\mathbf{p}$ の水平成分と x 軸がなす角度である（図 3.23）．(3.277) 式を波線方程式 (3.242) の第 1 式に代入すると

$$\frac{dx}{d\lambda} = \cos\varphi\sin\vartheta\,, \quad \frac{dy}{d\lambda} = \sin\varphi\sin\vartheta\,, \quad \frac{dz}{d\lambda} = \cos\vartheta \tag{3.278}$$

が得られる．同じく第 2 式に代入すると

$$\begin{aligned}
\frac{dp_x}{d\lambda} &= \frac{ds}{d\lambda}\cos\varphi\sin\vartheta - s\sin\varphi\frac{d\varphi}{d\lambda}\sin\vartheta + s\cos\varphi\cos\vartheta\frac{d\vartheta}{d\lambda} = \frac{\partial s}{\partial x}\,,\\
\frac{dp_y}{d\lambda} &= \frac{ds}{d\lambda}\sin\varphi\sin\vartheta + s\cos\varphi\frac{d\varphi}{d\lambda}\sin\vartheta + s\sin\varphi\cos\vartheta\frac{d\vartheta}{d\lambda} = \frac{\partial s}{\partial y}\,,\\
\frac{dp_z}{d\lambda} &= \frac{ds}{d\lambda}\cos\vartheta - s\sin\vartheta\frac{d\vartheta}{d\lambda} = \frac{\partial s}{\partial z}
\end{aligned} \tag{3.279}$$

となるから

$$\begin{aligned}
&\frac{\partial s}{\partial x}\sin\varphi - \frac{\partial s}{\partial y}\cos\varphi = -s\frac{d\varphi}{d\lambda}\sin\vartheta\,,\\
&\left(\frac{\partial s}{\partial x}\cos\varphi + \frac{\partial s}{\partial y}\sin\varphi\right)\cos\vartheta - \frac{\partial s}{\partial z}\sin\vartheta = s\frac{d\vartheta}{d\lambda}
\end{aligned} \tag{3.280}$$

---

*) 呼び方は Ben-Menahem and Singh[9)] による．

が得られる．(3.278) 式と (3.280) 式をまとめたものが，シューティング法のための波線方程式

$$\frac{dx}{d\lambda} = \cos\varphi \sin\vartheta\,, \quad \frac{dy}{d\lambda} = \sin\varphi\sin\vartheta\,, \quad \frac{dz}{d\lambda} = \cos\vartheta\,,$$
$$\frac{d\varphi}{d\lambda} = \frac{-1}{s\sin\vartheta}\left(\frac{\partial s}{\partial x}\sin\varphi - \frac{\partial s}{\partial y}\cos\varphi\right),$$
$$\frac{d\vartheta}{d\lambda} = \frac{1}{s}\left(\frac{\partial s}{\partial x}\cos\varphi + \frac{\partial s}{\partial y}\sin\varphi\right)\cos\vartheta - \frac{1}{s}\frac{\partial s}{\partial z}\sin\vartheta \tag{3.281}$$

である *)．

この波線方程式は 5 元 1 階の連立常微分方程式である．シューティング法では，始点での境界条件

$$x = x_S\,, \quad y = y_S\,, \quad z = z_S \tag{3.282}$$

($\mathbf{x}_S = (x_S, y_S, z_S)$ は点震源の位置．図 3.23) に加えて，残りの未知数 φ，ϑ には仮の値を与え，波線方程式を初期値問題として数値的に解く．一階常微分方程式の初期値問題の数値解法は古くから考えられており，その代表例が **Runge–Kutta 法** *Runge–Kutta method* である †)．まず連立していない

$$\frac{dx}{d\lambda} = f(\lambda, x) \tag{3.283}$$

という常微分方程式の解 x を $x(\lambda)$ から $x(\lambda + h)$ に進めることを考える．Runge–Kutta 法は，$x(\lambda + h)$ の 4 次の Taylor 展開を，微係数を計算することなく f の値だけで計算する方法であり，4 次精度の差分法の陽解法 (§3.2.4) の一種と見ることができる．その結果だけ示すと

$$x(\lambda + h) = x(\lambda) + \frac{h}{6}(k_1 + 2k_2 + 2k_3 + k_4)\,, \quad k_1 = f(\lambda, x)\,, \tag{3.284}$$
$$k_2 = f(\lambda + \frac{h}{2}, x + \frac{hk_1}{2})\,, \quad k_3 = f(\lambda + \frac{h}{2}, x + \frac{hk_2}{2})\,, \quad k_4 = f(\lambda + h, x + hk_3)\,.$$

*) Červený *et al.*[20] の (3.5) 式において $d\tau = s\,d\lambda$ ((3.235) 式，(3.238) 式から得られる)，$v = s^{-1}$ としたものに一致する．

†) Kreyszig[75] によれば原論文は Runge (1895; *Math. Annalen*, **46**, 167–178) および Kutta (1901; *Zeitschr. Math. Phys.*, **46**, 435–453).

h に小さな値を与えて，これらの公式により λ と x の初期値から次々に $x(\lambda+h)$ を計算すれば，順次，x を延ばすことができる．以上の解法から考えて，波線方程式 (3.281) のような連立微分方程式の場合でも，単独方程式の解法を，それぞれ独立に各微分方程式に適用すればよい．

この段階では φ，ϑ に仮の初期値しか与えられていないから，波線が観測点の位置 $\mathbf{x}_\mathrm{O} = (x_\mathrm{O}, y_\mathrm{O}, z_\mathrm{O})$ にシュートすることは稀である．たとえば，簡便な初期値（$\mathbf{x}_\mathrm{S}$ における方位角と射出角）φ_S，ϑ_S として $\mathbf{x}_\mathrm{S}$ と $\mathbf{x}_\mathrm{O}$ を結ぶ直線の方位角，射出角を用いても，不均質地下構造では波線が直線にはならず $\mathbf{x}_\mathrm{O}$ にはシュートしない（図 3.24）．そのため，シュートするような φ_S と ϑ_S の組み合わせを探索することになるが，2 変数の探索は一般に困難である*)．次に述べる 2 次元問題の場合を拡張できることもあるが，常にうまくいくとは限らないので，汎用的な手法を構築するならばシューティング法ではなくリラクゼーション法を用いるべきである．

$\dfrac{\partial}{\partial y} \equiv 0$ の 2 次元問題ならば，$p_y = \dfrac{\partial \tau}{\partial y} = 0$ であるから運動量の条件 $p_x^2 + p_z^2 = s^2$ より

$$p_x = s \sin\vartheta, \quad p_z = s \cos\vartheta \tag{3.285}$$

となり，未知の変数は射出角 ϑ 一つだけとできる [20]．波線方程式には

$$\frac{dx}{d\lambda} = \sin\vartheta, \quad \frac{dz}{d\lambda} = \cos\vartheta,$$

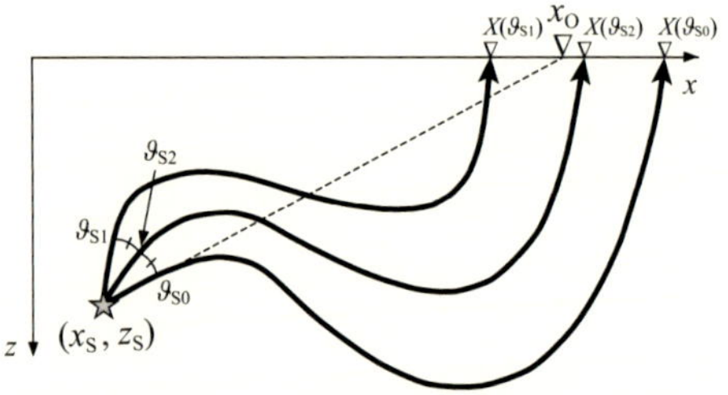

図 3.24　シューティング法における波線の変化の模式図．

*) Press *et al.*[87] の 256 頁:「In multidimensions, you can never be sure that the root is there at all until you have found it.」

$$\frac{d\vartheta}{d\lambda} = \frac{1}{s}\frac{\partial s}{\partial x}\cos\vartheta - \frac{1}{s}\frac{\partial s}{\partial z}\sin\vartheta \tag{3.286}$$

が得られる [*)]．(3.286) 式を Runge–Kutta 法と射出角の初期値（点震源の位置 $\mathbf{x}_S = (x_S, z_S)$ における射出角）ϑ_S で解いた波線が，観測点の z 座標である z_O に達した地点の x 座標を $X(\vartheta_S)$ とする．2 次元のシューティング法とは $f(\vartheta_S) = X(\vartheta_S) - x_O = 0$ を方程式の一般的な数値解法を用いて解くことである．

そのためにはまず，$f(\vartheta_S) = 0$ となる正解を含む ϑ_S の区間を求めなければならない（これをブラケティング *bracketing* という [87)]）．初期値として $\mathbf{x}_S$ と $\mathbf{x}_O$ を結ぶ直線の射出角 ϑ_{S0} を用いるとして，図 3.24 のように $X(\vartheta_{S0}) > x_O$，つまり $f(\vartheta_{S0}) > 0$ であるとする．一般に，射出角が図 3.23 のように測られるならば，射出角が小さいほど波線は遠方に伸びるから，この場合は逆に ϑ_{S1} と射出角を大きくする．それでも $X(\vartheta_{S1}) < x_O$ つまり $f(\vartheta_{S0}) < 0$ とならないならば，そうなるまで射出角の増分をふやしていくことになる．こうして正解を含む区間が得られたら，よく知られた反復法の解法，二分法 *bisection method* や，はさみうち法 *false position method* [†)]，セカント法 *secant method* などを用いて区間を狭めていって正解に達する [87)]．図 3.24 には二分法を用いた例が描かれており，$\vartheta_{S2} = (\vartheta_{S0} + \vartheta_{S1})/2$ によって区間を二分し，図のように $X(\vartheta_{S2}) > x_O$（$f(\vartheta_{S2}) > 0$）ならば $[\vartheta_{S1}, \vartheta_{S2}]$ を新しい区間とする．ただし，反復法の中でも $f(\vartheta_S)$ の微係数が必要な Newton 法などを用いることはできない．

以上が，本項の冒頭で述べた，常微分方程式の境界値問題の二つの数値解法のうち，シューティング法によるレイトレーシングであった．もう一方のリラクゼーション法は，常微分方程式の境界値問題を差分法（§3.2.4）により数値的に解く方法の総称である．レイトレーシングでは，波線上に多数の点を配して波線方程式を差分化するので，各点の位置と運動量を変数とする大きな連立方程式となる．デカルト座標系の波線方程式 (3.242) は線形であるが，こうした大きな連立方程式は逐次解法をとるべきであり，球座標系など直

---

*) Červený *et al.*[20)] の (3.16) 式において $d\tau = s\,d\lambda$，$\upsilon = s^{-1}$ としたものに一致する．

†) 和名は『数学辞典 第 2 版』[84)] によるが，そこには英語名はなくラテン語名 regula falsi しか記載されていないので，英語名は Press *et al.*[87)] などによる．英語名やラテン語名の由来は不明．

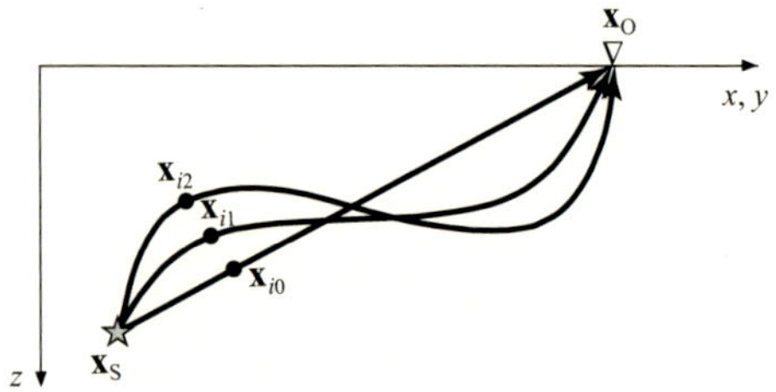

図 **3.25**　ベンディング法における波線の変化の模式図.

交曲線座標系では非線形であるから必然的にそうなる．初期波線を点震源と観測点を結ぶ直線とすると，図 3.25 のように逐次解法の過程で波線は徐々に曲げられて（bend されて）いくので，レイトレーシングにおけるリラクゼーション法はベンディング法 *bending method* と呼ばれる.

差分化の各点は波線上に等間隔に置かれるのが数値計算上望ましく，波線方程式の独立変数が波線長 λ ならばこれを実現しやすい．§3.2.2 で「数値計算において独立変数は λ にしておく方が安定的である」としたのはこの理由による．しかし，全波線長 L を事前に知ることはできないので，各点の間隔の絶対値を差分化する前に決定することはできないという問題がある．この問題に対しては $l \equiv \dfrac{\lambda}{L}$ と変数を l に変換し，$\dfrac{dL}{dl} = 0$ という形式的な微分方程式を追加することで変数 l の範囲を $[0, 1]$ に限定できるので問題を回避することができ，かつ全波線長 L は波線の位置 $\mathbf{x}_i$ と同じ精度で求めることができる．同様に，走時 T も，Fermat の原理の (3.249) 式のところで説明したように $T = \int s\,d\lambda$ であるから，この両辺を λ で微分した $\dfrac{dT}{d\lambda} = s$ という微分方程式を波線方程式に追加すると，波線の位置 $\mathbf{x}_i$ と同じ精度で求めることができる．これらの変数変換と微分方程式の追加を波線方程式 (3.242) に施すと，右辺はまったく l に関する導関数を含まないので

$$\frac{d\omega}{dl} = \mathbf{f}(\omega), \quad \omega = (x, y, z, p_x, p_y, p_z, T, L)^{\mathrm{T}} \tag{3.287}$$

となる．ここで

$$\mathbf{f} = L\left(\frac{p_x}{s}, \frac{p_y}{s}, \frac{p_z}{s}, \frac{\partial s}{\partial x}, \frac{\partial s}{\partial y}, \frac{\partial s}{\partial z}, s, 0\right)^{\mathrm{T}} \tag{3.288}$$

である．なお，ベンディング法はシューティング法よりも一層数値的であるので (3.277) 式の変数変換を施さない方が安定的に解くことができる．

(3.287) 式を N 個の点で差分化すると，$\Delta l = \dfrac{1}{N-1}$ を用いて

$$\frac{\omega_{n+1} - \omega_n}{\Delta l} = \frac{\mathbf{f}(\omega_{n+1}) + \mathbf{f}(\omega_n)}{2}, \quad n = 1, 2, \cdots, N-1 \tag{3.289}$$

が得られる．(3.289) 式の左辺は，(3.287) 式左辺である微係数 $\dfrac{d\omega}{dl}$ の，ω_{n+1} と ω_n の中点における差分近似であるから，(3.287) 式右辺の $f(\omega)$ も (3.289) 式のように $f(\omega_{n+1})$ と $f(\omega_n)$ の平均値で近似すると精度が高い．しかし，そうすると (3.289) 式の両辺に ω_{n+1} が含まれているので，以下のように方程式を解かなければならない．このような数値解法が差分法の**陰解法**（§3.2.4）である．一方，(3.289) 式右辺にある ω_{n+1} をなんらかの既知の値 ω'_{n+1} に置き換えるのが差分法の**陽解法**（§3.2.4）である．既知の値としてたとえば，逐次解法の前段の推定値などを用いることができる．陰解法に比べれば精度は低いが，(3.289) 式右辺が未知数 ω_{n+1} を含まなくなり，方程式が

$$\omega_{n+1} = \omega_n + \frac{\Delta l}{2}\left\{\mathbf{f}(\omega'_{n+1}) + \mathbf{f}(\omega_n)\right\}, \quad n = 1, 2, \cdots N-1 \tag{3.290}$$

という漸化式に変わって計算が容易になる．陽解法がレイトレーシングで用いられることは少ないが，以下の陰解法のベンディング法と区別して **parameterized shooting 法** *parameterized shooting method*[97] と呼ばれる．

陰解法のベンディング法では，まず方程式 (3.289) を

$$\mathbf{h}(\omega_n, \omega_{n+1}) = \mathbf{f}(\omega_{n+1}) + \mathbf{f}(\omega_n) - \frac{2}{\Delta l}(\omega_{n+1} - \omega_n) = \mathbf{0} \tag{3.291}$$

と変形する．方程式 (3.291) は運動量に関する条件 $p_x^2 + p_y^2 + p_z^2 = s^2$（(3.237) 式）を含んでいない．しかし，この条件は $n = 1$ での初期条件で満足されれば以後自動的に満足されるという[86]．そこで $n = 1$ と $n = N$ における境界条件を

$$\begin{gathered}\left(x_1 - x_S,\ y_1 - y_S,\ z_1 - z_S,\ p_{x1}^2 + p_{y1}^2 + p_{z1}^2 - s_1^2,\ T_1\right)^{\mathrm{T}} = \mathbf{g}_1(\omega_1) = \mathbf{0}, \\ (x_N - x_O,\ y_N - y_O,\ z_N - z_O) = \mathbf{g}_N(\omega_N) = \mathbf{0}\end{gathered} \tag{3.292}$$

と与えることにする．ここで (x_S, y_S, z_S) と (x_O, y_O, z_O) は点震源および観測点の位置であり（図3.25の $\mathbf{x}_S$，$\mathbf{x}_O$），s_1 は $\mathbf{x}_1 = \mathbf{x}_S$ におけるスローネスである．$\mathbf{g}_1$ の第5式は走時が0秒から始まることを指定する初期条件である．(3.291) と (3.292) をまとめて

$$\mathbf{F}(\boldsymbol{\Omega}) = (\mathbf{g}_1(\omega_1),\ \mathbf{h}(\omega_1, \omega_2),\ \mathbf{h}(\omega_2, \omega_3), \cdots,\ \mathbf{h}(\omega_{N-1}, \omega_N),\ \mathbf{g}_N(\omega_N))^{\mathrm{T}} = \mathbf{0}\,,$$
$$\boldsymbol{\Omega} = (\omega_1,\ \omega_2,\ \cdots,\ \omega_N)^{\mathrm{T}} \tag{3.293}$$

と書くと，逐次解法における $\boldsymbol{\Omega}$ の m 段推定値を $\boldsymbol{\Omega}_m$ とするならば

$$\mathbf{F}(\boldsymbol{\Omega}_{m+1}) \approx \mathbf{F}(\boldsymbol{\Omega}_m) + \frac{\partial \mathbf{F}(\boldsymbol{\Omega}_m)}{\partial \boldsymbol{\Omega}} \delta \boldsymbol{\Omega}_m \approx \mathbf{0} \tag{3.294}$$

と近似できるので，最終的に解くべき連立1次方程式は

$$\frac{\partial \mathbf{F}(\boldsymbol{\Omega}_m)}{\partial \boldsymbol{\Omega}} \delta \boldsymbol{\Omega}_m = -\mathbf{F}(\boldsymbol{\Omega}_m) \tag{3.295}$$

となる．(3.295) 式の未知数 $\delta\boldsymbol{\Omega}_m$ は $8N$ 個，(3.291) 式から生成される方程式数は $8(N-1)$，これに境界条件 (3.292) の8を加えて未知数と方程式の数が一致するので，連立1次方程式 (3.295) は **Gauss** の消去法 *Gaussian elimination* などの一般的な解法[75]で解くことができる．その際，$\dfrac{\partial \mathbf{F}}{\partial \boldsymbol{\Omega}}$ が帯構造をしていることを利用すると効率的である．

このほか，リラクゼーション法の一種として，波線方程式を解くのではなく，局所的な **Fermat** の原理を連続的に適用する **pseudo-bending** 法 *pseudo-bending*

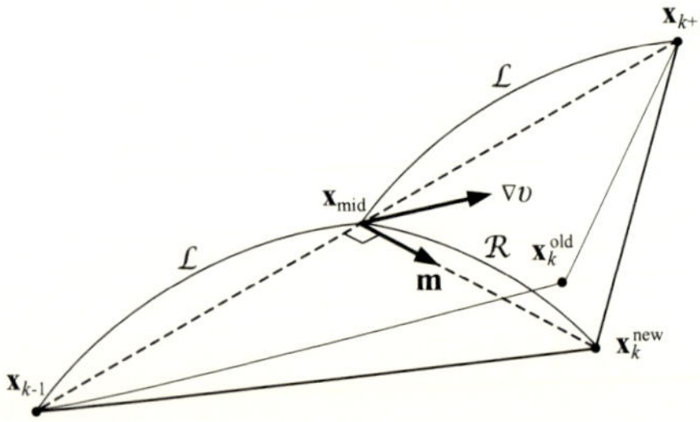

図 **3.26**　pseudo-bending 法の模式図（Koketsu and Sekine[73] に基づく）．

method がある [104]．波線上の各点のうち隣接する 3 点 $\mathbf{x}_{k-1}$，$\mathbf{x}_k$ と $\mathbf{x}_{k+1}$ を取り出し，局所的な Fermat の原理を適用することにより $\mathbf{x}_k$ が $\mathbf{x}_k^{\mathrm{old}}$ から新しい点 $\mathbf{x}_k^{\mathrm{new}}$ に移動したとする（図 3.26）．$\mathbf{x}_{k-1}$ と $\mathbf{x}_{k+1}$ の中点 $\mathbf{x}_{\mathrm{mid}}$ から $\mathbf{x}_k^{\mathrm{new}}$ につながるベクトルの方向は，近似的に波線が曲がっていく方向，つまり曲率の方向に一致するはずである．この曲率の方向は主法線の方向（図 3.22，単位ベクトル $\mathbf{n}$）とは逆方向であり，その単位ベクトルを $\mathbf{m}$ とする．また，ベクトルの大きさは Fermat の原理から，波線に沿って $\mathbf{x}_{k-1} \to \mathbf{x}_k^{\mathrm{new}} \to \mathbf{x}_{k+1}$ と地震動が伝播するのに要する時間 $\mathcal{T}$ が最小となるように決められるはずである，という二点が pseudo-bending 法の基本である．

前者の $\mathbf{m}$ については，Ben-Menahem and Singh [9] などが $\mathbf{n}$ の解析的な解

$$\mathbf{n} = \frac{d\mathbf{t}}{d\lambda} \Bigg/ \left|\frac{d\mathbf{t}}{d\lambda}\right|, \quad \frac{d\mathbf{t}}{d\lambda} = \frac{1}{s}\Big\{\nabla s - (\mathbf{t}\cdot\nabla s)\,\mathbf{t}\Big\} = -\frac{1}{\upsilon}\Big\{\nabla \upsilon - (\mathbf{t}\cdot\nabla \upsilon)\,\mathbf{t}\Big\} \tag{3.296}$$

を得ているので，その逆符号を取ればよい．後者の $\mathcal{T}$ については，まず図 3.26 上の幾何学から 3 点 $\mathbf{x}_{k-1}$，$\mathbf{x}_k^{\mathrm{new}}$ と $\mathbf{x}_{k+1}$ の間を地震動が伝播する時間

$$\mathcal{T} = \left(\mathcal{L}^2 + \mathcal{R}^2\right)^{\frac{1}{2}} \left\{ s_k^{\mathrm{new}} + \frac{s_{k-1} + s_{k+1}}{2} \right\} \tag{3.297}$$

が得られる．ここで $\mathcal{R}$ は中点 $\mathbf{x}_{\mathrm{mid}}$ と $\mathbf{x}_k^{\mathrm{new}}$ との間の距離，$\mathcal{L}$ は中点 $\mathbf{x}_{\mathrm{mid}}$ と $\mathbf{x}_{k-1}$ または $\mathbf{x}_{k+1}$ との間の距離である．s_{k-1}，s_k^{new}，s_{k+1} はそれぞれ $\mathbf{x}_{k-1}$，$\mathbf{x}_k^{\mathrm{new}}$，$\mathbf{x}_{k+1}$ におけるスローネスを表す．$\dfrac{\partial \mathcal{T}}{\partial \mathcal{R}} = 0$ を解けば $\mathcal{T}$ の極値が得られ，Fermat の原理を満たすことができる．(3.297) 式を $\mathcal{R}$ で偏微分して高次の導関数を無視すると 2 次方程式となり，その解は

$$\hat{\mathcal{R}} = -\frac{c\upsilon_{\mathrm{mid}} + 1}{4c\mathbf{n}\cdot\nabla\upsilon_{\mathrm{mid}}} + \left\{ \left(\frac{c\upsilon_{\mathrm{mid}} + 1}{4c\mathbf{n}\cdot\nabla\upsilon_{\mathrm{mid}}} \right)^2 + \frac{\mathcal{L}^2}{2c\upsilon_{\mathrm{mid}}} \right\}^{\frac{1}{2}} \tag{3.298}$$

である [104]．$c = \dfrac{s_{k-1} + s_{k+1}}{2}$ であり，υ_{mid} は $\mathbf{x}_{\mathrm{mid}}$ における速度を表す．得られた $\mathbf{m}$ と $\hat{\mathcal{R}}$ を用いて $\mathbf{x}_k$ を移動させることを，$k = 2$ から $k = N-1$ まで順番に行い，これを 1 サイクルとして収束するまでサイクルを繰り返すというのが pseudo-bending 法である．ベンディング法のような数値解法としての厳密さは持っていないが，持っていないが故に計算量は少なく，数値的な不安定

にもなりにくいという特徴がある．

ここまで波線の位置 $\mathbf{x}$ に関して，デカルト座標系におけるレイトレーシングを解説してきた．球座標系におけるシューティング法は Jacob[52] などに，ベンディング法と pseudo–bending 法は Koketsu and Sekine[73] などに示されている．

波線理論で地震動を計算するためには $\mathbf{x}$ に加えて，振幅 $\mathbf{u}^{(0)}$ を波線に沿って追跡する必要があり，前者と区別するとき，後者をダイナミックレイトレーシング *dynamic ray tracing* と呼ぶ．§3.2.2 では，このダイナミックレイトレーシングが波線ヤコビアン $\mathcal{J}$ の追跡に帰結することを示した．(3.260) 式の $\mathcal{J}$ は，波線方程式 (3.242) と (3.244) 式，および図 3.22 に示した $\mathbf{p}$ と $\mathbf{t}$ の関係とアイコナル方程式 (3.232) を用いて

$$\mathcal{J} = \left(\frac{\partial y}{\partial \gamma_1}\frac{\partial z}{\partial \gamma_2} - \frac{\partial z}{\partial \gamma_1}\frac{\partial y}{\partial \gamma_2}\right)\alpha p_x + \left(\frac{\partial z}{\partial \gamma_1}\frac{\partial y}{\partial \gamma_2} - \frac{\partial x}{\partial \gamma_1}\frac{\partial z}{\partial \gamma_2}\right)\alpha p_y$$
$$+ \left(\frac{\partial x}{\partial \gamma_1}\frac{\partial y}{\partial \gamma_2} - \frac{\partial y}{\partial \gamma_1}\frac{\partial x}{\partial \gamma_2}\right)\alpha p_z = \mathbf{\Omega}\cdot\mathbf{t}, \quad \mathbf{\Omega} = \frac{\partial \mathbf{x}}{\partial \gamma_1} \times \frac{\partial \mathbf{x}}{\partial \gamma_2} \tag{3.299}$$

となる*)．したがって，$\mathcal{J}$ を追跡することは $\mathbf{y} = \left(\frac{\partial \mathbf{x}}{\partial \gamma_1}, \frac{\partial \mathbf{x}}{\partial \gamma_2}\right)^{\mathrm{T}}$ を追跡することに置き換えることができる．ただし，$\mathbf{y}$ が満たすべき常微分方程式は波線方程式 (3.243) から作られ，それには $\mathbf{p}$ が含まれるので，ここでも $\mathbf{z} = \left(\frac{\partial \mathbf{p}}{\partial \gamma_1}, \frac{\partial \mathbf{p}}{\partial \gamma_2}\right)^{\mathrm{T}}$ を未知数として追加しなければならない．

(3.243) 式を γ_1, γ_2 で偏微分すると

$$\frac{d}{d\lambda}\left(\frac{\partial \mathbf{x}}{\partial \gamma_1}, \frac{\partial \mathbf{x}}{\partial \gamma_2}\right)^{\mathrm{T}} = \frac{\partial s^{-1}}{\partial \mathbf{x}}\left(\frac{\partial \mathbf{x}}{\partial \gamma_1}, \frac{\partial \mathbf{x}}{\partial \gamma_2}\right)^{\mathrm{T}}\mathbf{p} + s^{-1}\left(\frac{\partial \mathbf{p}}{\partial \gamma_1}, \frac{\partial \mathbf{p}}{\partial \gamma_2}\right)^{\mathrm{T}} \Rightarrow \frac{d\mathbf{y}}{d\lambda} = \frac{\partial s^{-1}}{\partial \mathbf{x}}\mathbf{y}\mathbf{p} + s^{-1}\mathbf{z}$$
$$\frac{d}{d\lambda}\left(\frac{\partial \mathbf{p}}{\partial \gamma_1}, \frac{\partial \mathbf{p}}{\partial \gamma_2}\right)^{\mathrm{T}} = \frac{\partial \nabla s}{\partial \mathbf{x}}\left(\frac{\partial \mathbf{x}}{\partial \gamma_1}, \frac{\partial \mathbf{x}}{\partial \gamma_2}\right)^{\mathrm{T}} \Rightarrow \frac{d\mathbf{z}}{d\lambda} = \frac{\partial \nabla s}{\partial \mathbf{x}}\mathbf{y} \tag{3.300}$$

という連立の常微分方程式が得られる．(3.300) 式を解くことがダイナミックレイトレーシングであり，$\mathbf{y}$ と $\mathbf{z}$ はともに 6 要素であるから 12 元の連立常微分方程式である．(3.300) 式は $\mathbf{x}$，$\mathbf{p}$ を含むので，レイトレーシングの波線方

*) Červený[19] の (3.10.16) 式に一致する．

程式 (3.243) と同時に解かなければならない．波線方程式は 6 元の連立常微分方程式であるから，波線の位置 $\mathbf{x}$ だけでなく振幅 $\mathbf{u}^{(0)}$ も得るためには 18 元の連立常微分方程式を解くことになる（(3.277) 式のような変数変換などをして変数と方程式の数を減らすことはできる）．

レイトレーシング，ダイナミックレイトレーシングを実行して伝播の効果の第 0 次近似 $e^{i\omega(t-\tau(\mathbf{x}))}\mathbf{u}^{(0)}(\mathbf{x})$（(3.226) 式）を得，それに点震源の効果（(2.56) 式など）をコンボリューションすれば地震動を計算できる．これを 3 次元地下構造で行う優れたプログラム・パッケージが流通している（*Seismological Algorithms*[30] など）．しかし，波線理論またはその拡張であるから，短波長近似，位相選択の困難さなど波線理論が本質的に抱える問題から解放されていない．しかし比較的長波長で重複反射が効くような問題でも，オリジナルの波線理論や Gaussian beam 法がよい結果を与えている計算例がある（図 3.27）．なお波線理論のような短波長近似では，一般に地震動より短い波長を扱う光学や電磁気学に一日の長がある．ここで挙げた手法はいずれも，これら分野から基本原理を借用したものである．

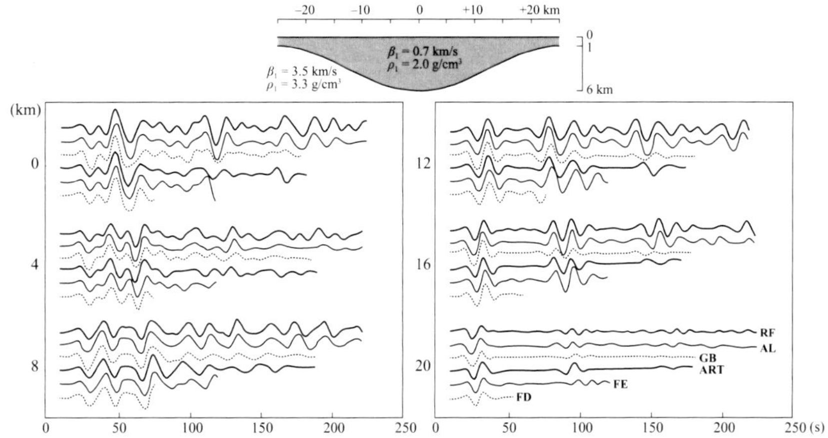

図 3.27　2 次元堆積盆地（上）に SH 平面波が下方から入射したときの地震動をいろいろな手法で計算した結果の比較（下）．ART は波線理論（§3.2.2），GB は Gaussian beam 法（§3.2.2），FD は差分法（§3.2.4），FE は有限要素法（§3.2.5），AL と RF は Aki-Larner 法と 2 次元 reflectivity 法（§3.2.6）を示す（Kohketsu[67] に基づく）．

3.2.4　差分法

波線理論の対極にあるのが，偏微分方程式のもっとも古典的な数値解法である**差分法** *finite difference method* である．差分法では問題の対象としている時空間領域に格子を設定し，その格子点上の物理量を用いた**差分商** *difference quotient* で偏導関数を置き換えて，得られた代数方程式をコンピュータで解く．地震動の問題では偏微分方程式が運動方程式（(1.28) 式），物理量が弾性変位（地震動）となるが，その原理をわかりやすく説明するため以下では 2 次元地下構造における 2 次元の**平面波**（§1.2.5）について記述する．

地震動や地下構造がデカルト座標系の y 軸方向に変化せず，平面波問題なので体積力は存在しないとすれば，運動方程式 (1.25)，(1.26)，(1.27) に $\partial/\partial y \equiv 0$ と $f_x = f_y = f_z = 0$ を代入して

$$\rho\frac{\partial^2 u_x}{\partial t^2} = (\lambda+\mu)\frac{\partial}{\partial x}\left(\frac{\partial u_x}{\partial x}+\frac{\partial u_z}{\partial z}\right)+\mu\left(\frac{\partial^2}{\partial x^2}+\frac{\partial^2}{\partial z^2}\right)u_x \tag{3.301}$$

$$+\frac{\partial\lambda}{\partial x}\left(\frac{\partial u_x}{\partial x}+\frac{\partial u_z}{\partial z}\right)+\frac{\partial\mu}{\partial z}\frac{\partial u_z}{\partial x}+2\frac{\partial\mu}{\partial x}\frac{\partial u_x}{\partial x}+\frac{\partial\mu}{\partial z}\frac{\partial u_x}{\partial z}$$

$$\rho\frac{\partial^2 u_y}{\partial t^2} = \mu\left(\frac{\partial^2}{\partial x^2}+\frac{\partial^2}{\partial z^2}\right)u_y+\frac{\partial\mu}{\partial z}\frac{\partial u_y}{\partial z}+\frac{\partial\mu}{\partial x}\frac{\partial u_y}{\partial x} \tag{3.302}$$

$$\rho\frac{\partial^2 u_z}{\partial t^2} = (\lambda+\mu)\frac{\partial}{\partial z}\left(\frac{\partial u_x}{\partial x}+\frac{\partial u_z}{\partial z}\right)+\mu\left(\frac{\partial^2}{\partial x^2}+\frac{\partial^2}{\partial z^2}\right)u_z \tag{3.303}$$

$$+\frac{\partial\lambda}{\partial z}\left(\frac{\partial u_x}{\partial x}+\frac{\partial u_z}{\partial z}\right)+\frac{\partial\mu}{\partial x}\frac{\partial u_x}{\partial z}+\frac{\partial\mu}{\partial x}\frac{\partial u_z}{\partial x}+2\frac{\partial\mu}{\partial z}\frac{\partial u_z}{\partial z}$$

が得られる．これらのうち (3.301) 式および (3.303) 式には u_x，u_z しか含まれず，(3.302) 式には u_y しか含まれない．一方，(1.42) 式に $\partial/\partial y \equiv 0$ を代入すると

$$u_x = \frac{\partial\phi}{\partial x}+\frac{\partial^2\psi}{\partial x\partial z},\quad u_y = -\frac{\partial\chi}{\partial x},\quad u_z = \frac{\partial\phi}{\partial z}-\frac{\partial^2\psi}{\partial x^2} \tag{3.304}$$

であるから，u_x，u_z は P 波の変位ポテンシャル ϕ と SV 波の変位ポテンシャル ψ で構成され，u_y は SH 波の変位ポテンシャル χ のみで構成されている．

¶1) §3.2.4 に関しては Aki and Richards (1980)[2)] が詳しい．

したがって，2 次元地下構造における 2 次元平面波問題では，1 次元地下構造と同じように P 波・SV 波の地震動と SH 波の地震動は分離される．

地震動問題への差分法の適用は 1960 年代後半に始まり，その頃から 1970 年代初頭までの成果は Boore[10] によってまとめられている．そこで計算例として示されているのが 2 次元地下構造の SH 平面波問題である．解くべき方程式は (3.302) であるが，$v = u_y$ と置いた上で

$$\rho\frac{\partial^2 v}{\partial t^2} = \frac{\partial}{\partial x}\left(\mu\frac{\partial v}{\partial x}\right) + \frac{\partial}{\partial z}\left(\mu\frac{\partial v}{\partial z}\right) \tag{3.305}$$

と変形する．ここで 2 次元地下構造に図 3.28 の格子を設定し，差分商としては 1 階空間微分と 2 階時間微分に 2 次精度の中心差分 *central difference* を用いるが，空間微分は二重にかかっているので離散間隔は格子間隔の半分として

$$\frac{\partial f}{\partial x} \sim \frac{f^p_{i+1/2,j} - f^p_{i-1/2,j}}{\Delta x},\quad \frac{\partial f}{\partial z} \sim \frac{f^p_{i,j+1/2} - f^p_{i,j-1/2}}{\Delta z} \tag{3.306}$$

$$\frac{\partial^2 f}{\partial t^2} \sim \frac{f^{p+1}_{i,j} - 2f^p_{i,j} + f^{p-1}_{i,j}}{(\Delta t)^2} \tag{3.307}$$

を用いる．ここで p は時間ステップを表して Δt はその間隔であり，$f^p_{i,j}$ は時間ステップ p における格子点 (i, j) での関数 f の値である．

まず (3.305) 式の右辺第 1 項を $f = \mu\partial v/\partial x$ とした差分式 (3.306) で置き換えると

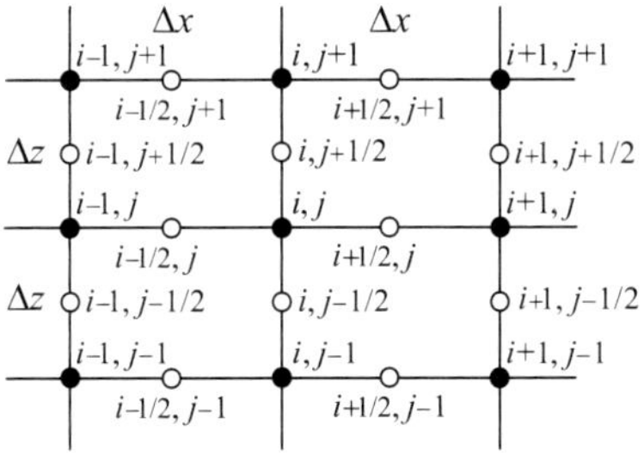

図 3.28　2 次元地下構造に設定した空間格子．地震動は格子点●で評価されるが，剛性率など物性値は中間点○での値を用いる．

$$\frac{\partial}{\partial x}\left(\mu\frac{\partial v}{\partial x}\right) \sim \frac{1}{\Delta x}\left\{\left(\mu\frac{\partial v}{\partial x}\right)^p_{i+1/2,j} - \left(\mu\frac{\partial v}{\partial x}\right)^p_{i-1/2,j}\right\},$$

さらに，この中の $\partial v/\partial x$ を中間点 $(i+1/2, j)$ または $(i-1/2, j)$ が中心の $f = v$ とした差分式 (3.306) で置き換え

$$\frac{\partial}{\partial x}\left(\mu\frac{\partial v}{\partial x}\right) \sim \frac{1}{\Delta x}\left\{\mu_{i+1/2,j}\frac{v^p_{i+1,j} - v^p_{i,j}}{\Delta x} - \mu_{i-1/2,j}\frac{v^p_{i,j} - v^p_{i-1,j}}{\Delta x}\right\}$$
$$\sim \frac{\mu_{i+1/2,j}v^p_{i+1,j} - (\mu_{i+1/2,j} + \mu_{i-1/2,j})v^p_{i,j} + \mu_{i-1/2,j}v^p_{i-1,j}}{(\Delta x)^2} \quad (3.308)$$

となる．$\mu_{i+1/2,j}$ などは中間点における剛性率の値である．右辺第 2 項も同様に

$$\frac{\partial}{\partial z}\left(\mu\frac{\partial v}{\partial z}\right) \sim \frac{\mu_{i,j+1/2}v^p_{i,j+1} - (\mu_{i,j+1/2} + \mu_{i,j-1/2})v^p_{i,j} + \mu_{i,j-1/2}v^p_{i,j-1}}{(\Delta z)^2}. \quad (3.309)$$

$f = v$ とした差分式 (3.307)，および (3.308) 式，(3.309) 式を (3.305) 式に代入すると差分方程式

$$v^{p+1}_{i,j} = 2v^p_{i,j} - v^{p-1}_{i,j} + \frac{(\Delta t)^2}{\rho_{i,j}}\left\{\frac{\mu_{i+1/2,j}v^p_{i+1,j} - (\mu_{i+1/2,j} + \mu_{i-1/2,j})v^p_{i,j} + \mu_{i-1/2,j}v^p_{i-1,j}}{(\Delta x)^2}\right.$$
$$\left. + \frac{\mu_{i,j+1/2}v^p_{i,j+1} - (\mu_{i,j+1/2} + \mu_{i,j-1/2})v^p_{i,j} + \mu_{i,j-1/2}v^p_{i,j-1}}{(\Delta z)^2}\right\} \quad (3.310)$$

が得られる．これに示された代数計算を地震動問題の初期条件と境界条件のもとで実行するのが差分法であり，計算が安定に行われる条件は $\beta_{\max}\Delta t/\min(\Delta x, \Delta z) \le 1/\sqrt{n}$ （$\beta = \sqrt{\mu/\rho}$，2 次元問題では $n = 2$）になると言われている[10]．

たとえば，2 次元堆積盆地に SH 平面波が下方から入射する問題では，その入射が初期条件となる．地表面は計算領域の中に置き，**応力解放条件**はそれより上部で $\mu = 0$ とすることで実現する．また，現実の地下構造は大きく広がっているのに計算領域は限られたものしかとれないので，その周囲に人工的な境界を置かざるをえず，そこでは**人工反射** *artificial reflection* が起こる．その影響を避けるためには影響が出始める時間の前に計算を打ち切るか，人

工境界に**放射境界**に類似する境界条件を与えることになる．後者には粘性境界，伝播境界や組み合わせ境界などが提案されているが完璧は難しいので，運動方程式や差分方程式に減衰項 $k\,\partial v/\partial t$ を与えた上で人工境界の手前に大きな減衰のバッファゾーンを置くことが行われている．図 3.27 の中で FD のラベルが付いた地震動は，上記のうち人工反射の影響の出る前に打ち切る方法で計算されたものである．

定式化を，応力を消去した運動方程式 (1.25)，(1.26)，(1.27) から始めるのではなく，応力を残した方程式 (1.24) と応力の定義式 (1.22) から始めると，応力を含む境界条件の精度が高まるので今ではこちらの方が主流になっている．弾性変位と応力を記憶しなければならないので所要メモリやディスクは倍増するが，コンピュータの進歩で問題にならない．(1.24) 式と，(1.22) 式の時間微分に $\partial/\partial y \equiv 0$ と $f_x = f_y = f_z = 0$ を代入して，$v_x = \partial u_x/\partial t$，$v_y = \partial u_y/\partial t$，$v_z = \partial u_z/\partial t$ と変数変換する*)．そして

$$
\rho\frac{\partial v_x}{\partial t} = \frac{\partial \tau_{xx}}{\partial x} + \frac{\partial \tau_{xz}}{\partial z},
$$

$$
\frac{\partial \tau_{xx}}{\partial t} = \lambda\left(\frac{\partial v_x}{\partial x} + \frac{\partial v_z}{\partial z}\right) + 2\mu\frac{\partial v_x}{\partial x},\quad \frac{\partial \tau_{xz}}{\partial t} = \mu\left(\frac{\partial v_x}{\partial z} + \frac{\partial v_z}{\partial x}\right) \tag{3.311}
$$

$$
\rho\frac{\partial v_y}{\partial t} = \frac{\partial \tau_{xy}}{\partial x} + \frac{\partial \tau_{yz}}{\partial z},\quad \frac{\partial \tau_{xy}}{\partial t} = \mu\frac{\partial v_y}{\partial x},\quad \frac{\partial \tau_{yz}}{\partial t} = \mu\frac{\partial v_y}{\partial z} \tag{3.312}
$$

$$
\rho\frac{\partial v_z}{\partial t} = \frac{\partial \tau_{xz}}{\partial x} + \frac{\partial \tau_{zz}}{\partial z},
$$

$$
\frac{\partial \tau_{xz}}{\partial t} = \mu\left(\frac{\partial v_x}{\partial z} + \frac{\partial v_z}{\partial x}\right),\quad \frac{\partial \tau_{zz}}{\partial t} = \lambda\left(\frac{\partial v_x}{\partial x} + \frac{\partial v_z}{\partial z}\right) + 2\mu\frac{\partial v_z}{\partial z} \tag{3.313}
$$

と並べ換えると（ただし τ_{xz} は (3.311) 式と (3.313) 式で共通），SH 波の地動速度 v_y は (3.312) 式にしか現れない．したがって，2 次元地下構造の SH 平面波問題はこの連立偏微分方程式 (3.312) を中心差分により連立差分方程式に変換して代数的に解くことになる．

連立であるから複数の物理量 $v = v_y$，$\sigma = \tau_{xy}$，$\tau = \tau_{yz}$ が存在していて，そうした場合はすべての物理量を同一格子点で評価するよりも互いに半格子ずらした**スタガード格子** *staggered grid* を用いた方が計算が安定であることは数

*) Virieux[108] の表記法と合わせたため，v の定義は (3.305) 式などとは異なる．

値解析の分野でよく知られている[98]．また，計算が安定に行われる条件も 2 倍に緩和されると言われている[38]．そこで，図 3.28 の本来の格子点（●印）では υ と ρ のみを評価し，中間点（○印）は σ，τ，μ の格子点として新たに定義して，時間ステップ p にもそれに対応する中間ステップ $p \pm 1/2$ を設けるようにすると差分方程式

$$
\begin{aligned}
\upsilon_{i,j}^{p+1/2} &= \upsilon_{i,j}^{p-1/2} + \frac{\Delta t}{\rho_{i,j}} \frac{\sigma_{i+1/2,j}^{p} - \sigma_{i-1/2,j}^{p}}{\Delta x} + \frac{\Delta t}{\rho_{i,j}} \frac{\tau_{i,j+1/2}^{p} - \sigma_{i,j-1/2}^{p}}{\Delta z} \\
\sigma_{i+1/2,j}^{p+1} &= \sigma_{i+1/2,j}^{p} + \Delta t \cdot \mu_{i+1/2,j} \frac{\upsilon_{i+1,j}^{p+1/2} - \upsilon_{i,j}^{p+1/2}}{\Delta x} \\
\tau_{i,j+1/2}^{p+1} &= \tau_{i,j+1/2}^{p} + \Delta t \cdot \mu_{i,j+1/2} \frac{\upsilon_{i,j+1}^{p+1/2} - \upsilon_{i,j}^{p+1/2}}{\Delta x}
\end{aligned}
\tag{3.314}
$$

が得られる．Virieux[108] はこれを用いて図 3.27 の地震動を計算し，180 秒間に渡って他の手法の結果によく一致することを示した（図中の差分法による 70 秒間の地震動は Boore[10] が計算したもの）．

わかりやすさのために 2 次元地下構造で説明してきたが，3 次元地下構造での地震動の差分法による数値計算は広く行われている（たとえば Graves[40]）．そのため，差分法や**有限要素法**（§3.2.5）に基づいて 3 次元地下構造での地震動を数値計算することを**地震動シミュレーション** *ground motion simulation* と呼ぶことが多い．オーソドックスな差分法だけでなく，空間微分に Fourier 変換と **FFT**（§4.2.4）を用いる **pseudo-spectral 法** *pseudo-spectral method*[37] なども存在するが，高い並列化効率を得ることが難しいために使われることは少ない．非弾性による減衰（§1.2.6）や点震源の導入については次項 §3.2.5 で説明する．

3.2.5　有限要素法

重み付き残差法の領域法（§3.2.1）において，領域内の構造が複雑になると **Galerkin 法**（§3.2.1）でも，非常に多数の試行関数を用意しなければ精度のよい解は求まらない．また多数の関数を用意できたとしても，高次になると性質が悪くなりやすく，不用意に適用すると連立方程式が悪条件になりやすい．そういう場合には，領域内でもある狭い範囲でしか値を持たない関数を

考え，その範囲をいろいろ変えて試行関数とする方法がとられる．これを**数値 Galerkin 法** *computational Galerkin method* と呼ぶ[33]．領域を小さく分割して，ある範囲内では構造が大きく変化しないようにすれば関数は単純で済むが，未知数の数は増大する．逆に分割数を少なくすると，適切な関数を選ぶことが難しくなる．通常，数値 Galerkin 法では前者の立場をとり，1 次関数やスプラインなどの低次多項式を試行関数として採用する．地震動の運動方程式は 2 次微分を含むが，部分積分を実行することによりこれを避けることができるので（**弱形式** *weak formulation*），1 次関数も試行関数とすることができる．**有限要素法** *finite element method* は，数値 Galerkin 法で解かれる領域法である．

差分法に対する有限要素法の利点には，(1) 領域の外側では応力解放条件が自動的に組み込まれている，(2) 時間積分に関する Courant 条件（後述）が緩和されている，(3) いろいろな要素形状が採れるために複雑な領域を扱うことができる，といったものが挙げられる．しかし，これら利点の代償として大きな計算規模や長時間の前処理（メッシュ生成）などの欠点を内包している．ここでは利点 (3) を封印して要素形状は**ボクセル** *voxel*（直方体，6 面体）に限り，それに対する陽解法の定式化を行うことにより欠点を解消する．図 3.29 にこの状況を模式的に示した．(a) のような複雑な地下構造に対して，通常の有限要素法では柔軟な対応が可能な 4 面体などを使って (b) のようなメッシュが生成される．これに対してボクセル有限要素法では，6 面体のみを使って差分法に似た，(c) のようなメッシュが生成される．(b) に比べ (a) に対する適合度が弱まるので，それを補うためにより細かいメッシュを生成する．

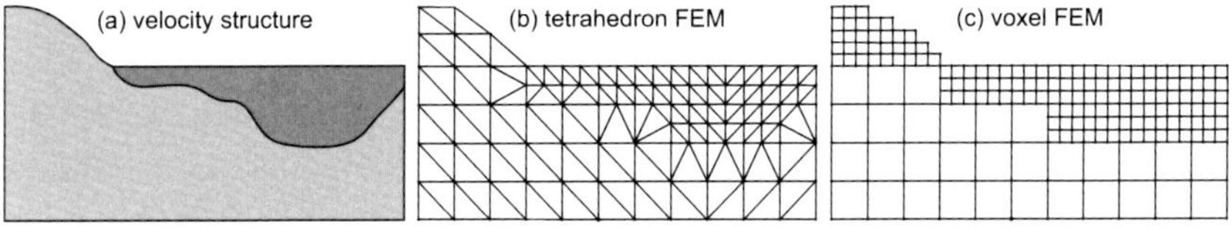

図 3.29　(a) 地下構造，(b) (a) に対する通常有限要素法の 4 面体メッシュ，(c) (a) に対するボクセル有限要素法のボクセルメッシュ（Koketsu *et al.*[68] に基づく）．

(1.79) 式と (1.80) 式による一般的な運動方程式

$$\rho\frac{\partial^2 u_i}{\partial t^2} = \frac{\partial}{\partial x_j}C_{ijkl}\frac{\partial u_k}{\partial x_l} + \rho f_i \tag{3.315}$$

が図 1.9 の領域 V で成り立っているとする．ただし，(3.315) 式には非弾性による減衰（§1.2.6）が含まれていないので，それをこの段階で含めるが，含める方法には 3 通りある．第 1 の方法はもっとも普及している方法で，1 次元問題の運動方程式 (1.58) の減衰項 $c'\dfrac{dU}{dt}$ を $U \to u_i$，減衰係数 $c' = 2\pi f_0\rho Q^{-1}$((1.64) 式．f_0 は Q を計測したときの周波数とする) として，そのまま (3.315) 式に与える．減衰係数は ρ に比例しているから，この方法による非弾性減衰は 1 次元問題と同じように**質量比例減衰**（§1.2.6）と呼ばれ，以下ではその比例定数を C' とする．第 2 の方法では，非弾性減衰が

$$\tau_{ij} = C_{ijkl}e_{kl} + \Gamma_{ijkl}\frac{de_{kl}}{dt}, \quad e_{kl} = \frac{\partial u_k}{\partial x_l} \tag{3.316}$$

という形でひずみ速度 $\dfrac{de_{kl}}{dt}$ に関係付けられて (1.79) 式に含まれるとする．この関係から Γ_{ijkl} は概ね C_{ijkl} に比例すると考えられるので [50]，**剛性比例減衰** *stiffness-proportional damping* と呼ばれている [7),*)]．最後の第 3 の方法は，第 1 の質量比例減衰と第 2 の剛性比例減衰を線形に組み合わせたもので **Rayleigh 減衰** *Rayleigh damping* [7] と呼ばれる．質量比例減衰は周波数 f によらない減衰スペクトル（いろいろな f に対する減衰係数の分布）になり，剛性比例減衰は f^2 に比例する減衰スペクトルになるから，これらを組み合わせた Rayleigh 減衰を用いれば f に比例する Q 値一定条件を含めた，いろいろな減衰スペクトルに対応することができる [50]．組み合わせにおける質量比例減衰，剛性比例減衰の重みをそれぞれ W_M，W_K とすると，非弾性減衰のために運動方程式 (3.315) に追加される，それぞれの減衰項は

$$W_M C'\rho\frac{\partial u_i}{\partial t}, \quad W_K\Gamma_{ijkl}\frac{\partial}{\partial t}\frac{\partial u_k}{\partial x_l} \tag{3.317}$$

となる．(3.317) 式は $W_K = 0$ ならば質量比例減衰を，$W_M = 0$ ならば剛性比例減衰を表すから，3 通りの方法をカバーする．運動方程式（2 次元ならば

[*)] 本書の用語では「弾性比例減衰」と呼ぶべきであるが，工学分野では和名，英名ともこの呼称が定着している．「剛性 *stiffness*」とは剛性率のことではなく弾性定数のこと．

(3.301) 式など）に (3.317) 式を追加すれば，これらの方法を差分法でも利用できる．その場合，質量比例減衰は Graves[40] の方法に，剛性比例減衰は "メモリ変数" の方法（古村[117] を参照）に相当する．

図 1.9 の領域 V の外側境界 S が**自由表面**であるとき T_i はゼロであるから，(3.317) 式を追加した (3.315) 式に数値 Galerkin 法を適用して得られる弱形式の積分方程式は

$$\int N^n \rho \frac{\partial^2 u_i}{\partial t^2} dV + W_M C' \int N^n \rho \frac{\partial u_i}{\partial t} dV + W_K \int N^n \frac{\partial}{\partial x_j} \Gamma_{ijkl} \frac{\partial}{\partial t} \frac{\partial u_k}{\partial x_l} dV$$
$$- \int N^n \frac{\partial}{\partial x_j} \Gamma_{ijkl} \frac{\partial u_k}{\partial x_l} dV = \int N^n \rho f_i dV, \quad n = 1, 2, \cdots$$
$$u_i(\mathbf{x}, t) = \sum_n N^n(\mathbf{x})\, u_i^n(t) \tag{3.318}$$

となる．数値 Galerkin 法の試行関数（(3.223) 式の ϕ_n）は $N^n(\mathbf{x})$ であり，領域 V を分割した各要素の中の $u_i(\mathbf{x}, t)$ を，その要素の頂点（節点）における値 $u_i^k(t)$ の補間から近似するものであるから，**形状関数** *shape function* とも呼ばれる．従って，各要素の付近だけで値を持ち S においてゼロであるから，(3.318) 式の第 1 式左辺の第 3 項，第 4 項は部分積分により $-W_K \int \frac{\partial N^n}{\partial x_j} \Gamma_{ijkl} \frac{\partial}{\partial t} \frac{\partial u_k}{\partial x_l} dV$，$+\int \frac{\partial N^n}{\partial x_j} C_{ijkl} \frac{\partial u_k}{\partial x_l} dV$ になる．さらに，(3.318) 式の第 2 式を第 1 式に代入すると

$$\mathbf{M}\frac{d^2\boldsymbol{\delta}}{dt^2} + \mathbf{C}\frac{d\boldsymbol{\delta}}{dt} + \mathbf{K}\boldsymbol{\delta} = \mathbf{f}, \quad \mathbf{C} = W_M C' \mathbf{M} + W_K \mathbf{G}, \tag{3.319}$$
$$\mathbf{M} = \int \mathbf{N}^{\mathrm{T}} \rho \mathbf{N}\, dV,\ \mathbf{K} = \int \mathbf{B}^{\mathrm{T}} \mathbf{D} \mathbf{B}\, dV,\ \mathbf{G} = \int \mathbf{B}^{\mathrm{T}} \boldsymbol{\Gamma} \mathbf{B}\, dV,\ \mathbf{f} = \int \mathbf{N}^{\mathrm{T}} \mathbf{F}\, dV$$

が得られる．この中で $\boldsymbol{\delta}$ と $\mathbf{F}$ はそれぞれ u_i^n あるいは ρf_i で構成されるベクトルであり，$\mathbf{N}$，$\mathbf{B}$，$\mathbf{D}$ と $\mathbf{G}$ はそれぞれ N^n，$\frac{\partial N^n}{\partial x_i}$，$C_{ijkl}$，あるいは Γ_{ijkl} で構成される行列である．(3.318) 式の第 2 式と (3.223) 式を比較すれば，u_i^n が重み付き残差法の領域法（(3.224) 式）で決定すべき a_n に相当するから $\boldsymbol{\delta}$ が未知数である．

(3.319) 式における 2 階の時間微分を中心差分で，1 階の時間微分を**後退差分** *backward difference* で置き換えると

$$\mathbf{M}\frac{\boldsymbol{\delta}_{t+\Delta t} - 2\boldsymbol{\delta}_t + \boldsymbol{\delta}_{t-\Delta t}}{(\Delta t)^2} + \mathbf{C}\frac{\boldsymbol{\delta}_t - \boldsymbol{\delta}_{t-\Delta t}}{\Delta t} + \mathbf{K}\boldsymbol{\delta}_t = \mathbf{f}_t\,, \quad \boldsymbol{\delta}_t = \boldsymbol{\delta}(t)\,,\ \mathbf{f}_t = \mathbf{f}(t) \qquad (3.320)$$

となる．ここで，媒質の質量（密度）は各要素の頂点（**節点** *node* と呼ぶ）に集中していると仮定すると（**集中質量** *lumped mass*），(3.319) 式の $\mathbf{M}$ は対角行列になるので，(3.320) 式は $\boldsymbol{\delta}_{t+\Delta t}$ の線型方程式となり，**陽解法**で解くことができる．なお，**スペクトラルエレメント法** *spectral element method* [74] とは，Legendre 多項式を用いた不規則な節点配置をとることにより $\mathbf{M}$ の対角化を解析的に実現する有限要素法である．

以下では，ボクセル有限要素法の形状関数 N^n および (3.319) 式の行列，ベクトルを解説するが，視覚的なわかりやすさを重視して，2 次元（y 方向対称 $\dfrac{\partial}{\partial y} \equiv 0$）の P 波・SV 波地震動とする．この場合，ボクセル要素は y 方向に無限に伸びているので，その断面の長方形が定式化の対象となり，ここではこれをボクセル要素と呼ぶ．地下構造に対して成層構造が良い近似となるから，図 3.29c のように水平な平面によりいくつかの小領域に分けられ，それぞれの小領域の中では要素サイズ Δx，Δz が一定であるとする．ある小領域の中では一定の面積 $\Delta x\Delta z$ の要素が配置され，(i, j) 要素の頂点を i, j 節点，$i+1, j$ 節点，$i, j+1$ 節点，$i+1, j+1$ 節点とする（図 3.30）．$\boldsymbol{\delta}$ のうち (i, j) 要素に関するものだけを取り出すと

$$\boldsymbol{\delta}^{(i,j)} = \left(\mathbf{u}^{i,j}, \mathbf{u}^{i+1,j}, \mathbf{u}^{i,j+1}, \mathbf{u}^{i+1,j+1}\right)^{\mathrm{T}}, \quad \mathbf{u}^{k,l} = \left(u_x^{k,l}, u_z^{k,l}\right)^{\mathrm{T}} \qquad (3.321)$$

である．また，集中質量では $\mathbf{M}^{(i,j)} = \dfrac{\rho\Delta x\Delta z}{4}\mathbf{I}$ であるから，(3.320) 式の $\mathbf{M}\boldsymbol{\delta}_t$ の要素は

$$(\mathbf{M}\boldsymbol{\delta}_t)^{i,j} = \rho\Delta x\Delta z\,\mathbf{u}^{i,j}\,. \qquad (3.322)$$

と与えられるので，(3.320) 式は

$$\mathbf{u}_{t+\Delta t}^{i,j} = 2\mathbf{u}_t^{i,j} - \mathbf{u}_{t-\Delta t}^{i,j} + \frac{(\Delta t)^2}{\rho\Delta x\Delta z}\left\{\mathbf{f}_t^{i,j} - (\mathbf{K}\boldsymbol{\delta}_t)^{i,j} - \frac{1}{\Delta t}(\mathbf{C}(\boldsymbol{\delta}_t - \boldsymbol{\delta}_{t-\Delta t}))^{i,j}\right\}\,, \qquad (3.323)$$

という漸化式になる．点震源の $\mathbf{f}_t$ は，点震源の位置が，ある要素の中心に一致するように要素の分布を設定すれば，$\mathbf{N}^{\mathrm{T}}\mathbf{F}$ の操作により，その要素の周囲の節点においてのみ値を持ち，その他はゼロになる．周囲節点に与える値は

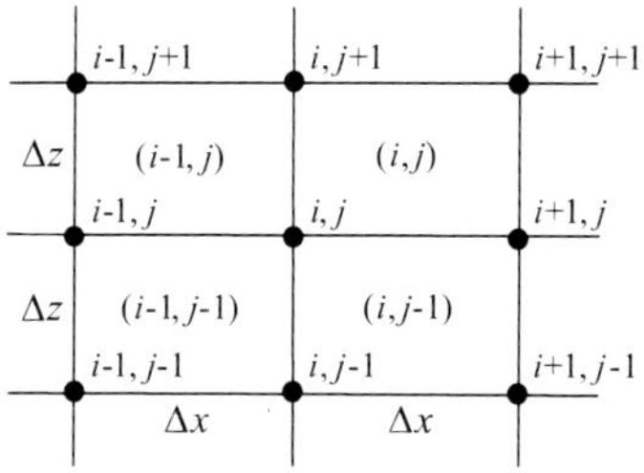

図 **3.30**　Δx，Δz 一定である小領域内でのボクセル要素と節点の配置．

点震源のモーメントテンソルから決められる [50]．この方法は差分法における Graves[40] の方法と等価である．

有限要素法は工学分野でよく研究され多くの文献がある．それらと異同がないように，本項のこれ以降ではせん断ひずみに工学分野の定義

$$\gamma_{ij} = 2e_{ij} = \frac{\partial u_i}{\partial x_j} + \frac{\partial u_j}{\partial x_i} \tag{3.324}$$

（§1.2.1，5 頁脚注）を用いる．2 次元の P 波・SV 波地震動であるから $\dfrac{\partial}{\partial y} \equiv 0$，$u_y = 0$ より，せん断ひずみを γ_{ij} とした (1.79) 式のうち e_{xx}，e_{zz}，γ_{zx} 以外のひずみはゼロになる．また，本書では主に等方媒質を扱っているので，$\mathbf{D} = \left(C_{ijkl}\right)$ は 3×3 の行列

$$\mathbf{D} = \begin{pmatrix} \lambda + 2\mu & \lambda & 0 \\ \lambda & \lambda + 2\mu & 0 \\ 0 & 0 & \mu \end{pmatrix} \tag{3.325}$$

となる（(1.18) 式．ただし $e_{zx} \to \gamma_{zx}$ により (3,3) 要素は $2\mu \to \mu$）．剛性比例減衰の係数行列 $\mathbf{\Gamma} = (\Gamma_{ijkl})$ は $\mathbf{D}$ と同じ形をしており，周波数 f_0 で計測された P 波の Q 値が Q_α，S 波の Q 値が Q_β であるとき

$$\mathbf{\Gamma} = \begin{pmatrix} \Gamma_\alpha & \Gamma_\lambda & 0 \\ \Gamma_\lambda & \Gamma_\alpha & 0 \\ 0 & 0 & \Gamma_\beta \end{pmatrix},\ \Gamma_\alpha = \frac{\lambda + 2\mu}{2\pi f_0 Q_\alpha},\ \Gamma_\beta = \frac{\mu}{2\pi f_0 Q_\beta},\ \Gamma_\lambda = \Gamma_\alpha - 2\Gamma_\beta \tag{3.326}$$

と与えられる [5]．

数値 Galerkin 法の試行関数（形状関数）の例として，すでに 1 次関数を挙げているが，その代表的なものである **Lagrange 補間** *Lagrange interpolation* の関数

$$N^1 = \frac{\Delta x - x}{\Delta x}\frac{\Delta z - z}{\Delta z},\ N^2 = \frac{x}{\Delta x}\frac{\Delta z - z}{\Delta z},\ N^3 = \frac{\Delta x - x}{\Delta x}\frac{z}{\Delta z},\ N^4 = \frac{x}{\Delta x}\frac{z}{\Delta z} \quad (3.327)$$

をボクセル有限要素法でも採用する．(3.318) 式の第 2 式より

$$\mathbf{u} = \mathbf{N}\boldsymbol{\delta}, \quad \mathbf{u} = (u_x, u_z)^{\mathrm{T}} \quad (3.328)$$

であるので，$\boldsymbol{\delta}$ が (3.321) 式のように定義されるならば，**N** から (i, j) 要素に関するものだけを取り出したものは

$$\mathbf{N}^{(i,j)} = \begin{pmatrix} N^1 & 0 & N^2 & 0 & N^3 & 0 & N^4 & 0 \\ 0 & N^1 & 0 & N^2 & 0 & N^3 & 0 & N^4 \end{pmatrix} \quad (3.329)$$

という行列でなければならない．また，

$$\mathbf{e} = \mathbf{E}\,\mathbf{u}, \quad \mathbf{e} = (e_{xx}, e_{zz}, \gamma_{zx}), \quad \mathbf{E} = \begin{pmatrix} \dfrac{\partial}{\partial x} & 0 & \dfrac{\partial}{\partial z} \\ 0 & \dfrac{\partial}{\partial z} & \dfrac{\partial}{\partial x} \end{pmatrix}^{\mathrm{T}} \quad (3.330)$$

から，$\mathbf{B} = \mathbf{E}\,\mathbf{N}$ の (i, j) 要素に関するものは

$$\mathbf{B}^{(i,j)} = \begin{pmatrix} \dfrac{\partial N^1}{\partial x} & 0 & \dfrac{\partial N^2}{\partial x} & 0 & \dfrac{\partial N^3}{\partial x} & 0 & \dfrac{\partial N^4}{\partial x} & 0 \\ 0 & \dfrac{\partial N^1}{\partial z} & 0 & \dfrac{\partial N^2}{\partial z} & 0 & \dfrac{\partial N^3}{\partial z} & 0 & \dfrac{\partial N^4}{\partial z} \\ \dfrac{\partial N^1}{\partial z} & \dfrac{\partial N^1}{\partial x} & \dfrac{\partial N^2}{\partial z} & \dfrac{\partial N^2}{\partial x} & \dfrac{\partial N^3}{\partial z} & \dfrac{\partial N^3}{\partial x} & \dfrac{\partial N^4}{\partial z} & \dfrac{\partial N^4}{\partial x} \end{pmatrix}. \quad (3.331)$$

(3.329) 式，(3.331) 式などを用いて得られる (3.319) 式の **K** は鷲津・他 [110] などに書かれている．それらの中で $\lambda + 2\mu \to \Gamma_\alpha$，$\mu \to \Gamma_\beta$，$\lambda \to \Gamma_\lambda$ とすれば **G** が得られる．期待される減衰スペクトルから C'，W_M，W_K が与えられれば，この **G** と上記の集中質量の **M** を用いて **C** が得られるので漸化式 (3.323) のすべての係数は決定され，$\mathbf{u}_t^{i,j}$，$\mathbf{u}_{t-\Delta t}^{i,j}$，$\boldsymbol{\delta}_t$，$\boldsymbol{\delta}_{t-\Delta t}$ から $\mathbf{u}_{t+\Delta t}^{i,j}$ が求められる．

ボクセル有限要素法の離散化の精度を見積もるために，(3.315) 式から $\partial u_x/\partial x$

と $\partial u_z/\partial x$ を取り出して離散化を試みる．ただし，$\partial u_x/\partial x$ でも $\partial u_z/\partial x$ も結果は同じなので，以下では u_x，u_z どちらも u と表記する．(3.318) 式と同じ数値 Galerkin 法と (3.327) 式の形状関数から，(i, j) 要素における $\partial u/\partial x$ は

$$\frac{\partial u}{\partial x} \sim \frac{1}{\Delta x \Delta z}\mathbf{J}\boldsymbol{\delta}_t, \quad \mathbf{J}^{(i,j)} = (J^{mn}), \quad J^{mn} = \int_0^{\Delta x}\int_0^{\Delta z} N^m \frac{\partial N^n}{\partial x} dx\, dz \tag{3.332}$$

と離散化される．J^{mn} の積分を実行すれば

$$\begin{aligned}(\mathbf{J}\boldsymbol{\delta}_t)^{(i,j)} = &-\frac{\Delta z}{12}u^{i-1,j-1} + \frac{\Delta z}{12}u^{i+1,j-1} - \frac{\Delta z}{3}u^{i-1,j} \\ &+\frac{\Delta z}{3}u^{i+1,j} - \frac{\Delta z}{12}u^{i-1,j+1} + \frac{\Delta z}{12}u^{i+1,j+1}\,.\end{aligned} \tag{3.333}$$

(3.333) 式を再配置して (3.332) 式に代入すると

$$\begin{aligned}\frac{\partial u}{\partial x} \sim \frac{1}{3}\Bigg\{&2 \cdot \frac{1}{2\Delta x}\left(u^{i+1,j} - u^{i-1,j}\right) \\ &+1 \cdot \frac{1}{2\Delta x}\left(\frac{u^{i+1,j+1} + u^{i+1,j-1}}{2} - \frac{u^{i-1,j+1} + u^{i-1,j-1}}{2}\right)\Bigg\}\end{aligned} \tag{3.334}$$

が得られる．(3.334) 式の第 1 項は差分法における 1 次導関数の中心差分 $\frac{1}{2\Delta x}\left(u^{i+1,j} - u^{i-1,j}\right)$ そのものである．それに加えて第 2 項があり，その中で $(u^{i+1,j+1} + u^{i+1,j-1})/2$ は $u^{i+1,j}$ を近似しており，$(u^{i-1,j+1} + u^{i-1,j-1})/2$ は $u^{i-1,j}$ を近似している．つまり，第 2 項も中心差分を与えているが，x 軸に沿った左右の節点ではなく，斜め上および下の節点の値から中心差分を与えている（図 3.30）．この第 2 項がボクセル有限要素法において差分法を上回る精度を実現している．半無限媒質における地震動の同じ問題に対して，数値計算が不安定にならない **Courant 条件** *Courant condition* [26]

$$\Delta t < C\frac{\min(\Delta x, \Delta z)}{\alpha} \tag{3.335}$$

（$\alpha > \beta$ は組み込み済み）における C の最大値を，ボクセル有限要素法と差分法とで比較した例がある [68]．そこでは，C 最大値が差分法では 0.45 であるのに対して，上記の高精度によりボクセル有限要素法では 0.80 になっていた．

領域 V の周囲が自由表面であるとして定式化を行っているので，地表面の

応力解放条件が自動的に満たされていることは，有限要素法の第一の利点としてすでに述べた．しかし，それ以外の側面や下面には放射境界条件が与えられるべきであるが，応力解放条件になってしまっていれば自由表面による人工反射の問題が起こるので，差分法と同じような対策をしなければならない．T. L. Hong と D. Kosloff が有限要素法（通常の有限要素法と想像される）を用いて計算したとされる地震動が図 3.27 に載せられており，110 秒間に渡って他の手法の結果によく一致している．

3.2.6　Aki-Larner 法

均質な層が水平でない不規則な境界面で区切られている地下構造（**不規則成層構造** *irregularly layered structure*）ならば，層内の地震動や応力は §3.1.1~§3.1.8 で解説したもので表現されるはずである．従って，それを試行関数として不規則な境界面での境界条件を満たすように**重み付き残差法の境界法**（§3.2.1）を適用すれば，不規則成層構造での伝播の問題を解くことができる．この不規則成層構造に図 3.1 の x, z が示すものと同じデカルト座標系を設定し，均質な第 i 層と第 $i+1$ 層を区切る不規則な第 i 境界面の深さ z_i が平均的には z_{0i} で，それから x の関数 $h_i(x)$ に従って

$$z_i = z_{0i} + h_i(x) \tag{3.336}$$

と変動するものとする（図 3.31）．

こうした 2 次元地下構造でも 1 次元地下構造と同じように SH 波と P 波・SV 波に分離するから*)，簡単のためにここでは SH 波のみを考える．§3.1.4 のうち Fuchs の 2 次元調和関数（(3.56) 式）を用いて第 i 層内の SH 波の地震動の Fourier 変換が

$$\bar{u}_{yi}(z, x) = \int_{-\infty}^{\infty} \tilde{\upsilon}_i(z) e^{\mathrm{i}kx} dk \tag{3.337}$$

と表すことができるとき，第 i 境界面における地震動の連続の条件は

$$\int_{-\infty}^{\infty} \tilde{\upsilon}_i(z_i) e^{\mathrm{i}kx} dk = \int_{-\infty}^{\infty} \tilde{\upsilon}_{i+1}(z_i) e^{\mathrm{i}kx} dk \tag{3.338}$$

*) Aki and Richards [2] の §13.4.2.

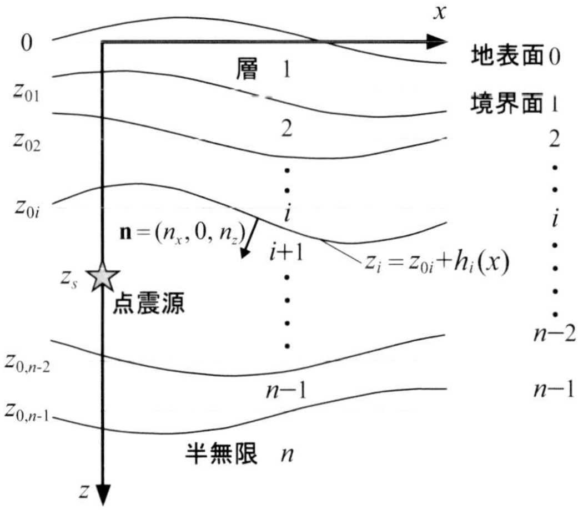

図 **3.31**　2 次元（y 方向対称）の不規則成層構造.

となる．1 次元地下構造では z_i = 一定 であるから $\tilde{v}_i$，$\tilde{v}_{i+1}$ は x に依らないので，(3.338) 式は自明な解 $\tilde{v}_i = \tilde{v}_{i+1}$ を持っている．つまり，地震動の連続の条件は k ごとに満たせばよい（§3.1.2，§3.1.5）．ところが，z_i が (3.336) 式のように x に依ってしまう場合には，異なる k の地震動が影響し合うので (3.338) 式を積分方程式として解かなければならない．

Aki–Larner 法 *Aki-Larner method*[1] ではこれを数値的に解くために，まず Haskell[44] の定義 $\tilde{\chi}_i \equiv \tilde{v}_i$（§3.1.4）と (3.46) 式に基づく，水平成層構造（1 次元地下構造）での地震動の解

$$\tilde{v}_i = \tilde{\chi}_i = E_i e^{+i\nu_{\beta i} z} + F_i e^{-i\nu_{\beta i} z} \tag{3.339}$$

を重み付き残差法の試行関数の線形結合として (3.338) 式に与える．次いで積分を数値積分に置き換えると，(3.338) 式は

$$\begin{aligned} B_i &= \sum_{j=-N}^{N-1} \left(E_i^j e^{+i\nu_{\beta i}^j z_i} + F_i^j e^{-i\nu_{\beta i}^j z_i} \right) e^{ik_j x} - \sum_{j=-N}^{N-1} \left(E_{i+1}^j e^{+i\nu_{\beta,i+1}^j z_i} + F_{i+1}^j e^{-i\nu_{\beta,i+1}^j z_i} \right) e^{ik_j x} \\ &= 0, \quad \nu_{\beta i}^j = \begin{cases} \sqrt{k_{\beta i}^2 - k_j^2}, & k_{\beta i} \geq k_j \\ -i\sqrt{k_j^2 - k_{\beta i}^2}, & k_{\beta i} < k_j \end{cases} \end{aligned} \tag{3.340}$$

という境界法の境界条件になる（積分間隔は等間隔で i 側と $i+1$ 側で共通として数値積分から除いた）．境界法の重み関数には表 3.1 にある標準的なものではなく

$$w_k(\mathbf{x}) \rightarrow w_m(\mathbf{x}) = e^{-\mathrm{i}k_m x} \tag{3.341}$$

が使われる（波数と重なってしまうので添え字を $k \rightarrow m$ とした）．

$k \rightarrow m$，2 次元問題であるので $dS \rightarrow dx$ とした (3.225) 式に (3.340) 式と (3.341) 式を代入すると

$$\begin{aligned}
&\int \sum_{j=-N}^{N-1} \left(E_i^j e^{+\mathrm{i}\nu_{\beta i}^j z_i} + F_i^j e^{-\mathrm{i}\nu_{\beta i}^j z_i} \right) e^{\mathrm{i}k_j x} e^{-\mathrm{i}k_m x} dx \\
&= \int \sum_{j=-N}^{N-1} \left(E_{i+1}^j e^{+\mathrm{i}\nu_{\beta,i+1}^j z_i} + F_{i+1}^j e^{-\mathrm{i}\nu_{\beta,i+1}^j z_i} \right) e^{\mathrm{i}k_j x} e^{-\mathrm{i}k_m x} dx
\end{aligned} \tag{3.342}$$

となり，両辺の積分は x に関する **Fourier 変換**（§4.2.2）に他ならない．つまり，(3.341) 式の重み関数は波数領域での選点法を実現する．(3.342) 式の被積分関数に (3.336) 式を代入して，x による部分とよらない部分に分離すると

$$\left(E_i^j e^{+\mathrm{i}\nu_{\beta i}^j z_i} + F_i^j e^{-\mathrm{i}\nu_{\beta i}^j z_i} \right) e^{\mathrm{i}k_j x} = H_{i-}^j \chi_{i-}^j + H_{i+}^j \chi_{i+}^j , \tag{3.343}$$

$$H_{i\mp}^j = e^{\pm \mathrm{i}\nu_{\beta i}^j h(x)} e^{\mathrm{i}k_j x}, \quad \chi_{i-}^j = E_i^j e^{+\mathrm{i}\nu_{\beta i}^j z_{0i}}, \quad \chi_{i+}^j = F_i^j e^{-\mathrm{i}\nu_{\beta i}^j z_{0i}}.$$

これを (3.342) 式に代入して k_m（$m = -N, -N+1, \cdots, N-1$）において Fourier 変換を実行すると

$$\sum_{j=-N}^{N-1} \left(H_{i-}^{mj} \chi_{i-}^j + H_{i+}^{mj} \chi_{i+}^j \right) = \sum_{j=-N}^{N-1} \left(H_{i+1,-}^{mj} \chi_{i+1,-}^j + H_{i+1,+}^{mj} \chi_{i+1,+}^j \right) \tag{3.344}$$

$$H_{i\mp}^{mj} = \int e^{\pm \mathrm{i}\nu_{\beta i}^j h(x)} e^{\mathrm{i}(k_j - k_m)x} dx$$

という $2N$ 個の連立方程式が得られる．未知数は $4N$ 個の $\chi_{i\mp}^j$ または $\chi_{i+1,\mp}^j$ である．ベクトル，行列で表示すれば

$$\mathbf{H}_i \mathbf{\Phi}_i = \mathbf{H}_{i+1} \mathbf{\Phi}_{i+1} , \tag{3.345}$$

$$\mathbf{\Phi}_i = \left(\chi_{i-}^{-N}, \chi_{i-}^{-N+1}, \cdots, \chi_{i-}^{N-1}, \chi_{i+}^{-N}, \chi_{i+}^{-N+1}, \cdots, \chi_{i+}^{N-1} \right)^{\mathrm{T}} ,$$

$$\mathbf{H}_i = \begin{pmatrix} H_{i-}^{-N,-N} & H_{i-}^{-N,-N+1} & \cdots & H_{i-}^{-N,N-1} & H_{i+}^{-N,-N} & H_{i+}^{-N,-N+1} & \cdots & H_{i+}^{-N,N-1} \\ H_{i-}^{-N+1,-N} & H_{i-}^{-N+1,-N+1} & \cdots & H_{i-}^{-N+1,N-1} & H_{i+}^{-N+1,-N} & H_{i+}^{-N+1,-N+1} & \cdots & H_{i+}^{-N+1,N-1} \\ \cdot & \cdot & \cdots & \cdot & \cdot & \cdot & \cdots & \cdot \\ \cdot & \cdot & \cdots & \cdot & \cdot & \cdot & \cdots & \cdot \\ \cdot & \cdot & \cdots & \cdot & \cdot & \cdot & \cdots & \cdot \\ H_{i-}^{N-1,-N} & H_{i-}^{N-1,-N+1} & \cdots & H_{i-}^{N-1,N-1} & H_{i+}^{N-1,-N} & H_{i+}^{N-1,-N+1} & \cdots & H_{i+}^{N-1,N-1} \end{pmatrix}.$$

$\mathbf{\Phi}_i$ は1次元地下構造におけるポテンシャルベクトル $\mathbf{\Phi}_i = \left(\chi_i^-, \chi_i^+\right)^{\mathrm{T}}$ ((3.50)式）に相当するものであるが，(3.50)式ではある特定の k に対するポテンシャルしか含まないのに対して，ここではすべての k（$k_{-N}, k_{-N+1}, \cdots, k_{N-1}$）に対するポテンシャルを含んでいる．この違いを区別するため，ここでの $\mathbf{\Phi}_i$ のようなベクトルを超ベクトル *supervector* と呼び，同じように $\mathbf{H}_i$ のような行列を超行列 *supermatrix* と呼ぶことにする[69]．

一方，第 i 境界面における力の連続の条件は，力のつり合いの条件（(1.11)式）から，境界面の法線方向の応力ベクトル $\mathbf{T}_n$ が連続であることである．法線方向の単位ベクトルが $\mathbf{n} = (n_x, 0, n_z)$ であるとき（図3.31）

$$\mathbf{T}_n = \left(\tau_{xx}n_x + \tau_{zx}n_z, \tau_{xy}n_x + \tau_{zy}n_z, \tau_{xz}n_x + \tau_{zz}n_z\right). \tag{3.346}$$

2次元の SH 波では $\dfrac{\partial}{\partial y} \equiv 0$，$u_x = u_z = 0$ であるので，(1.22)式から $\tau_{xx} = \tau_{zx} = \tau_{xz} = \tau_{zz} = 0$．したがって，$\mathbf{T}_n$ のうち x 成分と z 成分は常にゼロであるから，y 成分 $T_{ny} = \mu\left(n_x\dfrac{\partial u_y}{\partial x} + n_z\dfrac{\partial u_y}{\partial z}\right)$ の連続のみを考えればよい．第 i 層内の T_{ny} の Fourier 変換を

$$\overline{T}_{nyi}(z, x) = \int_{-\infty}^{\infty} \tilde{p}_i(z)e^{\mathrm{i}kx}dk \tag{3.347}$$

と表すことができるとき，第 i 境界面における力の連続の条件は

$$\int_{-\infty}^{\infty} \tilde{p}_i(z_i)e^{\mathrm{i}kx}dk = \int_{-\infty}^{\infty} \tilde{p}_{i+1}(z_i)e^{\mathrm{i}kx}dk \tag{3.348}$$

となる．(3.336)式の境界面では

$$n_x = \frac{-h_i'}{(1 + h_i'^2)^{1/2}}, \quad n_z = \frac{1}{(1 + h_i'^2)^{1/2}}, \quad h_i' = \frac{dh_i}{dx} \tag{3.349}$$

と与えられること [1]，および (3.337) 式，(3.339) 式を用いて，地震動と同じような定式化を行うと

$$\mathbf{J}_i\mathbf{\Phi}_i = \mathbf{J}_{i+1}\mathbf{\Phi}_{i+1} \,. \tag{3.350}$$

超行列 $\mathbf{J}_i$ の要素は

$$J_{i\mp}^{mj} = \mu_i \int \frac{-h_i'(x)\mathrm{i}k_j \pm \mathrm{i}\nu_{\beta i}^j}{(1+h_i'^2)^{1/2}} e^{\pm\mathrm{i}\nu_{\beta i}^j h(x)} e^{\mathrm{i}(k_j-k_m)x} dx \tag{3.351}$$

で構成されている．(3.345) 式と (3.350) 式を組み合わせると

$$\mathbf{K}_i\mathbf{\Phi}_i = \mathbf{K}_{i+1}\mathbf{\Phi}_{i+1} \,, \quad \mathbf{K}_i = \begin{pmatrix} \mathbf{H}_i \\ \mathbf{J}_i \end{pmatrix} \tag{3.352}$$

という $4N$ 個の連立方程式になり，$4N$ 個の未知数 $\chi_{i\mp}^j$ または $\chi_{i+1,\mp}^j$ に対して解くことができる．ただし，第 i 境界面の (3.352) 式における $\mathbf{K}_{i+1}$ と第 $i+1$ 境界面の (3.352) 式における $\mathbf{K}_{i+1}$ を区別するため，境界面を示す添え字を追加し，$\mathbf{\Phi}_i$ にも境界面の平均的な深さを引数として追加して

$$\mathbf{K}_{i,i}\mathbf{\Phi}_i(z_{0i}) = \mathbf{K}_{i,i+1}\mathbf{\Phi}_{i+1}(z_{0i}) \tag{3.353}$$

と表記する．

境界面を除いた層内は 1 次元地下構造と違いがないから，1 次元地下構造での (3.52) 式を用いて第 i 層内の $z = z_{0,i-1}$ 付近のポテンシャル超ベクトルと $z = z_{0i}$ 付近のポテンシャル超ベクトルは，対角超行列 $\mathbf{E}_i$ を用いて

$$\mathbf{\Phi}_i(z_{0i}) = \mathbf{E}_i\mathbf{\Phi}_i(z_{0,i-1}) \,, \quad d_i = z_{0i} - z_{0,i-1} \tag{3.354}$$

$$\mathbf{E}_i = \begin{pmatrix} e^{+\mathrm{i}\nu_{\beta i}^{-N} d_i} & & & & & & & \\ & e^{+\mathrm{i}\nu_{\beta i}^{-N+1} d_i} & & & & & & \\ & & \ddots & & & & & \\ & & & e^{+\mathrm{i}\nu_{\beta i}^{N-1} d_i} & & & & \\ & & & & e^{-\mathrm{i}\nu_{\beta i}^{-N} d_i} & & & \\ & & & & & e^{-\mathrm{i}\nu_{\beta i}^{-N+1} d_i} & & \\ & & & & & & \ddots & \\ & & & & & & & e^{-\mathrm{i}\nu_{\beta i}^{N-1} d_i} \end{pmatrix}$$

と関係づけられる．(3.345) 式は地震動の連続を表すから，$i = 0$ のときの左辺は解として求めるべき地表面上の地震動の超ベクトル

$$\mathbf{V} = \left(V^{-N}, V^{-N+1}, \cdots, V^{N-1}\right)^{\mathrm{T}} \tag{3.355}$$

である．同じように，(3.350) 式は法線方向応力ベクトルの連続を表すから，$i = 0$ のときの左辺は応力解放条件よりゼロ超ベクトル

$$\mathbf{0} = (0,\ 0,\ \cdots,\ 0)^{\mathrm{T}} \tag{3.356}$$

になる．これらと $z_{00} = 0$（図 3.31）を $i = 0$ の (3.353) 式に代入すれば

$$\begin{pmatrix} \mathbf{V} \\ \mathbf{0} \end{pmatrix} = \mathbf{K}_{0,1}\boldsymbol{\Phi}_1(0)\,. \tag{3.357}$$

次に $i = 1$ の (3.354) 式を代入し，続いて $i = 1$ の (3.353) 式を代入すれば

$$\begin{aligned} \mathbf{E}_1\mathbf{K}_{0,1}^{-1}\begin{pmatrix} \mathbf{V} \\ \mathbf{0} \end{pmatrix} &= \boldsymbol{\Phi}_1(z_{01}) \\ \mathbf{K}_{1,2}^{-1}\mathbf{K}_{1,1}\mathbf{E}_1\mathbf{K}_{0,1}^{-1}\begin{pmatrix} \mathbf{V} \\ \mathbf{0} \end{pmatrix} &= \boldsymbol{\Phi}_2(z_{01}) \end{aligned} \tag{3.358}$$

この操作を $\boldsymbol{\Phi}_n(z_{0,n-1}) = (\boldsymbol{\chi}_{n-}, \boldsymbol{\chi}_{n+})^{\mathrm{T}}$ に至るまで繰り返すと

$$\begin{aligned} \begin{pmatrix} \boldsymbol{\chi}_{n-} \\ \boldsymbol{\chi}_{n+} \end{pmatrix} &= \mathbf{M}\begin{pmatrix} \mathbf{V} \\ \mathbf{0} \end{pmatrix} \\ \mathbf{M} &= \mathbf{K}_{n-1,n}^{-1}\mathbf{K}_{n-1,n-1}\mathbf{E}_{n-1}\ \cdots\ \mathbf{K}_{2,3}^{-1}\mathbf{K}_{2,2}\mathbf{E}_2\,\mathbf{K}_{1,2}^{-1}\mathbf{K}_{1,1}\mathbf{E}_1\,\mathbf{K}_{0,1}^{-1}\,. \end{aligned} \tag{3.359}$$

たとえば，図 3.27 のように平面波が下方から垂直に入射する場合，$\boldsymbol{\Phi}_n$ の要素のうち χ_{n-}^0 が入射波振幅となり，それ以外の χ_{n-}^j は放射境界条件よりゼロになる．その結果，未知数は $2N$ 個の V^j と $2N$ 個の χ_{n+}^j であり，合計個数 $4N$ は連立方程式 (3.359) の方程式数に一致して連立方程式を解くことができる．入射波振幅を 1 とすれば

$$\boldsymbol{\chi}_{n-} = \mathbf{1} = (0, 0, \cdots, 0, 1, 0, \cdots, 0)^{\mathrm{T}} \tag{3.360}$$

になり，(3.359) 式の解は

$$\mathbf{V} = \mathbf{m}_{11}^{-1} \cdot \mathbf{1} = \left(\hat{m}^{-N,0}, \hat{m}^{-N+1,0}, \cdots, \hat{m}^{N-1,0}\right)^{\mathrm{T}} \tag{3.361}$$

$$\mathbf{M} = \begin{pmatrix} \mathbf{m}_{11} & \mathbf{m}_{12} \\ \mathbf{m}_{21} & \mathbf{m}_{22} \end{pmatrix}, \quad \mathbf{m}_{11}^{-1} = \left(\hat{m}^{ij}\right) \tag{3.362}$$

と得られる．さらに得られた $V^j = \hat{m}^{j0}$ を波数積分（(3.337) 式）すれば地震動の Fourier 変換になる．この方法（2 次元 reflectivity 法と呼ばれている）により Kohketsu[66] が計算した地震動，およびオリジナルの Aki-Larner 法により Bard and Bouchon[6] が計算した地震動は図 3.27 に示すように，210 秒間に渡って他の手法の結果によく一致している．

上記のように不規則境界面の境界条件をマッチングさせる方法は，もともと電磁気学の方で用いられていたようである．しかし，むしろ周期の長い地震動の問題に向いており，Aki and Larner[1] により FFT を多用するコンピュータ向けの形で紹介されてから活発に研究された．この Aki-Larner 法は境界の不規則性が強くないとき，解くべき連立方程式の係数行列が対角に近くなり数値的に安定であるとともに，連立方程式の構築が FFT を用いて高速にできるという特徴を持っている．しかし不規則性が強い場合には，通常の選点法による重み付き残差法の方が有効である．P 波・SV 波に対しても同様の定式化が可能であるが，桁あふれ問題への対策である小行列式が 1 次元地下構造のように解析的に得られないので，SH 波の Haskell 的な定式化ではなく，反射・透過行列（§3.1.5）を超行列に拡張する定式化が望ましい．その場合，超行列化により著しく増大した計算量を緩和するため**伝播不変量** *propagation invariant*[60] を活用することが望ましく，これにより Haskell 的な定式化より安定であるだけでなく，ある場合には高速であるようになった[69]．以上はすべて 2 次元の不規則成層構造の話であったが，3 次元境界面への拡張も Horike *et al.*[48] などにより行われている．

Aki-Larner 法を語るとき常に **Rayleigh ansatz**[2] が問題となる．図 3.31 の下部の半無限には，放射境界条件を課して上向き伝播の地震動は存在しないとしなければ連立方程式を解くことができない．しかし，半無限の境界面が不規則であるとき，それによる散乱，特に境界面の傾斜が強いときの散乱では上向きの波が出る可能性は十分あるので，Aki–Larner 法は近似的な解しか与えないという議論である．しかし Millar[81] が示したように，下向き平面波は境界面上で定義される自乗可積分な関数空間において完全系をなしているので，下向き平面波の一次結合だけを用いて，あらゆる波動場を任意の L^2 ノルム精度で近似することが原理的には可能なはずである．けれども理論的に記述可能であっても，無限に近い項数が必要であっては計算不可能であるので，Aki–Larner 法はやはり不規則性の強い地下構造には向いていない．

3.3 伝播の解析

3.3.1 長周期地震動

長周期地震動 *long-period ground motion* とは，その周期帯の下限が 1 秒から数秒，上限が十数秒から 20 秒程度で[115]，比較的継続時間が長い地震動である（図 3.32）．長周期地震動は後述のように伝播の過程で発達していくものであり，それが脅威となる，固有周期の長い構造物，超高層ビル，長大橋梁，大型タンクなどは現代の産物であるから，長周期地震動は現代的な地震動の伝播の問題である[56]．

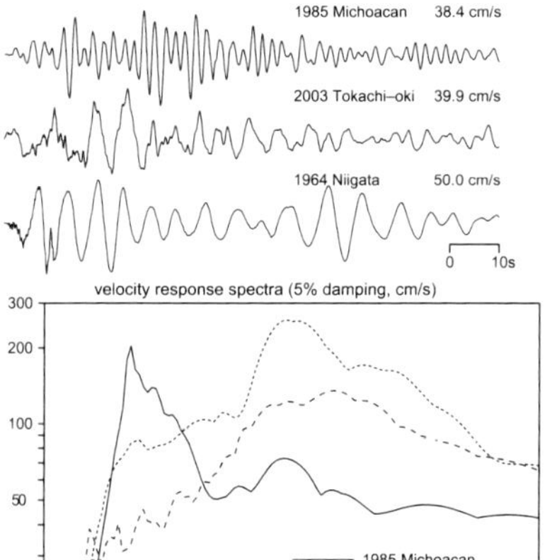

図 3.32 長周期地震動の例[71]．速度記録（上）と速度応答スペクトル（下）．

日本では1970年頃，**十勝沖地震** *1968 Tokachi-oki earthquake*（1968，M 7.9）の長周期地震動が，650 km離れた建設中の日本初の超高層ビルで観測されたことから注目されるようになった[95]．同時期，米国においても，**Imperial Valley 地震**（1940，M_s 7.1）から200 ~ 500 km離れた観測点における地震動記録の中に長周期地震動が見出されていた[103]．ただし，“長周期地震動”という言葉が定着するのは次の**十勝沖地震** *2003 Tokachi-oki earthquake*（2003，M_w 8.3）以降で，その頃の地震学における“長周期”との兼ね合いから，当時は“やや長周期”の地震動などと呼ばれていた[115]．そのほかよく知られている過去の例では，メキシコの**Michoacan 地震** *Michoacan earthquake*（1985年，M_s 8.1）や**新潟地震** *Niigata earthquake*（1964年，M 7.5）がある（図3.32）．

どちらの研究[95),103)]でも，この時点ですでに，長周期地震動の物理的な実体が**表面波**（§3.1.9, §3.1.10）であることは解析から明らかにしていた．表面波は震源から放射されたものが伝播の過程で発達するという性質があるから，長周期地震動は上記のように伝播の問題である．表面波であるから長い距離を伝播すれば，その分散性により周期ごとの波群がばらけてきて必然的に継続時間が長くなる．§3.1.9, §3.1.10に書かれた方法で位相速度や群速度，それらの分散曲線などを計算して，観測記録上のものと比較することにより，表面波の種類（Love波かRayleigh波か）やモードを特定していく．

また，計算は1次元地下構造を前提していて，1次元構造モデルが十分調整されているにも関わらず計算値と観測値の間に違いが残っているとすれば，それは現実の3次元構造の影響を示していることになる．たとえば，図3.33の濃い灰色曲線は長周期地震動の観測記録（実線楕円）から得られた表面波の波面を表し，それが震源（星印）を中心とした同心円から大きく外れているのは関東平野の3次元構造の影響である．これに対して，物理探査などで得られている3次元構造モデルを用いて表面波のレイトレーシングを行った結果（細線矢印）は，観測記録による波面によく一致していて，3次元構造モデルの妥当性を示している．

関東平野のように，常時微動（§3.3.2）による探査を含めた豊富な各種探査データがある場合は，表3.2のような手順をとることにより3次元構造モデルを構築することができる．また，探査データが乏しい地域でも，K-NETや

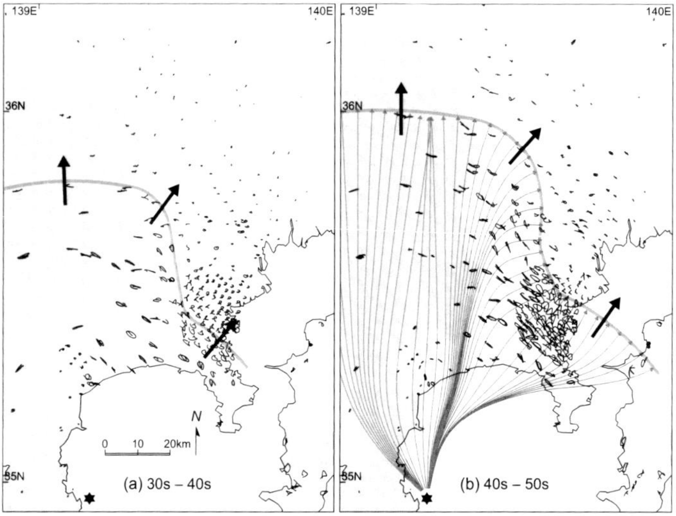

図 **3.33** 関東平野南西部を伝播する長周期地震動と表面波レイトレーシング[70].

表 **3.2** 3次元地下構造をモデル化するための標準的な手順[72].

Step 1: Assume an initial layered model consisting of seismic basement and sedimentary layers from comprehensive overview of geological information, borehole data, and exploration results. Step 2: Assign P-wave velocities to the basement and layers based on the results of refraction and reflection surveys, and borehole logging. Assign S-wave velocities based on the results of borehole logging, microtremor surveys, spectralratio analyses of seismograms, and empirical relationships between P- and S-wave velocities. Step 3: Obtain the velocity structure right under engineering bedrock from the results of microtremor surveys referring to the results of borehole logging, since among 2-D or 3-D surveys only microtremor surveys are sensitive to shallow velocity distributions and the shapes of shallow interfaces.	Step 4: Compile data and information on faults and folds. Convert time sections from seismic reflection surveys and borehole logging into depth sections using the P- and S-wave velocities in Step 2. Step 5: Determine the shapes of interfaces between the layers and basement by inversions of geophysical-survey data (e.g., refraction travel times and gravity anomalies). In case of insufficient data, forward modeling is carried out. The depths of faults and folds in Step 4 are introduced into the inversions as constraints, or additional data to the forward modeling. Step 6: Calibrate the P-and S-wave velocities in Step 2 and the interface shapes in Step 5 by inversion or forward modeling of spectral features of observed seismograms such as dominant periods of H/V (horizontal/vertical) spectral ratios. Step 7: Adjust the velocities and interface shapes using inversion or forward modeling of time history waveforms of observed seismograms.

KiK-net などにより強震計データは十分にあるので，それらを用いる Step 6 や 7 を，探査データを用いる Step 3 から 5 より重視すればよい．したがって，

3.2の手順は日本全国に適応可能となり，適応した結果が**全国1次地下構造モデル** *Japan Integrated Velocity Structure Model*（JIVSM）として公開されている．この3次元モデルに対して**地震動シミュレーション**（§3.2.4）を行って，南海トラフの巨大地震などによる長周期地震動の予測地図が作られている．

Californiaにおいては日本に先んじて，**SCEC** *Southern California Earthquake Center*（南California地震センター）によりSCEC Community Velocity Model[79]が，**USGS**によりUSGS Northern California 3D Seismic Velocity Model[13]が構築されている．これらを用いて多くの地震動シミュレーションがなされているが，構造モデル自体は表3.2の後半のモデル化が行われていない状態である．

文字どおり長周期の地震動という意味合いでは，ディレクティビティ効果による震源断層近傍のパルス波（§2.3.7）も長周期地震動である．この立場から，本項の長周期地震動をfar-source long-period ground motion，ディレクティビティ効果による長周期地震動をnear-fault long-period ground motionと呼ぶことが可能である．また，熊本地震以降，後者は長周期パルスと呼ばれることがある．前者と後者は観測場所がわからなくても地震動の継続時間が長いか短いかで区別できる[71]ことは，図3.32を図2.39と比べれば一目瞭然である．後者の短い継続時間は震源に近いことだけでなく，それが表面波ではなく主に実体波の建設的干渉で構成されていること（§2.3.7）にも由来している．前者は距離の違いで速度波形の振幅は小さいが継続時間が長いために，速度応答スペクトルは後者と同程度になっている．

3.3.2　微動

地面は地震以外の原因によっても常に揺れ動いており，このような現象を**常時微動** *microtremors* というが[106]，単に**微動** *microtremors* と呼ばれることが多い．堀家[47]によれば，地震による地震動に比べ，微動は常時起こっているからデータの収集効率が圧倒的に高く，しかも微動自体が雑音であるから**S/N比**（§4.2.1）の問題が生じず市街地でも利用できる．また，構造探査に微動を用いれば，発破や起振車などを用いた場合に比べて震源に掛かる費用はゼロに等しい．以下に述べるように，地震動の分野で重要なS波速度の構造を直接求められるという利点もある．これらの種々の理由により，結果の精度など多くの問題点を抱えながら，微動探査は地震動分野における探査手法の主流になってきている．

微動の解析においても**表面波**（§3.1.9, 3.1.10）が中心を成しているが，長周期地震動のように全面的に表面波になっているというわけではなく実体波と混在しているので，アレイ観測された微動記録から Capon[16] の周波数–波数解析などを用いて表面波の情報を抽出し，その情報から地下構造をモデル化するという手順が採られる．抽出される情報としては **Rayleigh 波の位相速度**（§3.1.10）がもっともよく使われるが，Rayleigh 波の **H/V スペクトル比** *H/V spectral ratio* や **Love 波**の位相速度（§3.1.9）が使われることもある[118]．以下では位相速度を用いる場合の定式化を述べるが，変分を求める必要性から §3.1.9, 3.1.10 の方法ではなく Takeuchi and Saito[99] に基づくものとする．

y 軸方向に変化しない 2 次元の平面波の問題（$\partial/\partial y = 0$）については §3.1.4 ですでに扱っており，その結果（(3.44) 式）によれば Love 波を含む SH 波は変位ポテンシャル $\phi = \psi = 0$，つまり $u_x = u_z = 0$ とすることで分離できる．これと $\partial/\partial y = 0$ を応力の定義式 (1.22) に代入すると

$$\tau_{xx} = \tau_{yy} = \tau_{zz} = 0\,, \quad \tau_{yz} = \mu\frac{\partial u_y}{\partial z}\,, \quad \tau_{zx} = 0\,, \quad \tau_{xy} = \mu\frac{\partial u_y}{\partial x} \tag{3.363}$$

となる．1 次元地下構造の変数 z は残し，x 方向は振動的とすると

$$u_y = y_1(z, \omega, k)\, e^{-\mathrm{i}(kx-\omega t)}, \quad \tau_{yz} = y_2(z, \omega, k)\, e^{-\mathrm{i}(kx-\omega t)} \tag{3.364}$$

と置くことができるので

$$y_2 = \mu\frac{dy_1}{dz}\,, \quad \tau_{xy} = -\mathrm{i}k\mu y_1\, e^{-\mathrm{i}(kx-\omega t)}. \tag{3.365}$$

以上を体積力なしのつり合いの方程式 (1.24) に代入すると，連立常微分方程式

$$\frac{dy_1}{dz} = \frac{1}{\mu}y_2\,, \quad \frac{dy_2}{dz} = (k^2\mu - \omega^2\rho)y_1 \tag{3.366}$$

が得られる[*)]．次に，その地表面 $z = 0$ における**応力解放条件**と，表面波であ

*) Takeuchi and Saito[99] の (46) 式において $L = N = \mu$ としたものに一致する．

るから十分に深いところ $z=\infty$ で地震動も応力も消失する条件より，y_1，y_2 の境界条件が

$$y_2(0)=0\,,\quad y_1(\infty)=y_2(\infty)=0 \tag{3.367}$$

と決まる．(3.367) 式の第 2 式は，下方において放射境界条件により上向き地震動が消失するだけでなく，下向き地震動も消失することを意味している．地下構造の中に震源が含まれなければ下方において下向き地震動が発生しないから，ここでの定式化は，震源による不連続ベクトルをゼロとする §3.1.9 での定式化と等価である．

同じように，§3.1.4 の結果（(3.44) 式）によれば Rayleigh 波を含む P 波・SV 波は変位ポテンシャル $\chi=0$，つまり $u_y=0$ とすることで分離できる．これと $\partial/\partial y\equiv 0$ を応力の定義式 (1.22) に代入すると

$$\tau_{xx}=(\lambda+2\mu)\frac{\partial u_x}{\partial x}+\lambda\frac{\partial u_z}{\partial z}\,,\quad \tau_{yy}=\lambda\left(\frac{\partial u_x}{\partial x}+\frac{\partial u_z}{\partial z}\right),\quad \tau_{zz}=\lambda\frac{\partial u_x}{\partial x}+(\lambda+2\mu)\frac{\partial u_z}{\partial z}\,,$$
$$\tau_{yz}=\tau_{xy}=0\,,\quad \tau_{zx}=\mu\left(\frac{\partial u_x}{\partial z}+\frac{\partial u_z}{\partial x}\right) \tag{3.368}$$

となる．1 次元地下構造の変数 z は残し，x 方向は振動的とすると

$$u_x=-\mathrm{i}y_3(z,\omega,k)\,e^{-\mathrm{i}(kx-\omega t)},\quad u_z=y_1(z,\omega,k)\,e^{-\mathrm{i}(kx-\omega t)},$$
$$\tau_{zz}=y_2(z,\omega,k)\,e^{-\mathrm{i}(kx-\omega t)},\quad \tau_{zx}=-\mathrm{i}y_4(z,\omega,k)\,e^{-\mathrm{i}(kx-\omega t)} \tag{3.369}$$

と置くことができるので

$$y_2=(\lambda+2\mu)\frac{dy_1}{dz}-k\lambda y_3\,,\quad y_4=\mu\left(\frac{dy_3}{dz}+ky_1\right). \tag{3.370}$$

以上を体積力なしのつり合いの方程式 (1.24) に代入すると，連立常微分方程式

$$\frac{dy_1}{dz}=\frac{1}{\lambda+2\mu}(y_2+k\lambda y_3)\,,\quad \frac{dy_2}{dz}=-\omega^2\rho y_1+ky_4\,,\quad \frac{dy_3}{dz}=-ky_1+\frac{1}{\mu}y_4\,,$$
$$\frac{dy_4}{dz}=-\frac{k\lambda}{\lambda+2\mu}y_2+\left\{k^2\left(\lambda+2\mu-\frac{\lambda^2}{\lambda+2\mu}\right)-\omega^2\rho\right\}y_3 \tag{3.371}$$

が得られる[*)]．y_1，y_2，y_3，y_4 の境界条件は

[*)] Takeuchi and Saito[99)] の (62) 式において $L=\mu$，$F=\lambda$，$A=C=\lambda+2\mu$ としたものに一致．

$$y_2(0) = y_4(0) = 0, \quad y_1(\infty) = y_2(\infty) = y_3(\infty) = y_4(\infty) = 0 \tag{3.372}$$

である．

決められた (3.366) 式と (3.367) 式，および (3.371) 式と (3.372) 式の連立常微分方程式境界値問題は，レイトレーシングの波線方程式の境界値問題（§3.2.3）と同じように解くことができる．*Seismological Algorithms*[30] 所収の Disper80[91] は位相速度 $c \equiv \omega/k$ をパラメータとしたシューティング法（§3.2.3）により，いろいろな座標系のこれら問題を解くプログラム群である．

弾性体に対する解析力学によればラグランジアン（§3.2.2）は，全運動エネルギー K からひずみエネルギー関数（(1.16) 式）が表すひずみエネルギーの全体 U を差し引いた

$$L = K - U, \quad K = \int_0^\infty \frac{1}{2}\rho \sum_{i=x,y,z} \left(\frac{\partial u_i}{\partial t}\right)^2 dz, \quad U = \int_0^\infty \frac{1}{2} \sum_{i=x,y,z} \sum_{j=x,y,z} \tau_{ij} e_{ij} dz \tag{3.373}$$

で与えられる．**Hamilton** の原理（§3.2.2）によれば，ラグランジアンの時間積分は停留値をとらなければならない．時間積分 $\int L\,dt$ は時間平均 $\langle L \rangle$ の定数倍であるはずだから，$\int L\,dt$ が停留値をとるということは $\langle L \rangle$ が停留値をとることと等価である．Love 波ならば (3.373) 式に (3.364) 式などを代入して時間平均をとると

$$\langle L \rangle = \omega^2 I_1 - k^2 I_2 - I_3 \tag{3.374}$$

$$I_1 = \frac{1}{2}\int_0^\infty \rho y_1^2 dz, \quad I_2 = \frac{1}{2}\int_0^\infty \mu y_1^2 dz, \quad I_3 = \frac{1}{2}\int_0^\infty \mu \left(\frac{dy_1}{dz}\right)^2 dz$$

となり，I_1，I_2，I_3 は**エネルギー積分** *energy integral* と呼ばれる[*]．$\langle L \rangle$ が停留値をとるということを，**変分** *variation* を用いて表すと

$$\delta\langle L \rangle = \omega^2 \delta I_1 - k^2 \delta I_2 - \delta I_3 = 0 \tag{3.375}$$

である[3]．

また，(3.366) 式の 2 式を y_1 の一つの方程式にまとめ，y_1 を掛けて z で積

[*] Aki and Richards[3] の (7.66) 式において $l_1 \to y_1$ としたものに一致する．Takeuchi and Saito[99] の (169) 式において $I_1 \to 2I_1$，$I_2 \to 2I_2 + 2I_3$，$L = N = \mu$ としたものに一致する．

分すると

$$0 = \int_0^\infty \left\{ \omega^2 \rho y_1^2 - k^2 \mu y_1^2 + y_1 \frac{d}{dz}\left(\mu \frac{dy_1}{dz}\right)\right\} dz$$
$$= 2\omega^2 I_1 - 2k^2 I_2 - 2I_3 + \mu y_1 \frac{dy_1}{dz}\bigg|_0^\infty \tag{3.376}$$

となるが，(3.367) 式の境界条件から最後の項はゼロとなるので

$$\omega^2 I_1 - k^2 I_2 - I_3 = 0\,, \tag{3.377}$$

つまり $\langle L \rangle$ はゼロである[3)]．(3.377) 式のすべてのエネルギー積分やパラメータを変分で摂動させると

$$(\omega + \delta\omega)^2 (I_1 + \delta I_1) - (k + \delta k)^2 (I_2 + \delta I_2) - (I_3 + \delta I_3) = 0\,. \tag{3.378}$$

これに (3.377) 式そのものと (3.375) 式を代入し，変分の 2 次の項は無視すると

$$2\omega\, \delta\omega\, I_1 - 2k\, \delta k\, I_2 = 0 \tag{3.379}$$

となる．ところで，**群速度**（§3.1.9）U は (3.146) 式において定義されているが，位相速度 c を ω/k に置き換えると

$$\frac{1}{U} = \frac{1}{c}\left(1 - \frac{\omega}{c}\frac{dc}{d\omega}\right) \Rightarrow U = \frac{\omega}{k} \Big/ \left\{1 - k\left(\frac{1}{k} - \frac{\omega}{k^2}\frac{dk}{d\omega}\right)\right\} = \frac{d\omega}{dk} = \frac{\delta\omega}{\delta k}\,. \tag{3.380}$$

これに (3.379) 式を代入すれば

$$U = \frac{kI_2}{\omega I_1} = \frac{I_2}{cI_1} \tag{3.381}$$

が得られる[*)]．

再び (3.377) 式に戻って，エネルギー積分に (3.374) 式の第 2〜4 式を代入し，ω のみ固定で，それ以外のすべてのパラメータと y_1 を変分で摂動させる．その結果から，同じく (3.375) 式のエネルギー積分に (3.374) 式の第 2〜4 式を代入したもの，および (3.377) 式のエネルギー積分に (3.374) 式の第 2〜4 式

[*)] Aki and Richards[3)] の (7.70) 式に一致する．Takeuchi and Saito[99)] の (183) 式の I_3 はここでの I_2 であるから同 (184) 式に一致する．

を代入したものを差し引くと

$$\omega^2\int_0^\infty y_1^2\,\delta\rho\,dz - k^2\int_0^\infty y_1^2\,\delta\mu\,dz - 2k\,\delta k\int_0^\infty \mu\, y_1^2\,dz - \int_0^\infty\left(\frac{dy_1}{dz}\right)^2\delta\mu\,dz = 0 \quad (3.382)$$

となる．一方，ω 固定のときの $c \equiv \omega/k$ の変分は

$$\left(\frac{\delta c}{\delta k}\right)_\omega = -\frac{\omega}{k^2} \quad (3.383)$$

であるから，これに (3.382) 式から得られる δk を代入すると

$$\left(\frac{\delta c}{c}\right)_\omega = -\frac{\delta k}{k} = \frac{\displaystyle\int_0^\infty\left\{k^2y_1^2+\left(\frac{dy_1}{dz}\right)^2\right\}\delta\mu\,dz - \int_0^\infty \omega^2 y_1^2\,\delta\rho\,dz}{\displaystyle 2k^2\int_0^\infty \mu\, y_1^2\,dz} \quad (3.384)$$

が得られる*)．S 波速度 β と剛性率 μ の関係式（(1.40) 式の第 4 式）$\rho\beta^2 = \mu$ を変分で摂動させて，元の関係式を差し引き，変分の 2 次の項を無視すると

$$\delta\mu = 2\rho\beta\,\delta\beta + \beta^2\delta\rho\,. \quad (3.385)$$

これと (3.374) 式，(3.381) 式を (3.384) 式に代入すれば

$$\left(\frac{\delta c}{c}\right)_\omega = \frac{1}{4k^2cI_1U}\left[\int_0^\infty\left\{k^2y_1^2+\left(\frac{dy_1}{dz}\right)^2\right\}2\rho\beta\,\delta\beta\,dz + \int_0^\infty\left\{\beta^2k^2y_1^2+\beta^2\left(\frac{dy_1}{dz}\right)^2-\omega^2y_1^2\right\}\delta\rho\,dz\right] \quad (3.386)$$

が得られる．

偏微分の定義から

$$\left(\frac{\delta c}{c}\right)_\omega = \int_0^\infty\frac{\rho}{c}\left[\frac{\partial c}{\partial\rho}\right]_{\omega,\beta}\frac{\delta\rho}{\rho}dz + \int_0^\infty\frac{\beta}{c}\left[\frac{\partial c}{\partial\beta}\right]_{\omega,\rho}\frac{\delta\beta}{\beta}dz \quad (3.387)$$

であるから†)，(3.386) 式と (3.387) 式を比較して

---

*) Aki and Richards[3] の (7.71) 式において $l_1 \to y_1$ としたものに一致する．

†) Aki and Richards[3] の Box 7.8 の (1) 式において $\mu \to \beta$ としたもの．

$$\frac{\rho}{c}\left[\frac{\partial c}{\partial \rho}\right]_{\omega,\beta} = \frac{\rho}{4k^2 c I_1 U}\left\{\beta^2 k^2 y_1^2 + \beta^2\left(\frac{dy_1}{dz}\right)^2 - \omega^2 y_1^2\right\}$$
$$= \frac{1}{4\omega^2 I_1}\frac{c}{U}\left(\mu k^2 y_1^2 + \frac{1}{\mu}y_2^2 - \omega^2 \rho\, y_1^2\right), \tag{3.388}$$
$$\frac{\beta}{c}\left[\frac{\partial c}{\partial \beta}\right]_{\omega,\rho} = \frac{2\rho\beta^2}{4k^2 c I_1 U}\left\{k^2 y_1^2 + \left(\frac{dy_1}{dz}\right)^2\right\} = \frac{1}{2\omega^2 I_1}\frac{c}{U}\left(\mu k^2 y_1^2 + \frac{1}{\mu}y_2^2\right)$$

が得られる [*]．Takeuchi and Saito[99] の表記法による $[\partial c/\partial\rho]_{\omega,\beta}$，$[\partial c/\partial\beta]_{\omega,\rho}$ は，ある深さにおける通常の意味の偏微分係数 $\partial c/\partial\rho$，$\partial c/\partial\beta$ である [3]．地下構造が図 3.1 のような水平成層構造ならば，第 i 層の密度 ρ_i や S 波速度 β_i に関する偏微分係数は，ρ/c，β/c を移項した後の (3.388) 式右辺を第 i 層の上限 z_{i-1} から下限 z_i まで積分して

$$\frac{\partial c}{\partial \rho_i} = \int_{z_{i-1}}^{z_i}\frac{1}{D}\left\{\beta_i^2 k^2 y_1^2 + \frac{1}{\rho_i^2\beta_i^2}y_2^2 - \omega^2 y_1^2\right\}dz$$
$$\frac{\partial c}{\partial \beta_i} = \int_{z_{i-1}}^{z_i}\frac{2}{D}\left\{\rho_i\beta_i k^2 y_1^2 + \frac{1}{\rho_i\beta_i^3}y_2^2\right\}dz, \quad D = 4k^2 I_1 U \tag{3.389}$$

とすれば良い [118]．

(3.373) 式から (3.389) までが，Love 波に**変分法** *calculus of variations* を適用した結果である．Rayleigh 波の場合は P 波と SV 波のカップリングにより格段に複雑になるのでここで定式化を行うことはしないが，結果は Takeuchi and Saito[99] の (196), (197) 式，Horike[118] の (14) 式から (16) 式に，定式化の解説と結果は斎藤 [92] の 13.2 節に書かれている．

微動の位相速度が観測されていて，1 次元地下構造モデルにおける表面波の位相速度とその偏微分係数が以上の方法で計算されたならば，偏微分係数で構成される**ヤコビアン行列**を用いた**非線形最小二乗法**（§4.4）に基づいて，**速度構造インバージョン** *velocity structure inversion* を行うことができる．これが Horike[118] に始まる**微動探査** *microtremor exploration* である．

---

[*] Takeuchi and Saito[99] の (195) 式において $\beta_V \to \beta$，$\xi \equiv 1$，$L = N = \mu$，$I_1 \to 2I_1$ としたものに一致する．

3.3.3　地震波干渉法*)

中原[83]によれば「**地震波干渉法** *seismic interferometry* とは，2 観測点における波動場の相互相関関数から，その 2 点のうち 1 点を震源とし，もう 1 点を観測点とするグリーン関数（インパルス応答）を求める手法である」．ここで "グリーン関数" とは §1.3.3 で定義したテンソル **Green 関数**であり，(1.79) 式と (1.80) 式を連立させた運動方程式

$$\rho\frac{\partial^2 u_i}{\partial t^2}=\frac{\partial\tau_{ij}}{\partial x_j}+\rho f_i,\quad \tau_{ij}=C_{ijkl}\frac{\partial u_k}{\partial x_l} \tag{3.390}$$

に

$$\rho f_i=\delta_{in}\delta(\mathbf{x}-\boldsymbol{\xi})\delta(t-\tau) \tag{3.391}$$

を代入して得られる u_i の解 $G_{in}(\mathbf{x},t;\boldsymbol{\xi},\tau)$ である．また，同じく §1.3.3 より，"インパルス" は (3.391) 式が表す体積力を意味しているから，$G_{in}(\mathbf{x},t;\boldsymbol{\xi},\tau)$ は "インパルス応答" になる．§1.3.3 で述べたように，テンソル Green 関数は伝播の効果そのものであるから，地震波干渉法は伝播の解析にふさわしい．ただし，この節では Wapenaar and Fokkema[112] に従い，$v_i=\dfrac{\partial u_i}{\partial t}$，$\tau=0$ に対する $G^v_{in}(\mathbf{x},t;\boldsymbol{\xi},0)\equiv G^v_{in}(\mathbf{x},\boldsymbol{\xi},t)$，またはそれを Fourier 変換した $\overline{G}^v_{in}(\mathbf{x},\boldsymbol{\xi},\omega)$ もグリーン関数，さらに本書の記法に従い Green 関数と呼ぶことにする．これら Green 関数のうち $G^v_{in}(\mathbf{x},\boldsymbol{\xi},t)$ は，(3.390) 式と (3.391) 式から得られる

$$\rho\frac{\partial v_i}{\partial t}=\frac{\partial\tau_{ij}}{\partial x_j}+\rho f_i,\quad \tau_{ij}=C_{ijkl}\frac{\partial}{\partial x_l}\int v_k dt,\quad \rho f_i=\delta_{in}\delta(\mathbf{x}-\boldsymbol{\xi})\delta(t) \tag{3.392}$$

の v_i の解であり，$\overline{G}^v_{in}(\mathbf{x},\boldsymbol{\xi},\omega)$ は (3.392) 式の両辺を Fourier 変換した

$$\mathrm{i}\omega\rho\bar{v}_i=\frac{\partial\bar{\tau}_{ij}}{\partial x_j}+\rho\bar{f}_i,\quad \bar{\tau}_{ij}=\frac{1}{\mathrm{i}\omega}C_{ijkl}\frac{\partial\bar{v}_k}{\partial x_l},\quad \rho\bar{f}_i=\delta_{in}\delta(\mathbf{x}-\boldsymbol{\xi}) \tag{3.393}$$

の $\bar{v}_i$ の解である．

図 3.34 のように地下構造の中に領域 D があり，その遠方の外周 F にはインパルスが密に分布しているとする．この仮定から，中原[83]の定義におけ

*) §1.3.2，§1.3.3 と同様に，§3.3.3 では全面的に Einstein の総和規約を採用している．

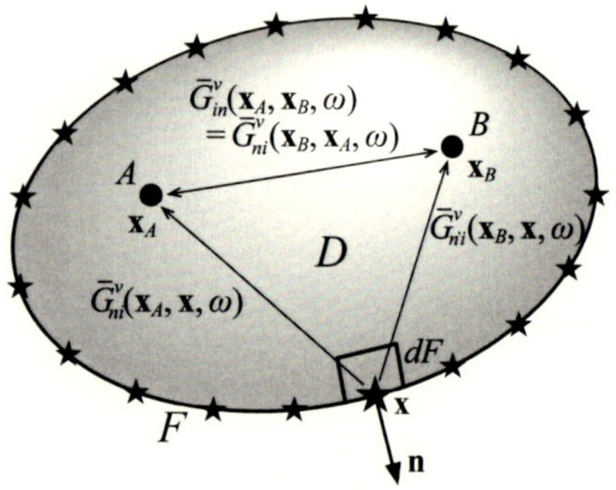

図 **3.34**　領域 D とその遠方の外周 F．法線ベクトルが $\mathbf{n}$ である F の上にはインパルス（星印）が分布する（Wapenaar and Fokkema[112] と松岡・白石[80] に基づく）．

る“波動場”とは遠方に多数存在する震源からの地震動の総和ということになり，解析対象には概ね微動（§3.3.2）が想定されるが，多数存在すれば自然地震の地震動でもかまわない．

F 上の $\mathbf{x}$ にあるインパルスによって $\mathbf{x}_A$ に励起される地動速度の Fourier 変換 $\overline{G}^v_{ni}(\mathbf{x}_A, \mathbf{x}, \omega)$ は，Green 関数の空間座標に関する相反関係（(1.94) 式）から

$$\overline{G}^v_{ni}(\mathbf{x}_A, \mathbf{x}, \omega) = \overline{G}^v_{in}(\mathbf{x}, \mathbf{x}_A, \omega) = \bar{v}_i \tag{3.394}$$

である．同様に，$\mathbf{x}_B$ に励起される地動速度の Fourier 変換 $\overline{G}^v_{n'i}(\mathbf{x}_B, \mathbf{x}, \omega)$ は

$$\overline{G}^v_{n'i}(\mathbf{x}_B, \mathbf{x}, \omega) = \overline{G}^v_{in'}(\mathbf{x}, \mathbf{x}_B, \omega) = \bar{w}_i \tag{3.395}$$

となる．

応力インパルスに対する Green 関数は

$$\rho\frac{\partial v_i}{\partial t} = \frac{\partial \tau_{ij}}{\partial x_j}, \quad \tau_{ij} + h_{ij} = C_{ijkl}\frac{\partial}{\partial x_l}\int v_k dt, \quad h_{ij} = \delta_{iq}\delta_{jr}\delta(\mathbf{x} - \boldsymbol{\xi}) \tag{3.396}$$

の v_i の解を $H^v_{p,qr}(\mathbf{x}, \boldsymbol{\xi}, t)$ と定義すると，この Green 関数は

$$G^\tau_{qr,p}(\boldsymbol{\xi}_2, \boldsymbol{\xi}_1, t) = H^v_{p,qr}(\boldsymbol{\xi}_1, \boldsymbol{\xi}_2, t) \tag{3.397}$$

という相反関係を持っている[112]．ここで G^τ は，通常のインパルス（体積

インパルス）に応答する応力の Green 関数である．従って，相反関係 (3.397) 式の Fourier 変換は図 3.34 の設定において

$$\begin{aligned}\overline{H}^{v}_{n,ij}(\mathbf{x}_A,\mathbf{x},\omega) &= \overline{G}^{\tau}_{ij,n}(\mathbf{x},\mathbf{x}_A,\omega)=\bar{\tau}_{ij}\\ \overline{H}^{v}_{n',ij}(\mathbf{x}_B,\mathbf{x},\omega) &= \overline{G}^{\tau}_{ij,n'}(\mathbf{x},\mathbf{x}_B,\omega)=\bar{\sigma}_{ij}\end{aligned} \tag{3.398}$$

となる．

G^v と H^v の**相互相関** *cross correlation* を組み合わせた

$$\int_{-\infty}^{+\infty}\left\{G^{v}_{ni}(\mathbf{x}_A,\mathbf{x},\tau)H^{v}_{n',ij}(\mathbf{x}_B,\mathbf{x},t+\tau)+H^{v}_{n,ij}(\mathbf{x}_A,\mathbf{x},\tau)G^{v}_{n'i}(\mathbf{x}_B,\mathbf{x},t+\tau)\right\}d\tau \tag{3.399}$$

を定義したとき，表 4.3 から (3.399) 式の Fourier 変換は

$$\left\{\overline{G}^{v}_{ni}(\mathbf{x}_A,\mathbf{x},\omega)\right\}^{*}\overline{H}^{v}_{n',ij}(\mathbf{x}_B,\mathbf{x},\omega)+\left\{\overline{H}^{v}_{n,ij}(\mathbf{x}_A,\mathbf{x},\omega)\right\}^{*}\overline{G}^{v}_{n'i}(\mathbf{x}_B,\mathbf{x},\omega) \tag{3.400}$$

となる．図 3.34 のようなインパルス分布による波動場全体に対する (3.400) 式は，$\mathbf{x}$ に関する面積分を用いて

$$\iint\left[\left\{\overline{G}^{v}_{ni}(\mathbf{x}_A,\mathbf{x},\omega)\right\}^{*}\overline{H}^{v}_{n',ij}(\mathbf{x}_B,\mathbf{x},\omega)+\left\{\overline{H}^{v}_{n,ij}(\mathbf{x}_A,\mathbf{x},\omega)\right\}^{*}\overline{G}^{v}_{n'i}(\mathbf{x}_B,\mathbf{x},\omega)\right]n_j dF \tag{3.401}$$

と与えられる．n_j は F の法線ベクトル $\mathbf{n}$（図 3.34）の成分である．(3.401) 式に (3.394) 式，(3.395) 式，(3.398) 式の相反関係を代入すると

$$\iint\left[\left\{\overline{G}^{v}_{in}(\mathbf{x},\mathbf{x}_A,\omega)\right\}^{*}\overline{G}^{\tau}_{ij,n'}(\mathbf{x},\mathbf{x}_B,\omega)+\left\{\overline{G}^{\tau}_{ij,n}(\mathbf{x},\mathbf{x}_A,\omega)\right\}^{*}\overline{G}^{v}_{in'}(\mathbf{x},\mathbf{x}_A,\omega)\right]n_j\,dF \tag{3.402}$$

が得られ，(3.394) 式，(3.395) 式，(3.398) 式における簡略な表現を用いれば

$$\iint\left(\bar{v}_i^{*}\bar{\sigma}_{ij}+\bar{\tau}_{ij}^{*}\bar{w}_i\right)n_j\,dF \tag{3.403}$$

になる．

ここで f_i の時間 t を反転させて $f_i(-t)$ とすることを考える．運動方程式 (3.390) や $\tau=0$ の (3.391) 式では t が $\partial^2/\partial t^2$ と $\delta(t)$ にしか現れず，$t'=-t$ として時間を反転させても $\partial^2/\partial t'^2=\partial^2/\partial t^2$，$\delta(t')=\delta(t)$ であるから同じ解 u_i が得られる．(3.390) 式の第 2 式には t が含まれないので τ_{ij} も同じになる．な

お，u_i，τ_{ij} が時間反転で変化しないのは (3.390) 式や $\tau = 0$ の (3.391) 式に t の奇関数や奇数次偏微分が現れないためである．もし現れれば，時間反転によりそれらの符号が反転するので，運動方程式が変化してしまい同じ解は得られない．媒質が**非弾性**の性質を持っている場合，それによる**内部減衰**から，運動方程式は減衰振動の方程式（(1.58) 式）のように t の 1 次偏微分が現れるため，ここでの定式化を適用することはできないが，すでに理論的な研究が行われつつある [83)]．

(3.394) 式や (3.395) 式，(3.398) 式のように相反関係を適用することは，図 3.34 の状況が図 3.35 のように変わることを意味する．しかし，時間反転すれば相反関係も元に戻ると考えられるからインパルスが F に戻ることになる．したがって，F における境界条件は，このインパルスに由来する非斉次項を含むから，**非斉次**の境界条件になってしまう．そのため，§1.3.2 で解説した**相反定理**（(1.94) 式）を，図 3.35 において体積力

$$\rho f_i = \delta_{in}\delta(\mathbf{x} - \mathbf{x}_A)\delta(t), \quad \rho g_i = \delta_{in}\delta(\mathbf{x} - \mathbf{x}_B)\delta(t) \tag{3.404}$$

を含む領域 D と外周 F に適用すると，F における面積分が残って

$$\iiint \Big\{\rho g_i(t) * u_i(-t) - \rho f_i(-t) * \upsilon_i(t)\Big\}\, dD = \iint \Big\{\upsilon_i(t) * \tau_{ij}(-t) - u_i(-t) * \sigma_{ij}(t)\Big\}\, n_j\, dF \tag{3.405}$$

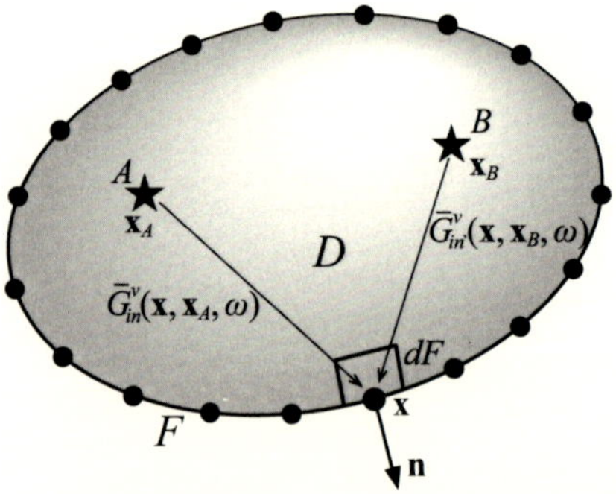

図 3.35　図 3.34 の Green 関数に相反関係を適用した場合．点 A と B にインパルス（星印）があって，その地動速度が F 上に分布する点（黒丸）で観測される．

となる *). (3.405) 式の両辺を t で偏微分して $\dfrac{\partial u_i(-t)}{\partial t} = -\upsilon_i(-t)$, $\dfrac{\partial \upsilon_i}{\partial t} = w_i$ を代入すると

$$\iiint \left\{-\rho g_i(t)*\upsilon_i(-t)-\rho f_i(-t)*w_i(t)\right\} dD = \iint \left\{w_i(t)*\tau_{ij}(-t)+\upsilon_i(-t)*\sigma_{ij}(t)\right\} n_j\, dF. \tag{3.406}$$

さらに (3.406) 式を Fourier 変換して表 4.3 の Fourier 変換の性質 $f(-t) \Leftrightarrow \{F(\omega)\}^*$ を利用すれば

$$-\iiint \left(\rho \bar{g}_i \bar{\upsilon}_i^* + \rho \bar{f}_i^* \bar{w}_i\right) dD = \iint \left(\bar{w}_i \bar{\tau}_{ij}^* + \bar{\upsilon}_i^* \bar{\sigma}_{ij}\right) n_j\, dF \tag{3.407}$$

が得られる.

(3.407) 式の右辺は (3.403) 式に一致するから，その Green 関数表現である (3.402) 式に置き換えることができる．一方，−1 倍した左辺に，(3.404) 式の Fourier 変換

$$\rho \bar{f}_i = \delta_{in}\delta(\mathbf{x}-\mathbf{x}_A),\quad \rho \bar{g}_i = \delta_{in}\delta(\mathbf{x}-\mathbf{x}_B) \tag{3.408}$$

および (3.394) 式と (3.395) 式を代入して，デルタ関数の定義（(1.96) 式）を適用すると

$$\begin{aligned}&\iiint \left[\delta_{in'}\delta(\mathbf{x}-\mathbf{x}_B)\left\{\overline{G}^{\,v}_{in}(\mathbf{x},\mathbf{x}_A,\omega)\right\}^* + \{\delta_{in}\delta(\mathbf{x}-\mathbf{x}_A)\}^*\, \overline{G}^{\,v}_{in'}(\mathbf{x},\mathbf{x}_B,\omega)\right] dD \\ &\quad = \left\{\overline{G}^{\,v}_{n'n}(\mathbf{x}_B,\mathbf{x}_A,\omega)\right\}^* + \overline{G}^{\,v}_{nn'}(\mathbf{x}_A,\mathbf{x}_B,\omega)\,.\end{aligned} \tag{3.409}$$

以上をまとめると

$$\begin{aligned}&\left\{\overline{G}^{\,v}_{n'n}(\mathbf{x}_B,\mathbf{x}_A,\omega)\right\}^* + \overline{G}^{\,v}_{nn'}(\mathbf{x}_A,\mathbf{x}_B,\omega) = \\ &-\iint\left[\left\{\overline{G}^{\,v}_{in}(\mathbf{x},\mathbf{x}_A,\omega)\right\}^* \overline{G}^{\,\tau}_{ij,n'}(\mathbf{x},\mathbf{x}_B,\omega) + \left\{\overline{G}^{\,\tau}_{ij,n}(\mathbf{x},\mathbf{x}_A,\omega)\right\}^* \overline{G}^{\,v}_{in'}(\mathbf{x},\mathbf{x}_B,\omega)\right] n_j\, dF\end{aligned} \tag{3.410}$$

が得られる *).

(3.410) 式の右辺を近似するため，§1.2.4 で定義した**スカラーポテンシャル** ϕ と**ベクトルポテンシャル** $\boldsymbol{\psi} = (\psi_i)$ を導入し，ϕ と ψ_1, ψ_2, ψ_3 を φ_0, φ_1, φ_2,

---

*) Aki and Richards[3] の (2.35) 式において $V \to D$, $S \to F$, $\mathbf{f}(t) \to \rho\mathbf{f}(-t)$, $\mathbf{g}(t) \to \rho\mathbf{g}(t)$ などとした上で成分表示したものに一致する.

*) Wapenaar and Fokkema[112] の (62) 式において $\partial \mathrm{D} \to F$, $p \to n$, $q \to n'$ としたものに一致.

φ_3 と総称する．Wapenaar and Haimé[111] によれば[†]，図 3.35 の点 A の周りの小領域において媒質が均質，等方的ならば，$\phi = \varphi_0$ で表される P 波のインパルスが点 A に作用するとき，体積力の Fourier 変換は

$$\rho \bar{f}_i = \rho\alpha^2 \frac{\partial}{\partial x_i}\delta(\mathbf{x} - \mathbf{x}_A) \tag{3.411}$$

と与えられる．これを通常のインパルスによる体積力の Fourier 変換（(3.408) 式の第 1 式）と比較して得られる関係は，運動方程式の**線形性**（§1.3.1）から，それぞれの Green 関数にも当てはまるはずである．P 波インパルスによる Green 関数を P 波 Green 関数と呼び，その Fourier 変換を $\overline{G}^{\varphi}_{0n}$ とすれば

$$\overline{G}^{\varphi}_{0n}(\mathbf{x}, \mathbf{x}_A, \omega) = -\frac{\rho\alpha^2}{\mathrm{i}\omega}\frac{\partial}{\partial x_i}\overline{G}^{v}_{in}(\mathbf{x}, \mathbf{x}_A, \omega)\,. \tag{3.412}$$

(3.412) 式の右辺に §1.3.3 の相反関係（(1.104) 式）を代入したものを $\overline{G}^{\varphi}_{n0}(\mathbf{x}_A, \mathbf{x}, \omega)$ とすれば，P 波 Green 関数の相反関係

$$\overline{G}^{\varphi}_{0n}(\mathbf{x}, \mathbf{x}_A, \omega) = \overline{G}^{\varphi}_{n0}(\mathbf{x}_A, \mathbf{x}, \omega) \tag{3.413}$$

が得られる．点 B における P 波インパルスについても同様に

$$\overline{G}^{\varphi}_{0n'}(\mathbf{x}, \mathbf{x}_B, \omega) = \overline{G}^{\varphi}_{n'0}(\mathbf{x}_B, \mathbf{x}, \omega)\,. \tag{3.414}$$

同じく Wapenaar and Haimé[111] によれば，$\psi_k = \varphi_k$（$k = 1, 2, 3$）で表される S 波のインパルスが点 A に作用するとき，体積力の Fourier 変換は

$$\rho \bar{f}_i = -\rho\beta^2 \varepsilon_{kij}\frac{\partial}{\partial x_j}\delta(\mathbf{x} - \mathbf{x}_A) \tag{3.415}$$

と与えられる．ε_{kij} は**交代テンソル** *alternating tensor* の要素であり，反対称性の性質 $\varepsilon_{kij} = -\varepsilon_{kji}$ がある．通常のインパルスによる体積力の Fourier 変換と比較して，S 波 Green 関数（S 波インパルスによる Green 関数）の Fourier 変換が

[†] この論文の第 1 著者は C. P. A. Wapenaar であるのに，Wapenaar and Fokkema[112] の第 1 著者は Kees Wapenaar である．同一人物であるが前者は戸籍上の名前，後者は通称とのこと．

$$\overline{G}^{\varphi}_{kn}(\mathbf{x},\mathbf{x}_A,\omega)=\frac{\rho\beta^2}{\mathrm{i}\omega}\varepsilon_{kji}\frac{\partial}{\partial x_j}\overline{G}^{v}_{in}(\mathbf{x},\mathbf{x}_A,\omega) \tag{3.416}$$

と定義され，その相反関係が P 波 Green 関数と同じように

$$\overline{G}^{\varphi}_{kn}(\mathbf{x},\mathbf{x}_A,\omega)=\overline{G}^{\varphi}_{nk}(\mathbf{x}_A,\mathbf{x},\omega) \tag{3.417}$$

と得られる．点 B における S 波インパルスについても同様に

$$\overline{G}^{\varphi}_{kn'}(\mathbf{x},\mathbf{x}_B,\omega)=\overline{G}^{\varphi}_{n'k}(\mathbf{x}_B,\mathbf{x},\omega)\,. \tag{3.418}$$

再び Wapenaar and Haimé[111] により，F が水平面で（従って $\mathbf{n}=(0,0,1)$）地震動が実体波ならば，(3.403) 式の -1 倍が

$$-\iint\left(\bar{v}_i^*\bar{\sigma}_{ij}+\bar{\tau}_{ij}^*\bar{w}_i\right)n_j\,dF=\frac{2}{\mathrm{i}\omega\rho}\iint\left[\frac{\partial}{\partial x_i}\left\{\overline{G}^{\varphi}_{0n}(\mathbf{x},\mathbf{x}_A,\omega)\right\}^*\overline{G}^{\varphi}_{0n'}(\mathbf{x},\mathbf{x}_B,\omega)\right.$$
$$\left.+\frac{\partial}{\partial x_i}\left\{\overline{G}^{\varphi}_{kn}(\mathbf{x},\mathbf{x}_A,\omega)\right\}^*\overline{G}^{\varphi}_{kn'}(\mathbf{x},\mathbf{x}_B,\omega)\right]n_i\,dF \tag{3.419}$$

であることが証明された．ただし，Wapenaar and Fokkema[112] による表記法ならば (3.419) 式の右辺は簡略化されて

$$\frac{2}{\mathrm{i}\omega\rho}\iint\frac{\partial}{\partial x_i}\left\{\overline{G}^{\varphi}_{Kn}(\mathbf{x},\mathbf{x}_A,\omega)\right\}^*\overline{G}^{\varphi}_{Kn'}(\mathbf{x},\mathbf{x}_B,\omega)\,n_i\,dF\,,\quad K=0,1,2,3\,. \tag{3.420}$$

これに (3.413) 式，(3.414) 式，(3.417) 式，(3.418) 式を代入すれば (3.419) 式は

$$-\iint\left(\bar{v}_i^*\bar{\sigma}_{ij}+\bar{\tau}_{ij}^*\bar{w}_i\right)n_j\,dF= \tag{3.421}$$
$$\frac{2}{\mathrm{i}\omega\rho}\iint\frac{\partial}{\partial x_i}\left\{\overline{G}^{\varphi}_{nK}(\mathbf{x}_A,\mathbf{x},\omega)\right\}^*\overline{G}^{\varphi}_{n'K}(\mathbf{x}_B,\mathbf{x},\omega)\,n_i\,dF$$

となる．Wapenaar and Fokkema[112] は，停留値の近似を取れば (3.421) 式は任意の平面に対する実体波で成り立つことを示し，図 3.34，3.35 のように F が閉じた面ならば表面波でも成り立つことを示した．

(3.421) 式の左辺は (3.403) 式の -1 倍であり，(3.410) 式の右辺は (3.402) 式の -1 倍である．(3.403) 式と (3.402) 式は等価であることがすでに示されているから，(3.410) 式の右辺に (3.421) 式を代入すると

$$\left\{\overline{G}^{\nu}_{n'n}(\mathbf{x}_B, \mathbf{x}_A, \omega)\right\}^* + \overline{G}^{\nu}_{nn'}(\mathbf{x}_A, \mathbf{x}_B, \omega) = \frac{2}{\mathrm{i}\omega\rho} \iint \frac{\partial}{\partial x_i} \left\{\overline{G}^{\varphi}_{nK}(\mathbf{x}_A, \mathbf{x}, \omega)\right\}^* \overline{G}^{\varphi}_{n'K}(\mathbf{x}_B, \mathbf{x}, \omega)\, n_i \, dF \tag{3.422}$$

が得られ，問題設定が図 3.35 から図 3.34 に戻る．(3.422) 式の右辺に現れる $\overline{G}^{\varphi}_{nK}(\mathbf{x}_A, \mathbf{x}, \omega)$ は P 波 Green 関数，S 波 Green 関数の Fourier 変換であるから，波動方程式の Fourier 変換である **Helmholtz 方程式**（§3.1.1）の解であるはずであり，その特解は (3.45) 式を 3 次元に拡張した調和関数

$$\mathcal{H} = e^{-\mathrm{i}k_1 x_i} e^{-\mathrm{i}k_2 x_2} e^{-\mathrm{i}\nu_\upsilon x_3}, \quad k_\upsilon^2 = k_1^2 + k_2^2 + k_3^2, \quad k_\upsilon = \frac{\omega}{\upsilon}, \quad \upsilon = \alpha \text{ or } \beta \tag{3.423}$$

になる（外向き伝播のみとする）．F が十分遠方で $\dfrac{k_i}{k_\upsilon} \sim n_i$ とできるとすると

$$\frac{\partial \mathcal{H}}{\partial x_i} n_i = -\mathrm{i}k_1 \frac{k_1}{k_\upsilon} - \mathrm{i}k_2 \frac{k_2}{k_\upsilon} - \mathrm{i}k_3 \frac{k_3}{k_\upsilon} \mathcal{H} = -ik_\upsilon \mathcal{H} \tag{3.424}$$

であるから，特解 $\mathcal{H}$ の重ね合わせである $\overline{G}^{\varphi}_{nK}(\mathbf{x}_A, \mathbf{x}, \omega)$ にも

$$\frac{\partial}{\partial x_i} \overline{G}^{\varphi}_{nK}(\mathbf{x}_A, \mathbf{x}, \omega)\, n_i = -ik_\upsilon \overline{G}^{\varphi}_{nK}(\mathbf{x}_A, \mathbf{x}, \omega), \tag{3.425}$$

が成り立つ．υ は $K = 0$ のとき α，それ以外の $K = 1, 2, 3$ では β である．これを (3.422) 式の右辺に代入し，左辺は項を入れ換えて相反関係（(1.94) 式）を適用すると

$$\overline{G}^{\nu}_{nn'}(\mathbf{x}_A, \mathbf{x}_B, \omega) + \left\{\overline{G}^{\nu}_{nn'}(\mathbf{x}_A, \mathbf{x}_B, \omega)\right\}^* = \frac{2}{\rho\upsilon} \iint \left\{\overline{G}^{\varphi}_{nK}(\mathbf{x}_A, \mathbf{x}, \omega)\right\}^* \overline{G}^{\varphi}_{n'K}(\mathbf{x}_B, \mathbf{x}, \omega)\, dF \tag{3.426}$$

が得られる *)．

現実的な状況では図 3.36 のように外周 F に地表面 F_0（白色楕円）が含まれていて，観測点は地表面上に置かれることが多いだろう．こうした場合でも，点 A，B は地表面直下の領域 D 内にあると仮定すれば，面積分 $\int dF$ を $\int dF_1$ に置き換えるだけで (3.426) 式は成立する [80]．F または F_1 を F と総称して，F 上に K 番目タイプのインパルスが，点 A に対しては密度関数 $N_K(\mathbf{x}, t)$ で分

*) Wapenaar and Fokkema[112] の (76) 式において $\partial \mathrm{D} \to F$，$p \to n$，$q \to n'$ としたものに一致．

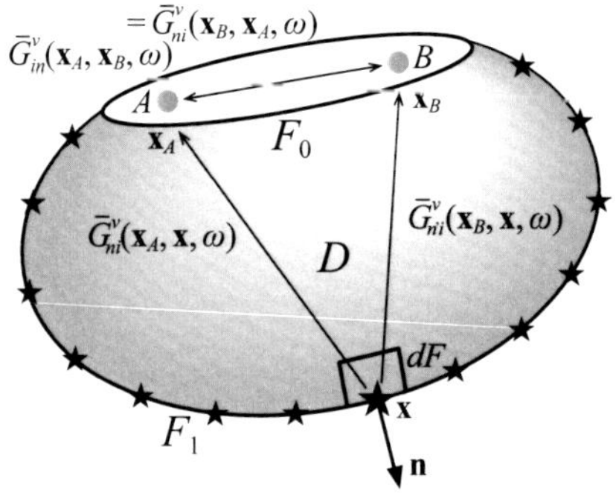

図 3.36 現実的な状況では外周 F に地表面 F_0（白色楕円）が含まれる．インパルス（星印）は地表面以外の部分（F_1）に分布し，点 A と B（灰色丸）は F_0 直下の D 内にあるとする（松岡・白石[80]に基づく）．

布し，点 B に対しては $N_L(\mathbf{x}', t)$ で分布しているとき，点 A，B で観測される地動速度は

$$\bar{v}_n^{\rm obs}(\mathbf{x}_A, \omega) = \int \overline{G}^{\varphi}_{nK}(\mathbf{x}_A, \mathbf{x}, \omega)\overline{N}_K(\mathbf{x}, \omega)\, dF$$

$$\bar{v}_{n'}^{\rm obs}(\mathbf{x}_B, \omega) = \int \overline{G}^{\varphi}_{n'L}(\mathbf{x}_B, \mathbf{x}', \omega)\overline{N}_L(\mathbf{x}', \omega)\, dF' \qquad (3.427)$$

と与えられる．$\overline{N}_K$ と $\overline{N}_L$ は独立に分布していて無相関であり，双方のパワースペクトルは正規化係数 $\dfrac{\rho\alpha}{\rho\upsilon}$ を除いて同じとすると

$$\left\langle\left\{\overline{N}_K(\mathbf{x}, \omega)\right\}^* \overline{N}_L(\mathbf{x}', \omega)\right\rangle = \frac{\rho\alpha}{\rho\upsilon}\delta_{KL}\delta(\mathbf{x} - \mathbf{x}')\, \overline{S}(\omega) \qquad (3.428)$$

となる．$\langle\ \rangle$ は空間座標 $\mathbf{x}$ に関するアンサンブル平均 *ensemble average* を意味し，$\overline{S}(\omega)$ はインパルスの時間関数のパワースペクトルである．

(3.427) 式と (3.428) 式から

$$\left\langle\left\{\bar{v}_n^{\rm obs}(\mathbf{x}_A, \omega)\right\}^* \bar{v}_{n'}^{\rm obs}(\mathbf{x}_B, \omega)\right\rangle = \frac{\rho\alpha}{\rho\upsilon}\int\left\{\overline{G}^{\varphi}_{nK}(\mathbf{x}_A, \mathbf{x}, \omega)\right\}^* \overline{G}^{\varphi}_{n'K}(\mathbf{x}_B, \mathbf{x}, \omega)\, \overline{S}(\omega)\, dF \qquad (3.429)$$

となり，これを (3.426) 式に代入すれば

$$\left[\overline{G}^{\,v}_{nn'}(\mathbf{x}_A, \mathbf{x}_B, \omega) + \left\{\overline{G}^{\,v}_{nn'}(\mathbf{x}_A, \mathbf{x}_B, \omega)\right\}^*\right]\overline{S}(\omega) = \frac{2}{\rho\alpha}\left\langle\left\{\bar{v}_n^{\rm obs}(\mathbf{x}_A, \omega)\right\}^* \bar{v}_{n'}^{\rm obs}(\mathbf{x}_B, \omega)\right\rangle \qquad (3.430)$$

が得られる[*]. (3.430) 式に残っている $\overline{S}(\omega)$ などの未知定数は次のように正規化すればキャンセルされる[113]. (3.430) 式において $n' \to n$, $B \to A$ とした

$$C^{-1}\overline{S}(\omega) = \frac{2}{\rho\alpha}\left\langle\left|\bar{v}_n^{\text{obs}}(\mathbf{x}_A,\omega)\right|^2\right\rangle, \quad C^{-1} = \overline{G}_{nn}^v(\mathbf{x}_A,\mathbf{x}_A,\omega) + \left\{\overline{G}_{nn}^v(\mathbf{x}_A,\mathbf{x}_A,\omega)\right\}^* \tag{3.431}$$

を改めて (3.430) 式に代入すると

$$C\left[\overline{G}_{nn'}^v(\mathbf{x}_A,\mathbf{x}_B,\omega) + \left\{\overline{G}_{nn'}^v(\mathbf{x}_A,\mathbf{x}_B,\omega)\right\}^*\right] = \frac{\left\langle\left\{\bar{v}_n^{\text{obs}}(\mathbf{x}_A,\omega)\right\}^* \bar{v}_{n'}^{\text{obs}}(\mathbf{x}_B,\omega)\right\rangle}{\left\langle\left|\bar{v}_n^{\text{obs}}(\mathbf{x}_A,\omega)\right|^2\right\rangle} \tag{3.432}$$

となる[†]. (3.432) 式の右辺の分母は点 A における観測記録のパワースペクトル power spectrum (§4.2.2) に相当する. 波動場が定常的で, このパワースペクトルがほぼ一定であるとすると, 右辺は

$$\frac{\left\langle\left\{\bar{v}_n^{\text{obs}}(\mathbf{x}_A,\omega)\right\}^* \bar{v}_{n'}^{\text{obs}}(\mathbf{x}_B,\omega)\right\rangle}{\left\langle\left|\bar{v}_n^{\text{obs}}(\mathbf{x}_A,\omega)\right|^2\right\rangle} \sim \left\langle\frac{\left\{\bar{v}_n^{\text{obs}}(\mathbf{x}_A,\omega)\right\}^* \bar{v}_{n'}^{\text{obs}}(\mathbf{x}_B,\omega)}{\left|\bar{v}_n^{\text{obs}}(\mathbf{x}_A,\omega)\right|^2}\right\rangle \tag{3.433}$$

と近似できる. (3.432) 式に (3.433) 式を代入した両辺を Fourier 逆変換すれば, 表 4.3 から

$$C\left[G_{nn'}^v(\mathbf{x}_A,\mathbf{x}_B,t) + G_{nn'}^v(\mathbf{x}_A,\mathbf{x}_B,-t)\right] = \left\langle\mathcal{F}^{-1}\frac{\left\{\bar{v}_n^{\text{obs}}(\mathbf{x}_A,\omega)\right\}^* \bar{v}_{n'}^{\text{obs}}(\mathbf{x}_B,\omega)}{\left|\bar{v}_n^{\text{obs}}(\mathbf{x}_A,\omega)\right|^2}\right\rangle \tag{3.434}$$

が得られる[‡]. $\mathcal{F}^{-1}$ は Fourier 逆変換のオペレータである.

また, パワースペクトルが完全に一定ならば, それを定数に含め

$$C' = C\left\langle\left|\bar{v}_n^{\text{obs}}(\mathbf{x}_A,\omega)\right|^2\right\rangle \tag{3.435}$$

として, (3.432) 式の両辺を Fourier 逆変換すれば

$$C'\left[G_{nn'}^v(\mathbf{x}_A,\mathbf{x}_B,t) + G_{nn'}^v(\mathbf{x}_A,\mathbf{x}_B,-t)\right] = \left\langle\int v_n^{\text{obs}}(\mathbf{x}_A,\tau) v_{n'}^{\text{obs}}(\mathbf{x}_B,t+\tau) d\tau\right\rangle \tag{3.436}$$

---

[*] Wapenaar and Fokkema[112] の (86) 式において $\partial D \to F$, $p \to n$, $q \to n'$ としたものに一致.
[†] Yokoi and Margaryan[113] の (6) 式において $z \to n, n'$ としたものに一致する.
[‡] $G_{nn'}^v(\mathbf{x}_A,\mathbf{x}_B,-t)$ を $G_{nn'}^v(\mathbf{x}_A,\mathbf{x}_B,t)$ に含め $C = 1$ としたとき, Viens et al.[107] の (1) 式において $i \to n$, $j \to n'$, $S \to A$, $R \to B$, $\xi = 0$ としたものに一致する.

が得られる．(3.436) 式の左辺の [ ] 内は図 3.36 の点 A と B の間の Green 関数であり，右辺の < > 内は微動などの点 A および点 B における観測記録の**相互相関**である．また，アンサンブル平均 < > をとることは観測記録に対して**スタッキング** *stacking* の処理を行うことに等しい．つまり，2 点における微動などの観測記録の相互相関をとりスタッキングしたものは，その 2 点間の Green 関数になるということを (3.436) 式は示しており，(3.434) 式も物理的な意味合いは同じである．従って，(3.436) 式または (3.434) 式が地震波干渉法の基本原理である．ただし，Green 関数は時間反転した $G^{v}_{nn'}(\mathbf{x}_A, \mathbf{x}_B, -t)$ も含んでいることに注意しなければならない．また，振幅の定数 C' や C を観測記録から算出することはできないので，地震の記録との比較などから決めることになる [107]．

地震動（地動変位）とその Green 関数を u_n，$G_{nn'}$ とすると $\bar{v}_n = \mathrm{i}\omega\bar{u}_n$，$\overline{G}^{v}_{nn'} = \mathrm{i}\omega\overline{G}_{nn'}$ であるから，これらと (3.435) 式を (3.432) 式に代入すると

$$C'\mathrm{i}\omega\left[\overline{G}_{nn'}(\mathbf{x}_A, \mathbf{x}_B, \omega) - \left\{\overline{G}_{nn'}(\mathbf{x}_A, \mathbf{x}_B, \omega)\right\}^*\right] = -(\mathrm{i}\omega)^2\left\langle\left\{\bar{u}^{\mathrm{obs}}_n(\mathbf{x}_A, \omega)\right\}^*\bar{u}^{\mathrm{obs}}_{n'}(\mathbf{x}_B, \omega)\right\rangle \tag{3.437}$$

になる．(3.437) 式の両辺を $\mathrm{i}\omega$ で割った上で Fourier 逆変換をとれば

$$-C'\left[G_{nn'}(\mathbf{x}_A, \mathbf{x}_B, t) - G_{nn'}(\mathbf{x}_A, \mathbf{x}_B, -t)\right] = \frac{\partial}{\partial t}\left\langle\int u^{\mathrm{obs}}_n(\mathbf{x}_A, \tau)\, u^{\mathrm{obs}}_{n'}(\mathbf{x}_B, t+\tau)\, d\tau\right\rangle \tag{3.438}$$

が得られる [*]．(3.436) 式，(3.434) 式ではなく (3.438) 式を基本原理として用いている場合も多い．

3.4　参考文献

1) Aki, K. and Larner, K. L.: Surface motion of a layered medium having an irregular interface due to incident plane *SH* waves, *J. Geophys. Res.*, **75**, 933–954 (1970).

2) Aki, K. and Richards, P. G.: *Quantitative Seismology*, **II**, W. H. Freeman and Company, 559–932 (1980).

3) Aki, K. and Richards, P. G.: *Quantitative Seismology*, 2nd ed., University Science Books, 700pp. (2002).

---

[*] Stehly *et al.* [96] の (1) 式において相互相関を書き下して定数項を C' とし，$\mathbf{r} \to \mathbf{x}$，$\tau \leftrightarrow t$ としたものに一致する．

4) Arfken, G. B. and H. J. Weber: *Mathematical Methods for Physicists*, 4th ed., Academic Press, 1029pp. (1995).

5) Auld, B. A.: *Acoustic Fields and Waves in Solids*, **I**, John Wiley & Sons, 423pp. (1973).

6) Bard, P. Y . and M. Bouchon: The seismic response of sediment-filled valleys. Part 1. The case of incident SH waves, *Bull. Seismol. Soc. Am.*, **70**, 1263–1286 (1980).

7) Bathe, K.-J.: *Finite Element Procedures*, Prentice-Hall, 1037pp. (1996).

8) Baumgardt, D. R.: Errors in matrix element expressions for the reflectivity method, *J. Geophys.*, **48**, 124–125 (1980).

9) Ben-Menahem, A. and S. J. Singh: Appendices A, D, and G, *Seismic Waves and Sources*, Springer-Verlag, 967–983 (1981).

10) Boore, D. M.: Finite difference methods for seismic wave propagation in heterogeneous materials, in *Seismology: Surface Waves and Earth Oscillations*, B. A. Bolt (ed.), Methods in Computational Physics, **11**, Academic Press, 1–37 (1972).

11) Bouchon, M. and K. Aki: Discrete wave-number representation of seismic-source wave fields, *Bull. Seismol. Soc. Am.*, **67**, 259–277 (1977).

12) Bouchon, M.: A simple method to calculate Green's functions for elastic layered media, *Bull. Seismol. Soc. Am.*, **71**, 959–971 (1981).

13) Brocker, T., B. Aaggard, R. Simpson, and R. Jachens: The new USGS 3D seismic velocity model for Northern California (abstract), *Seismol. Res. Lett.*, **77**, 271 (2006).

14) 物理学辞典編集委員会（編）：『物理学辞典』，改訂版，培風館，2465pp. (1992).

15) Cagniard, L.: *Réflexion et réfraction des ondes seismiques progressives*, Gauthier-Villars, 255pp. (1939).

16) Capon, J.: High-resolution frequency wavenumber spectrum analysis, *Proc. IEEE*, **57**, 1408–1418 (1969).

17) Červený, V.: Reflection and transmission coefficients for transition layers, *Studia Geophys. Geodaet.*, **18**, 59–68 (1974).

18) Červený, V.: Synthetic body wave seismograms for laterally varying layered structures by the Gaussian beam method, *Geophys. J. R. astr. Soc.*, **73**, 389–426 (1983).

19) Červený, V.: *Seismic Ray Theory*, Cambridge University Press, 713pp. (2001).

20) Červený, V., I. A. Molotkov, and I. Pšenčík: *Ray Method in Seismology*, Univerzita Karlova, 214pp. (1977).

21) Červený, V. and R. Ravindra: *Theory of Seismic Head Waves*, University of Tronto Press, 312pp. (1971).

22) Chapman, C. H.: A new method for computing synthetic seismograms, *Geophys. J. R. astr. Soc.*, **58**, 481–518 (1978).

23) Chapman, C. H.: Body-wave seismograms in inhomogeneous media using Maslov

asymptotic theory, *Bull. Seismol. Soc. Am.*, **72**, S277–S317 (1982).

24) Choy, G. L., V. F. Cormier, R. Kind, G. Müller, and P. G. Richards: A comparison of synthetic seismograms of core phases generated by the full wave theory and by the reflectivity method, *Geophys. J. R. astr. Soc.*, **61**, 21–39 (1980).

25) Cormier, V. F. and P. G. Richards: Full wave theory applied to a discontinuous velocity increase: the inner core boundary, *J. Geophys.*, **43**, 3–31 (1977).

26) Courant, R., K. Friedrichs, and H. Lewy: Über die partiellen Differenzengleichungen der mathematischen Physik, *Mathematische Annalen*, **100**, 32–74 (1928).

27) Dahlen, F. A. and J. Tromp: *Theoretical Global Seismology*, Princeton University Press, 1025pp. (1998).

28) de Hoop, A. T.: A modification of Cagniard's method for solving seismic pulse problems, *Appl. Sci. Res.*, Sec. B, **8**, 349–356 (1960).

29) Diao, H., H. Kobayashi, and K. Koketsu: Rupture process of the 2016 Meinong, Taiwan, earthquake and its effects on strong ground motions, *Bull. Seismol. Soc. Am.*, **108**, 163–174 (2018).

30) Doornbos, D. J. (ed.): *Seismological Algorithms*, Academic Press, 469pp. (1988).

31) Dunkin, J. W.: Computation of modal solutions in layered, elastic media at high frequencies, *Bull. Seismol. Soc. Am.*, **55**, 335–358 (1965).

32) Finlayson, B. A.: *The Method of Weighted Residuals and Variational Principles*, Academic Press, 412pp. (1972).

33) Fletcher, C. A. J.: *Computational Galerkin Methods*, Springer-Verlag, 310pp. (1984).

34) Fuchs, K.: Das Reflexions-und Transmissionsvermögen eines geschichteten Mediums mit beliebiger Tiefenverteilung der elastischen Moduln und der Dichte für schrägen Einfall ebener Wellen, *Zeitschrift für Geophysik*, **34**, 389–413 (1968).

35) Fuchs, K.: The reflection of spherical waves from transition zones with arbitrary depth-dependent elastic moduli and density, *J. Phys. Earth*, **16**, Special Issue, 27–41 (1968).

36) Fuchs, K. and G. Müller: Computation of synthetic seismograms with the reflectivity method and comparison with observations, *Geophys. J. R. astr. Soc.*, **23**, 417–433 (1971).

37) Furumura, T., B. L. N. Kennett, and H. Takenaka: Parallel 3-D pseudospectral simulation of seismic wave propagation, *Geophysics*, **63**, 279–288 (1998).

38) 古村孝志・纐纈一起・竹中博士: 大規模 3 次元地震波動場（音響場）モデリングのための PSM/FDM ハイブリッド型並列計算, 物理探査, **53**, 294–308 (2000).

39) Gilbert, F. and G. E. Backus: Propagator matrices in elastic wave and vibration problems, *Geophysics*, **31**, 326–332 (1966).

40) Graves, R. W.: Simulating seismic wave propagation in 3D elastic media using

staggered-grid finite differences, *Bull. Seismol. Soc. Am.*, **86**, 1091–1106 (1996).

41) Haddon, R. A. W. and P. W. Buchen: Use of Kirchhoff's formula for body wave calculations in the Earth, *Geophys. J. R. astr. Soc.*, **67**, 587–598 (1981).

42) Harkrider, D. G.: Surface waves in multilayered elastic media. I. Rayleigh and Love waves from buried sources in a multilayered elastic half-space, *Bull. Seismol. Soc. Am.*, **54**, 627–679 (1964).

43) Harvey, D. J.: Seismogram synthesis using normal mode superposition: the locked mode approximation, *Geophys. J. R. astr. Soc.*, **66**, 37–69 (1981).

44) Haskell, N. A.: The dispersion of surface waves in multilayered media, *Bull. Seismol. Soc. Am.*, **43**, 17–34 (1953).

45) Helmberger, D. V.: The crust-mantle transition in the Bering Sea, *Bull. Seismol. Soc. Am.*, **58**, 179–214 (1968).

46) Hisada, Y.: An efficient method for computing Green's functions for a layered half-space with sources and receivers at close depths (Part 2), *Bull. Seismol. Soc. Am.*, **85**, 1080–1093 (1995).

47) 堀家正則: 微動の研究について，地震 2，**46**, 343–350 (1993).

48) Horike, M., H. Uebayashi, and Y. Takeuchi: Seismic response in three-dimensional sedimentary basin due to plane S wave incidence, *J. Phys. Earth*, **38**, 261–284 (1990).

49) Howard, J. N.: John William Strutt, third Baron Rayleigh, *Appl. Optics*, **3**, 1091–1101 (1964).

50) 池上泰史: 広帯域減衰特性・地形・海を考慮したボクセル有限要素法による地震動シミュレーション，東京大学大学院理学系研究科，博士論文，130pp. (2009).

51) 犬井鉄郎: 『偏微分方程式とその応用』，コロナ社，366pp. (1957).

52) Jacob, K. H.: Three-dimensional seismic ray tracing in a laterally heterogeneous spherical earth, *J. Geophys. Res.*, **75**, 6675–6689 (1970).

53) Jeffreys, H.: On certain approximate solutions of linear differential equations of the second order, *Proc. London Mathematical Soc.*, **s2-23**, 428–436 (1925).

54) Jeffreys, H. and K. E. Bullen: *Seismological Tables*, Office of the British Association, London, 50pp. (1948).

55) 金井清: 『地震工学』，共立出版，176pp. (1969).

56) Kanamori, H.: A semi-empirical approach to prediction of long-period ground motions from great earthquakes, *Bull. Seismol. Soc. Am.*, **69**, 1645–1670 (1979).

57) Kawasaki, I., Y. Suzuki, and R. Sato: Seismic waves due to a shear fault in a semi-infinite medium. Part I: Point source, *J. Phys. Earth*, **21**, 251–284 (1973).

58) Kennett, B. L. N.: The effects of attenuation on seismograms, *Bull. Seismol. Soc. Am.*, **65**, 1643–1651 (1975).

59) Kennett, B. L. N.: Seismic waves in a stratified half space –II. Theoretical

seismograms, *Geophys. J. R. astr. Soc.*, **61**, 1–10 (1980).

60) Kennett, B. L. N.: *Seismic Wave Propagation in Stratified Media*, Cambridge University Press, 342pp. (1983).

61) Kennett, B. L. N.: *The Seismic Wavefield*, **1**, Cambridge University Press, 370pp. (2001).

62) Kikuchi, M.: *Earthquake Source Process*, Training Course on Seismology and Earthquake Engineering II, JICA International Center (1995).

63) Kikuchi, M. and H. Kanamori: *Note on Teleseismic Body-Wave Inversion Program*, http://wwweic.eri.u-tokyo.ac.jp/ETAL/KIKUCHI/ (2006).

64) Kind, R.: Computation of reflection coefficients for layered media, *J. Geophys.*, **42**, 191–200 (1976).

65) Kind, R.: The reflectivity method for a buried source, *J. Geophys.*, **44**, 603–612 (1978).

66) Kohketsu, K.: The extended reflectivity method for synthetic near-field seismograms, *J. Phys. Earth*, **33**, 121–131 (1985).

67) Kohketsu, K.: 2-D reflectivity method and synthetic seismograms in irregularly layered structures – I. *SH*-wave generation, *Geophys. J. R. astr. Soc.*, **89**, 821–838 (1987).

68) Koketsu, K., H. Fujiwara, and Y. Ikegami: Finite-element simulation of seismic ground motion with a voxel mesh, *Pure Appl. Geophys.*, **161**, 2183–2198 (2004).

69) Koketsu, K., B. L. N. Kennett, and H. Takenaka: 2-D reflectivity method and synthetic seismograms in irregularly layered structures – II. Invariant embedding approach, *Geophys. J. Int.*, **105**, 119–130 (1991).

70) Koketsu, K. and M. Kikuchi: Propagation of seismic ground motion in the Kanto basin, Japan, *Science*, **288**, 1237–1239 (2000).

71) Koketsu, K. and H. Miyake: A seismological overview of long-period ground motion, *J. Seismol.*, **12**, 133–143 (2008).

72) Koketsu, K., H. Miyake, Afnimar, and Y. Tanaka: A proposal for a standard procedure of modeling 3-D velocity structures and its application to the Tokyo metropolitan area, Japan, *Tectonophysics*, **472**, 290–300 (2009).

73) Koketsu, K. and S. Sekine: Pseudo-bending method for three-dimensional seismic ray tracing in a spherical earth with discontinuities, *Geophys. J. Int.*, **132**, 339–346 (1998).

74) Komatitsch, D. and J. Tromp: Introduction to the spectral element method for three-dimensional seismic wave propagation, *Geophys. J. Int.*, **139**, 806–822 (1999).

75) Kreyszig, E.: *Advanced Engineering Mathematics*, 8th ed., John Wiley & Sons, 1156pp. (1999).

76) Lamb, H.: On the propagation of tremors over the surface of an elastic solid, *Phil. Trans. Roy. Soc. London Ser. A*, **203**, 1–42 (1904).

77) Landau, L. D. and E. M. Lifshitz: *Mechanics*, 3rd ed., Butterworth-Heinemann, 224pp.

(1973)（広重徹・水戸巌（訳），『力学』，東京図書，213pp. (1974)）.

78) Love, A. E. H.: *Some Problems in Geodynamics*, Cambridge Univ. Press, 180pp. (1911).

79) Magistrale, H., S. Day, R. W. Clayton, and R. Graves: The SCEC southern California reference three-dimensional seismic velocity model version 2, *Bull. Seismol. Soc. Am.*, **90**, S65–S76 (2000).

80) 松岡俊文・白石和也: 地震波干渉法によるグリーン関数合成と地下構造イメージング，物理探査，**61**, 133–144 (2008).

81) Millar, R. F.: Rayleigh hypothesis and a related least-squares solution to scattering problems for periodic surfaces and other scatterers, *Radio Sci.*, **8**, 785–796 (1973).

82) 森口繁一・宇田川銈久・一松信: 『数学公式 II』，岩波書店，298pp. (1957).

83) 中原恒: 地震波干渉法，その 1　歴史的契機と原理，地震 2, **68**, 75–82 (2015).

84) 日本数学会（編）: 『数学辞典』，第 2 版，岩波書店，1140pp. (1968).

85) Papoulis, A.: *The Fourier Integral and Its Applications*, McGraw-Hill, 318pp. (1962).

86) Pereyra, V., W. H. K. Lee, and H. B. Keller: Solving two-point seismic-ray tracing problems in a heterogeneous medium, Part 1, *Bull. Seismol. Soc. Am.*, **70**, 79–99 (1980).

87) Press, W. H., B. P. Flannery, S. A. Teukolsky, and W. T. Vetterling: *Numerical Recipes in C: The Art of Scientific Computing*, Cambridge University Press, 735pp. (1988).

88) Phinney, R. A.: Theoretical calculation of the spectrum of first arrivals in layered elastic mediums, *J. Geophys. Res.*, **70**, 5107–5123 (1965).

89) Rayleigh, Lord: On waves propagated along the plane surface of an elastic solid, *Proc. London Math. Soc.*, **17**, 4–11 (1885).

90) Richards, P. G.: Weakly coupled potentials for high-frequency elastic waves in continuously stratified media, *Bull. Seismol. Soc. Am.*, **64**, 1575–1588 (1974).

91) Saito, M.: Disper80: A subroutine package for the calculation of seismic normal-mode solutions, in *Seismological Algorithms*, D. J. Doornbos (ed.), Academic Press, 293–319 (1988).

92) 斎藤正徳: 『地震波動論』，東京大学出版会，539pp. (2009).

93) 齋藤正彦: 『線形代数入門』，東京大学出版会，279pp. (1966).

94) 佐藤泰夫: 『弾性波動論』，岩波書店，454pp. (1978).

95) 嶋悦三: 強震地動に見られる表面波成分，第 3 回日本地震工学シンポジウム，277–284 (1970).

96) Stehly, L., M. Campillo, B. Froment, and R. L. Weaver: Reconstructing Green's function by correlation of the coda of the correlation (C^3) of ambient seismic noise, *J. Geophys. Res.*, **113**, B11306 (2008).

97) Sun, Y.: Ray tracing in 3-D media by parameterized shooting, *Geophys. J. Int.*, **114**, 145–155 (1993).

98) 高橋亮一・棚町芳弘: 『差分法』, 培風館, 323pp. (1991).

99) Takeuchi, H. and M. Saito: Seismic surface waves, in *Seismology: Surface Waves and Earth Oscillations*, B. A. Bolt (ed.), Methods in Computational Physics, **11**, Academic Press, 217–295 (1972).

100) 寺澤寛一: 『自然科学者のための数学概論』, 増訂版, 岩波書店, 722pp. (1954).

101) Thomson, C. J. and C. H. Chapman: An introduction to Maslov's asymptotic method, *Geophys. J. R. astr. Soc.*, **83**, 143–168 (1985).

102) Thomson, W. T.: Transmission of elastic waves through a stratified solid, *J. Appl. Phys.*, **21**, 89–93 (1950).

103) Trifunac, M. D. and J. N. Brune: Complexity of energy release during the Imperial Valley, California, earthquake of 1940, *Bull. Seismol. Soc. Am.*, **60**, 137–160 (1970).

104) Um, J. and C. Thurber: A fast algorithm for two-point seismic ray tracing, *Bull. Seismol. Soc. Am.*, **77**, 972–986 (1987).

105) USGS (United States Geological Survey): Earthquake Glossary, https://earthquake.usgs.gov/learn/glossary/（2017 年にアクセス）.

106) 宇津徳治: 『地震学』, 第 3 版, 共立出版, 376pp. (2001).

107) Viens, L., H. Miyake, and K. Koketsu: Simulations of long-period ground motions from a large earthquake using finite rupture modeling and the ambient seismic field, *J. Geophys. Res.*, **121**, 8774–8791 (2016).

108) Virieux, J.: *SH*-wave propagation in heterogeneous media: Velocity-stress finite-difference method, *Geophysics*, **49**, 1933–1957 (1984).

109) Wang, R.: A simple orthonormalization method for stable and efficient computation of Green's functions, *Bull. Seismol. Soc. Am.*, **89**, 733–741 (1999).

110) 鷲津久一郎・宮本博・山田嘉昭・山本義之・川井忠彦（共編）: 『有限要素法ハンドブック』, I 基礎編, 培風館, 443pp. (1981).

111) Wapenaar, C. P. A. and G. C. Haimé: Elastic extrapolation of primary seismic P- and S-waves, *Geophys. Prospect.*, **38**, 23-60 (1990).

112) Wapenaar, K. and J. Fokkema: Green's function representations for seismic interferometry, *Geophysics*, **71**, SI33-SI46 (2006).

113) Yokoi, T. and S. Margaryan: Consistency of the spatial autocorrelation method with seismic interferometry and its consequence, *Geophys. Prospect.*, **56**, 435-451 (2008).

114) Yoshida, S., K. Koketsu, B. Shibazaki, T. Sagiya, T. Kato, and Y. Yoshida: Joint Inversion of near- and far-field waveforms and geodetic data for the rupture process of the 1995 Kobe earthquake, *J. Phys. Earth*, **44**, 437–454 (1996).

115) 座間信作: やや長周期の地震動, 地震 2, **46**, 329–342 (1993).

116) Zhu, L. and Rivera, L. A.: A note on the dynamic and static displacements from a point source in multilayered media, *Geophys. J. Int.*, **148**, 619–627 (2002).

117) 古村孝志: 差分法による 3 次元不均質場での地震波伝播の大規模計算, 地震 2, **61**, S83–S92 (2009).

118) Horike, M.: Inversion of phase velocity of long-period microtremors to the S-wave-velocity structure down to the basement in urbanized areas, *J. Phys. Earth*, **33**, 59–96 (1985).

第4章　地震動の観測と処理

4.1　地震計*)

4.1.1　地震計の原理

地震計 *seismograph, seismometer*†) は次の原理によって地震動を計測する．慣性モーメントが大きく周期の長い**振り子** *pendulum* は，その支点が動いてもすぐには動き出さず，一見，不動点として振る舞うので，地震計を地面と一体化した記録装置と板ばねなど各種ばねで作られた振り子で構成して，記録装置に対する振り子の相対的な動きを逆向きに記録すれば，地面の動きである**地震動**が得られる．

実際は振り子が不動点とならなくても，地震動と振り子の動きの関係が既知であれば地震動の復元が可能であるから，不動点であることをきびしく追求する必要はない．たとえば水平方向の地震動を観測する**水平動地震計** *horizontal component seismograph* として，図 4.1 のように長さ l，おもりの重さ m の単振り子にペンが付けられて全体の長さが L になっており，ペンの動きが記録ドラム上に記録されるような地震計を考える．重力以外の外力が働かない静穏時は，単振り子は周期

$$T_0 = \frac{2\pi}{n}, \qquad n^2 = \frac{g}{l} \tag{4.1}$$

で単振動するはずであり，これが地震計の**固有周期** *natural period* である（n はそれに対応する角周波数）．ただし，不動点に近い振り子ほど大きな慣性モーメントにより，いったん動き出せば地震動が終わっても単振動を繰り返して

---

*) §4.1 に関する全般的な参考文献として浜田[15]，宇津[35] がある．

†) seismometer は本来，電磁式地震計の換振器部分を指すが（§4.1.3），近年は地震計全体の意味で使われることが多い．

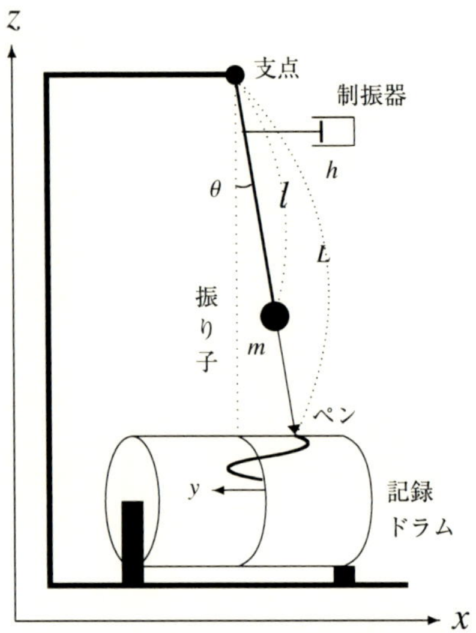

図 4.1　単振り子と記録ドラムによる地震計の原理.

なかなか止まらない．そのため，**制振器** *damper* を付けて単振動を抑制する．この制振器が振り子の角度 θ の動き $d\theta/dt$ に比例して抵抗力を与え, その比例定数を κ とすると，振り子の運動方程式はその接線方向に対して

$$m\,\frac{d^2(l\theta)}{dt^2} + \kappa\,\frac{d\theta}{dt} + mg\sin\theta = 0 \tag{4.2}$$

となる．ここで θ が小さければ $\sin\theta \sim \theta$ であるから，運動方程式は (4.2) 式から

$$\frac{d^2\theta}{dt^2} + 2hn\frac{d\theta}{dt} + n^2\theta = 0, \quad h = \frac{\kappa}{2nml} \tag{4.3}$$

となり，これは**減衰振動**の運動方程式（§1.2.6）の一種であるから，その解は

$$\theta = Ae^{-hnt}\sin\left(\sqrt{1-h^2}\,nt + \gamma\right) \tag{4.4}$$

と表すことができる．h は**減衰定数** *damping constant* と呼ばれる定数で，振動の振幅は単振動に比べ時間とともに e^{-hnt} で減衰する．また，減衰振動の周期 $T_0' = T_0/\sqrt{1-h^2}$ は固有周期より長くなる．

一方, 地震時には振り子の支点と記録ドラムが，地面と一体となって地震動とともに並進運動する．その量を x とすると，静止座標系に対する振り子の運動方程式は，振り子の接線方向に対して

$$m\frac{d^2}{dt^2}(x\cos\theta + l\theta) + \kappa\frac{d\theta}{dt} + mg\sin\theta = 0 \tag{4.5}$$

で与えられる．さらに，先と同様に θ が小さければ $\cos\theta \sim 1, \sin\theta \sim \theta$ であるから，(4.5) 式は

$$\frac{d^2\theta}{dt^2} + 2hn\frac{d\theta}{dt} + n^2\theta = -\frac{1}{l}\frac{d^2x}{dt^2} \tag{4.6}$$

となる．振り子が不動点に近い時，その相対運動は地面や記録ドラムの並進運動と逆向きになるから，記録紙上の座標 y を x と反対方向に取ると，$y = -L\theta$ であるから

$$\frac{d^2y}{dt^2} + 2hn\frac{dy}{dt} + n^2y = V\frac{d^2x}{dt^2}, \qquad V = \frac{L}{l} \tag{4.7}$$

が得られる．これが入力 x と出力 y に対する地震計の基本方程式で，V は**基本倍率** *static magnification* と呼ばれる．(4.7) 式からわかるように，$T_0 = 2\pi/n$, h, V の三定数が与えられれば地震計の特性は決まることになる．

なお，鉛直方向の地震動を観測するための**上下動地震計** *vertical component seismograph* では，横向きにした振り子をばねでつり下げることにより実現される．また，3 次元空間における地震動は，震動方向が互いに直交する水平動地震計 2 台と上下動地震計 1 台で完全に観測されるから，これら 3 台の地震計が一つにパッケージされた**三成分地震計** *three-component seismograph* がある．

地震計のようなシステムにおいて，入力 x に対して出力 y が変化するありさまである y/x を応答といい，特に入力に正弦波 $e^{i\omega t}$ を与えた時の応答を**周波数応答** *frequency response*，または**周波数特性** *frequency characteristics* と呼ぶ. 実際に (4.7) 式に $x = e^{i\omega t}$，$y = \Lambda(\omega)\,x$ を代入してみると，周波数特性として

$$\Lambda(\omega) = \frac{V\omega^2}{\omega^2 - n^2 - 2hn\omega i} \tag{4.8}$$

が得られる．さらに，入力である地震動の周期 $T = 2\pi/\omega$ を固有周期 T_0 で無

次元化した量 $u = T/T_0 = n/\omega$ を用いて, 周波数特性を $\Lambda(\omega) = A(\omega)\, e^{\mathrm{i}\alpha(\omega)}$ として**振幅特性** *amplitude characteristics* と**位相特性** *phase characteristics* に分解すると

$$A(\omega) = VU(\omega), \quad U(\omega) = \frac{1}{\sqrt{(1-u^2)^2 + 4h^2n^2}}$$

$$\alpha(\omega) = \tan^{-1}\frac{2hu}{1-u^2}, \quad 0 < \alpha(\omega) < \pi \tag{4.9}$$

となる. 図 4.2 は無次元周期 u に対する正規化振幅特性 $U(\omega)$ を両対数目盛でグラフ化したものと, 位相特性 $\alpha(\omega)$ を片対数目盛でグラフ化したものを, いくつかの h について示してある.

この図からわかるように, $T \gg T_0$ で $u \gg 1$ のとき, h があまり大きくなければ $U(\omega)$ は点 (1, 1) を通って傾き −2 の直線に漸近し, $\alpha(\omega)$ は 180° に近づく. つまり

$$\Lambda(\omega) \sim \frac{Ve^{\mathrm{i}\pi}}{u^2} = \frac{-Vn^2}{\omega^2}, \quad T \gg T_0\,(\omega \ll n), \quad h \sim 1 \tag{4.10}$$

であり, この場合, 地震動を $x = e^{\mathrm{i}\omega t}$ とすると地震計の出力は

$$y = \Lambda(\omega)\, x \sim -\frac{Vn^2 e^{\mathrm{i}\omega t}}{\omega^2} = Vn^2\frac{d^2x}{dt^2} \tag{4.11}$$

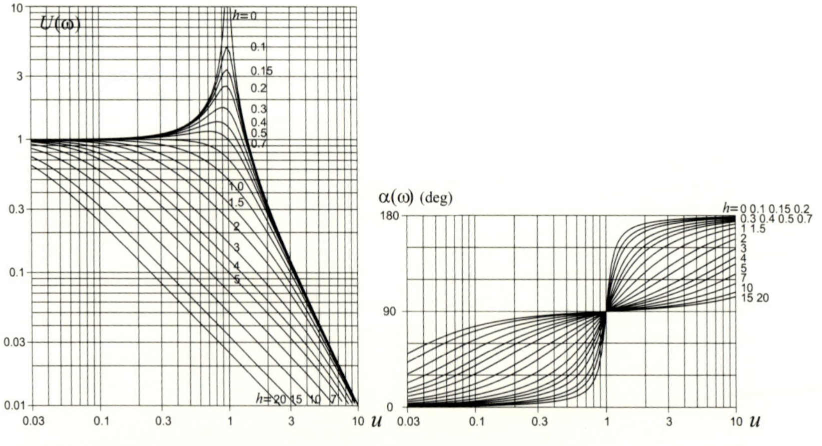

図 4.2　無次元周期 u に対する地震計の正規化振幅特性 $U(\omega)$ と位相特性 $\alpha(\omega)$（宇津 [35] に基づく）.

で与えられて地震動の加速度に比例し，**加速度地震計** *acceleration seismograph*（**加速度計** *accelerograph, accelerometer* とも呼ばれる）が実現できる．

一方，$u \ll 1$（$T \ll T_0$）の部分では，h があまり大きくなければ図 4.2 の曲線は平坦な直線 $U(\omega) = 1$ に漸近し，位相特性は $\alpha(\omega) = 0^\circ$ に近づく．この時，地震計の出力は $y \sim Vx$ であるから，地震動そのもの，つまり地面の変位に比例した出力が得られるので，**変位地震計** *displacement seismograph* が実現される．また，$u \sim 1$（$T \sim T_0$）付近では h が十分大きければ，$U(\omega)$ は傾き -1 の直線になっているので，$U(\omega) \propto u^{-1} \propto \omega$ であり，位相特性はほぼ $\alpha(\omega) = 90^\circ$ になっている．したがって $y \propto \mathrm{i}\omega\, e^{\mathrm{i}\omega t} = dx/dt$ であるから，出力が地震動の速度に比例して**速度地震計** *velocity seismograph* が得られる．以上の各種地震計とその特性の関係を表 4.1 にまとめて示した．

表 4.1 各種地震計の固有周期・減衰定数．

地震計	固有周期	減衰定数
変位地震計	$T \ll T_0$	$h \sim 1$
速度地震計	$T \sim T_0$	$h \gg 1$
加速度地震計	$T \gg T_0$	$h \sim 1$

また，はっきりした定義ではないが，固有周期が 1 秒前後以下の地震計を**短周期地震計** *short-period seismograph*，10 秒前後以上の地震計を**長周期地震計** *long-period seismograph* と呼ぶ．両者の中間の固有周期を持つ地震計を**中周期地震計**と呼ぶこともある．

4.1.2 強震計の原理*)

地震動の中でも強震動を観測できるようにした地震計は**強震計** *strong motion seismograph, seismometer* と呼ばれる．したがって，強い地震動でも振り切れない低倍率（$V = 1 \sim 20$ 程度）の地震計であるというのが，もっとも基本的な強震計の定義である（逆に，基本倍率が大きい地震計は**高感度地震計** *high-sensitivity seismograph* と呼ばれる）．しかし，従来，工学分野では，建物被害は地震動の力によるものであり，力に直結する加速度が強震動の適切

*) §4.1.2 に関する参考文献として工藤・他[23] がある．

な指標であるという考え方が支配的であり，地震学においても地震動の加速度を直接測定できる低倍率の**加速度地震計**が長く強震計の代名詞であった．

歴史的な**大森式強震計**や，その後継で戦後長く気象庁で用いられていた**一倍強震計**は，単に基本倍率が小さく，固有周期の長い変位地震計に過ぎない．たとえば，一倍強震計は $V \sim 1$（つまり一倍），$T_0 = 5 \sim 6$ 秒の特性を持っていた．これに対して日本では，かなり早い時期から加速度地震計の開発も行われており，1930年には**石本式加速度計** *Ishimoto-type Accelerograph* が登場し，その観測記録から**最大加速度** *peak ground acceleration* (*PGA*)（加速度記録の最大振幅）と震度の関係が求められている[17)]．

しかし，100 gal 以上の強震動らしい強震動を観測するためにはある程度の堅牢性が要求され，そうした強震動は稀にしか発生しないから保守を容易にするため，あるレベル以上の強震動が感知されたとき，初めて記録を開始する**トリガ機構** *trigger mechanism* が必要となる．こうした実用に耐える強震計を製作し，実際にそれを用いて強震動を最初に観測したのはアメリカであった．1931年，地震研究所の当時の所長であった末広恭二は，アメリカ土木学会の招きで渡米し **Engineering Seismology**（「工学地震学」．強震動地震学と地震工学を包括した，あるいは両者の境界にある研究領域を表す）というタイトルの講演を行って，石本式加速度計を紹介しながら加速度計の重要性を説いたといわれる．

USGS *United States Geological Survey*（アメリカ地質調査所）の前身であるUSCGS（United States Coast and Geodesy Survey，アメリカ沿岸測地局）は末広の提言を受けて，1932年に **USCGS スタンダード型** *USCGS standard type* と呼ばれる加速度強震計を開発し，**Long Beach 地震** *Long Beach earthquake*（1933, M_w 6.4）や **Imperial Valley 地震** *Imperial Valley earthquake*（1940, M_w 6.9）の強震動を記録した．特に後者の強震記録（図4.3）は最大加速度341.7 cm/s^2 に達し，現在でも観測地の名を取って **El Centro 波** *El Centro seismogram* と呼ばれ，建物の設計用入力地震動に用いられることがある．

日本では**福井地震** *Fukui earthquake*（1948, M 7.1）を契機に同様の本格的な加速度強震計の開発の気運が高まり，**強震動測定委員会** *Strong Motion Accelerometer Committee* が発足して開発を行った．1953年に試作品が完成し

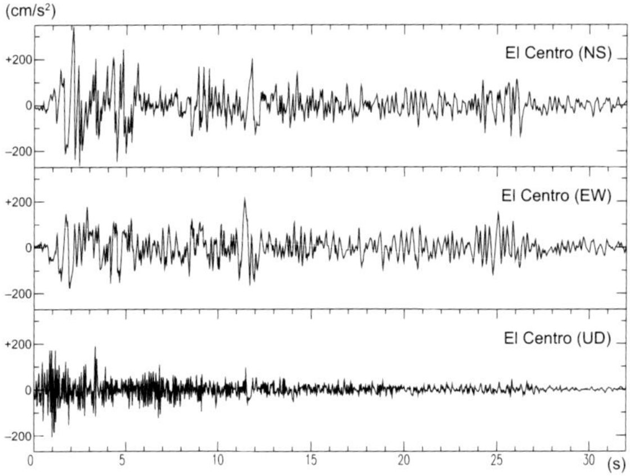

図 **4.3**　USCGS スタンダード型強震計で記録された Imperial Valley 地震の加速度記録（El Centro 波）.

た $V = 16$, $T_0 = 0.1$ s の強震計は，委員会の英文名の頭文字を取って **SMAC** 型 *SMAC-type* と呼ばれる．以後，少しずつ改良されながら長い間国内の代表的強震計の地位を保ち，その観測記録は工学分野で広く利用されてきている．しかし，

(1) **刻時装置** *chronograph* やその較正装置（これら全体を地震計の**時計** *clock* と呼ぶ）を持たないので，絶対時刻がわからない.
(2) トリガ方式であるにも関わらず，トリガ直前の記録を保持する**遅延装置** *delay unit* を持たないため，P 波部分などが欠落しやすい.
(3) 工学分野での利用を目的とする傾向が強かったため，都市部の建物や構造物に設置されることが多く，それらの影響が観測記録に含まれていた.

など，地震学にとってかなり致命的な欠点があって，精度が低いながら刻時装置を持ち，連続記録で欠落が少ない一倍強震計に比べ，この分野で利用されることは少なかった.

4.1.3　電磁式地震計

図 4.1 で表現できるような，振り子の動きをペンで紙に描いたり，ドラムな

どに付けた煤を針で引っかいたりして記録する古いタイプの地震計を，**機械式地震計** *mechanical seismograph* と呼ぶ．また，振り子に取り付けた鏡で光を反射させ，その反射光を写真フィルムに記録するタイプの地震計が**光学式地震計** *optical seismograph* である．最初の M の定義に用いられた **Wood-Anderson 式地震計**（§A.1.1）は光学式であった．

これらに対し，振り子の動きを電気信号に変換して記録するタイプの地震計は**電磁式地震計** *electromagnetic seismograph* と呼ばれる．エレクトロニクスの発達した現代では，取り出された電気信号をテープやディスクなどに電磁気的に記録すれば後の処理も容易であるし，地震計自体の調整も行いやすく，小型軽量化も可能なので，ほとんどすべての地震計が電磁式であり，強震計も例外ではない．

電磁式地震計の中で変換を行う部分を**変換器** *transducer*，振り子と変換器を併せた部分を**換振器** *seismometer* と呼ぶ．主に 2 種類の換振器が使われており，その第一が**可動コイル型** *moving coil type* と呼ばれるもので，永久磁石の中でコイルが動くと電磁誘導で起電力が発生することを利用して，コイルを付けた振り子と磁石を組み合わせて作られたものである．このほか，変換器をコンデンサで構成し，振り子の動きに伴うコンデンサ容量の変化を電気的に検出するタイプの換振器も存在する[20]．

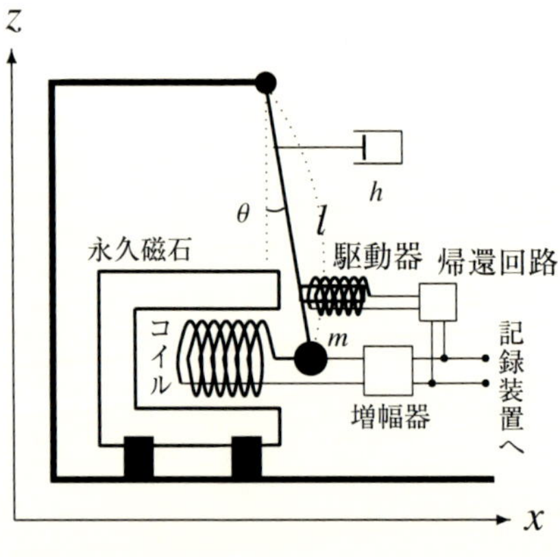

図 **4.4**　電磁式地震計の可動コイル型換振器の原理．駆動器と帰還回路はサーボ機構付きの場合．

図 4.1 におけるペンを半径 a，巻き数 N のコイルに置き換え，その周囲を磁束密度 B の永久磁石で蔽うとすると（図 4.4），振り子の動きに合わせてコイルが動き，その動きの速さ $d(L\theta)/dt$ に比例して電磁誘導により起電力

$$E = 2\pi aNB\,\frac{d(l\theta)}{dt} = G\,\frac{d\theta}{dt}\,, \qquad G = 2\pi aNBl \tag{4.12}$$

が発生する．コイルが抵抗 R，コイル以外の部分が抵抗 r を持っていると，この起電力は電流 $i = E/(R+r)$ となって，コイルの動きを押さえる力 $2\pi aNBi = Gi$ を生み出すので，振り子の運動方程式は (4.5) 式にこの抵抗力が付け加わって

$$m\,\frac{d^2}{dt^2}(x\ \cos\theta + l\theta) + \kappa\,\frac{d\theta}{dt} + \frac{G^2}{(R+r)}\frac{d\theta}{dt} + mg\ \sin\theta = 0 \tag{4.13}$$

となる．さらに (4.5) 式と同様 $\theta \sim 0$ とすれば

$$\frac{d^2\theta}{dt^2} + 2(h+h_e)n\frac{d\theta}{dt} + n^2\theta = -\frac{1}{l}\,\frac{d^2x}{dt^2}\,, \qquad h_e = \frac{G^2}{2nml(R+r)} \tag{4.14}$$

が与えられ, これを (4.6) 式と比べると，電磁誘導により減衰定数が h_e だけ増加していることがわかる．

このコイルを**増幅器** *amplifier* を介して**記録装置** *recorder* に接続すると，増幅器の増幅倍率に応じて $i = E/(R+r)$ に比例した電流が流れる．(4.12) 式より E は $d\theta/dt$ に比例しているから，出力の電気信号は振り子の角度 θ の 1 階微分に相当している．したがって振り子が変位地震計型なら速度（速度地震計型なら加速度）に相当する出力が記録されることになるので，可動コイル型換振器の変換器部分を**速度検出型** *velocity detection type* と呼ぶことがある．$d\theta/dt$ に比例するから静的な変位を検出することはできない．これに対してコンデンサ型変換器では，振り子が変位地震計型ならそのまま変位に相当する出力が得られるので，**変位検出型** *displacement detection type* と呼ばれる[20]．

4.1.4 サーボ機構[*]

たとえば加速度計を設計しようとする場合，図 4.2 や表 4.1 からわかるように $T = T_0$ $(u = 1)$ 付近から $T = \infty$ $(u = \infty)$ まで出力が加速度に比例するの

---

[*] §4.1.4 に関する参考文献として木下[20] がある．

で，固有周期 T_0 が短いほど広い周期帯（帯域）で加速度計としての動作が保障され，**広帯域** *broad band* となる．単純に考えればこの広帯域化は，振り子の機械的な構造を変えて固有周期を短くすることで実現できるが，電磁式地震計では電気・機械系の**サーボ機構** *servo mechanism* でも実現可能である．むしろ現実には容易で安価に実現できるため，強震計に限らず最近の広帯域の地震計はほとんどがこのサーボ機構を用いている．また，後述のように地震計のサーボ機構は振り子の振幅を押さえるように働くので，大きな地震動による振り切れの回避を重視する強震計では特に好都合である．

サーボ機構を用いずに広帯域を実現しているのは，振り子をシリコン油に浸して減衰定数を大きくした速度型の**村松式強震計** *Muramatsu-type seismograph* など，わずかな例しかない．また，広帯域であることが必要ないか，あるいはそれをある程度犠牲にして可搬性や電源を必要としない点を重視した強震計ではサーボ機能を持たないものもある [24)]．この場合，強力な永久磁石により大きな h を実現し（**過減衰** *over-damping*），周期 10 秒程度まで平坦な特性の速度型振り子を用いている．

図 4.4 に示したように，地震計のサーボ機構は一般に**帰還回路** *feedback circuit* と**駆動器** *driver* で構成されている．帰還回路は増幅回路や微分回路を用いて換振器の出力を変形し，磁石・コイル系の駆動器は変形された出力を動コイル型変換器と逆の原理で振り子に伝える．振り子に伝えられる力を振り子の θ，$d\theta/dt$，$d^2\theta/dt^2$ いずれに比例させるかでサーボ機構は**変位帰還**，**速度帰還**，**加速度帰還** *displacement, velocity, acceleration feedback* と呼び分けられる．したがって，電磁式地震計にはその変換器とサーボ機構の組み合わせによりいろいろなバリエーションが考えられるが，主に用いられているのは以下の 3 タイプである．

強震計としてもっとも広く用いられているのが，変位検出・変位帰還型の加速度地震計である．この場合，振り子に伝えられる力は振り子変位 θ に比例するので，θ と逆向きにその力を加えると，その比例定数を G_f とすれば (4.6) 式は

$$\frac{d^2\theta}{dt^2} + 2hn\frac{d\theta}{dt} + (n^2 + G_f)\theta = -\frac{1}{l}\frac{d^2x}{dt^2} \tag{4.15}$$

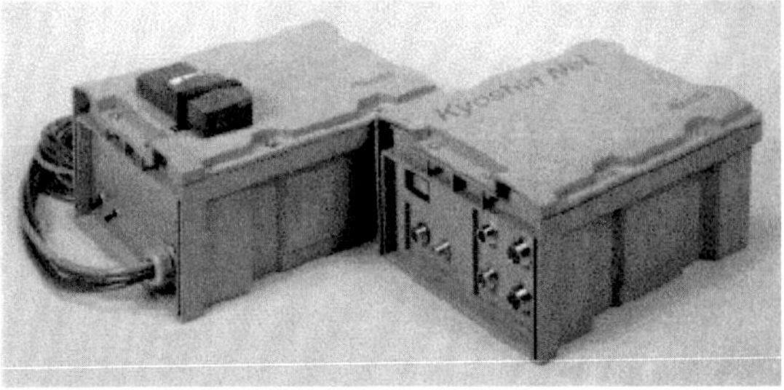

図 **4.5** K-NET95 の外観．左が通信用モデム付きの本体で右がバッテリ（防災科学技術研究所[8] による）．

となって，θ に関わる項で n^2 が G_f だけ増加する．固有周期は (4.1) 式より $T_0 = 2\pi/n$ であるから，G_f に相当する分，短い固有周期が実現できることになる．また，サーボ機構は振り子を平衡点へ引き戻そうとする力として働くので，このタイプの加速度計は**力平衡型** *force balance type* とも呼ばれる．代表的な変位検出・変位帰還型の強震計としては，一倍強震計に替わって 1987 年から気象官署に配備された **87 型強震計**[18] や，兵庫県南部地震（1995）以後の大規模強震計ネットワーク **K–NET**（§2.3.7）で使われた **K–NET95**[19] があり，後者の外観を図 4.5 に示した．

次に STS–1, 2 あるいは CMG–3T, 40T などいわゆる**広帯域地震計** *broadband seismograph*（単に広帯域地震計と呼んだ場合，遠方の地震を対象とした広帯域の高感度地震計を指す場合が多い）は，ほとんどが変位検出・速度帰還型の速度地震計である．振り子には振り子速度 $d\theta/dt$ に比例する逆向きの力が働くので，その比例定数を同じく G_f とすれば (4.6) 式は

$$\frac{d^2\theta}{dt^2} + 2(h + \frac{G_f}{2n})n\frac{d\theta}{dt} + n^2\theta = -\frac{1}{l}\frac{d^2x}{dt^2} \tag{4.16}$$

となって，減衰定数 h が $G_f/2n$ だけ増加する．h が大きくなれば図 4.2 や表 4.1 からわかるように，T_0 を中心とした広い帯域で速度地震計として動作する．また，帰還回路の出力を取り出せば，速度の微分である加速度を出力させることもできる．強震計でも VSE-11, 12 などの速度強震計は同様のサーボ機構で実現されている．

このほか，速度検出・速度帰還型の加速度強震計もわずかながら存在する．速度を帰還させれば上の場合と同じように，振り子は広帯域の速度地震計型になるが，変換器が速度検出型なので記録器への出力は速度の微分の加速度地震計型になる．このタイプでは雷に弱い帰還回路を変換器・駆動器から離して設計が可能であり，保守のむずかしい地中観測では帰還回路を交換しやすい地上に置くため，比較的よく用いられているといわれる [20)]．

いずれの場合も駆動器は振り子の動きと逆向きに作用させる必要があるので，地震計のサーボ機構は**負帰還機構** *negative feedback mechanism* とも呼ばれる．振り子の動きが押さえられるため，大きな地震動が来ても振り子がその機械的可動範囲を越えることが少なくなり，サーボ機構を備えれば地震計の測定範囲，いわゆる**ダイナミックレンジ** *dynamic range* を広げることになる．

近代的な強震計は時計を備えるようになり，加速度計だけでなく速度型のものも使われるようになってきた．逆に微小地震観測やグローバル地震学など地震学の他分野で使われている地震計もトリガ機構などを備えるようになって，両者の違いは低倍率や堅牢性を除けば小さくなっている．したがって現在では，**強震観測**とそれ以外の違いは，観測目標として何を意識するかの違いになりつつあると言うこともできる．

4.2　地震動のスペクトル処理

4.2.1　A/D 変換

コンピュータによる解析が必須であればデータは**デジタル** *digital* で提供される必要があるので，連続的な値を取り得る**アナログ** *analog* 量である電磁式地震計の電気信号をデジタルに変換する作業は従来，解析の一環として行われていた．しかし，当然のことながら地震計の出力自体がデジタルになればこうした作業が不要になって解析が容易になるので，最近の地震計では記録装置部分にアナログからデジタルへの変換，いわゆる **A/D 変換** *A/D conversion* を行う **A/D 変換器** *A/D converter* を持つものが大部分である．なお，A/D 変換はアナログ量からデジタル値を**サンプリング** *sampling* することに相当し，A/D 変換の逆操作は **D/A 変換** *D/A conversion* と呼ばれる．

表 4.2 A/D 変換器の種類[13),26)].

変換方式	分解能	変換速度
時間比較方式（高分解能・高精度）		
積分型	～22 bit	～数 kHz
デルタシグマ変調型	～24 bit	～数十 kHz
電圧比較方式（中・高速）		
逐次比較型	～16 bit	～数百 kHz
直並列型	～14 bit	～数十 MHz
全並列型	～10 bit	～数百 MHz

A/D 変換器もかつては回路で組まれていたが，近年はワンチップの LSI が市販されるようになっており，表 4.2 に示すような種類がある[13),26)]（性能は文献当時のもの）．オーディオなど民生用に比べ，地震観測における A/D 変換の変換速度は 1 kHz 程度で十分である．したがって，16 bit 程度の分解能で十分な場合には，地震観測に限らず汎用的に使われている逐次比較型 A/D 変換器が用いられるが，24 bit などの高分解能記録器ではデルタシグマ変調型のものが使われるようになってきた．

逐次比較型 *successive approximation type* では，入力電圧を各ビットに相当する基準電圧と順次比較してビットのオン・オフを決定する．このタイプは D/A 変換器を内蔵しており，まず最上位ビットのみをオンにして D/A 変換器を通した出力を入力電圧と比較して，入力電圧の方が大きければ最上位ビットをそのまま残し，小さければオフにクリアする．次に，この最上位ビットの結果を持ったまま第 2 ビットをオンにして D/A 変換器を通し，その出力を再び入力電圧と比較して，入力電圧の方が大きければ第 2 ビットをそのまま残し，小さければオフにクリアする．この操作を全ビットについて逐次繰り返してデジタル値を得るのが逐次比較型である．

一方，**デルタシグマ変調型** *delta-sigma modulation type* は低分解能（1～4bi 程度）の A/D 変換を高速のサンプリング（**オーバサンプリング** *oversampling*）で行い，その結果をローパスフィルタで平均化して間引くことで高分解能のデジタル値を得る．内部の A/D 変換器は D/A 変換器と組み合わせになっており，低分解能デジタル値はこの D/A 変換器を通して負帰還されて，次のアナロ

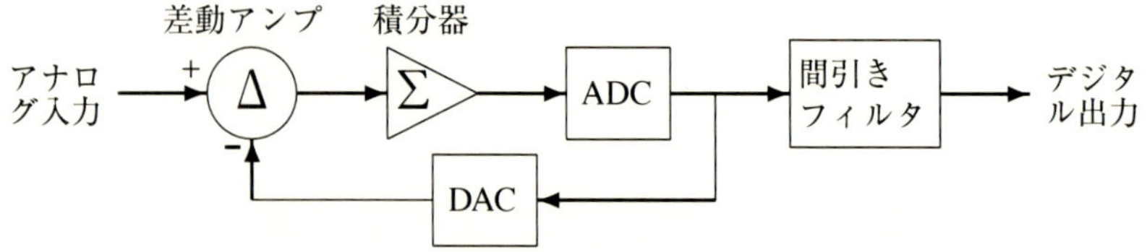

図 **4.6**　デルタシグマ変調型 A/D 変換器の構成．ADC，DAC は 1~4 bit 程度の低分解能 A/D，D/A 変換器である．

グ入力との差分が取られ，それを積分してから A/D 変換が行われる（図 4.6）．低分解能デジタル値に対しては，**間引きフィルタ** *decimation filter* がローパスフィルタによる平均化と間引きを施して，所定サンプリング速度の高分解能デジタル値が得られる．負帰還が行われないと，オーバサンプリングを平均化しても分解能の向上は得られない．デルタシグマ変調型は差動アンプ，積分器を除けばアナログ処理を含まないので安定した性能が得られるだけでなく，内部 A/D 変換器や間引きフィルタのデジタル処理が全体性能を規定するので，高分解能を実現するための設計を行いやすい．

デジタルで記録すれば記録に伴う信号の劣化は事実上なくなるので，記録装置の電気的雑音がそのまま反映してしまうアナログ記録に比べ，記録装置の **S/N 比** *signal-to-noise ratio*（雑音レベルに対する最大信号振幅の比）は飛躍的に向上する．たとえば 16 bit または 24 bit デジタルレコーダの S/N 比は理論的には 2^{15} または 2^{23} であり，これを **dB** *decibel*（比の常用対数を 20 倍したもの）で表せば 90 dB または 140 dB にも達する．しかし，A/D 変換自体の精度や変換時に混入する電気的雑音を考慮すれば 24 bit レコーダも，かつては 20 bit 程度の S/N 比である 120 dB 前後しか持たなかった．もし，地震計の最小測定範囲が記録装置の S/N 比で規定されているとすれば，最大測定範囲の最小測定範囲に対する比である地震計の**ダイナミックレンジ**は記録装置のデジタル化で向上する．

4.2.2　Fourier 変換

アナログ量である連続的な時系列 *time history* が関数 $f(t)$ で表現され，こ

の関数はいろいろな角周波数 ω の正弦波 $e^{i\omega t}$ に

$$f(t) = \frac{1}{2\pi}\int_{-\infty}^{+\infty} F(\omega)e^{i\omega t}d\omega \tag{4.17}$$

と分解できるとすると，各正弦波の振幅である $F(\omega)$ は

$$F(\omega) = \int_{-\infty}^{+\infty} f(t)e^{-i\omega t}dt \tag{4.18}$$

で与えられて，$f(t)$ の **Fourier 変換** *Fourier transform* と呼ばれ，逆に (4.17) 式の関係は **Fourier 逆変換** *inverse Fourier transform* と呼ばれる（たとえば Papoulis[29]）．一般に複素数である $F(\omega)$ を振幅と位相に $F(\omega) = A(\omega)e^{i\phi(\omega)}$ と分けると，$A(\omega)$ が **Fourier スペクトル** *Fourier spectrum*[29] または**振幅スペクトル** *amplitude spectrum*，$\phi(\omega)$ が**位相角** *phase angle* または**位相スペクトル** *phase spectrum* である．$F(\omega)$ 全体は**周波数スペクトル** *frequency spectrum*，あるいは単に**スペクトル** *spectrum* と呼ばれる．

ここでは時間を独立変数とする時系列を例としているが, Fourier 変換, Fourier 逆変換は空間座標 x を独立変数とする連続関数にも正弦波 e^{ikx} を用いて定義できる．その場合の k スペクトルを**波数スペクトル** *wavenumber spectrum*（波数については §2.1.5）と呼ぶ．また，(3.5) 式のように正弦波 e^{ikx} の代わりに円筒波 $J_l(kr)$ を用いた **Hankel 変換** *Hankel transform*

$$F(k) = \int_0^{\infty} f(r)J_l(kr)rdr\,, \quad f(r) = \int_0^{\infty} F(k)J_l(kr)kdk \tag{4.19}$$

の場合も k を波数と呼ぶ（§2.2.1）．

時間関数とその Fourier 変換との対応を $f(t) \Longleftrightarrow F(\omega)$ と表すと，対応関係には表 4.3 の性質がある．なかでも，二つの関数を畳み込んで一つの関数を作り出す操作であるコンボリューション

$$f_1(t) * f_2(t) = \int_{-\infty}^{+\infty} f_1(\tau)f_2(t-\tau)d\tau = \int_{-\infty}^{+\infty} f_1(t-\tau)f_2(\tau)d\tau \tag{4.20}$$

は，地震動の解析に限らずいろいろな分野で重要な役割を果たしている（たとえば §1.3.2）．また，物理現象である地震動を表す時間関数 $f(t)$ は実関数であるはずであり，その場合には Fourier 変換の実部・虚部がそれぞれ偶関数・

表 4.3　Fourier 変換の性質[29,9]．F^* は F の複素共役．

線形	$\sum a_i f_i(t) \Longleftrightarrow \sum a_i F_i(\omega)$	対称	$F(t) \Longleftrightarrow 2\pi f(-\omega)$
時間スケール	$f(at) \Longleftrightarrow \frac{1}{\lvert a\rvert} F\left(\frac{\omega}{a}\right)$	周波数スケール	$\frac{1}{\lvert a\rvert} f\left(\frac{t}{a}\right) \Longleftrightarrow F(a\omega)$
時間シフト	$f(t-t_0) \Longleftrightarrow F(\omega)e^{-\mathrm{i}\omega t_0}$	周波数シフト	$f(t)e^{\mathrm{i}\omega_0 t} \Longleftrightarrow F(\omega-\omega_0)$
時間微分	$\frac{d^n f}{dt^n} \Longleftrightarrow (\mathrm{i}\omega)^n F(\omega)$	周波数微分	$(-\mathrm{i}t)^n f(t) \Longleftrightarrow \frac{d^n F(\omega)}{d\omega^n}$
時間積分	$\int f(t)(dt)^n \Longleftrightarrow \frac{F(\omega)}{(\mathrm{i}\omega)^n}$	周波数積分	$\frac{f(t)}{(-\mathrm{i}t)^n} \Longleftrightarrow \int F(\omega)(d\omega)^n$
複素共役	$\{f(t)\}^* \Longleftrightarrow \{F(-\omega)\}^*$	時間反転	$f(-t) \Longleftrightarrow \{F(\omega)\}^*$

コンボリューション	$\int_{-\infty}^{+\infty} f_1(\tau)f_2(t-\tau)d\tau = f_1(t) * f_2(t) \Longleftrightarrow F_1(\omega)F_2(\omega)$
周波数コンボリューション	$f_1(t)f_2(t) \Longleftrightarrow \frac{1}{2\pi}F_1(\omega) * F_2(\omega)$
相互相関	$\int_{-\infty}^{+\infty} f_1(\tau)f_2(t+\tau)d\tau \Longleftrightarrow \{F_1(\omega)\}^* F_2(\omega)$
自己相関, パワースペクトル	$\int_{-\infty}^{+\infty} f(\tau)f(t+\tau)d\tau \Longleftrightarrow \left\lvert\{F(\omega)\right\rvert^2$
時間モーメント	$\int_{-\infty}^{+\infty} f(t)\, t^n dt \Longleftrightarrow \frac{1}{(-\mathrm{i})^n}\frac{d^n F(0)}{d\omega^n}$
実関数	$\mathrm{Im}\, f(t) = 0 \Longleftrightarrow F(-\omega) = \{F(\omega)\}^*$
因果律	$f(t) = 0,\ t < 0 \Longleftrightarrow \mathrm{Re}\, F(\omega) = \frac{1}{\pi}\int_{-\infty}^{+\infty} \frac{\mathrm{Im}\, F(y)}{\omega - y} dy$

表 4.4　代表的な超関数の Fourier 変換[29]．

デルタ関数	$\delta(t) \Longleftrightarrow 1$
周波数デルタ関数	$1 \Longleftrightarrow 2\pi\delta(\omega)$
階段関数	$H(t) \Longleftrightarrow \pi\delta(\omega) + \frac{1}{\mathrm{i}\omega}$
傾斜関数	$U(t) \Longleftrightarrow \pi\delta(\omega) + \frac{2\sin(\omega T/2)}{\mathrm{i}\omega^2 T}$
三角形関数	$V(t) \Longleftrightarrow \frac{8\sin^2(\omega T/4)}{\omega^2 T}$

奇関数としなければならないことを“実関数”の項目は示している．さらには，地震現象が $t = 0$ に始まるとすれば $t < 0$ では $f(t) = 0$ であるという因果律 *causality* を満たすはずである．その場合には，実部・虚部は互いに **Hilbert 変換** *Hilbert transform* の関係になければならないことを最後の項目は示している（証明は Papoulis[29] や Aki and Richards[3] の Box 5.8 など）．

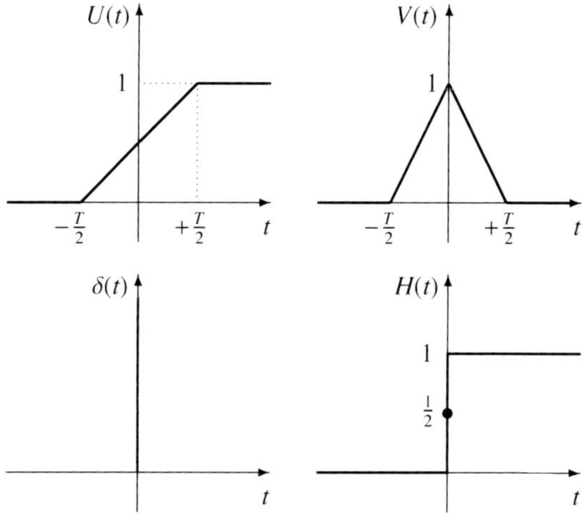

図 **4.7**　デルタ関数 $\delta(t)$，階段関数 $H(t)$，傾斜関数 $U(t)$，および三角形関数 $V(t)$.

このほか具体的な Fourier 変換の例として，代表的な超関数である図 4.7 の $\delta(t)$（**デルタ関数** *delta function*）や $H(t)$（**階段関数** *step function*），$U(t)$（**傾斜関数** *ramp function*），$V(t)$（**三角形関数** *triangular function*）の Fourier 変換を表 4.4 に示した*)．なお，傾斜関数や三角形関数はモーメント時間関数やモーメント速度関数などのためによく使われている（§2.1.2）．

4.2.3　離散 Fourier 変換

アナログ量 $f(t)$ が一定時間間隔 Δt のサンプリングによりデジタル量へ A/D 変換されるとき，デルタ関数を用いればこのデジタル量は t の関数として

$$\tilde{f}(t) = f(t)\,\Delta t \sum_{n=-\infty}^{+\infty} \delta(t - n\Delta t) \tag{4.21}$$

と表現できる．ここで係数の Δt は，(4.21) 式が数値積分で表現した (4.18) 式に一致するように与えられている．デルタ関数の定義 $\int_{-\infty}^{+\infty} \phi(x)\delta(x-x_0)\,dx = \phi(x_0)$ より

*) 表 4.4 の上から順に Papoulis[29] の (3-3) 式，(3-6) 式，(3-13) 式，(3-27) 式，および (2-58) 式において $T \to T/2$ としたものに一致する．

$$F(\omega) * \delta(\omega - \omega_0) = \int_{-\infty}^{+\infty} F(\omega - w)\delta(w - \omega_0)dw = F(\omega - \omega_0) \tag{4.22}$$

であり，デルタ関数列の Fourier 変換については

$$\Delta t \sum_{n=-\infty}^{+\infty} \delta(t - n\Delta t) \Leftrightarrow 2\pi \sum_{n=-\infty}^{+\infty} \delta\left(\omega - \frac{2\pi n}{\Delta t}\right) \tag{4.23}$$

の関係があるので（証明は Papoulis[29] を参照），$\tilde{f}(t)$ の Fourier 変換 $\tilde{F}(\omega)$ は $f(t)$ の Fourier 変換 $F(\omega)$ を用いて表 4.3 より

$$\tilde{F}(\omega) = \frac{1}{2\pi} F(\omega) * 2\pi \sum_{n=-\infty}^{+\infty} \delta\left(\omega - \frac{2\pi n}{\Delta t}\right) = \sum_{n=-\infty}^{+\infty} F\left(\omega - \frac{2\pi n}{\Delta t}\right) \tag{4.24}$$

と与えられる．

(4.24) 式は $\tilde{F}(\omega)$ が単純に $F(\omega)$ に等しいのではなく，角周波数 $2\omega_c = 2\pi/\Delta t$（周波数 $2f_c = 1/\Delta t$）の間隔で $F(\omega)$ が繰り返し現れて，それらが加え合わされたものであることを示している（図 4.8）．このような繰り返しは**エイリアシング** *aliasing* と呼ばれ [*]，もし $|\omega| > \omega_c$ で $F(\omega) = 0$ でないならば隣り合う $F(\omega)$ と $F(\omega \pm \omega_c)$ が重なり合ってしまう．また逆に，$f(t)$ が f_c までの周波数

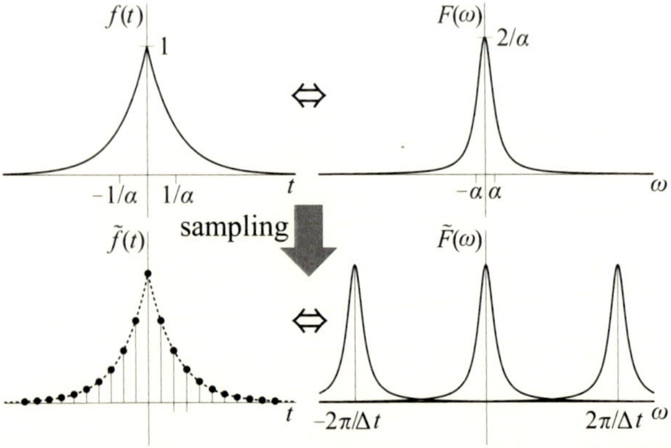

図 4.8　エイリアシングの模式図．$f(t) = e^{-\alpha|t|}$ を例としている．

[*] alias の発音が [éiliəs] であるから [33] aliasing はエイリア "シ" ング．

成分を持つとき，それを $1/2f_c$ より短い時間間隔でサンプリングしなければエイリアシングによってスペクトルが歪んでしまう．この時間間隔に相当するサンプリング周波数 $2f_c$ がいわゆる**ナイキスト周波数** *Nyquist sampling rate* である．また，サンプリング間隔を変更できない場合には，あらかじめ f_c 以上の周波数成分を除く**アンチエイリアシングフィルタ** *anti-aliasing filter* を記録にかけてから A/D 変換しなければならない．

(4.21) 式における無限サンプリングを実行することは不可能であり，現実にはある有限時間，たとえば $[-T, T]$ で打ち切らざるを得ない．この打ち切り操作は，(4.21) 式に**矩形関数** *rectangular function* をコンボリューションすることと等価である．矩形関数 $r(t)$ のスペクトル

$$R(\omega) = \frac{2\sin\omega T}{\omega} \tag{4.25}$$

は図 4.9 に示すように $\omega = \pm\infty$ に向かって徐々に減衰する振動関数であるので，その振動が $\tilde{F}(\omega)$ 上にさざなみのような**リップル** *ripple* を生じさせる．また，周波数領域における矩形関数 $r(\omega)$ の Fourier 逆変換も，表 4.3 の対称性より (4.25) 式の $R(\omega)$ を用いて

$$\frac{R(t)}{2\pi} = \frac{\sin\Omega t}{\pi t} \tag{4.26}$$

で与えられる（T は Ω で置き換える）．したがって，広い周波数帯に分布するスペクトルを**フィルタ**（§4.3.1）で打ち切ってしまう場合にも，それを Fourier 逆変換して得られる時間領域の波形にはリップルが現れてしまう．これらの現象は **Gibbs 現象** *Gibbs' phenomenon* と呼ばれるが，打ち切り範囲を十分長

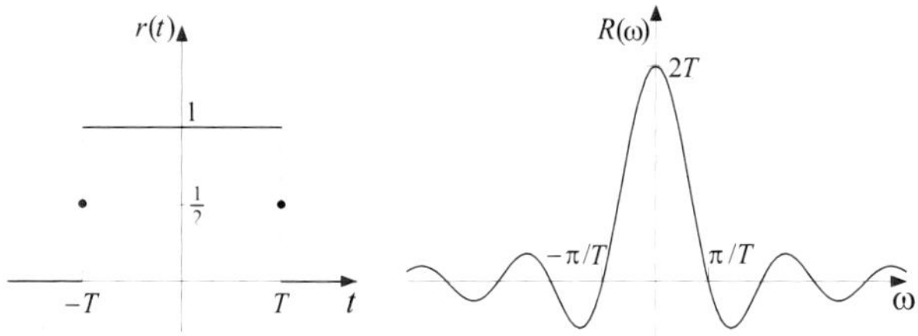

図 4.9　矩形関数とその Fourier 変換.

くとれば矩形関数のスペクトルはデルタ関数のそれに近づき，リップルの発生を押さえることができる．

一方, 計数操作を前提にすれば Fourier 変換 $\tilde{F}(\omega)$ もデジタル化されることが望ましい．(4.23) 式より，このデジタル化は $\tilde{f}(t)$ が $\tilde{F}(\omega)$ と同様の繰り返しを含むようにすれば実現できる．前述のように $\tilde{f}(t)$ は陰に矩形関数のコンボリューションを含んでいるから，この矩形関数の長さ T で繰り返しが起こり，かつ $T = N\Delta t$ ならば,

$$\tilde{f}(t) = \frac{T f(t)\Delta t}{2\pi} \sum_{k=-\infty}^{+\infty} \sum_{n=-\frac{N}{2}}^{\frac{N}{2}-1} \delta(t - n\Delta t - kT) = \frac{T f(t)\Delta t}{2\pi} \sum_{k=-\infty}^{+\infty} \sum_{n=0}^{N-1} \delta(t - n\Delta t - kT) \tag{4.27}$$

となって，$f(t)$ のサンプリングに影響を与えず望ましい．一般に，ある関数がこのように周期 T の周期関数 $g(t+T) = g(t)$ であるであるとき，$g(t)$ は **Fourier 級数** *Fourier series*

$$g(t) = \sum_{k=-\infty}^{+\infty} G_k\, e^{+2\pi k\mathrm{i}t/T}, \quad G_k = \frac{1}{T}\int_{-T/2}^{+T/2} g(t) e^{-2\pi k\mathrm{i}t/T} dt \tag{4.28}$$

で表現され，その Fourier 変換は

$$G(\omega) = 2\pi \sum_{k=-\infty}^{+\infty} G_k\, \delta\left(\omega - \frac{2\pi k}{T}\right) \tag{4.29}$$

で与えられて（証明は再び Papoulis[29] を参照），スペクトルのデジタル化が実現する．この $g(t)$ に (4.27) 式を代入すれば，**離散 Fourier 変換** *discrete Fourier transform*

$$\tilde{F}(\omega) = \sum_{k=-\infty}^{+\infty} F_k\, \delta\left(\omega - \frac{2\pi k}{T}\right), \quad F_k = \Delta t \sum_{n=0}^{N-1} f(n\Delta t) e^{-2\pi kn\mathrm{i}/N} \tag{4.30}$$

が得られる．さらに，**離散 Fourier 逆変換** *discrete inverse Fourier transform*

$$\tilde{f}(t) = \sum_{n=-\infty}^{+\infty} f_n\, \delta(t - n\Delta t), \quad f_n = \frac{1}{T} \sum_{k=0}^{N-1} F\left(\frac{2\pi k}{T}\right) e^{+2\pi kn\mathrm{i}/N} \tag{4.31}$$

もほぼ同様の導出により得られる．ただし，多くの文献，たとえば Brigham[9]

であり，0 でない要素のうち半分は 1 であるから，必要な複素乗算は $W^0 \times f_2$ など 4×2 回のみとなる．これに対して (4.32) 式を単純に計算すると，4×4 回（これも第 1 行，第 1 列の要素がすべて 1 であることを積極的に利用すれば 3×3 回）の複素数乗算が必要になってしまう．

$N = 2^2$ の場合，両者の差はわずかであるが，$N = 2^3$ では 3 段階の行列演算に分解されて，必要な複素数乗算は 8×3 回と 8×8 回（または 7×7 回）となり，(4.34) 式を利用する効果が顕著になる．一般に $N = 2^\gamma$ ならば γ 回の行列演算に分解された $N \times \gamma$ 回（$N \log_2 N$ 回）の複素数乗算になり，(4.32) 式の N^2 回（または $(N-1)^2$ 回）に比べ N が大きくなるほど高速化が著しい．これが FFT の基本原理であるが，(4.35) 式において第 2 段行列の第 2 行と第 3 行を入れ替えて

$$
\begin{pmatrix} \boldsymbol{F}_0 \\ \boldsymbol{F}_2 \\ \boldsymbol{F}_1 \\ \boldsymbol{F}_3 \end{pmatrix}
=
\begin{pmatrix} 1 & W^0 & 0 & 0 \\ 1 & W^2 & 0 & 0 \\ 0 & 0 & 1 & W^1 \\ 0 & 0 & 1 & W^3 \end{pmatrix}
\begin{pmatrix} 1 & 0 & W^0 & 0 \\ 0 & 1 & 0 & W^0 \\ 1 & 0 & W^2 & 0 \\ 0 & 1 & 0 & W^2 \end{pmatrix}
\begin{pmatrix} f_0 \\ f_1 \\ f_2 \\ f_3 \end{pmatrix}
\tag{4.36}
$$

```
      subroutine nlogn(n,x,sign)
      complex   x,wk,hold,q
      dimension m(15),x(2)
      lx=2**n
      do 1 i=1,n
1     m(i)=2**(n-i)
      do 4 l=1,n
      nblock=2**(l-1)
      lblock=lx/nblock
      lbhalf=lblock/2
      k=0
      do 4 iblock=1,nblock
      fk=k
      flx=lx
      v=sign*6.2831853e0*fk/flx
      wk=cmplx(cos(v),sin(v))
      istart=lblock*(iblock-1)
      do 2 i=1,lbhalf
      j=istart+i
      jh=j+lbhalf
      q=x(jh)*wk
      x(jh)=x(j)-q
      x(j)=x(j)+q
2     continue
      do 3 i=2,n
      ii=i
      if(k.lt.m(i)) go to 4
3     k=k-m(i)
4     k=k+m(ii)
      k=0
      do 7 j=1,lx
      if(k.lt.j) go to 5
      hold=x(j)
      x(j)=x(k+1)
      x(k+1)=hold
5     do 6 i=1,n
      ii=i
      if(k.lt.m(i)) go to 7
6     k=k-m(i)
7     k=k+m(ii)
      if(sign.lt.0.0) return
      do 8 i=1,lx
8     x(i)=x(i)/flx
      return
      end
```

図 4.10　FFT を行う Fortran サブルーチンの例（Robinson[38] に基づく）.

や Press *et al.*[37) などでは，(4.30) 式を $1/\Delta t$ 倍または (4.31) 式を Δt を倍した

$$F_k = \sum_{n=0}^{N-1} f(n\Delta t) e^{-2\pi kni/N}, \quad f_n = \sum_{k=0}^{N-1} F\left(\frac{2\pi k}{T}\right) e^{+2\pi kni/N} \tag{4.32}$$

が用いられている．

地震動 $f(t)$ が実時間関数ならば，そのデジタル量 $\tilde{f}(t)$ も実時間関数であるので，表4.3 より $F_{-N/2+k} = F^*_{N/2-k}$（$*$ は複素共役）であり，さらに $\tilde{f}(t)$ と $e^{-2\pi kni/N}$ がともに周期関数であることを利用すれば $F_{N/2+k} = F^*_{N/2-k}$ という性質がある．つまり，離散 Fourier 変換は $N/2$ で折り返され，互いに複素共役になっており，逆変換すべきデータはこの性質を満たしていなければならない．この性質は (4.32) 式の表現でも満たされなければならない．

4.2.4　FFT

離散 Fourier 変換 (4.30) 式，あるいは離散 Fourier 逆変換 (4.31) 式を計算することは現代的なコンピュータにとって容易なことであるが，高速なコンピュータが高価であった時代には少しでも速い計算アルゴリズムが常に要求され，その実現として登場したのが **FFT** (fast Fourier transform）である．なお，以下では (4.32) 式の表現を用いるので，その方法で得られた結果は Δt 倍あるいは $1/\Delta t$ 倍しなければ Fourier 変換，Fourier 逆変換にならない．

たとえば簡単のため $N = 2^2 = 4$ の離散 Fourier 変換を考え，k, n に $k = 2k_1 + k_0$，$n = 2n_1 + n_0$（k_0, k_1, n_0, n_1 は値として 0 または 1 のみを取る）という二進数表現を与える．$W = e^{-2\pi/4}$ とすれば $W^{4n_1k_1} \equiv 1$ より

$$W^{kn} = W^{(2k_1+k_0)(2n_1+n_0)} = W^{2n_0k_1} W^{(2n_1+n_0)k_0} \tag{4.33}$$

であるので，$F_n = F_{2n_1+n_0}$ は

$$F_{2n_1+n_0} = \sum_{k_0=0}^{1} \left(\sum_{k_1=0}^{1} f_{2k_1+k_0} W^{2n_0k_1} \right) W^{(2n_1+n_0)k_0} \tag{4.34}$$

という 2 段階の行列演算で計算できる．行列を具体的に書き下せば

$$\begin{pmatrix} F_0 \\ F_1 \\ F_2 \\ F_3 \end{pmatrix} = \begin{pmatrix} 1 & W^0 & 0 & 0 \\ 0 & 0 & 1 & W^1 \\ 1 & W^2 & 0 & 0 \\ 0 & 0 & 1 & W^3 \end{pmatrix} \begin{pmatrix} 1 & 0 & W^0 & 0 \\ 0 & 1 & 0 & W^0 \\ 1 & 0 & W^2 & 0 \\ 0 & 1 & 0 & W^2 \end{pmatrix} \begin{pmatrix} f_0 \\ f_1 \\ f_2 \\ f_3 \end{pmatrix} \tag{4.35}$$

とすると，第 j 段の行列演算は $2^{(\gamma-j)}$ 跳びの積和で統一され，さらにプログラミングしやすい．この場合，第 γ 段の結果 $F'_{2^{\gamma-1}n_{\gamma-1}+\cdots+2^1n_1+2^0n_0}$ を $F_{2^{\gamma-1}n_0+2^{\gamma-2}n_1+\cdots 2^0n_{\gamma-1}}$ として，添え字のビット反転を行えば F_n が得られる．以上のアルゴリズムを Fortran 言語で実現した典型的な例を図 4.10 に示した．

4.3　地震動のフィルタ処理

4.3.1　フィルタとウィンドウ

地震動の観測波形や合成波形から特定の周波数の成分を取り出す操作を**フィルタ処理** *filtering* といい，操作を実際に行う機器やソフトウェアは**フィルタ** *filter* と呼ばれる．フィルタもアナログ電気信号を対象とするアナログフィルタ，A/D 変換後のデジタル量を対象とするデジタルフィルタに分けられるが，大部分の地震計が A/D 変換器を持つ現状では，アンチエイリアシングフィルタなど A/D 変換の前処理を行うアナログフィルタを除けば，フィルタといえばデジタルフィルタである．

フィルタを機能で分ければ，ある周波数から上の周波数成分だけを取り出すものを**ハイパスフィルタ** *high-pass filter* または**ローカットフィルタ** *low-cut filter*，逆にある周波数から下の周波数成分だけを取り出すものを**ローパスフィルタ** *low-pass filter* または**ハイカットフィルタ** *high-cut filter* と呼ぶ．ある周波数からある周波数までの帯域成分を取り出すフィルタは**バンドパスフィルタ** *band-pass filter* と呼ばれる．

直感的には，Fourier 変換に**ウィンドウ** *window* をかけて，それを Fourier 逆変換するのがもっともわかりやすいフィルタの実現方法である．しかし，たとえばバンドパスフィルタを実現するために単純に**矩形関数**をウィンドウとすると，§4.2.3 に述べたように逆変換後に **Gibbs 現象**が現れてしまって波形を乱す．そこでウィンドウの形を工夫することになるが，多くの場合，矩形関数のように一気にスペクトルを遮断するのではなく，ある幅の中で徐々に減衰させる方法が取られる．

もっともよく知られているのが **Hanning ウィンドウ** *Hanning window*

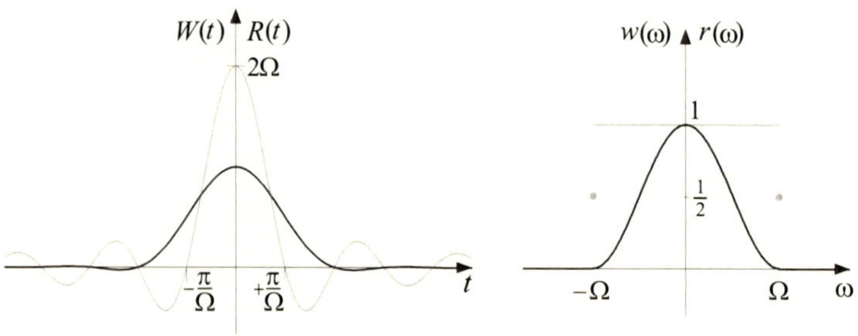

図 4.11　周波数領域の Hanning ウィンドウとその Fourier 逆変換．比較のため矩形関数とその Fourier 逆変換も灰色で示した．

$$w(\omega) = \begin{cases} \dfrac{1}{2}\left(1 + \cos\dfrac{\pi\omega}{\Omega}\right), & |\omega| < \Omega \\ 0\,, & |\omega| \geq \Omega \end{cases} \tag{4.37}$$

である．周波数領域における矩形関数 $r(\omega)$ の Fourier 逆変換 (4.26) 式と，$\delta(t - t_0) \Leftrightarrow e^{-i\omega t_0}$ であることを利用して，Hanning ウィンドウの Fourier 逆変換 $W(t)/2\pi$ は

$$W(t) = \frac{R(t)}{2} + \frac{R(t + \pi/\Omega)}{4} + \frac{R(t - \pi/\Omega)}{4} \tag{4.38}$$

で与えられる [16)]．$W(t)$ の波形は $R(t)$ に比べ，図 4.11 に示すようにリップルの出方が格段に小さくなる． また，Hanning ウィンドウが全域を歪ませてしまうのが問題になる場合は，歪ませる領域を両端の幅 $\Delta\Omega$ に限定した **cosine-tapered** ウィンドウ *cosine-tapered window*

$$w(\omega) = \begin{cases} 1\,, & |\omega| \leq \Omega - \Delta\Omega \\ \dfrac{1}{2}\left(1 + \cos\dfrac{\pi(|\omega| - \Omega + \Delta\Omega)}{\Delta\Omega}\right), & \Omega - \Delta\Omega < |\omega| < \Omega \\ 0\,, & |\omega| \geq -\Omega \end{cases} \tag{4.39}$$

が使われる．

4.3.2　ローパス漸化フィルタ

周波数領域のウィンドウによるフィルタ処理には Fourier 変換，逆変換の操

作が必要なだけでなく，離散変換に伴う種々の問題点が生ずる（§4.2.3）．そのため，時間領域の代数演算でフィルタが実現ができれば，その方が性能の面でも計算時間の面でも望ましい．こうした時間領域フィルタは一般に**漸化式** *recursive equation* の形式をしているので，**漸化フィルタ** *recursive filter* と呼ばれている．ここでは斎藤[31]に従い，漸化フィルタの理論とその設計を解説する．

$e^{-i\omega\Delta t}$ の 2 次関数の比（以下，2 次形式と呼ぶ）

$$\frac{a_0 + a_1 e^{-i\omega\Delta t} + a_2 e^{-2i\omega\Delta t}}{1 + b_1 e^{-i\omega\Delta t} + b_2 e^{-2i\omega\Delta t}} \tag{4.40}$$

で与えられるフィルタ $H(\omega)$ を時系列 $f(t)$ のスペクトル $F(\omega)$ に作用させたとき，出力の時系列 $g(t)$ のスペクトル $G(\omega)$ と $F(\omega)$ の間には

$$(1 + b_1 e^{-i\omega\Delta t} + b_2 e^{-2i\omega\Delta t})G(\omega) = (a_0 + a_1 e^{-i\omega\Delta t} + a_2 e^{-2i\omega\Delta t})F(\omega) \tag{4.41}$$

の関係がある．ここで時間シフトの Fourier 変換 $f(t-t_0) \Leftrightarrow F(\omega)e^{-i\omega t_0}$（表 4.3）に注意すれば，(4.41) 式の Fourier 逆変換は $g(t)$ と $f(t)$ を用いて

$$g(t) + b_1 g(t-\Delta t) + b_2 g(t-2\Delta t) = a_0 f(t) + a_1 f(t-\Delta t) + a_2 f(t-2\Delta t) \tag{4.42}$$

と表される．特に Δt をサンプリング間隔として時系列を $f_i = f(i\Delta t), g_i = g(i\Delta t)$ と離散化すると，(4.42) 式は漸化式

$$g_i = a_0 f_i + a_1 f_{i-1} + a_2 f_{i-2} - b_1 g_{i-1} - b_2 g_{i-2} \tag{4.43}$$

に他ならない．漸化フィルタの設計はこの漸化式の係数 a_0, a_1, a_2, b_1, b_2 を，フィルタとしての性能と計算効率を確保しながら決定することに相当する．定義できない $f_{-1}, f_{-2}, g_{-1}, g_{-2}$ はゼロとされる．

また，(4.40) 式の形をした n 個の 2 次形式フィルタを連続的に適用する場合，j 番目フィルタの係数を a_{0j}，a_{1j}，a_{2j}，b_{1j}，b_{2j} とすれば

$$H(\omega) = \prod_{j=1}^{n} H_j^0(\omega), \quad H_j^0(\omega) = \frac{a_{0j} + a_{1j} e^{-i\omega\Delta t} + a_{2j} e^{-2i\omega\Delta t}}{1 + b_{1j} e^{-i\omega\Delta t} + b_{2j} e^{-2i\omega\Delta t}} \tag{4.44}$$

となる．斎藤[31]はここで $a'_{0j} = 1, a'_{1j} = a_{1j}/a_{0j}, a'_{2j} = a_{2j}/a_{0j}$ と正規化を行っ

て (4.44) 式を

$$H(\omega) = G_0 \prod_{j=1}^{n} H_j(\omega), \; G_0 = \prod_{j=1}^{n} a_{0j}, \; H_j(\omega) = \frac{1 + a'_{1j} e^{-\mathrm{i}\omega\Delta t} + a'_{2j} e^{-2\mathrm{i}\omega\Delta t}}{1 + b_{1j} e^{-\mathrm{i}\omega\Delta t} + b_{2j} e^{-2\mathrm{i}\omega\Delta t}} \quad (4.45)$$

と書き換えた．このフィルタに等価な漸化式

$$g_{i,0} = f_i, \quad g_{i,j} = g_{i,j-1} + a'_{1j} g_{i-1,j-1} + a'_{2j} g_{i-2,j-1} - b_{1j} g_{i-1,j} - b_{2j} g_{i-2,j} \quad (4.46)$$

を $f_i (i+1 = 1, 2, \cdots, N)$ に適用して $g_{i,j} (j+1 = 1, 2, \cdots, n)$ を順次得て，最終的な $g_{i,n}$ を G_0 倍すればフィルタの結果となる．なお，(4.46) 式を正規化を行わない場合と比較すると乗算が 5 回から 4 回に減っていて，その分，計算時間を節約できる．

Butterworth フィルタ *Butterworth filter* [11] は，ω によって単調に変化する実関数 $\sigma(\omega)$ を用いて

$$|H(\omega)|^2 = \frac{1}{1 + \sigma^{2n}(\omega)} \quad (4.47)$$

と定義される [31]．$1 + \sigma^{2n} = 0$ の解を用いて (4.47) 式は

$$|H(\omega)|^2 = \prod_{j=1}^{2n} \frac{1}{\sigma - \sigma_j}, \quad \sigma_j = \exp\left(\mathrm{i}\frac{2j-1}{2n}\pi\right) = s_j + \mathrm{i}t_j \quad (4.48)$$

と書き換えられ，さらに右辺の総乗 $\prod$ を $j = 1, 2, \cdots, n$ と $j = n+1, n+2, \cdots, 2n$ に分けて $\mathrm{i} \cdot (-\mathrm{i}) = 1$，$\sigma_j^* = \sigma_{2n-j+1}$ を用いると

$$\begin{aligned} \prod_{j=1}^{2n} \frac{1}{\sigma - \sigma_j} &= \prod_{j=1}^{n} \frac{1}{\mathrm{i}(\sigma - \sigma_j)} \cdot \prod_{j=n+1}^{2n} \frac{1}{-\mathrm{i}(\sigma - \sigma_j)} \\ &= \prod_{j=1}^{n} \frac{1}{\mathrm{i}(\sigma - \sigma_j)} \cdot \prod_{j=1}^{n} \frac{1}{-\mathrm{i}(\sigma - \sigma_j^*)}. \end{aligned} \quad (4.49)$$

$|H(\omega)|^2 = H(\omega) \cdot H^*(\omega)$ を (4.49) 式と比較して

$$H(\omega) = \prod_{j=1}^{n} \frac{1}{\mathrm{i}(\sigma - \sigma_j)} \quad (4.50)$$

が得られる．$\sigma_1, \sigma_2, \cdots, \sigma_n$ はすべて上半平面にあるから，$H(\omega)$ は下半平面

で解析的であり，これは $H(\omega)$ が因果律を満たす関数の Fourier 変換であることを示す[*]．

$\sigma(\omega)$ として ω により単調に増加する実関数

$$\sigma(\omega) = c \tan \frac{\omega \Delta t}{2} = \frac{c}{\mathrm{i}} \cdot \frac{1 - e^{-\mathrm{i}\omega\Delta t}}{1 + e^{-\mathrm{i}\omega\Delta t}} \tag{4.51}$$

を選ぶと，$|H(\omega)|^2 = 1/(1+\sigma^{2n}(\omega))$（(4.47) 式）は $\omega = 0$ で 1，$\omega \to \omega_c = \pi/\Delta t$（§4.2.3）で 0 に近づくから**ローパスフィルタ**が実現できる．(4.48) 式より $\sigma_{n-j+1} = -\sigma_j^*$ であるから，$\sigma - \sigma_j$ を二項ずつ組み合わせて 2 次形式

$$H(\omega) = \prod_{j=1}^{n/2} \frac{(1 + e^{-\mathrm{i}\omega\Delta t})^2}{(c+t_j)^2 + s_j^2 - 2(c^2 - |\sigma_j|^2)e^{-\mathrm{i}\omega\Delta t} + ((c-t_j)^2 + s_j^2)e^{-2\mathrm{i}\omega\Delta t}} \tag{4.52}$$

が得られる．ただし，n が奇数の場合は第 $(n-1)/2+1$ 項が単独で残ってしまうので，1 次形式フィルタがひとつ付け加わる．

(4.52) 式におけるパラメータ n，c は，フィルタとしての要求性能から決定される．階段関数に近い理想的な帯域遮断を実現にするためには，非常に多数の 2 次形式フィルタを組み合わせなければならない．これにかわって図 4.12 に示すように，パラメータ A_P, A_S を用いてローパスフィルタの通過域

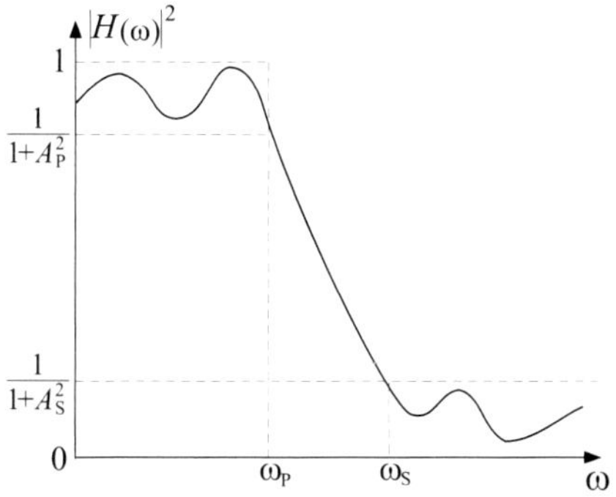

図 4.12　ローパスフィルタの設計（斎藤[31] に基づく）．

[*] Papoulis[29] の 214 頁にはそのための条件として $H(p/\mathrm{i})$ が $\mathrm{Re}\, p \geq 0$ で解析的であることと書かれているが，$\omega = p/\mathrm{i}$ であるから $\mathrm{Re}\, p \geq 0$ は $\mathrm{Im}\, \omega \leq 0$ に等しい．

（$\omega \leq \omega_{\mathrm{P}}$）における許容範囲を

$$|H(\omega)|^2 \geq \frac{1}{1 + A_{\mathrm{P}}^2}, \tag{4.53}$$

遮断域（$\omega \geq \omega_{\mathrm{S}}$）おける許容範囲を

$$|H(\omega)|^2 \leq \frac{1}{1 + A_{\mathrm{S}}^2} \tag{4.54}$$

と定義する．前述のように $|H(\omega)|^2 = 1/(1 + \sigma^{2n}(\omega))$（(4.47) 式）は ω によって概ね減少するから，通過域における $|H(\omega)|^2$ の最小値は $\omega = \omega_{\mathrm{P}}$ が与えるはずである．したがって，通過域において (4.53) 式が常に成り立つ条件は $1/(1 + A_{\mathrm{P}}^2) \leq 1/(1 + \sigma^{2n}(\omega_{\mathrm{P}}))$ つまり

$$A_{\mathrm{P}} \geq \sigma^n(\omega_{\mathrm{P}}) = \sigma_{\mathrm{P}}^n \tag{4.55}$$

である．同様に，遮断域において (4.54) 式が常に成り立つ条件は

$$A_{\mathrm{S}} \leq \sigma^n(\omega_{\mathrm{S}}) = \sigma_{\mathrm{S}}^n \tag{4.56}$$

であるから，(4.55) 式と (4.56) 式を合わせた条件は

$$\left(\frac{\sigma_{\mathrm{S}}}{\sigma_{\mathrm{P}}}\right)^n \geq \frac{A_{\mathrm{S}}}{A_{\mathrm{P}}}. \tag{4.57}$$

(4.57) 式と (4.51) 式を用いて，n に関する条件

$$n \geq \frac{\ln(A_{\mathrm{S}}/A_{\mathrm{P}})}{\ln(\sigma_{\mathrm{S}}/\sigma_{\mathrm{P}})} = \frac{\ln(A_{\mathrm{S}}/A_{\mathrm{P}})}{\ln(\tan(\omega_{\mathrm{S}}\Delta t/2) \cdot \cot(\omega_{\mathrm{P}}\Delta t/2))} \tag{4.58}$$

を得ることができた．また，(4.55) 式と (4.56) 式および (4.51) 式を用いて，c に関する条件

$$A_{\mathrm{S}}^{1/n} \cot(\omega_{\mathrm{S}}\Delta t/2) \leq c \leq A_{\mathrm{P}}^{1/n} \cot(\omega_{\mathrm{P}}\Delta t/2) \tag{4.59}$$

を得ることができる．そこで，この不等式の上限と下限の幾何平均をとったもの

$$c = \left[(A_{\mathrm{P}}A_{\mathrm{S}})^{1/n} \cot\frac{\omega_{\mathrm{P}}\Delta t}{2} \cdot \cot\frac{\omega_{\mathrm{S}}\Delta t}{2}\right]^{1/2} \tag{4.60}$$

を採用すればよい．

4.3.3 ハイパスとバンドパス漸化フィルタ

一方，(4.51) 式にかわって $\sigma(\omega)$ に

$$\sigma(\omega) = -c\cot\frac{\omega\Delta t}{2} = \frac{c}{\mathrm{i}}\cdot\frac{1+e^{-\mathrm{i}\omega\Delta t}}{1-e^{-\mathrm{i}\omega\Delta t}} \tag{4.61}$$

を選択すると，$\sigma(\omega)$ は $\omega = 0$ で $-\infty$，$\omega \to \omega_c$ で 0 に近づくから，$|H(\omega)|^2 = 1/(1+\sigma^{2n}(\omega))$（(4.47) 式）は $\omega = 0$ で 0，$\omega \to \omega_c$ で 1 に近づき，**ハイパスフィルタ**が Butterworth フィルタで実現できる．フィルタの設計はローパスフィルタと同じ考え方で，通過域（$\omega > \omega_{\mathrm{P}}$），遮断域（$\omega < \omega_{\mathrm{S}}$）においてそれぞれ $|H(\omega)|^2 \geq 1/(1+A_{\mathrm{P}}^2)$，$|H(\omega)|^2 \leq 1/(1+A_{\mathrm{S}}^2)$ の性能を得るには

$$n \geq \frac{\ln(A_{\mathrm{S}}/A_{\mathrm{P}})}{\ln(\cot\omega_{\mathrm{S}}\Delta t/2\cdot\tan\omega_{\mathrm{P}}\Delta t/2)},\ c = \left[(A_{\mathrm{P}}A_{\mathrm{S}})^{1/n}\tan\frac{\omega_{\mathrm{P}}\Delta t}{2}\cdot\tan\frac{\omega_{\mathrm{S}}\Delta t}{2}\right]^{1/2} \tag{4.62}$$

なる n, c を採用すればよい．

ローパスフィルタ, ハイパスフィルタに比べ，Butterworth フィルタによる**バンドパスフィルタ**の実現は複雑になる．

$$\sigma(\omega) = \frac{\lambda^2(\omega)-\lambda_0^2}{\lambda(\omega)},\quad \lambda(\omega) = c\tan\frac{\omega\Delta t}{2} = \frac{c}{\mathrm{i}}\cdot\frac{1-e^{-\mathrm{i}\omega\Delta t}}{1+e^{-\mathrm{i}\omega\Delta t}} \tag{4.63}$$

とおくと，$(\lambda^2-\lambda_0^2)/\lambda = \sigma(\omega_{\mathrm{P}}) = \sigma_{\mathrm{P}}$ を λ に関する 2 次方程式として解いて得られる解 λ_{H} と $-\lambda_{\mathrm{L}}$ を用いて，$|\sigma| < \sigma_{\mathrm{P}}$ という通過域は $\lambda_{\mathrm{L}} < |\lambda| < \lambda_{\mathrm{H}}$ に写像

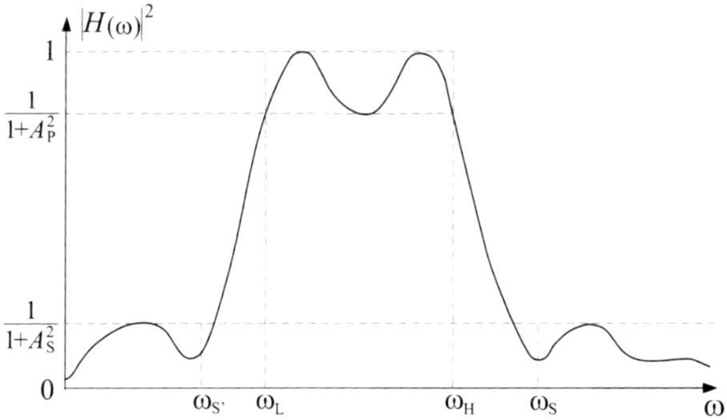

図 4.13 バンドパスフィルタの設計（斎藤[31] に基づく）．

され，

$$\sigma_P = \lambda_H - \lambda_L\,,\quad \lambda_0 = \lambda_H\lambda_L \tag{4.64}$$

の関係にある．同様に，$(\lambda^2 - \lambda_0^2)/\lambda = \sigma(\omega_S) = \sigma_S$ の 2 根 λ_S と $-\lambda_{S'}$ を用いて，遮断域 $|\sigma| > \sigma_S$ は $|\lambda| > \lambda_S$ と $|\lambda| < \lambda_{S'}$ に写像され

$$\sigma_S = \lambda_S - \lambda_{S'}\,,\quad \lambda_0 = \lambda_S\lambda_{S'} \tag{4.65}$$

の関係にある．$\lambda_H, \lambda_L, \lambda_S, \lambda_{S'}$ に相当する角周波数を $\omega_H, \omega_L, \omega_S, \omega_{S'}$ とすると（図 4.13），(4.63) の第 2 式および (4.64) 式，(4.65) 式から，それらに関する方程式

$$\begin{aligned}\sigma_P &= c(\tan(\omega_H\Delta t/2) - \tan(\omega_L\Delta t/2))\,,\quad \sigma_S = c(\tan(\omega_S\Delta t/2) - \tan(\omega_{S'}\Delta t/2))\,,\\ \lambda_0^2 &= c^2\tan(\omega_H\Delta t/2)\tan(\omega_L\Delta t/2) = c^2\tan(\omega_S\Delta t/2)\tan(\omega_{S'}\Delta t/2)\end{aligned} \tag{4.66}$$

が得られる．ただし，方程式数に比べ角周波数の数がひとつ冗長であるため，たとえば $\omega_H, \omega_L, \omega_S$ が指定されれば $\omega_{S'}$ は自動的に決まる．

(4.48) 式の各項 $\sigma - \sigma_j$ に (4.63) 式を代入すると，分子は $\lambda^2 - \sigma_j\lambda - \lambda_0^2 = 0$ となるから，この 2 次方程式の二つの解を $\lambda_{jk} = \mu_{jk} + \mathrm{i}\nu_{jk}$（$k = 1,2$）とする．同じく $\sigma - \sigma_{n-j+1}$ から得られる 2 次方程式は $-\lambda^*_{jk} = -\mu_{jk} + \mathrm{i}\nu_{jk}$（$k = 1,2$）が解であるので，(4.63) 式後半と $(\sigma - \sigma_j) = \prod_{k=1}^{2}(\lambda - \lambda_{jk})$ などを $H(\omega)$ に代入して二項ずつ組み合わせると，2 次形式

$$H(\omega) = \prod_{j=1}^{n/2}\prod_{k=1}^{2}\frac{c(1 - e^{-2\mathrm{i}\omega\Delta t})}{(c+\nu_{jk})^2 + \mu_{jk}^2 - 2(c^2 - |\lambda_{jk}|^2)e^{-\mathrm{i}\omega\Delta t} + ((c-\nu_{jk})^2 + \mu_{jk}^2)e^{-2\mathrm{i}\omega\Delta t}} \tag{4.67}$$

が得られる．n が奇数の場合は $(n-1)/2+1$ 項による 1 次形式フィルタが付け加わる．

以上の定式化に基づき斎藤[31)]が Fortran 言語で書いたコード TANDEM, BUTPAS を用いて，バンドパス Butterworth フィルタを行う Fortran サブルーチンを図 4.14 に示した．漸化フィルタは一般に**位相ずれ** *phase shift*（**位相スペクトル**を歪ませること）を起こすが，漸化式 (4.46) を $i+1 = 1 \to N$ の方向に実行した

```
      SUBROUTINE BNDPAS(AP, AS, FFL, FFH, FFS, DT, NPTS, Y, Z)
      DIMENSION  Z(NPTS),Y(NPTS),H(50)
      FL = FFL*DT
      FH = FFH*DT
      FS = FFS*DT
      CALL BUTPAS(H,M,GN,N1,FL,FH,FS,AP,AS)
      CALL TANDEM(Z,Y,NPTS,H,M, 0)
      CALL TANDEM(Y,Z,NPTS,H,M,-1)
      DO 10 IJK=1,NPTS
        Z(IJK) = Z(IJK)*GN*GN
   10 CONTINUE
      RETURN
      END
```

図 4.14 バンドパス Butterworth フィルタを実行する Fortran サブルーチン．斎藤[31]による BUTPAS，TANDEM が呼ばれている．

のち，$i+1=N\to 1$ と逆方向にもう一度実行すると位相ずれはキャンセルされるので図 4.14 ではそのようになっている（ただし，因果律は満たされなくなる）．なお，AP（A_P），AS（A_S），FFH（$\omega_\mathrm{H}/2\pi$），FFL（$\omega_\mathrm{L}/2\pi$），FFS（$\omega_\mathrm{S}/2\pi$）の与え方によっては (4.62) 式で算出される n が大きくなり，a_i や b_i の格納場所である配列 H の寸法が 50 では不足する場合があるので注意を要する（斎藤[31]が示した数例では足りている）．

Butterworth フィルタ以外にもいろいろな漸化フィルタが存在し，中でもよく知られているのが **Chebychev フィルタ** *Chebychev filter*

$$
\begin{aligned}
|H(\omega)|^2 &= \frac{1}{1+\epsilon^2 T_n^2(\sigma(\omega))} \\
H(\omega) &= \frac{1}{2^{n-1}\epsilon}\prod_{j=1}^{n}\frac{1}{\mathrm{i}(\sigma-\sigma_j)}, \quad \phi = \frac{1}{n}\ln\frac{1+\sqrt{1+\epsilon^2}}{\epsilon} \\
\sigma_j &= \cos\left(\mathrm{i}\frac{2j-1}{2n}\pi\right)\cosh\phi + \mathrm{i}\sin\left(\mathrm{i}\frac{2j-1}{2n}\pi\right)\sinh\phi
\end{aligned}
\tag{4.68}
$$

である．第 1 式の定義式において n 次の Chebychev 多項式 $T_n(\sigma)=\cos(n\cos^{-1}\sigma)$ が使われているので Chebychev フィルタと呼ばれるが，第 2 式の展開形式は Butterworth フィルタに比較的似ている．ここではパラメータ n と ϵ がフィルタへの要求性能から決定される．

4.4 最小二乗法

4.4.1 最小二乗法の計算方法[*)]

地震動を観測した観測量から震源や地下構造のパラメータを推定するために標準的に使わる統計手法が，**最小二乗法** *method of least squares, least-squares method*[†)] であることは §2.3.3，§2.3.5，§3.3.2 で述べた．まず，これらの項の中で比較的問題が複雑ではない，位置固定の **CMT** インバージョン（§2.3.3）を例に最小二乗法を説明する．$\mathbf{x}_j$ にある j 番目観測点によって i 番目時刻 t_i に観測された地震動の k 成分の観測波形 $F_k^o(t_i, \mathbf{x}_j)$ を，3 次元添え字 (i, j, k) から 1 次元添え字 n に並べ直して y_n（$n = 1, 2, \cdots, N$）と置く．同じく，対応する合成波形 $F_k(t_i, \mathbf{x}_j)$ も並べ直して $f_n(x_m)$（$m = 1, 2, \cdots, M$）と置く．ここで x_m は最小二乗法で決定すべき未知パラメータであり，CMT インバージョンの場合は (2.143) 式のモーメントテンソル M_m（$m = 1, 2, \cdots, 6$）である．$f_n(x_m)$ は (2.144) 式から

$$f_n(x_1, x_2, \cdots, x_M) = \sum_{m=1}^{M} A_{nm} x_m\,, \quad A_{nm} = f_{mk}(t_i, \mathbf{x}_j) \tag{4.69}$$

となり，A_{nm} は波形と同じように並べ直した Green 関数 $f_{mk}(t_i, \mathbf{x}_j)$（§2.3.3）である．$M_m$ は $F_k^o(t_i, \mathbf{x}_j)$ と $F_k(t_i, \mathbf{x}_j)$ が統計的に可能な限り等しくなるように決められ，これを上記の表記法で書き直すと**観測方程式** *observation equation*

$$\mathbf{y} \simeq \mathbf{f}(\mathbf{x})\,, \quad \mathbf{y} = (y_n)\,,\ \mathbf{x} = (x_m)\,,\ \mathbf{f} = (f_n) \tag{4.70}$$

は

$$\mathbf{y} \simeq \mathbf{A}\mathbf{x}\,, \quad \mathbf{A} = (A_{nm}) \tag{4.71}$$

となる．

(4.71) 式は中川・小柳[27)] の (3.39) 式に一致するから，本節の以下ではまず

---

*) §4.4.1 に関する参考文献は多数あるが，中川・小柳[27)] がその実用的な部分を必要十分に説明している．

†) 『地震学 第 3 版』[35)] も『改訂版 物理学辞典』[10)] もこの和名を用いているので採用したが，読み方は “さいしょうじじょうほう” が一般的であろう．英訳は両書で異なるので双方を載せた．

同書に沿って説明を進める．観測には必ず**観測誤差** *observational error* が伴うので，これを $\boldsymbol{\sigma} = (\sigma_n)$ とする．地震動の観測値 y_n はその真の値 y_n^0 の周りで**正規分布** *normal distribution*

$$L_n = \frac{1}{(2\pi)^{1/2}\sigma_n} \exp\left\{-\frac{(y_n - y_n^0)^2}{2\sigma_n^2}\right\} \tag{4.72}$$

を成し，Green 関数は真の値を正しく記述できて $y_n^0 = f_n(\mathbf{x})$ とすると，この問題全体の確率（**尤度** *likelihood* と呼ばれる）は

$$L = \prod_{n=1}^{N} L_n = \frac{1}{(2\pi)^{N/2}} \prod_{n=1}^{N} \frac{1}{\sigma_n} \exp\left\{-\sum_{n=1}^{N} \frac{(y_n - f_n(\mathbf{x}))^2}{2\sigma_n^2}\right\} \tag{4.73}$$

と与えられる．**最尤推定** *maximum likelihood estimation* によれば，尤度 L を最大にする $\hat{\mathbf{x}}$ がもっとも確からしい $\mathbf{x}$，ここでの例ではモーメントテンソル M_m の推定値となる．(4.73) 式の形から

$$S(\hat{\mathbf{x}}) = \sum_{n=1}^{N} \frac{(y_n - f_n(\hat{\mathbf{x}}))^2}{\sigma_n^2} = \min \tag{4.74}$$

となる $\hat{\mathbf{x}}$ がもっとも確からしい推定値，つまり最尤推定値である．(4.74) 式では，**残差** *residual* である $y_n - f_n(\hat{\mathbf{x}})$ に重み σ_n^{-1} を付けた二乗和が最小化されるので，(4.74) 式に基づく推定は最小二乗法と呼ばれる．(4.74) 式の必要条件は

$$\frac{\partial S}{\partial x_m} = 0, \quad m = 1, 2, \cdots, M \tag{4.75}$$

であるから，(4.74) 式に (4.69) 式を代入して (4.75) 式の偏微分を行うと，最小二乗法で解くべき方程式が与えられる．(4.69) 式では $f_n(x_m)$ が 1 次多項式 $\sum_{m=1}^{M} A_{nm}x_m$ になっており（(4.71) 式の書式ならば $\mathbf{f}(\mathbf{x}) = \mathbf{A}\mathbf{x}$），このような場合の最小二乗法を**線形最小二乗法** *linear least-squares method* という．位置固定の CMT インバージョンだけでなく，**マルチタイムウィンドウの震源インバージョン**（§2.3.5）も，問題は格段に複雑だが線形最小二乗法で解かれる．

これらに対して，§2.3.3 で言及されている位置可変の CMT インバージョンや**震源決定**，§3.3.2 の**速度構造インバージョン**では f_n が (4.69) 式のような 1 次

多項式の線形関係にならないので，**非線形最小二乗法** *nonlinear least-squares method* として解かなければならない．しかし，$\mathbf{x}$ の近似値 $\mathbf{x}^{(0)}$ が何らかの方法で知られており，$\mathbf{x}^{(0)}$ での 1 次の Taylor 展開が $f_n(\mathbf{x})$ を近似できるとすると

$$f_n(\mathbf{x}) = f_n(\mathbf{x}^{(0)}) + \frac{\partial f_n(\mathbf{x}^{(0)})}{\partial \mathbf{x}}\left(\mathbf{x} - \mathbf{x}^{(0)}\right) . \tag{4.76}$$

これを大もとの観測方程式 (4.70) に代入すれば

$$\Delta\mathbf{y} \simeq \mathbf{A}\,\Delta\mathbf{x}, \quad \Delta\mathbf{y} = \mathbf{y} - \mathbf{f}(\mathbf{x}^{(0)}),\ \Delta\mathbf{x} = \mathbf{x} - \mathbf{x}^{(0)},\ \mathbf{A} = \left(\frac{\partial f_n(\mathbf{x}^{(0)})}{\partial \mathbf{x}}\right) \tag{4.77}$$

が得られる．$\dfrac{\partial f_n}{\partial x_m}$ で構成される行列 $\mathbf{A}$ は，座標変換の変換行列（その行列式が**ヤコビアン**（§3.2.2））と同じ形をしているので，**ヤコビアン行列** *Jacobian matrix* と呼ばれることがある [28]．(4.77) 式は $\Delta\mathbf{y} \to \mathbf{y}$，$\Delta\mathbf{x} \to \mathbf{x}$ とすれば (4.71) 式になるから，非線形最小二乗法も線形最小二乗法として扱うことができる．ただし，(4.76) 式が近似であるので，(4.77) 式の解を用いた $\mathbf{x}^{(1)} = \mathbf{x}^{(0)} + \Delta\mathbf{x}$ が即，正しい解であることは稀で，$\mathbf{x}^{(1)}$ を新しい近似値として $\Delta\mathbf{x}$ を新たに求める，という**反復改良** *iterative refinement* を繰り返す必要がある（**Gauss-Newton 法** *Gauss-Newton method* と呼ばれる）．

従って，非線形最小二乗法も含めた最小二乗法全体が，線形最小二乗法の定式化で解かれるので，それに戻って (4.74) 式に (4.69) 式を代入し (4.75) 式の偏微分を行うと，線形最小二乗法の連立 1 次方程式

$$\left\{\begin{array}{rcl} B_{11}x_1 + B_{12}x_2 + \cdots + B_{1M}x_M & = & b_1 \\ B_{21}x_1 + B_{22}x_2 + \cdots + B_{2M}x_M & = & b_2 \\ \vdots & & \\ B_{M1}x_1 + B_{M2}x_2 + \cdots + B_{MM}x_M & = & b_M \end{array}\right. , \quad \begin{array}{l} B_{mm'} = \displaystyle\sum_{n=1}^{N} \frac{A_{nm}A_{nm'}}{\sigma_n^2}, \\ b_m = \displaystyle\sum_{n=1}^{N} \frac{A_{nm}}{\sigma_n^2} y_n \end{array} \tag{4.78}$$

が得られる．(4.70) 式，(4.71) 式のベクトル，行列を用いてこれを書き換えると（$\mathbf{\Sigma}$ は**分散行列** *variance matrix* と呼ばれる）

$$\mathbf{B}\,\mathbf{x} = \mathbf{b}, \quad \mathbf{B} = \mathbf{A}^{\mathrm{T}}\mathbf{\Sigma}^{-1}\mathbf{A},\ \mathbf{b} = \mathbf{A}^{\mathrm{T}}\mathbf{\Sigma}^{-1}\mathbf{y},\ \mathbf{\Sigma} = \begin{pmatrix} \sigma_1^2 & & & \\ & \sigma_2^2 & & \\ & & \ddots & \\ & & & \sigma_N^2 \end{pmatrix} \tag{4.79}$$

となり，さらに $\mathbf{A}' = \mathbf{\Sigma}^{-1/2}\mathbf{A}$，$\mathbf{y}' = \mathbf{\Sigma}^{-1/2}\mathbf{y}$ と置けば

$$\mathbf{A}'^{\mathrm{T}}\mathbf{A}'\mathbf{x} = \mathbf{A}'^{\mathrm{T}}\mathbf{y}' \tag{4.80}$$

と表記できる．(4.78) 式，(4.79) 式，(4.80) 式は**正規方程式** *normal equation* と呼ばれる．正規方程式は通常の連立 1 次方程式であるから，その一般的な解法，たとえばもっとも一般的な **Gauss の消去法** *Gaussian elimination**) を適用することができる．(4.78) 式に戻って，その第 1 式の $\dfrac{B_{m1}}{B_{11}}$ 倍を第 m 式（$m = 2, 3, \cdots, M$）から引くと，第 m 式の第 1 項はすべて消去され，第 2 項は $B'_{m2} = B_{m2} - \dfrac{B_{m1}}{B_{11}}B_{12}$ になる．続いて，第 2 式の $\dfrac{B_{m2}}{B'_{22}}$ 倍を第 m 式（$m = 3, 4, \cdots, N$）から引くと，第 m 式の第 2 項はすべて消去される．この操作を繰り返せば，(4.78) 式は

$$\left\{\begin{aligned} B_{11}x_1 + B_{12}x_2 + \cdots + B_{1M}x_M &= b_1 \\ B'_{22}x_2 + \cdots + B'_{2M}x_M &= b'_2 \\ &\vdots \\ B'_{MM}x_M &= b'_M \end{aligned}\right. \tag{4.81}$$

となる．第 M 式から $x_M = b'_M/B'_{MM}$，これを代入した第 $M-1$ 式から $x_{M-1} = (b'_{M-1} - B'_{M-1,M}x_M)/B'_{M-1,M-1}$ と逆向きに x_m（$m = M, M-1, \cdots, 1$）が順次求められる．

(4.81) 式を (4.79) 式の形式で書けば

$$\mathbf{B}'\mathbf{x} = \mathbf{b}', \quad \mathbf{B}' = \begin{pmatrix} B_{11} & B_{12} & \cdots & B_{1M} \\ 0 & B'_{22} & \cdots & B'_{2M} \\ & & \ddots & \vdots \\ 0 & 0 & 0\cdots0 & B'_{MM} \end{pmatrix} \tag{4.82}$$

であるから，Gauss の消去法とは，$\mathbf{B}$ に行列の**基本変形** *elementary transformation* [30] のうち「ある行に他のある行の定数倍を加える」を繰り返し行って，上三角行列 $\mathbf{B}'$ に変換することである．その際，B_{11} や B'_{22} など

*) Kreyszig[22] では Gauss elimination とされているが，Gaussian elimination の方が使用頻度が高いようである．

がゼロに近いと，定数倍の定数が非常に大きな値になり丸め誤差 *rounding error*[22] が出てしまう．これを避けるために，たとえば第 m 行の定数倍を第 m' 行（$m' = m+1, m+2, \cdots, M$）に加えるときに，定数を常に $-\dfrac{B_{m'm}}{B'_{mm}}$ とするのではなく，第 m 行のゼロでない要素のうち最大の絶対値を与える要素を見出して，別の基本変形「二つの列を入れ換える」[30] により，その要素のある列と第 m 列を入れ換え，その要素を B'_{mm} とするのがよい．これをピボット選択 *pivoting* という[27]．また，行ごとの違いをできるだけ吸収するため，さらに別の基本変形「ある行にゼロでない数を掛ける」[30] により，すべての行を正規化しておくことが望ましい．これをスケーリング *scaling* という[22]．

(4.80) 式の正規方程式において係数行列が $\mathbf{A}'^{\mathrm{T}}\mathbf{A}'$ という形をしていることを利用して，ガウスの消去法の丸め誤差を減らす方法がいくつか提案されており，ここでは修正 **Gram-Schmidt** 法 *modified Gram-Schmidt method*[27] を示す．$\mathbf{A}'$ が N 行 M 列の実行列であるとき

$$\mathbf{A}' = \mathbf{Q}\mathbf{R},\quad \mathbf{Q}^{\mathrm{T}}\mathbf{Q} = \mathbf{I},\ \mathbf{R} = \begin{pmatrix} R_{11} & R_{12} & \cdots & R_{1M} \\ 0 & R_{22} & \cdots & R_{2M} \\ & & \ddots & \vdots \\ 0 & 0 & 0\cdots 0 & R_{MM} \end{pmatrix} \tag{4.83}$$

と，N 行 M 列の直交行列 $\mathbf{Q}$ および M 行 M 列の上三角行列 $\mathbf{R}$ に分解することができて[34]，**QR** 分解 *QR-factorization* と呼ばれる[22]．§2.3.3，§2.3.5，§3.3.2 で扱うような問題では一般に $\mathbf{A}'$ が実行列であるので (4.83) 式が成り立ち，それを (4.80) 式に代入すれば

$$\mathbf{R}^{\mathrm{T}}\mathbf{Q}^{\mathrm{T}}\mathbf{Q}\mathbf{R}\,\mathbf{x} = \mathbf{R}^{\mathrm{T}}\mathbf{Q}^{\mathrm{T}}\mathbf{y} \implies \mathbf{R}^{\mathrm{T}}\mathbf{R}\,\mathbf{x} = \mathbf{R}^{\mathrm{T}}\mathbf{Q}^{\mathrm{T}}\mathbf{y} \implies \mathbf{R}\,\mathbf{x} = \mathbf{Q}^{\mathrm{T}}\mathbf{y}\,. \tag{4.84}$$

(4.84) 式は Gauss の消去法の (4.82) 式と同じ形式であるから，$\mathbf{Q}$ と $\mathbf{R}$ が得られれば，逆向きに x_m（$m = M, M-1, \cdots, 1$）を順次求めることができる．

$\mathbf{A}'$ と $\mathbf{Q}$ を N 元の列ベクトルを用いて

$$\mathbf{A}' = (\mathbf{a}_1, \mathbf{a}_2, \cdots, \mathbf{a}_M),\quad \mathbf{Q} = (\mathbf{q}_1, \mathbf{q}_2, \cdots, \mathbf{q}_M) \tag{4.85}$$

と表現したとき，(4.83) 式の形から QR 分解には次の手順が考えられる[27]．

1. $\mathbf{q}_1$ には $\mathbf{a}_1$ が正規化して与えられるように $R_{11} = |\mathbf{a}_1|$，$\mathbf{q}_1 = \dfrac{\mathbf{a}_1}{R_{11}}$ とする．
2. $\mathbf{q}_2$ には $\mathbf{a}_2$ から $\mathbf{a}_1$ に平行な成分を除いたものを正規化して与えれば $\mathbf{q}_1$ と直交するので，$R_{12} = \mathbf{q}_1^{\mathrm{T}}\mathbf{a}_2$，$R_{22} = |\mathbf{a}_2 - \mathbf{q}_1 R_{12}|$，$\mathbf{q}_2 = \dfrac{\mathbf{a}_2 - \mathbf{q}_1 R_{12}}{R_{22}}$ とする．
3. $\mathbf{q}_3$ には $\mathbf{a}_3$ から $\mathbf{a}_1$ と $\mathbf{a}_2$ に平行な成分を除いたものを正規化して与えれば $\mathbf{q}_1, \mathbf{q}_2$ と直交するので，$R_{13} = \mathbf{q}_1^{\mathrm{T}}\mathbf{a}_3, R_{23} = \mathbf{q}_2^{\mathrm{T}}\mathbf{a}_3, R_{33} = |\mathbf{a}_3 - \mathbf{q}_1 R_{13} - \mathbf{q}_2 R_{23}|$，$\mathbf{q}_3 = \dfrac{\mathbf{a}_3 - \mathbf{q}_1 R_{13} - \mathbf{q}_2 R_{23}}{R_{33}}$ とする．
4. 以下，同様に $\mathbf{q}_k$（$k = 4, 5, \cdots, M$）には $\mathbf{a}_k$ から $\mathbf{a}_1, \mathbf{a}_2, \cdots, \mathbf{a}_{k-1}$ に平行な成分を除いたものを正規化して与えれば $\mathbf{q}_1, \mathbf{q}_2, \cdots, \mathbf{q}_{k-1}$ と直交するので，$R_{jk} = \mathbf{q}_j^{\mathrm{T}}\mathbf{a}_k$（$j = 1, 2, \cdots, k-1$），$R_{kk} = \left|\mathbf{a}_k - \sum_{j=1}^{k-1} \mathbf{q}_j R_{jk}\right|$，$\mathbf{q}_k = \left(\mathbf{a}_k - \sum_{j=1}^{k-1} \mathbf{q}_j R_{jk}\right) / R_{kk}$ とする．

これが「修正」の付かない古典的な Gram-Schmidt 法である *)．この方法は明解であるが，数値誤差に関して次のような欠点がある [27]．手順 2 で $\mathbf{q}_2$ を $\mathbf{q}_1$ に直交させたにも関わらず，丸め誤差などの数値誤差により $\mathbf{q}_2$ には $\mathbf{q}_1$ に平行な成分がわずかに残っていて $\mathbf{q}_2 + \epsilon\mathbf{q}_1$ であったとする．これに対して手順 3 の R_{23} の計算を行うと，

$$R_{23} = (\mathbf{q}_2 + \epsilon\mathbf{q}_1)^{\mathrm{T}}\mathbf{a}_3 = \mathbf{q}_2^{\mathrm{T}}\mathbf{a}_3 + \epsilon\mathbf{q}_1^{\mathrm{T}}\mathbf{a}_3 \tag{4.86}$$

と誤差が伝播してしまう．

これを対策するため，Björk[7] は上記の手順を次のように変えて，修正 Gram-Schmidt 法と呼んだ [27]．

1. $\mathbf{q}_1$ には $\mathbf{a}_1$ が正規化して与えられるように $R_{11} = |\mathbf{a}_1|$，$\mathbf{q}_1 = \dfrac{\mathbf{a}_1}{R_{11}}$ とし，かつ，$R_{1j} = \mathbf{q}_1^{\mathrm{T}}\mathbf{a}_j$，$\mathbf{a}_j^{(1)} = \mathbf{a}_j - \mathbf{q}_1 R_{1j}$ として $\mathbf{a}_j$（$j = 2, 3, \cdots, M$）から $\mathbf{q}_1$ に平行な成分を除く．

---

*) 古典的（classical）Gram-Schmidt 法を多くの文献が言及しているが，そのオリジナルな論文を示しているものがほとんどない．Axelsson[4] は数少ない例外で，その 71 頁で Schmidt[32] を引用している．しかし，そこで古典的 Gram-Schmidt 法の定式化が示されているわけではなく，その中でさらに引用されているデンマーク人 J. P. Gram による論文 [14] に示されている．

2. $\mathbf{q}_2$ には $\mathbf{a}_2^{(1)}$ が正規化して与えられるように $R_{22} = \left|\mathbf{a}_2^{(1)}\right|$, $\mathbf{q}_2 = \dfrac{\mathbf{a}_2^{(1)}}{R_{22}}$ とし，かつ，$R_{2j} = \mathbf{q}_2^{\mathrm{T}}\mathbf{a}_j^{(1)}$，$\mathbf{a}_j^{(2)} = \mathbf{a}_j^{(1)} - \mathbf{q}_2 R_{2j}$ として $\mathbf{a}_j^{(1)}$（$j = 3, 4, \cdots, M$）から $\mathbf{q}_2$ に平行な成分を除く．

3. 以下，同様に $\mathbf{q}_k$ $(k = 3, 4, \cdots, M-1)$ には $\mathbf{a}_k^{(k-1)}$ が正規化して与えられるように $R_{kk} = \left|\mathbf{a}_k^{(k-1)}\right|$, $\mathbf{q}_k = \dfrac{\mathbf{a}_k^{(k-1)}}{R_{kk}}$ とし，かつ，$R_{kj} = \mathbf{q}_k^{\mathrm{T}}\mathbf{a}_j^{(k-1)}$, $\mathbf{a}_j^{(k)} = \mathbf{a}_j^{k-1} - \mathbf{q}_k R_{kj}$ として $\mathbf{a}_j^{(k-1)}$（$j = k+1, k+2, \cdots, M$）から $\mathbf{q}_k$ に平行な成分を除く．

4. 最後に $\mathbf{q}_M$ には $\mathbf{a}_M^{(M-1)}$ が正規化して与えられるように $R_{MM} = \left|\mathbf{a}_M^{(M-1)}\right|$, $\mathbf{q}_M = \dfrac{\mathbf{a}_M^{(M-1)}}{R_{MM}}$ とする．

この修正 Gram-Schmidt 法においても，数値誤差により手順 2 の $\mathbf{q}_2$ には $\mathbf{q}_1$ に平行な成分がわずかに残っていて $\mathbf{q}_2 + \epsilon\mathbf{q}_1$ であったとする（ただし，誤差を含まない $\mathbf{q}_2$ は $\mathbf{q}_1$ に直交する）．これに対して同じく手順 2 の R_{23} の計算を行うと，$\mathbf{q}_1^{\mathrm{T}}\mathbf{q}_1 = 1$，直交条件より $\mathbf{q}_2^{\mathrm{T}}\mathbf{q}_1 = 0$，および手順 1 の $R_{13} = \mathbf{q}_1^{\mathrm{T}}\mathbf{a}_3$，$\mathbf{a}_3^{(1)} = \mathbf{a}_3 - \mathbf{q}_1 R_{13}$ を用いて

$$
\begin{aligned}
R_{23} &= (\mathbf{q}_2 + \epsilon\mathbf{q}_1)^{\mathrm{T}}\mathbf{a}_3^{(1)} = (\mathbf{q}_2^{\mathrm{T}} + \epsilon\mathbf{q}_1^{\mathrm{T}})(\mathbf{a}_3 - \mathbf{q}_1 R_{13}) \\
&= \mathbf{q}_2^{\mathrm{T}}\mathbf{a}_3 - \mathbf{q}_2^{\mathrm{T}}\mathbf{q}_1 R_{13} + \epsilon\mathbf{q}_1^{\mathrm{T}}\mathbf{a}_3 - \epsilon\mathbf{q}_1^{\mathrm{T}}\mathbf{q}_1 R_{13} = \mathbf{q}_2^{\mathrm{T}}\mathbf{a}_3 \qquad (4.87)
\end{aligned}
$$

と誤差がキャンセルするので．高い精度の QR 分解が可能となり，ひいては高い精度の最小二乗解が得られる．精度をさらに高めるためには，Gauss の消去法と同じようにピボット選択，スケーリングが有効である [27)]．

線形最小二乗法において数値誤差により解が近似的でしかない状況は，非線形最小二乗法において (4.77) 式の解を用いた $\mathbf{x}^{(1)} = \mathbf{x}^{(0)} + \Delta\mathbf{x}$ が近似的でしかない状況と似ている．そこで，観測方程式 $\mathbf{y} \simeq \mathbf{A}\mathbf{x}$（(4.71) 式）に対する線形最小二乗法の最初の解を $\mathbf{x}^{(0)}$ として，次の観測方程式を

$$
\Delta\mathbf{y} \simeq \mathbf{A}\,\Delta\mathbf{x}, \quad \Delta\mathbf{y} = \mathbf{y} - \mathbf{A}\mathbf{x}^{(0)},\ \Delta\mathbf{x} = \mathbf{x} - \mathbf{x}^{(0)} \qquad (4.88)
$$

とすれば，数値誤差を含んだ解を**反復改良**できて精度が向上する．

4.4.2 最小二乗法の制約条件[*)]

§4.4.1 に示したように，丸め誤差など数値誤差の問題は，ピボット選択やスケーリング，修正 Gram-Schmidt 法，反復改良など計算方法を工夫することで回避することができる．しかし，たとえば CMT インバージョンや震源インバージョンならば観測波形が大きな観測誤差を含んでいるときや，地下構造に不明なところが多く Green 関数が大きな誤差を含んでいるとき，Green 関数の誤差が大きくなくても，震源インバージョンのように非常に多数の未知変数（未知パラメータ）が含まれているとき（§2.3.5），非線形最小二乗法ならば非線形性が強い場合や良い初期値が得られていないときなどに，最小二乗法に現れる不安定さを計算方法の工夫で回避することはできない．こうした問題を回避するために**制約条件** *constraint*[†)] を導入することが行われる．たとえば，未知変数 $\mathbf{x}$ のおおよその推定値 $\mathbf{x}_0$ がわかっているとき，$\mathbf{x} \simeq \mathbf{x}_0$ はもっとも簡単な制約条件となる．このような制約条件を一般化して

$$\mathbf{h} \simeq \mathbf{g}(\mathbf{x}), \quad \mathbf{h} = (h_{n'}),\ \mathbf{g} = (g_{n'}), \quad n' = 1, 2, \cdots, N' \tag{4.89}$$

と表現し，$h_{n'} - g_{n'}(\mathbf{x})$ は共通の標準偏差 ρ で正規分布を成すとすると，制約条件全体の確率が

$$L' = \prod_{n'=1}^{N'} L'_{n'} = \frac{1}{(2\pi)^{N'/2}\rho^{N'}} \exp\left\{-\sum_{n'=1}^{N'} \frac{(h_{n'} - g_{n'}(\mathbf{x}))^2}{2\rho^2}\right\} \tag{4.90}$$

と与えられる．

事象 A があって，その原因となる事象 H があり，H として可能なすべての原因が H_i（$i = 1, 2, \cdots, I$）であるとする．H_i 同士は互いに独立で，それぞれの確率を $P(H_i)$ とすれば，$P(H_i)$ は事前確率と呼ばれる．また，それぞれの原因 H_i から結果 A が起きる条件付き確率を $P(A|H_i)$ とし，A が起きたときにその原因が H_i である条件付き確率を $P(H_i|A)$ として $P(H_i|A)$ を事後確率と呼ぶ．このとき，事後確率は

---

*) §4.4.2 に関する参考文献も多数あるが，Bishop[6)] が理論的なところを詳しく説明している．

†) 制約条件[28)] がよく使われているようだが，“束縛条件”[27)] や “拘束条件” と呼ばれることもある．

$$P(H_i|A) = \frac{P(A|H_i)\,P(H_i)}{\sum_{i=1}^{I} P(A|H_i)\,P(H_i)} \tag{4.91}$$

と与えられるというのが **Bayes の定理** *Bayes' theorem* である．Bayes[5] が数例に対して証明を行ったのは (4.91) 式であるが，事象 H が離散量 H_i（$i = 1, 2, \cdots, I$）ではなく連続量 H で表されるならば，事前確率 $P(H)$ を用いて事後確率 $P(H|A)$ は

$$P(H|A) = \frac{P(A|H)\,P(H)}{\int P(A|H)\,P(H)\,dH} \tag{4.92}$$

と表される[25]．(4.91) 式と (4.92) 式の分母は，左辺の事後確率が確率密度関数となるために正規化したことによる定数である．

本書でのインバージョンでは，地震（震源）または地下構造が原因 H で，地震動が結果 A であるから（§2.3.3），震源や地下構造のモデル（モーメントテンソルなど）に対する制約条件（(4.89) 式）の確率が事前確率であり，観測方程式 (4.70) を満足しながら制約条件が満たされる確率が事後確率である．したがって，事前確率 $P(H)$ は (4.90) 式の正規分布 L' となり，事後確率 $P(H|A)$ は制約条件付きインバージョン全体の確率分布 L_c となる．$P(A|H)$ は制約条件が与えられたときの観測方程式の確率であるから，(4.73) 式の正規分布 L となり，L と同じように尤度と呼ばれる．以上を (4.92) 式に代入すれば

$$L_c = \frac{L\,L'}{D} = \frac{1}{D\,(2\pi)^{(N+N')/2}\rho^{N'}} \prod_{n=1}^{N} \frac{1}{\sigma_n} \exp\left\{ -\sum_{n=1}^{N} \frac{(y_n - f_n(\mathbf{x}))^2}{2\sigma_n^2} - \sum_{n'=1}^{N'} \frac{(h_{n'} - g_{n'}(\mathbf{x}))^2}{2\rho^2} \right\},$$
$$D = \int L\,L'\,d\mathbf{x} \tag{4.93}$$

が得られる．ここで D は (4.92) 式の分母の正規化定数であり，このようにある確率変数（ここではモデルのパラメータ $\mathbf{x}$）に関して積分されたものは**周辺確率** *marginal probability* と呼ばれる[6]．

尤度 L に対する最尤推定と同じように，事後確率 L_c を最大にする $\hat{\mathbf{x}}$ がもっとも確からしい $\mathbf{x}$ であるとする**最大事後確率推定** *maximum posterior estimation* があり，**MAP 推定** *MAP estimation* と略記される（A は posterior の元になっ

たラテン語 a posteriori の a に由来する）[6]．(4.93) 式に MAP 推定を適用すれば，式の形から

$$S_c(\hat{\mathbf{x}}) = \sum_{n=1}^{N} \frac{(y_n - f_n(\hat{\mathbf{x}}))^2}{\sigma_n^2} + \sum_{n'=1}^{N'} \frac{(h_{n'} - g_{n'}(\hat{\mathbf{x}}))^2}{\rho^2} = \min \tag{4.94}$$

という最小二乗法になる．さらに，$\mathbf{f}(\mathbf{x}) = \mathbf{A}\mathbf{x}$（(4.71) 式）を改めて適用し，制約条件にも線形関係 $\mathbf{g}(\mathbf{x}) = \mathbf{G}\mathbf{x}$ を仮定した上で

$$\frac{\partial S_c}{\partial x_m} = 0, \quad m = 1, 2, \cdots, M \tag{4.95}$$

の連立方程式を立てれば，制約条件付き線形最小二乗法の正規方程式として

$$\mathbf{B}_c\,\mathbf{x} = \mathbf{b}_c, \quad \mathbf{B}_c = \mathbf{A}^{\mathrm{T}}\boldsymbol{\Sigma}^{-1}\mathbf{A} + \frac{1}{\rho^2}\mathbf{G}^{\mathrm{T}}\mathbf{G},\ \mathbf{b}_c = \mathbf{A}^{\mathrm{T}}\boldsymbol{\Sigma}^{-1}\mathbf{y} + \frac{1}{\rho^2}\mathbf{G}^{\mathrm{T}}\mathbf{h} \tag{4.96}$$

が得られる．$\boldsymbol{\Sigma}$ は (4.79) 式で与えられている．

ρ はデータ（観測量）に関わる $\mathbf{B}_c, \mathbf{b}_c$ の第 1 項に対する，制約条件の第 2 項の相対的な重みをコントロールしているパラメータであるが，モデルのパラメータとは異なる性質のものなので**超パラメータ** *hyperparameter* と呼ばれている．たとえば，§2.3.5 の震源インバージョンのようにすべり分布がなめらかであるという制約条件を与えたとき，その重みが過大になるような超パラメータを与えたときには，非現実的になめらかで意味ある特徴を持たない解が得られてしまう．逆に，重みが過小であると数値的な不安定さを取り除くことができない．

こうしたトレードオフを回避してもっとも確からしいモデルを得るために，次のような方法が採られる．事前確率を前提とした尤度の周辺確率は**周辺尤度** *marginal likelihood* と呼ばれ，周辺尤度はモデルのパラメータが事前確率からランダムにサンプリングされたときに，データが生成される確率とみなせる[6]．したがって，周辺尤度が最大となるパラメータがもっとも確からしいモデルとなる．もし超パラメータ ρ は確率変数でないという立場をとれば，事前確率，尤度，モデルパラメータは前述の L'，L，$\mathbf{x}$ になるから，周辺尤度は

$$\mathcal{L} = \int L\,L'\,d\mathbf{x} \tag{4.97}$$

となり，(4.93) 式の D に一致する．

一方，完全に Bayes 統計に則り超パラメータも確率変数とする立場をとるならば，ρ にも事前確率 $P(\rho)$ を与え，$\mathbf{x}$ だけでなく ρ についても積分して

$$\mathcal{L} = \iint L(\mathbf{x})L'(\mathbf{x},\rho)P(\rho)\, d\mathbf{x}\, d\rho \tag{4.98}$$

としなければならない．しかし，$P(\rho)$ がある値の周りで鋭く尖っているとき，(4.98) 式は (4.97) 式で近似できる．この近似は**エビデンス近似** *evidence approximation* と呼ばれ，エビデンス近似をした周辺尤度を最大化するようにモデルパラメータや超パラメータを求める方法を**経験 Bayes 推定** *empirical Bayes estimation* という [6)]．

以下では，Yabuki and Matsu'ura[36)] に従い，経験ベイズ推定に基づいて $\mathcal{L}$ 最大を定式化する．そこでは観測誤差の代表値を σ として $\mathbf{\Sigma} = \sigma^2\mathbf{I}$ と置き換え，σ も超パラメータであるとされている．さらに，ρ を $\alpha = \dfrac{\sigma}{\rho}$ と変数変換すると，σ^2 倍した正規方程式 (4.96) は

$$\mathbf{B}_c\,\mathbf{x} = \mathbf{b}_c\,,\quad \mathbf{B}_c = \mathbf{A}^{\mathrm{T}}\mathbf{I}^{-1}\mathbf{A} + \alpha^2\mathbf{G}^{\mathrm{T}}\mathbf{G}\,,\ \mathbf{b}_c = \mathbf{A}^{\mathrm{T}}\mathbf{I}^{-1}\mathbf{y} + \alpha^2\mathbf{G}^{\mathrm{T}}\mathbf{h} \tag{4.99}$$

となる．これを §4.4.1 の方法で解いて，最小二乗解 $\hat{\mathbf{x}}$ と $S_c(\hat{\mathbf{x}}) = \dfrac{1}{\sigma^2}s(\hat{\mathbf{x}})$ を得る．一方，(4.93) 式の積分 $\mathcal{L} = \int L'L\,d\mathbf{x}$ を解析的に実行すれば

$$\mathcal{L} = \frac{\alpha^{N'}}{(2\pi\sigma^2)^{(N+N'-M)/2}}\|\mathbf{I}\|^{-1/2}\|\mathbf{A}^{\mathrm{T}}\mathbf{I}^{-1}\mathbf{A} + \alpha^2\mathbf{G}^{\mathrm{T}}\mathbf{G}\|^{-1/2}\exp\left\{-\frac{1}{2\sigma^2}s(\mathbf{x})\right\} \tag{4.100}$$

となる．$\|\ \|$ は行列式の絶対値を表す．最小二乗解に対する周辺尤度 $\mathcal{L}(\hat{\mathbf{x}})$ が最大となる必要条件のうち，σ に関するものは

$$\frac{\partial\mathcal{L}(\hat{\mathbf{x}})}{\partial\sigma^2} = 0 \quad\Rightarrow\quad \hat{\sigma}^2 = \frac{s(\hat{\mathbf{x}})}{N + N' - M} \tag{4.101}$$

と解析的に解くことができるので，その解を $\mathcal{L}(\hat{\mathbf{x}})$ に代入して $\mathcal{L}(\hat{\mathbf{x}};\hat{\sigma})$ とする．α に関するものは解析解がないため，$\mathcal{L}(\hat{\mathbf{x}};\hat{\sigma})$ または $\log\mathcal{L}(\hat{\mathbf{x}};\hat{\sigma})$ を最大化する $\check{\alpha}$ を数値的に探索する．探索の際，α の値が変われば正規方程式 (4.99) が変わってしまうから，その都度，$\hat{\mathbf{x}}$，$s(\hat{\mathbf{x}})$ を求め直さなければならない．$\check{\alpha}$ に対応する最小二乗解 $\check{\mathbf{x}}$ が制約条件付き線形インバージョンの解となる．制約条

件付き非線形インバージョンの定式化は Koketsu and Higashi[21] が示した．

Akaike[2] は，経験 Bayes 推定の研究とは独立に，超パラメータを選択する方法として **ABIC** *Akaike Bayesian Information Criterion*（赤池の Bayes 情報量規準）

$$\mathrm{ABIC} = -2\log\mathcal{L} + 2N_h, \quad N_h = \text{超パラメータの数} \tag{4.102}$$

を最小とするものを選ぶ方法を提案した．この ABIC は，インバージョンの中のモデルを選択する基準として同じ著者が 1974 年に提案した **AIC** *Akaike Information Criterion*（赤池の情報量規準）[1]

$$\mathrm{AIC} = -2\log\mathcal{L} + 2N_p, \quad N_p = \text{モデルパラメータの数} \tag{4.103}$$

を，制約条件付きインバージョンに拡張したものになっている．(4.102) 式の中の $\mathcal{L}$ は (4.97) 式の周辺尤度 $\mathcal{L}$ と同一のものであるから，(4.100) 式を代入すると，ここでの制約条件付き線形インバージョンでは

$$\mathrm{ABIC} = (N + N' - M)\log s(\hat{\mathbf{x}}) - N'\log\alpha^2 + \log\|\mathbf{A}^{\mathrm{T}}\mathbf{I}^{-1}\mathbf{A} + \alpha^2\mathbf{G}^{\mathrm{T}}\mathbf{G}\| + C \tag{4.104}$$

となる（C は α に依らない定数項）[*]．しかし，多くの場合，超パラメータの数を変えることはしないから，ABIC を最小にするということは周辺尤度 $\mathcal{L}$ を最大にすることに他ならず，Akaike[2] の方法は経験 Bayes 推定と等価である．Akaike[2] では ABIC を情報エントロピーに関連付けており，これにより経験 Bayes 推定に理論的根拠を与えている．ABIC は超パラメータの数をいろいろ変えて制約条件付きインバージョンを設計するときにも使えるという特徴があり，AIC と同じように[27] こちらの方が本来的な使い方であろう．

4.5　参考文献

1) Akaike, H.: A new look at the statistical model identification, *IEEE Transactions on Automatic Control*, **19**, 716–723 (1974)

2) Akaike, H.: Likelihood and Bayes procedure, in *Bayesian Statistics*, J. M. Bernards *et*

[*] Yabuki and Matsu'ura[36] の (49) 式，深畑[12] の (20) 式において $g \to N'$，$\mathbf{G} \to \mathbf{G}^{\mathrm{T}}\mathbf{G}$ としたものに一致する．

al. (ed.), University Press, Valencia, 143–166 (1980).

3) Aki, K. and P. G. Richards: *Quantitative Seismology*, 2nd ed., University Science Books, 700pp. (2002).

4) Axelsson, O.: *Iterative Solution Methods*, paperback ed., Cambridge University Press, 654pp. (1996).

5) Bayes, T.: An essay towards solving a problem in the doctrine of chance, *Phil. Trans*., **53**, 370–418 (1763).

6) Bishop, C. M.: *Pattern Recognition and Machine Learning*, Springer, 738pp. (2006)（『パターン認識と機械学習』，元田浩・栗田多喜夫・樋口知之・松本裕治・村田昇（訳），シュプリンガー・ジャパン，上:349pp., 下:433pp. (2007)）.

7) Björk, Å.: Solving linear least squares problems by Gram-Schmidt orthogonalization, *BIT*, **7**, 1–21 (1967).

8) 防災科学技術研究所:（2018年にアクセス）.
http://www.kyoshin.bosai.go.jp/kyoshin/seismo/knet95/knet95.shtml

9) Brigham, E. O.: 『高速フーリエ変換』，宮川洋・今井秀樹（訳），科学技術出版社，262pp. (1978).

10) 物理学辞典編集委員会（編）: 『物理学辞典』，改訂版，培風館，2465pp. (1992).

11) Butterworth, S.: On the theory of filter amplifiers, *Experimental Wireless & the Radio Engineer*, **7**, 536–541 (1930).

12) 深畑幸俊: 地震学における ABIC を用いたインバージョン解析研究の進展，地震 2, **61**, S103–113 (2009).

13) 五江渕通: デルタシグマ変調型 A/D コンバータ，物理探査，**50**, 332–334 (1997).

14) Gram, J. P.: Ueber die Entwickelung reeller Functionen in Reihen mittelst der Methode der kleinsten Quadrate, *Journal für die reine und angewandte Mathematik*, **94**, 41–73 (1883).

15) 浜田信生: 地震計，『地震の事典』，朝倉書店，18–31 (1987).

16) 日野幹雄: 『スペクトル解析』，朝倉書店，300pp. (1977).

17) 石本巳四雄: 震度と地震最大加速度，地震研究所彙報，**10**, 614–626 (1932).

18) 勝間田明男: 気象庁87型強震計と機械式強震計の比較，地震学会講演予稿集，**2**, 245 (1989).

19) 木下繁夫・上原正義・斗沢敏雄・和田安司・小久江洋輔: K-NET95 型強震計の記録特性，地震 2，**49**, 467–481 (1997).

20) 木下繁夫: サーボ型地震計，地震 2，**50**, 471–483 (1998).

21) Koketsu, K. and S. Higashi: Three-dimensional topography of the sediment/basement interface in the Tokyo metropolitan area, central Japan, *Bull. Seismol. Soc. Am*., **82**, 2328–2349 (1992).

22) Kreyszig, E.: *Advanced Engineering Mathematics*, 8th ed., John Wiley & Sons, 1156pp. (1999).

23) 工藤一嘉: 地震動の強さ, 「地震の事典」, 第 2 版, 朝倉書店, 358 386 (2001).

24) 工藤一嘉・高橋正義・坂上実・鹿熊英昭・坪井大輔: 起動強震観測のための過減衰・動コイル型地震計の開発と性能試験, 科学研究費補助金「機動強震アレイ観測のための軽量小型強震計の製作と観測・解析マニュアルの製作」成果報告書, 1–24 (1998).

25) 松原望: ベイズ決定, 「自然科学の統計学」, 東京大学出版会, 251–276 (1992).

26) 宮崎仁・植前敏行・藤森弘己・大貫昭則: A-D 変換の方式と設計技法, トランジスタ技術, **33**, No. 2, 223–289 (1996).

27) 中川徹・小柳義夫: 「最小二乗法による実験データの解析」, 東京大学出版会, 206pp. (1982).

28) 日本数学会 (編): 「数学辞典」, 第 2 版, 岩波書店, 1140pp. (1968).

29) Papoulis, A.: *The Fourier Integral and Its Applications*, McGraw-Hill, New York, 318pp. (1962).

30) 齋藤正彦: 「線形代数入門」, 東京大学出版会, 279pp. (1966).

31) 斎藤正徳: 漸化ディジタル・フィルターの自動設計, 物理探鉱, **31**, 112–135 (1978).

32) Schmidt, E.: Zur Theorie der linearen und nichtlinearen Integralgleichungen. I. Teil: Entwicklung willkrlicher Funktionen nach Systemen vorgeschriebener, *Mathematische Annalen*, **63**, 433–476 (1907).

33) 竹林滋・吉川道夫・小川繁司 (編): 「新英和中辞典」, 第 6 版, 2111pp. (1994).

34) 戸川隼人: 「マトリクスの数値計算」, オーム社, 323pp. (1971).

35) 宇津徳治: 「地震学」, 第 3 版, 共立出版, 376pp. (2001).

36) Yabuki, T. and Matsu'ura, M.: Geodetic data inversion using a Bayesian information criterion for spatial distribution of fault slip, *Geophys. J. Int.*, **109**, 363–375 (1992).

37) Press, W. H., Flannery, B. P., Teukolsky, S. A., and Vetterling, W. T.: *Numerical Recipes in C: The Art of Scientific Computing*, Cambridge University Press, 735pp. (1988).

38) Robinson, E. A.: *Multichannel time series analysis with digital computer programs*, rev. ed., Holden-Day, San Francisco, 298pp. (1978).

付録 A

A.1　マグニチュード

A.1.1　マグニチュードの定義

地震の規模を評価することは，関連した地震学の理論が確立する以前から，震源からある距離を離れた地点の地震動の強さで表すという方法で行われてきた．その後，地震の正体は地中の断層面における断層運動であり，この断層運動から生ずる地震モーメント M_0 が地震の規模を表すということが理論的に確立した（§2.1.1）．しかし，M_0 を算出することは種々の情報と複雑な処理が必要なため，かつては長い時間を要したので，旧来の方法が現在も使われており，そのように求められた地震の規模を**マグニチュード** *magnitude*（M と略記）と呼ぶ．

最初の M は M_0 の理論[2]が確立した時期より 30 年ほど前に，Richter[25]が南 California で発生した地震について考え出したものである．そのため，海外のメディアは M を **Richter スケール** *Richter scale* と呼ぶことも多い．Richter の M は，**震央距離**（§1.1，Δ と略記）が 100 km の地点に置かれた **Wood-Anderson 式地震計** *Wood-Anderson seismograph*（固有周期 0.8 s，減衰定数 0.8，基本倍率 2,800 倍）の水平 1 成分の記録紙上最大振幅 A（μm 単位）を常用対数で表現したものと定義された．これが**ローカルマグニチュード** *local magnitude*（M_L と略記）である．現実には都合よく $\Delta = 100$ km に地震計があるとは限らないので，ある Δ における A に対し

$$M_L = \log A + C_L \tag{A.1}$$

として Δ ごとに補正項 C_L を与えることで対処し，この方法はその後の M の定義に踏襲されることになった．ただし，Richter[25]の論文では，Δ における

A は mm 単位で測られるとされ，さらに補正項の符号を反転させている．これらを考慮して同論文の Table I を C_L 用に書き換えたものが表 A.1 である．同論文には，$200\ \mathrm{km} < \Delta < 600\ \mathrm{km}$ の範囲の補正項が $\log\Delta$ の 1 次関数で近似できることも示されており，それを表 A.1 に適用すると

$$C_L = 3\ \log\Delta - 6.37 \tag{A.2}$$

という近似式になる．補正項の近似式は**校正関数** *calibration function* と呼ばれる[37]．

表 A.1　Δ ごとに与えられる M_L の補正項（宇津[37] に基づく）．

Δ (km)	30	50	100	150	200	250	300	400	500	600
C_L	−0.90	−0.37	0.00	0.29	0.53	0.79	1.02	1.46	1.74	1.94

表 A.2　Δ ごとに与えられる M_s の補正項（Gutenberg[4] と宇津[37] に基づく）．

Δ (°)	20	30	40	50	60	70	80	90	100	120	140	160
C_s	3.97	4.26	4.47	4.63	4.76	4.87	4.97	5.05	5.13	5.26	5.33	5.35

表 A.1 からわかるように，M_L には Δ が 600 km 以下の比較的近距離の地震しか考慮されていない．そこで Gutenberg[4] は当時の地震計で**遠地地震**（§3.1.11）を観測すると周期 20 s 前後の表面波（§1.2）が卓越することに注目して，この表面波の水平地動（当時の**長周期地震計**（§4.1.1）上の振幅を基本倍率で割ったものを地動とみなす）から**水平二成分合成** *vector summation of horizontal components* の最大振幅 A（各成分最大振幅の二乗和の平方根[37]．μm 単位）を求め，**表面波マグニチュード** *surface wave magnitude*

$$M_s = \log A + C_s \tag{A.3}$$

を定義した．ここでの補正項 C_s は度（°）単位で測った Δ に対して表 A.2 のように与えられており，この補正項は $15° \leq \Delta \leq 130°$ において校正関数

$$C_s = 1.656\ \log\Delta + 1.818 \tag{A.4}$$

で近似できる[4]．

しかし，遠地地震でも震源の深さ h が数十 km を超える深い地震では表面波が発達しないため，M は P 波や S 波などの**実体波** *body wave*（§1.2.4）から決めざるをえない．固有周期が数秒から 10 s 程度の**中周期地震計**（§4.1.1）の記録において，実体波の μm 単位の最大振幅 A とそれを与える波の秒単位の周期 T（ともに記録紙上で計測，水平動なら最大振幅は水平二成分合成）を用いて，Gutenberg[5]，Gutenberg and Richter[7] は M_s と併せて**実体波マグニチュード** *body wave magnitude* を

$$m_B = \log\left(\frac{A}{T}\right) + q(\Delta, h) \tag{A.5}$$

と定めた．(A.5) 式における補正項 $q(\Delta, h)$ は震央距離 Δ と震源深さ h の非常に複雑な関数で，上下動の P 波部分に対しては図 A.1 のグラフで与えられている．P 波による水平動を用いる場合にはグラフ上端に書かれた P_H を加える．

なお，M_s における C_s や m_B における $q(\Delta, h)$ は本来，同じ地震に対して計測を行ったとき，その値が M_L に一致するように（m_B については h = 18 km の場合）与えられたはずであるが，見ている地震動の周期帯が異なるため系統的にずれることがわかっている（次節の図 A.2 参照）．

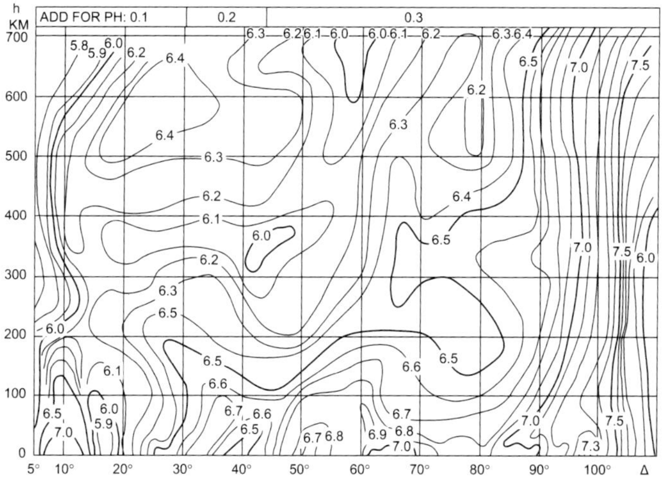

図 **A.1**　m_B の補正項 $q(\Delta, h)$（Gutenberg and Richter[7] に基づく）．

Gutenberg and Richter はその著書 *Seismicity of the Earth* [6] の中で，1904 年から 1952 年までの世界中の主な地震の M を与えている．これが事実上の M の標準となっており，その後のいろいろなマグニチュード計算式は，同じ地震に対して *Seismicity of the Earth* と同じような値を与えるように調整されていることが多い．*Seismicity of the Earth* の M 自体がどのように決められたかは必ずしも明らかではない．しかし阿部 [1] によれば，震源の深さが 40 km 未満の地震では M_s が，40 km 以上では m_B が採られていると考えられている．

以上のように各種の M が提案されていく中で，たとえば，M_L の (A.1) 式と (A.2) 式を合わせれば

$$\log A = aM - b\log X + c\,,\quad M = M_L\,,\ X = \Delta\,,\ a = 1\,,\ b = 3\,,\ c = 6.37 \quad \text{(A.6)}$$

が得られ，一般的な (A.6) 式は**距離減衰式** *attenuation relation* と呼ばれる．これ以降，現在に至るまで，いろいろな地震動強さ A，いろいろな M，いろいろな距離 X に対する距離減衰式に関して，統計手法に基づく多数の研究が行われ（たとえば司・翠川 [28]），洗練された方法論が構築されてきている [21]．

A.1.2 マグニチュードの現状

Seismicity of the Earth が出版された当時，気象庁では変位地震計として **Wiechert 式地震計** *Wiechert seismograph*（固有周期 5 s，減衰定数 0.55，基本倍率 80 倍）や**一倍強震計**などが用いられていた．これらは Richter や Gutenberg が用いた地震計とは特性が異なるため，坪井 [32] は *Seismicity of the Earth* に載せられた日本付近の地震について，似たような M が得られるように，記録された μm 単位の水平動の最大振幅 A（地震計上の記録をその周期の倍率で割って水平二成分合成）に対して，新たに**坪井公式** *Tsuboi's formula*

$$M = \log A + 1.73\log\Delta - 0.83 \quad \text{(A.7)}$$

を得た．

その後，Wiechert 式地震計は廃止されたが，一倍強震計や **59 型地震計** *59-type seismograph*（固有周期 5 s の速度型換振器の出力を積分回路に通した変位地

震計．周期 0.1 ~ 5 s の範囲で基本倍率 100 倍[8]）など似た周波数特性を持つ中周期地震計を経て，1994 年以降は **D93 型地震計** *D93-type seismograph*（数値積分による変位出力付きの加速度地震計．固有周期 10 s，周波数 10 Hz 以上はフィルタされる）を用いて，(A.7) 式により M を決めている．これは**気象庁マグニチュード** *JMA magnitude* と呼ばれ，M_J と略記されることがある[*]．なお，最大振幅は Peak-to-Peak 振幅の最大値を 1/2 することで計測され[18]，記録上の見かけ周期が 5 s 以上のデータは使用されないと言われていたが[35]，D93 型地震計では周期 10 s 以下のデータも実際には使われていた．

ただし，震源の深さ h が 60 km を超える地震については，h を考慮した勝又[12]の式（ここで補正項 $K(\Delta, h)$ は表 A.3）

$$M = \log A + K(\Delta, h) \tag{A.8}$$

が用いられている．なお，(A.7) 式，(A.8) 式は *Seismicity of the Earth* の M に一致するように決められているはずであるのに，その補正項が M_s，m_B のものに比べて 2 前後小さいのは，Δ を M_s，m_B では度（°）単位で与えられるのに対して，(A.7)，(A.8) 式では km 単位で与えられるためである．

また，地震の規模が小さくなると放出される地震波は短周期成分が主体となるので（§2.3.4），中周期地震計の M が 5.5 未満になったときは，**67 型地震計**や **76 型地震計**などの短周期速度地震計による上下動の最大振幅 A_V（10^{-5}

表 A.3 勝又の式（(A.8) 式）における補正項 $K(\Delta, h)$（Δ，h はともに km 単位）[12]．

$h\backslash\Delta$	100	200	300	400	500	600	700	800	900	1000	1200	1400
50	2.58	3.14	3.40	3.69	3.90	4.08	4.23	4.29	4.41	4.54	4.68	4.83
100	2.65	3.19	3.38	3.73	3.99	4.18	4.38	4.41	4.55	4.74	4.83	5.04
150	2.85	3.31	3.43	3.77	4.01	4.18	4.40	4.45	4.58	4.76	4.85	5.07
200	3.11	3.47	3.54	3.83	4.01	4.15	4.35	4.43	4.53	4.78	4.79	4.98
250	3.39	3.64	3.68	3.89	4.01	4.10	4.27	4.38	4.44	4.56	4.70	4.85
300	3.67	3.80	3.85	3.97	4.03	4.08	4.21	4.33	4.36	4.44	4.61	4.71
350	3.90	3.95	4.02	4.07	4.07	4.10	4.18	4.29	4.31	4.36	4.55	4.60
400	4.09	4.08	4.17	4.19	4.16	4.18	4.21	4.36	4.30	4.33	4.53	4.55
450	4.22	4.20	4.30	4.32	4.29	4.30	4.29	4.27	4.35	4.37	4.56	4.57
500	4.30	4.34	4.39	4.48	4.46	4.45	4.41	4.31	4.44	4.47	4.64	4.65
550	4.35	4.51	4.44	4.65	4.66	4.61	4.54	4.38	4.57	4.61	4.74	4.78
600	4.41	4.77	4.42	4.84	4.87	4.74	4.64	4.46	4.72	4.77	4.83	4.93

[*] 宇津[36]も図 5.8（本書の図 A.2 はこれに基づく）で用いている．

m/s いわゆる mkine 単位）を用いて，神林・市川 [9] の式（76 型地震計では () 内の定数項をとる [31]）)

$$M = \log A_V + 1.64 \log \Delta + 0.22\ (0.44) \quad \text{(A.9)}$$

で計算した値と平均が取られることになっている．ただし，中周期地震計による M が短周期地震計による M より 0.5 以上大きければ前者がそのまま採用される [22]．

D93 型地震計による周期 5 s 以上のデータも使われていた問題は，**鳥取県西部地震** *2000 Tottori earthquake*[*)]（2000，M_w 6.7）の際に顕在化した．変位記録から計算されるこの地震の M_J は 7.3 と発表されたが，**兵庫県南部地震**の当時の M_J 7.2 と比較して被害の規模や余震域の広がりなどが小さく，M_J の値の妥当性が疑問視されて気象庁に検討委員会が設置された．そこでの精査により，周期帯の違いのため平均で 0.06，M_J が大きく算出されていたことがわかった．しかし，この点よりさらに重大だったのは，D93 型導入に伴い設置場所が，市街地の気象官署から山間部に変更されたことであった．これにより地盤の増幅が抑えられ，結果として平均 0.22，M_J が小さく算出されていたのである．これらの結果に基づき D93 型のフィルターは変更され，さらに算出された M_J は 0.22 上積みされることになった．また，1994 年から変更時までの大きな地震の M_J は，気象官署に置かれていた**震度計**の記録を用いて再計算され，兵庫県南部地震の M_J は 7.2 から 7.3 に改訂され，逆に鳥取県西部地震の M_J には変更はなかった [17]．

ISC や **USGS** は世界中の地震について，核実験の探知を目的に展開された **WWSSN** *World-Wide Standard Seismograph Network* などの記録を用いて，震源位置と併せ M_s，m_B を決めている．その決定方式は **IASPEI** *International Association of Seismology and Physics of the Earth's Interior* の 1967 年勧告に従い，**Press-Ewing 式地震計** *Press-Ewing seismograph*（固有周期 15～30 s）などの表面波記録の水平二成分合成の最大振幅 A（μm 単位）と秒単位の周期 T を用いて，Vaněk *et al.*[37] による式

[*)] 鳥取地震（1943，M_J 7.2）があるので英文名には “2000” が必須．

$$M_s = \log\left(\frac{A}{T}\right) + 1.66\log\Delta + 3.30\,, \quad 20^\circ \le \Delta \le 160^\circ \qquad (A.10)$$

から算出される．この場合，水平動の代わりに上下動を用いても A が小さめになると同時に，短周期となって T も小さくなるので，値としては問題ないとされている．ここでの M_s と Gutenberg[4) の M_s を比較した場合，後者における A の定義である $T = 20$ s を (A.10) に代入すると，ここでの M_s の方が Gutenberg の M_s より 0.2 ほど大きいので注意を要する[22)]．また，Vaněk *et al.*[37)] による本来の定義によれば A/T の最大値を探索して採用することになっているが，現実には M_s と同じ計測法が行われていると言われる[35)]．

m_B に関しては，**Benioff 式地震計** *Benioff seismograph*（固有周期 1 s）など**短周期地震計**（§4.1.1）の実体波記録を用いる際にも，Gutenberg の実体波マグニチュード m_B の算出式 (A.5) が ISC，USGS で流用されている．ただし，A の値は P 波上下動の初動から 5 s 以内と限定されているので，使用されている地震計の固有周期の違いと相俟って m_B とはかなり違う値となることが多く，区別するために m_b と略記される．特に，大きな地震では放出される地震波の短周期成分が相対的に小さくなるので（§2.3.4），m_b は m_B よりかなり小さい[36)]．

M は基本的に地震計による地震動記録の振幅と震央距離から決められているが，その地震動は地震の規模により周波数特性が異なる．したがって，基準として使われる地震計の周波数特性や対象とする地震波の周波数特性と，地震の規模に伴う周波数特性がずれると，M の値に狂いが生ずる．一般に規模が大きくなると地震動の長周期成分は大きくなるが，短周期成分はそれほど大きくならない．たとえば $M\,8$ を $M\,6.2$ と比較すると，スペクトルに関する**スケーリング則**（§2.3.4）によれば長周期地震動は 500 倍になるが，短周期地震動は 10 倍程度にしかならない．つまり，短周期地震計を用いて短周期成分主体の実体波振幅で決められる m_B や m_b は，$M\,8$ クラスの地震の規模を表すには適切でなく，$M\,6$ を越えたところで値が飽和してしまう．逆に長周期地震計を用いて長周期成分主体の表面波振幅で決められる M_s では，$M\,5$ クラスの地震では小さめの値になってしまう．また，M_s でも $M\,8.3 \sim 8.5$ を超える巨大地震では飽和が起こる．これらに対して，地震の規模により中周期

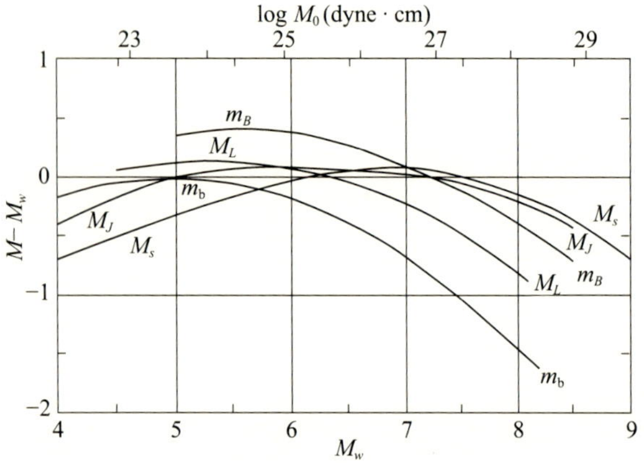

図 **A.2**　M_w，地震モーメント M_0 と各種 M との平均的な関係（宇津 [36] に基づく）．

地震計と短周期地震計を組み合わせる M_J は比較的広い適用範囲を持っていて，その範囲で次の M_w によく一致する（図 A.2）．

いずれにしろ程度の差こそあれ，地震計記録の振幅から算出される M には限界があるので，地震の規模を直接表す地震モーメント M_0 に立ち返って，そこから従来のマグニチュード，特に**プレート境界地震**（§2.1.1）の M_s に一致するように

$$\log M_0 = 1.5\, M_w + 16.1 \tag{A.11}$$

により算出する**モーメントマグニチュード** *moment magnitude* M_w が提案された*)．ここで M_0 は dyne·cm 単位の値をとる（N·m 単位で与えるなら 16.1 を 9.1 にすればよい）．CMT インバージョンなど解析技術の進歩により M_0 が日常的に決められるようになって，M_w が中心的に用いられるようになってきている．ただし，M_0 も結局のところ地震計記録から決められることが多いので，**重力計** *gravimeter* などの超長周期地震計の記録や地殻変動データなどが併用されない限り，モーメントマグニチュードにも飽和は起こるし，短周期にも感度のある地震計を用いないと小さな地震に正しい値を与えない．

*) Kanamori[10] による．ただし (A.11) 式と記号 M_w が最初に現れたのは Kanamori[10] だが，moment magnitude という言葉が現れるのは Kanamori[11] である．また，Kanamori[10] は本書と同じように記号の添え字をイタリック体にしているが，Kanamori[11] ではローマン体．

日本の地震の場合，もっともデータセットが充実した M は当然，**気象庁マグニチュード** M_J になる．そこで M_J と M_0 との関係式が必要になる場合が多く，武村[29),30)] は内陸の**地殻内地震** *crustal earthquake*（§2.1.1）に対して $\log M_0 = 1.17\ M_J + 17.72$，またはこれを小数第 1 位でまるめた

$$\log M_0 = 1.2\ M_J + 17.7 \tag{A.12}$$

を与え，海溝沿いや日本海東縁部の地震には佐藤[27)] による

$$\log M_0 = 1.5\ M_J + 16.2 \tag{A.13}$$

が成り立つとしている．(A.13) 式はほぼ (A.11) 式に一致するから，日本周辺の海域では $M_J \sim M_w$ であることを意味している．また，内陸の地殻内地震では中周期の**表面波**が発達しやすく，最大変位振幅が大きめになるので関係式が別になる．

A.2　震度

A.2.1　震度の性質

震度 *seismic intensity* とは本来，「ある場所での地震動強さを，人体感覚，周囲の物体，構造物あるいは自然界に対する影響の大小などによって，いくつかの階級に分けて表示するものである」[36)]．この定義からわかるように，震度は観測者が感じたもの，見たものから決められるから，特別の機器なしに瞬時に決定できる．また，誤報や欠測の可能性が少なく，データとして**頑健さ** *robustness* を備えているため，国内では地震情報の中でももっとも早く公表され，多くの防災機関で要員配置や施設の点検等の緊急措置を講じる際の基準として利用されている[16)]．一般に高度な情報ほど，それを得るための手続きが複雑であるため，突拍子もない値が出たり，必要な時に何も出てこないということが起こりやすく，防災機関などでの利用はむずかしい．たとえば自動化されたシステムによる震源位置，断層メカニズムなどの情報は，現状では頑健であるとは言いがたい．

一方，震度は，振幅，周波数，継続時間など多くの情報を含む地震動を，人

体感覚や構造物など実体が明らかでないフィルタを通して，たかだか数段階の整数値で強引に表現してしまう．したがって，定量的な評価と理論的な再現を前提とする近代的な地震学に，震度はなじまない面が強い．しかし，近代的な地震学に耐えるような地震観測は百年程度の歴史しかなく，強震動の発生頻度に比べて著しく短いためデータの蓄積が不十分であり，依然としてデータとしての震度に頼らざるを得ない面がある．また，防災機関での利用など，社会とのインタフェースとしての震度の重要性は現代でも変わらないので，ここで詳しく解説する．

震度はその計測の簡便さから，起源が 19 世紀に遡れるだけでなく，震度の階級分けの方法である**震度階** *seismic intensity scale* は，世界中で同時発生的に複数のものが生まれている．日本では最初の日本人地震学者である**関谷清景** *Kiyokage Sekiya* が，1884 年に微震・弱震・強震・烈震の四階級からなる震度階を初めて定義したといわれており [16)]，当時の内務省地理局やそこから独立した**中央気象台** *Central Meteorologcial Observatory* の年報は，これに基づいた報告が記載されている．さらに，1898 年以降の中央気象台年報では微震と弱震，強震が細分化され，「(感覚ナシ)」あるいは「(弱キ方)」と注記される区分と，注記のない区分に分かれて七階級になった．1908 年以降はそれらが漢数字○，一，二，・・・，六を用いて表記されるようになっている．

日本の震度観測は法律で中央気象台，1956 年の改組後は**気象庁** *Japan Meteorological Agency* (*JMA*) の業務として位置づけられており，その震度階はこの七階級区分が現在までほぼ踏襲されている（表 A.4）．ただし，途中から漢数字のかわりにローマ数字を使うようになり，その後さらにアラビア数字に変わっている．また，1949 年に大きな改正があり，烈震が震度 6 と 7 に分かれて八階級となった．1996 年の改正については §A.2.3 で触れることにする．なお，宇津 [35)] の 1.6 節によれば，古い時代の震度を扱うにあたって以下の注意が必要である．

1. 測候所電報には 1896 年 4 月 15 日からすでに七階級の記述が見られる．
2. 「感覚ナシ」が使われ始まるまでの微震には無感のものも含まれており，無感と微震がはっきり区別されるのは 1905 年以降．

表 **A.4** 日本における震度階の変遷[16].

1884 年	1898 年	1908 年	1936 年	1949 年	1996 年
	微（感覚ナシ）	○	無感	O	0
微	微	一	I	I	1
弱	弱（弱キ方）	二	II	II	2
	弱	三	III	III	3
強	強（弱キ方）	四	IV	IV	4
烈	強	五	V	V	5 弱
					5 強
	烈	六	VI	VI	6 弱
					6 強
				VII	7

3. 「震域」の表示も 1914 年 3 月までは無感を含んでいて，有感域とするのは誤り．

A.2.2 体感震度

前節でその歴史を解説した**気象庁震度階級** *JMA intensity scale* のうち 1949 年の震度 7 の追加は，前年 6 月の**福井地震** *Fukui earthquake*（1948, M 7.1, M_s 7.3）がきっかけとなったといわれている．福井地震は死亡 3,769 名，全壊家屋 36,184 戸[34] という，関東地震以降，兵庫県南部地震までは最大の被害地震であった．特に震源域直上の福井平野では，倒壊家屋 90 %以上という地区が随所に見られ，それまでの震度 VI の「烈震；家屋が倒壊し山崩れが起り地割れが生ずる程度以上の地震」という記述では不十分という印象を，当時の中央気象台幹部に与えたようである．そして 1949 年 1 月に地震津波業務規則が改正され，震度 VII「激震．家屋の倒壊が 30 パーセント以上に及び，山崩れ，地割れ，断層などを生じる」が追加された（表 A.5）．追加後，長く震度 VII の発表はなかったが，**兵庫県南部地震**で初めて震度 VII とその範囲が公表された．

以上の気象庁震度階級で代表される従来型の震度を，ここでは**体感震度**と呼ぶことにする．当然のことながら気象庁震度階級は国内だけに通用する震度階であり，海外では体感震度として Wood and Neumann[39] と Richter[26] による改正メルカリ震度階 *Modified Mercalli intensity scale*（MM 震度階，12 階級）が主に用いられている．気象庁[14] によるその訳を表 A.6 に示した．この震度階の歴史も 19 世紀に溯る．体感震度の歴史については工藤[19] や太田[23] に詳しい．

震度階が国よって異なるのは，相互に比較する上で不便であるため，国際的に統一しようという動きがあり，1964 年に UNESCO により Medvedev, Sponheuer and Kárník[20] による **MSK 震度階** *MSK intensity scale*（改正メルカリ震度階と同じ 12 階級）の採用が勧告されたことがあった．しかし，国ごと

表 A.5　1949 年改正の気象庁（改正当時は中央気象台）震度階級[3]．参考事項は 1978 年に追加された[15]．ここで「地震」は地震動を意味する[36]．

階級	説明	参考事項
O	無感．人体に感じないで地震計に記録される程度．	吊り下げ物のわずかにゆれるのが目視されたり，カタカタと音がきこえても，体にゆれを感じなければ無感である．
I	微震．静止している人や，特に地震に注意深い人だけに感ずる程度の地震．	静かにしている場合にゆれをわずかに感じ，その時間も長くない．立っていては感じない場合が多い．
II	軽震．大ぜいの人に感ずる程度のもので，戸障子がわずかに動くのがわかるぐらいの地震．	吊り下げ物の動くのがわかり，立っていてもゆれをわずかに感じるが，動いている場合にはほとんど感じない．眠っていても目をさますことがある．
III	弱震．家屋がゆれ，戸障子がガタガタと鳴動し，電燈のようなつり下げものは相当ゆれ，器内の水面の動くのがわかる程度の地震．	ちょっと驚くほどに感じ，眠っている人も目をさますが，戸外に飛び出すまでもないし，恐怖感はない．戸外にいる人もかなりの人に感じるが，歩いている場合感じない人もいる．
IV	中震．家屋の動揺が激しく，すわりの悪い花びんなどは倒れ，器内の水はあふれ出る．また，歩いている人にも感じられ，多くの人々は戸外に飛び出す程度の地震．	眠っている人は飛び起き，恐怖感を覚える．電柱・立木などのゆれるのがわかる．一般の家屋の瓦がずれるので[ママ] あっても，まだ被害らしいものではでない．軽い目まいを覚える．
V	強震．壁に割目がはいり，墓石・石どうろうが倒れたり，煙突，石垣などが破損する程度の地震．	立っていることはかなりむずかしい．一般家屋に軽微な被害が出はじめる．軟弱な地盤では割れたりくずれたりする．すわりの悪い家具は倒れる．
VI	烈震: 家屋の倒壊は 30%以下で，山くずれが起き，地割れを生じ，多くの人々は立っていることができない程度の地震．	歩行はむずかしく，はわないと動けない．
VII	激震: 家屋の倒壊が 30%以上におよび，山くずれ，地割れ，断層などを生じる．	

の建築様式や生活様式などの違いや，それまでの震度データの蓄積などが障害となってあまり普及しなかった．日本でも検討は行われたが，MSK 震度階は詳細な被害調査が必要な場合が多く，地震直後の速報にはなじまないなどの理由で採用には到らなかった[16),19)]．

強震計や地震計の存在しなかった有史時代の地震，いわゆる**歴史地震** *historical earthquake* では，古文書の記述から推定される体感震度と，その発生時刻が唯一のデータと言っていい．ただし，有史時代の建物の強度は一般に現在のものより弱かったはずであるから，記述を表 A.4 に照らし合わせて震度を決め，そこから 0.5〜1 を引けば気象庁震度としてほぼ妥当な値になると考えられている[33)]．推定震度を地図上にプロットし，その値ごとの範囲を示す**等震度線** *isoseismal* を描いて同心円上の分布が現れれば，その中心付近が震央であると推定できるし，震央からの距離と震度の関係[*)]から地震のマグニチュードも換算できる．そうした作業の集大成が宇佐美[34)]である．

A.2.3　計測震度

国内の震度は従来，気象台や測候所（これらをまとめて気象官署と呼ぶ）にいる観測員が自らの体感や室内・戸外の観察を，表 A.5 に示した震度階の説明，あるいは参考事項に照らし合わせて決定されていた．こうした決定方式が簡便性と即時性，頑健性という震度の特徴を生んでいるが，それが逆に働いて以下のような問題点も生じていた[16)]．

(a) 地震動の強さは地盤の影響を強く受けるため，気象官署の震度が地域の代表値である保証はない．
(b) 観測者のいる建物の種類によって相違が生ずることは避けられない．
(c) 標準的な周波数帯域の地震動が想定されており，高周波の急激な地震動や，低周波の緩慢な地震動には必ずしも対応できない．
(d) 観測者によって個人差がでる．
(e) 体感による以上，無人の場所で観測できない．

また，制定以来初めて震度 VII が発表された兵庫県南部地震の経験を経て，

[*)] 宇津[35)]の 3.5 節に多くの関係式があげられている．

表 A.6 Richter[26] による改正メルカリ震度階の日本語訳[14]．ただし I は本書による．"地震" は地震動を意味し，原文にない対応加速度値は除いた．

I: 地震計だけに感ずる程度の地震，または特に感じやすい状態にあるごく少数の人に感ずる程度の地震．

II: 静止している人，ビルの上層その他地震動を感じやすい場所にいる人に感ずる程度の地震．

III: 屋内で感ずる．つり下げた物体はゆれ，軽トラックの通過のような振動で，振動時間を測れるが，多くの者は地震とは気がつかないかも知れない．

IV: つり下げた物はゆれる．重トラックの通過のような振動，重い砲丸が壁を打ったときのゆれのような感じ．止まっている自動車がゆれる．窓，さら，戸が鳴る．ガラスや陶器が音を発する．IV+では木の壁やフレームがきしむ．

V: 戸外で感じ，方向がわかる．寝ている人が起きる．液体が動き，あるものはこぼれる．小さな不安定なものは移動したり転倒する．戸は振れて開いたり閉じたりする．よろい戸や額が動く．振子時計は止まったり，動き出したり，進みが変わったりする．

VI: すべての人に感ずる．多くの人は驚いて戸外に飛び出す．人々の歩みは不安定となる．窓，さら，ガラスは壊れ，小間物，本などは棚から飛び出す．額は壁からはずれる．家具は動いたり，転倒したりする．弱いしっくいや石造 D はひび割れる．小鐘（教会や学校）は鳴る．木，小潅木はゆれる（みえたり聞こえたりする）．

VII: 立っていることが困難になる．走っている自動車の運転手が気付き，つり下げ物はふるえる．家具は壊れ，石造 D は被害を受け，ひび割れもする．弱い煙突は屋根の線で折れ，しっくい，ゆるんだ煉瓦，石，タイル，蛇腹が落ちる（ゆるんだパラペットや建築用装飾も落ちる）．石造 C に 2〜3 の割れめができる．池の水面は波だち，水が泥でにごる．小地すべりや陥没が，砂や小石の堤に沿って起こる．大鐘が鳴る．コンクリート造り灌漑用溝が壊れる．

VIII: 自動車の運転に影響する．石造 C に被害，部分的にくずれる．石造 B に 2〜3 の被害，石造 A は無被害．化粧しっくいや 2〜3 の石造の壁が落ちる．家の煙突，工場の煙突，記念碑，塔，高いタンクがねじれたり，落ちたりする．わく組の家はボルトで止めてなければ基礎から動く．ゆるんだパネル壁は投げ出される．くさった杭は折れる．木の枝が折れる．泉や井戸の水の流れや温度が変わる．しめった地面や急な坂にき裂ができる．

IX: 一般の恐慌．石造 D は壊れる．石造 C に大損害，時として全壊する．石造 B は重大な損害（一般に基礎の被害）．わく構造はボルトじめでなければ基礎からはずれる．わくは引き裂かれる．貯水槽に大被害，地下の導管壊れる．顕著な割れめが地面にできる．沖積地では砂や泥が噴出し，地震泉や砂火口ができる．

X: 大がいの石造とわく構造は基礎とともに壊れる．2〜3 のよくできた木造構造や橋は壊れる．ダムや堤などに重大な被害があり，大規模地すべりがある．運河，河川，湖水などの堤の上に水が投げ上げられる．砂や泥が海浜や平坦地で水平に移動する．レールが軽く曲がる．

XI: レールが大きく曲がる．地下の導管は完全に使いものにならない．

XII: すべてのものが被害．大きな岩が移動する．景色や水平がゆがむ．あるものは空中に投げ出される．

［注］石造建築 A, B, C, D の説明

A 出来ばえ，モルタル，設計ともに良好．特に横力に対して補強されている．鉄とコンクリートを用いて結合されている．横力に抵抗するように設計されている．

B 出来ばえ，モルタルともに良好．補強されているが横力に抵抗するよう細かく設計されていない．

C 出来ばえ，モルタルともに普通．隅々の結合をしていないというはなはだしい弱点はないが，補強も，横力に対する設計もしていない．

D 弱い材料，たとえばアドベ，貧弱なモルタルを使い，出来ばえ低い．横力に弱い．

気象庁はさらに次の問題点を指摘した[16)].

(f) 震度 VII は，家屋の倒壊率 30%以上と定義が厳密なため，詳細な調査が必要で，判定まで数日以上を要する（兵庫県南部地震では確認が 3 日後，領域の調査にはさらに数日を要した）.

(g) 震度 V 以上では，相当する被害の幅が大き過ぎて適切な防災対応がむずかしい.

従来の体感震度のこうした問題点を解消するため，気象庁は震度を計測する機械，**震度計** *seismic intensity meter* を開発し，それを多数展開するという方法を採った．これにより個人差や無人観測，震度 VII の即時性の問題（問題点 d, e, f）は解消される．また，震度計を気象観測用の AMeDAS のようにきめ細かく配置すれば，結果として種々の地盤で震度が観測されることになって問題点 a も解決され，震度計を建物から離れた地面に置くようにすれば問題点 b も解決される.

震度計は強震記録から震度を計算する装置で，その仕様は基本的に計算された震度が体感震度を再現できるように決められている．つまり，体感震度が得られている地点での強震記録を収集し，その記録から体感震度に近い値が計算できるような処理方法が新たに考案された．その際，データをふやして精度を高めるため，気象官署でない地点での強震記録でも，通信調査（体感・被害などに関する質問状を郵送などで送付・回収して震度分布を求める手法）による**アンケート震度**[24)] などがわかっている場合には，積極的にそれらが利用された[16)].

こうして計器観測される**計測震度** *instrumental intensity* は小数第 1 位までの連続量であるので，その小数第 1 位を四捨五入して得られる整数値（6.5 以上，0.5 未満は 7 および 0 とする）が，1996 年から体感震度に替わって気象庁の正式な震度（震度階級）となり，震度の表示はアラビア数字を用いるようになった．さらに半年遅れて，問題点 g に対処するため，震度 5 と 6 は強と弱に分けられ，最終的に十階級の震度階となった（表 A.4）．以上が兵庫県南部地震後に行われた気象庁震度階級の大改正である．なお，従来の体感や被害と震度階級の関係は，計測震度に対する補助的な立場となり，表現を時

図 **A.3**　95 型震度計．左が計測部で右が処理部（気象庁[16]より）．

代に合った形に修正したうえで**震度階級関連解説表**[16]と名前を変えた．

1996 年に改正された気象庁震度階の要である震度計は，図 A.3 に示すように大きく分けて計測部と処理部で構成されている．震度計は強震記録から震度を計算する装置であるから，実は計測部は**強震計**（§4.1.2）そのものである．気象庁により全国に配備された震度計は **95 型震度計** *95-type seismic intensity meter* と呼ばれて以下の仕様で設計されており[16]，自治体などで使われている震度計もこの仕様に沿って設計されている．計測部に関しては

(1) 各成分最大 ±2048 gal まで検出できる**サーボ機構**付きの三成分**加速度計**で，実効分解能が 8 mgal 以下，0 〜 50 Hz で加速度に対して平坦な周波数特性を持つ．
(2) 10 秒間を単位としてトリガ判定を行い，60 秒間を単位として処理部への転送，記録の保存を行う（したがって遅延時間は最大 10 秒間）．
(3) 処理部への転送，記録の保存はデジタル（§4.2）で行い，約 50 分間の記録を IC メモリカードへ保存できる．
(4) 地上回線あるいは衛星回線による通信機能を持つ．
(5) 40 kHz 標準電波 JG2AS を受信して，0.01 秒以内の精度で連続時刻較正が可能である．
(6) 外部バッテリにより処理部も含め停電時でも最低 3 時間は動作可能である．
(7) 処理部も含め震度 7 に耐えて動作する堅牢性を有する．

また，処理部が行う**計測震度**の計算の仕様は気象庁により概略，以下の手順のように決められている[16]．

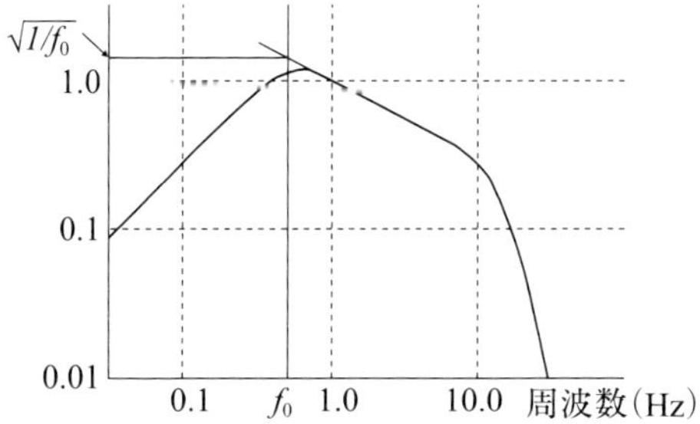

図 **A.4** 計測震度を計算するために加速度記録にかけられるフィルタ（気象庁[16]に基づく）.

(1) 加速度の成分ごとに周波数スペクトル（§4.2）をとる.
(2) スペクトルに図 A.4 のフィルタ（§4.3.1）をかける.
(3) スペクトルを **Fourier** 逆変換（§4.2.2）して，フィルタ処理された 3 成分加速度波形を得る.
(4) 波形をベクトルとみたときの絶対値を時刻順に gal 単位で計算し，その最大値 a_0（ただし，a_0 以上である時間の合計が 0.3 秒以上）を求める.
(5) $I = 2\log a_0 + 0.94$ の小数第 3 位を四捨五入した上で小数第 2 位を切り捨てたものを計測震度とし，その小数点第 1 位を四捨五入して震度（震度階級）とする．さらに震度 5, 6 では 5.0, 6.0 以上をそれぞれ強，それら以外を弱とする.

ここで (2) のフィルタは 3 種類のフィルタ

- $(1/f)^{1/2}$ フィルタ
- ハイカットフィルタ $(1 + 0.694X^2 + 0.241X^4 + 0.0557X^6 + 0.009664X^8 + 0.00134X^{10} + 0.000155X^{12})^{-1/2}$, $X = f/f_c$, $f_c = 10$ Hz
- ローカットフィルタ $(1 - \exp(-(f/f_0)^3))^{1/2}$, $f_0 = 0.5$ Hz

を組み合わせたものである.

このように，計測震度は単純に最大加速度から計算されるのではなく，(2) のフィルタや (4) の最大値の合計時間により，体感や被害に影響する強震動の周波数や継続時間の効果も加味して計算される．特にフィルタの中心周波数 f_0 が 0.5 Hz とかなり低周波数にとられたことは，大きな震度における建物被害との相関が重視された結果と想像される．また，被害や体感にもっとも影響するのが，従来の耐震工学の考え方のように強震動の力を代表する加速度なのか，エネルギーを代表する速度なのかははっきりした決着が得られていないが，加速度そのものでなく，$1/f$ フィルタをかけて速度にするのでもない，$(1/f)^{1/2}$ のフィルタを採用したことは，両者の中間の立場を取ったと理解することができる．

(5) における関係式はかつて，**石本式加速度計**による東京本郷での最大加速度と，各震度階級の上限と下限の間に求められた関係式 [13] が元になっており，これは震度階級の中心値に書き換えれば $I = 2\log a_0 + 0.70$ となっていた．震度計の仕様ではこの定数項が 0.70 から 0.94 に変わったのは §A.2.3 で述べたように，既存の加速度記録と体感震度データや**アンケート震度**を用いてパラメータの調整が，a_0 の最低継続時間やフィルタの f_0 とともに行われたためである [16]．

日本以外の諸外国でも，震度計という特別な機器を用意するわけではないが，多くの強震計が展開されるようになってきて，その観測記録を用いて震度を算出することが行われている．しかし，処理部を持たない機器を用いるのであるから，気象庁のような複雑な処理はできないので，**最大加速度**（PGA，§4.1.2）や**最大速度** *peak ground velocity*（PGV，速度記録の最大振幅）など簡便な指標が用いられる．たとえば，California における MM 震度階の震度 I は

$$
\begin{aligned}
I &= 3.66\log \mathrm{PGA} - 1.66, \quad \mathrm{V} \le I \le \mathrm{VIII} \\
I &= 3.47\log \mathrm{PGV} + 2.35, \quad \mathrm{V} \le I \le \mathrm{IX}
\end{aligned}
\qquad (A.14)
$$

から算出できるとされていて [38]，California に限らず広く用いられている．

A.3 参考文献

1) Abe, K.: Magnitude of large earthquakes from 1904 to 1980, *Phys. Earth Planet. Interiors*, **27**, 72–92 (1981).

2) Aki, K.: Generation and propagation of G waves from the Niigata earthquake of June 16, 1964. Part 2. Estimation of earthquake moment, released energy, and stress-strain drop from the G wave spectrum, *Bull. Earthq. Res. Inst.*, **44**, 73–88 (1966).

3) 中央気象台: 『地震観測法』, 第四版, 216pp. (1952).

4) Gutenberg, B.: Amplitudes of surface waves and magnitudes of shallow earthquakes, *Bull. Seismol. Soc. Am.*, **35**, 3–12 (1945).

5) Gutenberg, B.: Amplitudes of P, PP, and S and magnitudes of shallow earthquakes, *Bull. Seismol. Soc. Am.*, **35**, 57–69 (1945).

6) Gutenberg, B. and C. F. Richter: *Seismicity of the Earth*, Princeton University Press, 273pp. (1949).

7) Gutenberg, B. and C. F. Richter: Magnitude and energy of earthquakes, *Ann. Geofis.*, **9**, 1–15 (1956).

8) 浜田信生: 地震計, 『地震の事典』, 朝倉書店, 18–31 (1987).

9) 神林幸夫・市川政治: 気象庁 67 型地震計記録による近地浅発地震の規模決定について, 験震時報, **41**, 57–61 (1977).

10) Kanamori, H.: The energy release in great earthquakes, *J. Geophys. Res.*, **82**, 2981–2987 (1977).

11) Kanamori, H.: Magnitude scale quantification of earthquakes, *Tectonophysics*, **93**, 185–199 (1983).

12) 勝又　護: 深い地震の Magnitude を決める一方法, 地震 2, **17**, 158–165 (1964).

13) 河角　広: 震度と震度階, 地震, **15**, 6–12 (1943).

14) 気象庁: 『地震観測指針（参考編）』, 159pp. (1968).

15) 気象庁: 『地震観測指針（観測編）』, 第六版, 166pp. (1978).

16) 気象庁: 『震度を知る』, ぎょうせい, 238pp. (1996).

17) 気象庁: 気象庁マグニチュード検討委員会総合報告書, 11pp. (2000).

18) 気象庁: 利用の手引き, 地震月報 平成 9 年 1 月, v–xxv (1997).

19) 工藤一嘉: 地震動の強さ, 『地震の事典』, 第 2 版, 朝倉書店, 358–386 (2001).

20) Medvedev, S. V. and W. Sponheuer: Scale of seismic intensity, *Proc. 4th World Conf. Earthq. Engin.*, **1**, A-2, 143–153 (1969).

21) 翠川三郎: 地震動強さの距離減衰式, 地震 2, 61, S471-S477 (2009).

22) 西出則武: マグニチュードの決定, 『地震の事典』, 第 2 版, 朝倉書店, 53–63 (2001).

23) 太田　裕: 強震動情報と地震防災, 地震 2, **47**, 113–136 (1994).

24) 太田　裕・小山真紀・中川康一: アンケート震度算定法の改訂, 自然災害科学, **16**, 307–323 (1998).

25) Richter, C. F.: An instrumental magnitude scale, *Bull. Seismol. Soc. Am.*, **25**, 1–32

(1935).

26) Richter, C. F.: *Elementary Seismology*, Freeman, 768pp. (1958).

27) 佐藤良輔:『日本の地震断層パラメータ・ハンドブック』, 鹿島出版会, 390pp. (1989).

28) 司宏俊・翠川三郎: 断層タイプ及び地盤条件を考慮した最大加速度・最大速度の距離減衰式, 日本建築学会構造系論文集, **523**, 63–70 (1999).

29) 武村雅之: 日本列島およびその周辺地域に起こる浅発地震のマグニチュードと地震モーメントの関係, 地震 2, **43**, 257–265 (1990).

30) 武村雅之: 日本列島における地殻内地震のスケーリング則 — 地震断層の影響および地震被害との関係 —, 地震 2, **51**, 211–228 (1998).

31) 竹内新: 気象庁 76 型地震計によるマグニチュードの決定, 験震時報, **47**, 112–116 (1983).

32) 坪井忠二: 地震動の最大振幅から地震の規模を定めることについて, 地震 2, **7**, 185–193 (1954).

33) 宇佐美龍夫: 古地震の調査,『地震の事典』, 第 2 版, 朝倉書店, 70–76 (2001).

34) 宇佐美龍夫:『日本被害地震総覧』, 最新版, 東大出版会, 605pp. (2003).

35) 宇津徳治:『地震活動総説』, 東京大学出版会, 876pp. (1999).

36) 宇津徳治:『地震学』, 第 3 版, 共立出版, 376pp. (2001).

37) Vaněk, J., A. Zátopek, V. Kárník, N. V. Kondorskaya, Y. V. Riznichenko, E. F. Savarensky, S. L. Solov'ev, and N. V. Shebalin: Standardization of magnitude scales, *Izv. Acad. Sci. USSR*, **2**, 153–157 (1962).

38) Wald, D. J., V. Quitoriano, T. H. Heaton, H. Kanamori, C. W. Scrivner, and C. B. Worden: TriNet "ShakeMaps": Rapid generation of peak ground motion and intensity maps for earthquakes in southern California, *Earthq. Spectra*, **15**, 537–555 (1999).

39) Wood, H. O. and F. Neumann: Modified Mercalli intensity scale of 1931, *Bull. Seismol. Soc. Am.*, **21**, 277–283 (1931).

索　引

著者略歴

纐纈 一起　（こうけつ　かずき）

現職　慶應義塾大学大学院特任教授
1978年 東京大学理学部卒業
1980年 東京大学大学院理学系研究科修士課程修了
東京大学地震研究所助手
1987年 理学博士（東京大学）
1989年 Australian National University, Visiting Fellow
1993年 東京大学地震研究所助教授
1998年 文部省学術調査官
2004年 東京大学地震研究所教授
2005年 東京工業大学都市地震工学センター特任教授
東京大学総長補佐
2020年より現職
2021年 東京大学名誉教授

主要著書・論文

『Ground Motion Seismology』(Springer, 2021).
『理科年表・地学部地震（国立天文台(編), 丸善出版, 2001–2021）.
『地震 どのように起きるのか』（サイエンスパレット036, 丸善出版, 2020）.
『超巨大地震に迫る』（大木・纐纈, NHK出版, 2011）.
『地震・津波と火山の事典』（藤井・纐纈(編), 丸善, 2008）.
Koketsu, K. *et al.* (2016). Widespread ground motion distribution caused by rupture directivity during the 2015 Gorkha, Nepal earthquake, *Scientific Reports*, **6**, #28536.
Yokota, Y. and K. Koketsu (2015). A very long-term transient event preceding the 2011 Tohoku earthquake, *Nature Communications*, **6**, #5934.
Koketsu, K. and M. Kikuchi (2000). Propagation of seismic ground motion in the Kanto basin, Japan, *Science*, **288**, 1237–1239.

地震動の物理学

2018 年 12 月 31 日　初版第 1 刷発行
2021 年 12 月 31 日　初版 Ver.1.1

著　者　纐纈 一起
発行者　大塚 浩昭
発行所　株式会社近代科学社
〒101-0051 東京都千代田区神田神保町 1 丁目 105 番地
https://www.kindaikagaku.co.jp

Printed in Japan
ISBN978-4-7649-0544-3
印刷・製本　京葉流通倉庫株式会社